Zertifiziertes
DQS
Managementsystem

Kamiske/Brauer

Qualitätsmanagement von A bis Z

Prof. Dr.-Ing. Gerd F. Kamiske
Dr.-Ing. Jörg-Peter Brauer

QUALITÄTSMANAGEMENT VON A BIS Z

Wichtige Begriffe des Qualitätsmanagements und ihre Bedeutung

7., aktualisierte und erweiterte Auflage

HANSER

Prof. Dr.-Ing. Gerd F. Kamiske

Dr.-Ing. Jörg-Peter Brauer

Bibliografische Information der Deutschen Nationalbibliothek
Die Deutsche Nationalbibliothek verzeichnet diese Publikation in der Deutschen Nationalbibliografie; detaillierte bibliografische Daten sind im Internet über http://dnb.d-nb.de abrufbar.

http://www.hanser.de

Lektorat: Lisa Hoffmann-Bäuml

Herstellung: Thomas Gerhardy

Satz: le-tex publishing services GmbH, Leipzig

Umschlaggestaltung: keitel & knoch kommunikationsdesign, münchen

Druck und Bindung: Kösel, Krugzell

ISBN 978-3-446-42581-1

E-Book-ISBN 978-3-446-42812-6

Vorwort zur 1. Auflage

Das vorliegende Buch wirft einen Blick auf die aktuell diskutierten Begriffe der Qualitätswissenschaft. Gerade in jüngster Zeit ist in diesem Fachgebiet eine Reihe von Begriffen und Bezeichnungen hinzugekommen, die ihren Ursprung häufig im japanischen oder angloamerikanischen Sprachraum haben. Sie wurden zum Teil als Fremdworte in die deutsche Sprache übernommen, zum Teil auch mehr oder weniger treffend übersetzt. Zur Führung einer sachlich eindeutigen Fachdiskussion besteht die Notwendigkeit eines gemeinsamen Verständnisses hinsichtlich der Begriffsinhalte und -umfänge. Dies ist jedoch nicht immer gegeben. Vielmehr werden gerade neu aufkommende Begriffe in unterschiedlicher Weise interpretiert, da sich eine allgemein anerkannte Meinung noch nicht herausgebildet hat. Die im Rahmen dieses Buches gesammelten und erläuterten Begriffe erheben keinen Anspruch auf Vollständigkeit, können aber als Beitrag in Richtung auf eine einheitliche Lehrmeinung verstanden werden. Dabei ist zu berücksichtigen, dass sich die aufgeführten Begriffe in ihrer Bedeutung ständig dynamisch weiterentwickeln. Es ist also lediglich die Wiedergabe des derzeitigen Standes der Wissenschaft und Technik möglich.

In die Neufassung der DIN ISO 8402 (März 1992) ist eine Reihe von bedeutenden Begriffen aus dem Gebiet der Qualitätswissenschaft aufgenommen worden. Neue Begriffe und veränderte Inhalte sind aufgrund der zurzeit in der Industrie festzustellenden Qualitätsaktivitäten sowie der Bemühungen im Hinblick auf eine Einführung und Zertifizierung von Qualitätsmanagementsystemen (früher: Qualitätssicherungssysteme) nach DIN ISO 9000-9004 von aktuellem Interesse. Dieser allgemeinen Entwicklung wird mit diesem Buch entsprechend Rechnung getragen.

Herrn Dipl.-Ing. Hans Joachim Niclas und dem Carl Hanser Verlag sei für die angenehme Zusammenarbeit gedankt.

Berlin, im Dezember 1992

G. F. Kamiske

J.-P. Brauer

Vorwort zur 7. Auflage

Die Autoren sind stolz darauf, die siebente Auflage ihres Buches „Qualitätsmanagement von A bis Z“ vorstellen zu können – in frischem Layout und auch inhaltlich wieder aktualisiert und erweitert. Herrn Dr. Hermann Riedel, Frau Lisa Hoffmann-Bäuml und dem Carl Hanser Verlag sei dabei für die gute Zusammenarbeit gedankt.

Mathematisch betrachtet, ist die Sieben eine natürliche Zahl zwischen Sechs und Acht; sie ist ungerade und eine Primzahl. Aber die Sieben gilt auch seit alters her als heilige, magische Zahl. Ihre Sonderstellung ist bereits bei den Sumerern seit dem 4. Jahrtausend vor Christus belegt. Auch in den großen Weltreligionen Judentum, Christentum und Islam spielt die Sieben eine herausgehobene Rolle. So wird beispielsweise im Christentum die Sieben als Kombination der göttlichen Trinität (Dreifaltigkeit) mit den irdischen vier Elementen (Feuer, Wasser, Luft und Erde) gedeutet.

Ein Blick in den Brockhaus zeigt die Bandbreite von „Sieben auf einen Streich“ bis zu den sieben Weltwundern. Diese siebente Auflage wird hoffentlich niemandem wie ein Buch mit sieben Siegeln vorkommen, sondern soll die Begriffswelt des Qualitätsmanagements für den Fachmann, aber auch für den Laien verständlich erklären.

Einige Qualitäter werden sich noch an den Einstieg in das Qualitätsmanagement mit Q7 und M7 erinnern, andere wohl eher an den Erfolgstitel der deutschen Rockgruppe Karat: „Über sieben Brücken musst du gehn“. Die siebente Brücke zum Qualitätsmanagement ist nun fertig.

Berlin und München, im Sommer 2011 G. F. Kamiske

J.-P. Brauer

Inhalt

1

Einleitung

1.1 Bedeutung der Qualität

Über Qualität wird in jedem Unternehmen und in jeder Branche gesprochen. Die grundsätzliche Bedeutung der Qualität ist demnach unbestritten. Auch bei aktuellen Entscheidungen des Managements wird dieser Faktor immer stärker berücksichtigt, denn es kann mittlerweile als gesichert angesehen werden, dass auf lange Sicht der Erfolg eines Unternehmens aus der überlegenen Qualität seiner Produkte gegenüber dem Wettbewerb resultiert. Darüber hinaus bietet die Fokussierung auf die Qualität der Prozesse betriebswirtschaftliche Potenziale an, deren Ausschöpfung einen Kostenvorteil gegenüber den Wettbewerbern zulässt.

Als die Märkte noch relativ stabile Verkäufermärkte waren, die Produktlebenszyklen lang und die Kunden sich hauptsächlich für technische Leistungsdaten interessierten, konnte ein Hersteller verhältnismäßig einfach „eine gewisse Qualität“ erreichen. Das Management verfügte über genügend Ressourcen in zeitlicher, finanzieller und personeller Hinsicht, um gut funktionierende Produkte zustande zu bringen. Doch mit sich verschärfendem Wettbewerb und unter sich immer schneller verändernden Gegebenheiten ist es kaum noch möglich, mit althergebrachten Methoden und Strategien neue Märkte zu finden oder entstehende Märkte zügig genug zu betreten. Dies kann nur erfolgreich in die Tat umgesetzt werden, wenn die Unternehmen auf sich ändernde Kundenwünsche unverzüglich reagieren. Das Management muss also seine entscheidende Aufgabe darin sehen, ein Unternehmen zu schaffen, das die Integration aller Mitarbeiter als wichtiges Ziel erkennt. Erst wenn allen Mitarbeitern des gesamten Unternehmens voll bewusst ist, dass sämtliche Bemühungen darauf ausgerichtet werden müssen, eine Übereinstimmung mit den Erwartungen der Kunden zu erzielen, wird es Produkte hervorbringen, die zukünftige Kundenanforderungen vorwegnehmen und dem Käufer somit begeisternde Qualität anbieten.

Dieses ist eine große Herausforderung, insbesondere für die Damen und Herren der obersten Führungsebene. Die Vorstellung, man könnte mithilfe der Technik die Defizite eines Unternehmens beheben, ohne die Strukturen der Gesamtorganisation infrage zu stellen, ist zwar noch verbreitet, erweist sich aber zumeist als Trugschluss. Wenn mit technischer Unterstützung nicht bloß der vorhandene Zustand zementiert werden soll, ist ein Aufbrechen der alten Strukturen notwendig. Dabei sind die Denkstrukturen ausdrücklich eingeschlossen. Es sind also die Managementmethoden, die dringend darauf abgestimmt werden müssen.

Den Ansatz hierfür bieten neue Strategien, etwa im Sinne von Total Quality Management (TQM), die das gesamte Unternehmen und all seine Mitarbeiter einbeziehen und noch darüber hinausgehen. Voraussetzung für die erfolgreiche Anwendung derart umfassender Konzepte ist jedoch die Bereitschaft der Unternehmensleitung dazu, mehr noch ihre Vorbildfunktion und ihre Geisteshaltung den Mitarbeitern gegenüber. Dazu gehört unbedingt das Begreifen von Qualität als Denkeinheit, die nicht nur eine technische Komponente besitzt, sondern auch von der Geisteshaltung bestimmt wird. Hinzu kommt die Berücksichtigung der vielfältigen Ziele und Einflussfaktoren, mit denen das Unternehmen in Wechselwirkung steht. Neben Aspekten der Wirtschaftlichkeit zählen immer mehr auch Gesetzeskonformität, Umweltverträglichkeit, Nachhaltigkeit und ganz besonders Kundenzufriedenheit.

1.2 Benutzerhinweise

Für den Leser sollte von vornherein klar sein: Dieses Buch muss nicht Seite für Seite durchgearbeitet werden. Dazu wird wohl meist auch gar nicht die Zeit vorhanden sein. Im Vordergrund steht vielmehr die kurze und prägnante Information zu einem Thema, speziell für den eiligen Leser. Zu diesem Zweck wurde das Buch in erster Linie konzipiert, als ein Nachschlagewerk, nicht als ein Lesebuch. Aus diesem Grunde erscheint das schnelle und zielsichere Auffinden der gewünschten Information besonders wichtig, was durch die alphabetische Sortierung der Begriffe und das Inhaltsverzeichnis gewährleistet ist. Darüber hinaus ermöglicht das besonders ausführlich angelegte Stichwortverzeichnis, welches auch die gängigen Abkürzungen mit aufführt, das Erkennen von wiederholten Erwähnungen desselben Begriffes sowie das Auffinden von Unterbegriffen, die nicht im Inhaltsverzeichnis erscheinen. Die besonders hervorgehobenen Querverweise im fortlaufenden Text lassen weitere Zusammenhänge offenbar werden und führen den Leser zu den entsprechenden Begriffen. Insgesamt bietet das Buch eine kurze Einführung in die Thematik des jeweils betrachteten Begriffes. Bei Bedarf kann mithilfe der angegebenen Literaturhinweise eine vertiefende Beschäftigung erfolgen.

Dem Qualitätsgedanken und dem Prinzip der Ständigen Verbesserung entsprechend, wird der Leser gebeten, Unklarheiten, Fehler und Anregungen zur Konzeption sowie weitere erklärungsbedürftige Begriffe den Autoren mitzuteilen. So kann dieses Buch kontinuierlich weiterbearbeitet und den sich laufend ändernden Erfordernissen der Praxis gerecht werden.

1.3 Aufbau einer Begriffsdarstellung

Um die untersuchten Begriffe bezüglich Aufbau und Tiefe der Abhandlung in vergleichbarer Weise zu betrachten, wird das folgende Schema verwendet. Es ist jedoch nicht als zwingend anzusehen, sondern stellt eine Rahmenstruktur dar.

- Stichwort/Begriff

  Der Begriff wird ausdrücklich und vollständig genannt, ggf. auch die gebräuchliche Abkürzung. Die verwendete Sprache richtet sich dabei nach der größten Bekanntheit und Verbreitung des Begriffes.

- Definition/Erklärung

  Es erfolgt zunächst eine kurze, definitionsmäßige Begriffsbestimmung bzw. Erklärung, die Inhalt und Umfang des betrachteten Begriffes umreißt.

- Herstellung eines Zusammenhanges

  Der Begriff wird in einen fachlichen Zusammenhang gebracht, ggf. wird auch die historische Entwicklung kurz dargestellt.

- Erläuterung

  Die eigentliche Erläuterung des Begriffes bezieht sich in erster Linie auf Bedeutung, Voraussetzungen, Ziele und Vor- bzw. Nachteile sowie ggf. Einsatzgebiete und Anwendungsmöglichkeiten. Unter Umständen wird auch der Ablauf eines Verfahrens oder einer Vorgehensweise kurz beschrieben.

- Querverweise

  Um dem engen Zusammenhang Rechnung zu tragen, in dem viele der Begriffe zueinander stehen, wird jeweils an geeigneter Stelle auf derartige verwandte Begriffe verwiesen, die ebenfalls behandelt werden. Die Querverweise erfolgen in der Form: (vgl. **Begriff**).

- Bilder

  Zur weiteren Verdeutlichung der Ausführungen sind entsprechende Bilder in die Begriffsdarstellung eingebunden.

- Literaturhinweise zur Vertiefung

  Da kein Anspruch auf Vollständigkeit erhoben wird und die Begriffe im Rahmen des Buches nicht immer erschöpfend behandelt werden können, ist am Ende der Darstellung in der Regel eine Auswahl an weiterführender Literatur angegeben.

2

Begriffe

Audit

Unter einem Audit versteht man die systematische, unabhängige Untersuchung einer Aktivität und deren Ergebnisse, durch die Vorhandensein und sachgerechte Anwendung spezifizierter Anforderungen beurteilt und dokumentiert werden [ISO 10, Geiger/Kotte 08]. Audits sind also moderne Informationssysteme, mit denen man zu einem bewerteten Bild über Wirksamkeit und Problemangemessenheit von qualitätssichernden Aktivitäten kommt. Es sollen Schwachstellen aufgezeigt, Verbesserungsmaßnahmen angeregt und deren Wirkungen überwacht werden. Damit ist das Audit auch als Führungsinstrument anzusehen, das zur Vorgabe von Zielen und zur Information des Managements über die Zielerreichung eingesetzt werden kann.

Es sind grundsätzlich drei Arten von Audits zu unterscheiden, die auch unter der Bezeichnung Qualitätsaudit zusammengefasst werden: Produkt-, Verfahrens- und Systemaudit (vgl. **Produktaudit**, **Verfahrensaudit**, **Systemaudit**). Einige gemeinsame Aufgaben und Auswirkungen von Audits lassen sich wie folgt formulieren:

- Überprüfung der Ausführung im Hinblick auf Übereinstimmung mit den festgelegten Produktmerkmalen (vgl. **Produktaudit**).
- Feststellung der Angemessenheit der Richtlinien bzw. Vorschriften und Maßnahmen im Hinblick auf das angestrebte Ziel.
- Begutachtung von Arbeitsbereichen, Tätigkeiten und Abläufen (vgl. **Verfahrensaudit**).
- Beurteilung der realisierten Fortschritte der Qualitätsaktivitäten.

- Erwecken der Aufmerksamkeit aller Beteiligten bezüglich der Qualitätsanforderungen.
- Förderung der Ständigen Verbesserung (vgl. **Ständige Verbesserung**).
- Systematische Bewertung des Qualitätsmanagementsystems und der Dokumentation (vgl. **Qualitätsmanagementsystem**).

Audits können von eigenen Mitarbeitern, von Kunden oder von neutralen externen Stellen durchgeführt werden. Entsprechend gibt es interne Audits, die von Angehörigen des eigenen Unternehmens, z. B. werksintern oder auf Konzernebene, zur Beobachtung der Qualitätsentwicklung bzw. zum Vergleich der Leistungsfähigkeit von einzelnen Unternehmensteilen durchgeführt werden. Auch kann damit ein vertrauensvolles Bild an potenzielle oder tatsächliche Kunden übergeben und ein negatives Ergebnis im Rahmen eines externen Audits vermieden werden. Interne Audits sind auch regelmäßig Bestandteil von Qualitätsmanagementsystemen. Die Beurteilung der Qualitätssituation bei einem Zulieferanten und deren Nachweis bzw. Dokumentation aufgrund gesetzlicher Bestimmungen geschehen durch externe Audits, meist im Rahmen von Systemaudits (vgl. **Systemaudit**). Diese werden von Auditoren des Kunden oder, heute üblicher, von dafür anerkannten (akkreditierten) Institutionen vorgenommen und schließen in der Regel mit der Vergabe eines Zertifikates ab, welches dem auditierten Unternehmen einen bestimmten Qualitätsstandard sowie das Vorhandensein und die Wirksamkeit eines Qualitätsmanagementsystems bescheinigt (vgl. **Qualitätsmanagementsystem**, **Zertifizierung**). Für die Vorbereitung und Durchführung einer solchen Auditierung lässt sich die Norm DIN EN ISO 19 011:2002 (Leitfaden für Audits von Qualitätsmanagement- und/oder Umweltmanagementsystemen) heranziehen.

Eine sorgfältige Planung ist stets Voraussetzung für den Erfolg eines Audits. Dieser hängt jedoch auch in besonderem Maße von der Qualifikation der ausführenden Mitarbeiter (Auditoren) ab. Weiterhin ist die konsequente Durchführung durch ein entsprechendes Auditteam wichtig. Grundlage ist aber vor allem die wirksame Unterstützung durch das Management, um eine genügende Beachtung der gesamten Maßnahme sicherzustellen. Vor Beginn der eigentlichen Durchführung sind geeignete Checklisten auszuarbeiten, nach denen dann vorzugehen ist.

Zum Abschluss werden die Ergebnisse in einem Auditbericht dokumentiert, der auch dem Management zugeht und dessen Unterschrift bedarf. Aus Gründen der Übersichtlichkeit, Vollständigkeit und Auswertbarkeit empfiehlt sich die Verwendung von Formblättern. Der Auditbericht ist außerdem Grundlage für die Durchführung von angeregten Verbesserungsmaßnahmen, deren Einhaltung und Wirksamkeit dann wieder auditiert wird.

Produktaudit

Das Produktaudit ist die Untersuchung einer kleinen Zahl von fertigen Produkten auf Übereinstimmung mit den vorgegebenen Spezifikationen. Es erfolgt als nachträglich feststellende Überprüfung im Sinne einer Momentaufnahme aus der Sicht des Auftraggebers, Kunden oder Anwenders. Dabei ist besonders auf die Erfüllung der spezifischen Kundenanforderungen zu achten, sodass für die Zukunft eine fehlervermeidende und damit qualitätssteigernde Wirkung erreicht werden kann. Obwohl die statistische Aussagekraft aufgrund des geringen Stichprobenumfangs zunächst nur mäßig erscheint, kann dies durch eine entsprechende Sorgfalt und Gründlichkeit in gewisser Weise ausgeglichen werden. Es können systematische Fehler, Fehlerschwerpunkte und langfristige Qualitätstrends offenbar werden (vgl. **Stichprobenprüfung**, **Statistische Prozessregelung**). Der jeweils erforderliche Stichprobenumfang richtet sich nach der Komplexität des Produktes.

Bei dem Audit des Produktes aus Kundensicht sollten schon die verwendeten Checklisten eine Bewertung nicht nur nach betriebsinternen Kriterien, sondern speziell auch aus der Kundensichtweise heraus ermöglichen. Besonderes Augenmerk ist dabei auf die Beurteilung von Funktion und Sicherheit zu richten. Dazu kann eine Klassifizierung möglicher Fehler vorgenommen werden: Ein kritischer Fehler gefährdet die Sicherheit des Benutzers (möglicher Personenschaden) oder betrifft die grundlegende Funktionstüchtigkeit des Produktes. Ein Hauptfehler stellt die Brauchbarkeit des Produktes vollständig oder teilweise infrage. Die einfache Herabsetzung der Brauchbarkeit oder eine Abweichung von Sollvorgaben (auch optische Mängel) führen zu einem Nebenfehler. Als Entscheidungshilfe ist ein verbindlicher Fehlerkatalog aufzustellen, der eine Einstufung möglicher Fehler aus Kundensicht vorgibt. Werden die festgestellten Fehler mit Punkten bewertet und gewichtet, kann aus den Ergebnissen die sogenannte Qualitätskennziffer (QKZ) berechnet werden. Sie setzt die Summe der Fehlerpunkte zur Anzahl der geprüften Teile ins Verhältnis und wird auf das zugrunde liegende Punktesystem normiert.

Verfahrensaudit

Das Verfahrensaudit, auch als Prozessaudit bezeichnet, untersucht die Wirksamkeit einzelner im Unternehmen eingesetzter Prozesse, Teilprozesse bzw. Verfahren. Dabei soll sichergestellt werden, dass die vorgegebenen Anforderungen eingehalten werden und für die jeweilige Anwendung zweckmäßig sind. Besonders wichtig ist es, das Verfahrensaudit auch als Instrument zur Prozessverbesserung zu erkennen und entsprechend zu nutzen. Durch geeignete Darstellung der Auditergebnisse können bereits erste Ansätze für später durchzuführende Prozessanalysen gewonnen werden.

Verfahrensaudits werden in der Regel schwerpunktmäßig angesetzt. Die Ermittlung des Wertschöpfungsanteils oder die Untersuchung der Transportbedingungen können solche Aufgabenstellungen sein. Weitere Ergebnisse eines Verfahrensaudits können sich auf die Qualitätsfähigkeit des Prozesses sowie auf die Anwendung von Methoden und Techniken der Qualitätssicherung beziehen.

Systemaudit

Das Systemaudit dient zum Nachweis der Wirksamkeit und Funktionsfähigkeit des gesamten Qualitätsmanagementsystems eines Unternehmens (vgl. **Qualitätsmanagementsystem, Zertifizierung**). Basis des Systemaudits ist der Auditfragenkatalog, der sich grundsätzlich an der branchenneutralen Normenreihe DIN EN ISO 9000:2005 orientiert (vgl. **DIN EN ISO 9000:2005**). Das externe Systemaudit kann durch den Kunden selbst (kundenspezifisches Systemaudit) oder durch eine neutrale Zertifizierungsstelle durchgeführt werden. Dabei auditiert die neutrale Zertifizierungsstelle das Qualitätsmanagementsystem eines Unternehmens auf dessen Auftrag hin und vergibt bei Erfüllung der Forderungen nach DIN EN ISO 9001:2008 ein Zertifikat. In vielen Branchen gehört das neutrale Zertifikat mittlerweile zum Standard eines Angebots. Die formale Kompetenz, Unabhängigkeit und Integrität der Zertifizierungsstellen leiten sich aus deren Akkreditierung bei einer übergeordneten Trägergemeinschaft für Akkreditierung (TGA) im Deutschen Akkreditierungsrat (DAR) ab. Grundlage dieser Akkreditierung ist das Erfüllen der Anforderungen nach DIN EN ISO/IEC 17 021, früher DIN EN 45 012.

Als Vorgaben bzw. Kriterien für ein Qualitätsmanagementsystem, die im Rahmen des Systemaudits einen Beurteilungsmaßstab darstellen können, bieten sich neben der Normenreihe DIN EN ISO 9000:2005 die Bedingungen bzw. Anforderungen für den Deming Prize, den Malcolm Baldrige National Quality Award, den EFQM Excellence Award bzw. den Ludwig-Erhard-Preis an (vgl. **Deming**, **Qualitätsauszeichnungen**, **Qualitätsmanagementsystem**).

Wegen ihrer nationalen und internationalen Gültigkeit sowie ihres branchenneutralen Charakters stellt die Normenreihe DIN EN ISO 9000:2005 anerkannte Rahmenbedingungen für den Aufbau eines Qualitätsmanagementsystems und damit auch für die begehrte Zertifizierung eines Unternehmens dar. Sowohl der Deming Prize als auch der Malcolm Baldrige National Quality Award und der EFQM Excellence Award gehen in ihren Forderungen weit über die der Normenreihe DIN EN ISO 9000:2005 hinaus und sind deshalb als wesentlich umfangreichere Beurteilungsmaßstäbe für ein Qualitätsmanagementsystem anzusehen. Dabei sind die Kriterien des Malcolm Baldrige National Quality Award eher management-, kunden- und prozessorientiert, während beim Deming Prize insbesondere auf die sorgfältige Planung der Qualitätsziele, deren Durchsetzung auf allen Hierarchieebenen sowie die

Anwendung der statistischen Methoden abgehoben wird. Der EFQM Excellence Award und der daraus abgeleitete Ludwig-Erhard-Preis beziehen auch die gesellschaftliche Verantwortung des Unternehmens mit ein. Zielrichtung dieser Auszeichnungen ist Total Quality Management (TQM), also eine umfassende und auf Qualität ausgerichtete Unternehmensstrategie im Sinne eines Führungsmodells (vgl. **Total Quality Management**). Das Erfüllen der Anforderungen an ein Qualitätsmanagementsystem nach DIN EN ISO 9000:2005 stellt jedoch eine gute Plattform dar, von der aus ehrgeizigere Ziele angesteuert werden können entsprechend den Kriterien, wie sie beispielsweise für die Erringung des EFQM Excellence Award und des Ludwig-Erhard-Preises erfüllt sein müssen.

Literaturhinweise zur Vertiefung

VDA – Verband der Automobilindustrie (Hrsg.):
VDA-Schriftenreihe Qualitätsmanagement in der Automobilindustrie, Band 6 Teil 01: QM-Systemaudit.
4. Aufl., aktualisierter Nachdruck, Frankfurt/Main 2010.

VDA – Verband der Automobilindustrie (Hrsg.):
VDA-Schriftenreihe Qualitätsmanagement in der Automobilindustrie, Band 6 Teil 02: QM Systemaudit Dienstleistungen.
2. Aufl., Frankfurt/Main 2004.

VDA – Verband der Automobilindustrie (Hrsg.):
VDA-Schriftenreihe Qualitätsmanagement in der Automobilindustrie, Band 6 Teil 03: Prozessaudit.
2. Aufl., Frankfurt/Main 2010.

VDA – Verband der Automobilindustrie (Hrsg.):
VDA-Schriftenreihe Qualitätsmanagement in der Automobilindustrie, Band 6 Teil 05: Produktaudit.
2. Aufl., Frankfurt/Main 2008.

DGQ – Deutsche Gesellschaft für Qualität (Hrsg.):
DGQ-Schrift 12–31: Wirksame Managementsysteme – Mit internen Audits Verbesserungspotentiale erschließen.
2. Aufl., Berlin: Beuth Verlag 2005.

Gietl, G.; Lobinger, W.:
Qualitätsaudit.
In: Kamiske, G. F. (Hrsg.): Reihe Pocket Power.
München: Carl Hanser Verlag 2003.

Kamiske, G. F. (Hrsg.):
Managementsysteme.
Düsseldorf: Symposion Publishing 2008.

Gietl, G.; Lobinger, W.:
Leitfaden für Qualitätsauditoren.
3. Aufl., München: Carl Hanser Verlag 2009.

Benchmarking

Benchmarking ist der Prozess des Vergleichens und Messens der eigenen Produkte, Dienstleistungen und Prozesse mit den besten Wettbewerbern oder mit den anerkannten Marktführern. Diese Unternehmen bzw. Organisationen, die einen zu untersuchenden Prozess, ein Produkt oder eine Dienstleistung hervorragend beherrschen, werden dabei als Klassenbeste (Best in Class) bezeichnet. Im Vergleich zu diesen sollen Unterschiede zum eigenen Unternehmen erkannt und Möglichkeiten zur Verbesserung aufgezeigt werden. Ziel des Benchmarkings ist es, aus dem Vergleich mit den Besten zu lernen, die wirkungsvollsten Methoden (Best Practice) herauszufinden, zu adaptieren und die Leistungsfähigkeit des eigenen Unternehmens zu steigern, um selbst die Spitzenposition als Bester der Besten (Best of the Best) zu erreichen. Die Japaner bezeichnen dieses Streben mit dem Ausdruck Dantotsu.

Damit geht Benchmarking nicht nur über den klassischen und längst bekannten Unternehmens- bzw. Betriebsvergleich [Vodrazka 67] hinaus, sondern auch über Wettbewerbsbeobachtung in ihren verschiedenen Formen, wie z. B. Konkurrenzanalyse, Produktimitation oder sogar Reverse Engineering.

Insbesondere beim Reverse Engineering wird ein Wettbewerbsprodukt systematisch in seine Bestandteile zerlegt und mit dem eigenen Produkt verglichen, um so durch die Analyse der einzelnen Komponenten und technischen Funktionen Erkenntnisse über die verwendeten Konstruktions- und Fertigungsverfahren zu gewinnen. Die Unterschiede werden monetär bewertet. Anschließend wird die Herstellung des Wettbewerbsproduktes mit Kosten abgeschätzt, wie sie im eigenen Unternehmen entstehen würden. Auf diese Weise lassen sich sehr schnell Potenziale zur Verbesserung aufzeigen, die bei zügiger Umsetzung auch eine entsprechend motivierende Wirkung auf die Mitarbeiter ausüben können (vgl. **Mitarbeiterorientierung**).

Da bei dieser Vorgehensweise die Produkte im Mittelpunkt stehen, wird das Verfahren auch als Reverse Product Engineering bezeichnet. Benchmarking hingegen beschränkt sich nicht auf den Vergleich von Produkten, sondern bezieht Dienstleistungen und vor allem Prozesse mit ein. Es ist damit auch keine Produktimitation, sondern der offene Wunsch, sich am Leistungsstandard der besten Mitbewerber zu messen und von ihnen zu lernen.

Dennoch lässt sich Reverse (Product) Engineering gewissermaßen als Benchmarking-Vorläufer bezeichnen, da dieses Verfahren den Ausgangspunkt bei der Entwicklung des Benchmarkings bildete. In den 1980er-Jahren initiierte das amerikanische Unternehmen Xerox ein Unternehmensprogramm zur Steigerung von Qualität und Produktivität, das aufgrund von Ergebnissen umfangreicher Produktvergleiche aufgestellt wurde. Die drei Bestandteile dieses Programms waren die Einbindung der Mitarbeiter, der Qualitätsverbesserungsprozess und das Benchmarking. Unter anderem durch die gezielte Nutzung von Benchmarking gewann Xerox 1989 die US-amerikanische nationale Qualitätsauszeichnung, den Malcolm Baldrige National Quality Award (MBNQA), in dessen Kriterienkatalog Benchmarking auch aufgenommen wurde (vgl. **Qualitätsauszeichnungen**). Inzwischen wird Benchmarking von zahlreichen weltbekannten Unternehmen erfolgreich angewendet, teilweise als firmenspezifische Variante bzw. Vorgehensweise.

Grundsätzlich lassen sich drei Arten des Benchmarkings unterscheiden, wobei unterschiedliche Leistungs- bzw. Vergleichsmaßstäbe angelegt werden können. Diese eröffnen entsprechend steigende Verbesserungspotenziale hinsichtlich Kosten, Zeit, Qualität und Kundenzufriedenheit. Nachfolgend sind die drei Arten des Benchmarkings mit ihren Besonderheiten kurz dargestellt:

- Internes Benchmarking (Internal Benchmarking)

  Benchmarking innerhalb eines Unternehmens bezüglich der geschäftlichen Vorgehensweise. Es können einzelne Unternehmen eines Konzerns, verschiedene Standorte, Cost- bzw. Profitcenter, Abteilungen, Gruppen und sogar Arbeitsplätze verglichen werden. Der Blickwinkel insgesamt ist jedoch begrenzt, da nur auf das eigene Unternehmen ausgerichtet. Hier spielen mögliche innere Barrieren und Abteilungsdenken eine wichtige Rolle, die einkalkuliert oder, besser, überwunden werden müssen.

- Wettbewerbsorientiertes Benchmarking (Competitive Benchmarking)

  Benchmarking mit unternehmensexternen, direkten Wettbewerbern bezüglich des gleichen oder eines sehr ähnlichen Produkts ist eine besonders überzeugende Art des Vergleichs. Eine Ausweitung auf die Betrachtung von Abläufen und Prozessen sowie deren Wirkung auf Kunden ist hierbei sinnvoll. Unter direkten

Wettbewerbern ist es in der Regel einfacher, vergleichbare Produkte oder Prozesse zu identifizieren. Auch die eindeutige Positionierung beider Unternehmen im Wettbewerb ist meist möglich. Hinzu kommen eine relativ hohe Akzeptanz des Verfahrens im Unternehmen sowie die Beschäftigung mit direkt verwertbaren, geschäftsrelevanten Informationen. Problematisch könnte sich die Datenerfassung gestalten, da es sich hier wahrscheinlich um vertrauliche, wettbewerbsrelevante Informationen handelt. Sollen Prozesse verglichen werden, ist darauf zu achten, dass eine Vergleichbarkeit auch tatsächlich gegeben ist, um nicht zu Fehleinschätzungen zu gelangen. Schon eine ungleiche Unternehmensgröße kann Unterschiede implizieren, z. B. im Hinblick auf den Automatisierungsgrad, die sich direkt auf die Ergebnisse des Vergleichs auswirken und entsprechend berücksichtigt werden müssen.

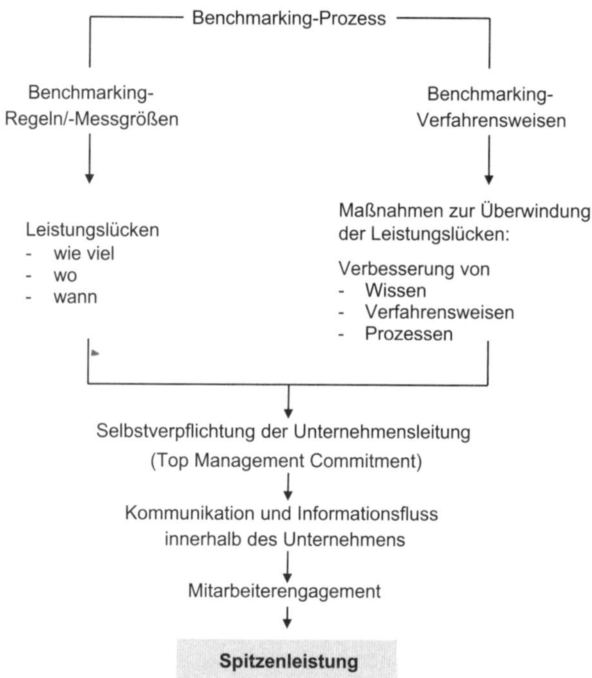

Bild 2.1 Allgemeiner Benchmarking-Prozess

- Funktionales Benchmarking (Functional Benchmarking)

  Benchmarking mit den Klassenbesten (Best in Class), die einen Prozess, ein Produkt oder eine Dienstleistung unabhängig von der Branche hervorragend beherrschen, oder mit den anerkannten Marktführern. In dieser anspruchsvollsten und umfassendsten Art des Benchmarkings liegt auch das größte Potenzial zum Finden innovativer Lösungen. Neben der Identifikation des Klassenbesten und der zeitaufwendigen Analyse erhält hier die Fähigkeit des Beobachters besonderes Gewicht, die wirkungsvollsten Methoden (Best Practice) und ihre möglichen Anwendungen für das eigene Unternehmen zu erkennen. Vertraulichkeit von Informationen stellt branchenübergreifend meist kein Problem dar, weil keine direkte Konkurrenzsituation vorliegt. Schwieriger kann sich allerdings die Umsetzung der gewonnenen Erkenntnisse im eigenen betrieblichen Umfeld gestalten. Hier ist es förderlich, wenn die zugrunde liegenden Kundenanforderungen möglichst gleichartig sind.

Als vierte Art des Benchmarkings lässt sich der allgemeine (generische) Benchmarking-Prozess selbst ansehen, bei dem es ausschließlich um den Vergleich von (Geschäfts-)Prozessen (Business Processes) geht, unabhängig von Unternehmen, Branche oder Industriezweig (vgl. Bild 2.1 Allgemeiner Benchmarking-Prozess).

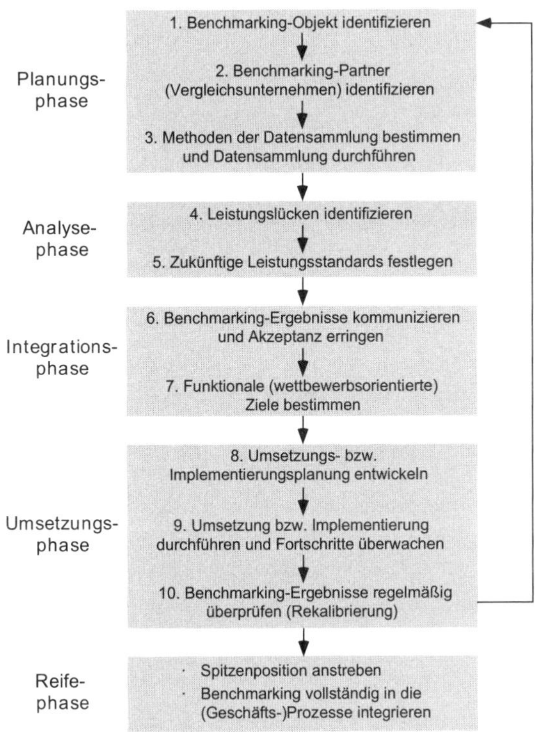

Bild 2.2 Benchmarking-Prozessschritte

Unabhängig von der Art des Benchmarkings lässt sich der grundsätzliche Ablauf des Benchmarking-Prozesses (vgl. Bild 2.2) in vier Phasen einteilen, die sich in zehn Einzelschritte untergliedern lassen, sowie eine abschließende Reifephase (Maturity). Die einzelnen Phasen werden im Folgenden kurz erläutert [Camp 94]:

- Planungsphase

  In den ersten drei Schritten werden das Benchmarking-Objekt, der Vergleichspartner und die Art der Datenerhebung festgelegt. Zunächst wird ein Benchmarking-Team aus üblicherweise sechs bis acht Personen gebildet, um die entsprechenden Aufgaben wahrzunehmen. Dieses ist interdisziplinär zu besetzen und mit den nötigen Entscheidungsbefugnissen sowie Zugriffsberechtigungen auf Daten und Informationen auszustatten. Als Benchmarking-Objekt kommt grundsätzlich jedes Produkt und jede Leistung infrage, sofern sich eine Bestmarke (Benchmark) im Sinne eines messbaren Leistungsstandards bestimmen lässt. Besonders sinnvoll sind hier Hauptprozesse bzw. -produkte, die Einfluss auf den Markterfolg des Unternehmens und damit auf die Kundenzufriedenheit haben. Bei der Auswahl des Vergleichspartners reicht es nicht unbedingt aus, sich mit den nächsten Wettbewerbern zu messen. In Abhängigkeit vom Benchmarking-Objekt ist anzustreben, sich mit den bestmöglichen Leistungen auf einem Gebiet zu vergleichen, also von einem exzellenten Vorbild, dem Klassenbesten, zu lernen.

- Analysephase

  Die Analyse dient dem sorgfältigen Verständnis des Benchmarking-Objektes und bezieht sich sowohl auf das eigene Unternehmen als auch auf die Benchmarking-Partner. Auf diese Weise werden Leistungslücken identifiziert und nach Möglichkeit durch Kennzahlen über Kosten-, Qualitäts- und Zeitaspekte dargestellt [Horváth/Herter 92]. Angestrebt wird aber nicht nur ein klares Bild der eigenen Leistung mit einer Einschätzung von Stärken und Schwächen. Zunächst müssen die Ursachen der Leistungslücken ermittelt und diese dann geschlossen werden. Weiterhin ist abzuschätzen, auf welchem Niveau sich die Leistungsstandards in Zukunft bewegen werden, um den Prozess der Ständigen Verbesserung gezielt ansetzen zu können (vgl. **Ständige Verbesserung**). Dabei ist zu berücksichtigen, dass Benchmarking nicht nur einfach einen Leistungsrückstand ermittelt, sondern vor allem aufzeigen will, wie Prozesse effektiver und effizienter gestaltet werden können.

- Integrationsphase

  In dieser Phase werden die Ergebnisse des Benchmarkings benutzt, um entsprechende Ziele zu setzen und zu operationalisieren. Der wichtigste Schritt ist dabei die klare und überzeugende Verdeutlichung der Analyseergebnisse gegenüber den anderen Mitarbeitern und der Unternehmensleitung. Wegen der oftmals notwendigen, weitreichenden Veränderungen ist es besonders bedeutsam, dass die Ergebnisse von allen Hierarchieebenen nicht nur zur Kenntnis genommen, sondern voll akzeptiert werden.

- Umsetzungsphase

  Vor dem Hintergrund der gesetzten Ziele werden in der Umsetzungsphase konkrete Maßnahmen festgelegt und Planungen zu ihrer Einführung entwickelt. Demgemäß erfolgt dann auch die Implementierung der neuen, aus den Benchmarking-Ergebnissen gewonnenen Verfahrensweisen im Unternehmen. In diesem Zusammenhang ist eine offene Kommunikation und Information über Fortschritte im Hinblick auf die Zielerreichung im Unternehmen besonders wichtig. Zur Umsetzung gehört ebenfalls eine periodische Messung und Überwachung des Erreichten mithilfe der identifizierten Kennzahlen sowie geeigneter Meilensteine. Ergänzend sollten die Benchmarking-Ergebnisse regelmäßig überprüft und ggf. aktualisiert werden (Rekalibrierung), da die Verfahrensweisen einer ständigen Veränderung und Verbesserung unterliegen.

- Reifephase (Perfektionierung)

  Die Rekalibrierung und schließlich permanente Durchführung des Benchmarkings ermöglicht es, die in dynamischen Märkten ständig entstehenden, neuen und weiter verbesserten Verfahren zu identifizieren und sich mit den neuen Klassenbesten zu vergleichen. Auf diese Weise wird es nicht nur möglich, selbst Klassenbester zu sein, sondern der Benchmarking-Prozess wird bis zu seiner Perfektionierung beherrscht. Durch diese vollständige Integration in die (Geschäfts-)Prozesse wird Benchmarking zu einem fortwährenden, sich selbst initiierenden Bestandteil des Unternehmensführungsprozesses.

Einschränkend ist jedoch festzuhalten, dass die lernende Umsetzung der Benchmarking-Ergebnisse zunächst eher vergangenheitsorientiert ist. Hier kommt der Abschätzung von zukünftigen Entwicklungen, wie sie in der Analysephase vorgenommen werden kann, eine besondere, eventuell sogar kompensierende Bedeutung zu [Burckhardt 93]. Grundsätzlich fraglich ist die sichere Identifikation eines Klassenbesten. Dies kann immer nur ein Herantasten an relativ gute Unternehmen sein. Die Unsicherheit über die absolute Güte bzw. das tatsächliche Leistungsniveau bleibt bestehen. Um diesen Umstand nach Möglichkeit auszugleichen, ist es sinnvoll, sich mit mehreren Benchmarking-Partnern zu vergleichen [Pieske 94].

Unter der Voraussetzung einer selbstkritischen Betrachtung der Produkte, Prozesse und Leistungen ermöglicht Benchmarking jedoch insgesamt erfolg- versprechende Veränderungen innerhalb eines Unternehmens. Durch permanentes Lernen von anderen wird die Wettbewerbsfähigkeit gesteigert und die Ständige Verbesserung gefördert (vgl. **Ständige Verbesserung**).

Literaturhinweise zur Vertiefung

Camp, R. C.:
Benchmarking.
Milwaukee/Wisc./USA: ASQC Quality Press 1989.
(Dt. Ausgabe: München: Carl Hanser Verlag 1994.)

Watson, G. H.:
Benchmarking – Vom Besten lernen.
Landsberg/Lech: Verlag Moderne Industrie 1993.

Siebert, G.; Kempf, S.:
Benchmarking.
In: Kamiske, G. F. (Hrsg.): Reihe Pocket Power.
3. Aufl., München: Carl Hanser Verlag 2008.

Mertens, K; Kohl, H. (Hrsg.):
Benchmarking.
2. Aufl., Düsseldorf: Symposion Publishing 2009.

Berliner TQM-Umsetzungsmodell

Das Berliner TQM-Umsetzungsmodell (Kurzform: Berliner TQM-Modell) bietet in einem modularen Aufbau direkte Handlungsempfehlungen für die Einführung, Realisierung und Stabilisierung von Total Quality Management im Unternehmen (vgl. **Total Quality Management**).

Das Umsetzungsmodell wurde vom Bereich Qualitätswissenschaft der Technischen Universität Berlin entwickelt und basiert auf dem Kriterienmodell der European Foundation for Quality Management (EFQM), das für die Verleihung des EFQM Excellence Award (EEA) zugrunde gelegt wird (vgl. **Qualitätsauszeichnungen, EFQM Excellence Award**). Zu jedem Kriterium des EFQM-Modells sind im Berliner TQM-Modell mehrere Module definiert, mit denen die der Bewertung dienenden Kriterien mit praktischen Maßnahmen hinterlegt werden [Radtke 97]. Dies verdeutlicht die grafische Darstellung des Berliner TQM-Modells, die von innen nach außen gelesen wird und einen Gesamtüberblick der einzelnen Module gibt (vgl. Bild 2.3).

Die TQM-Einführung beginnt mit der Meinungsbildung auf der Basis der sich entwickelnden Geisteshaltung, um eine fundierte Entscheidung zur Einführung von

TQM treffen zu können. Insbesondere die Führungskräfte des Unternehmens müssen in diesem frühen Stadium von der Notwendigkeit überzeugt und zu einem Bewusstseinswandel bereit sein. Ist die Entscheidung für TQM gefallen, so wird zunächst ein Startmodul durchlaufen mit folgenden Inhalten:

- Vermittlung der Grundeinstellung,
- Diskussion fördernder und hemmender Faktoren,
- Ausarbeitung einer unternehmensspezifischen Zielsetzung,
- Gründung eines Steuerkreises.

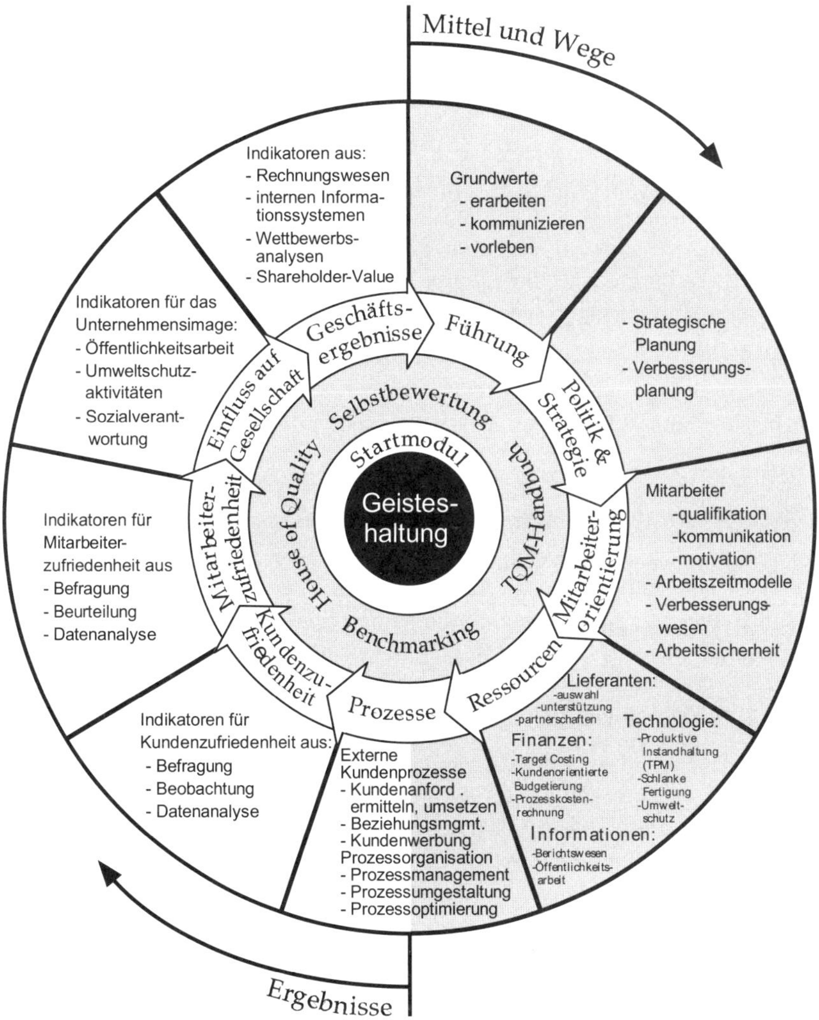

Bild 2.3 Das modulare Berliner TQM-Umsetzungsmodell

Zur Standort- und Positionsbestimmung schließt sich eine Selbstbewertung (Self-Assessment) des Unternehmens an (vgl. **Selbstbewertung**). Diese kann noch durch ein Benchmarking unterstützt werden (vgl. **Benchmarking**). Dieser Vergleich mit Wettbewerbern hilft, eine klare Zielvorstellung für den Ablauf der TQM-Einführung zu erhalten.

Eine besondere Bedeutung kommt der folgenden Auswahl der Module zu. Mithilfe eines House of Quality (HoQ), des Instrumentes des Quality Function Deployment (QFD), können Prioritäten unter den Modulen gebildet werden, die sich nach den Ergebnissen der Selbstbewertung richten (vgl. **Quality Function Deployment**). Die TQM-Umsetzung wird somit planbar, da nicht nur die ersten Maßnahmen festgelegt werden, sondern auch die Folgeschritte ausgewählt werden können und in ihrem zeitlichen Ablauf, z. B. in einem Netzplan, darstellbar sind. Nachdem die Arbeitspakete der Module bearbeitet wurden, erfolgt zur Stabilisierung und zur besseren Integration in die Tagesarbeit die Dokumentation der Ergebnisse in einem TQM-Handbuch. Der Ablauf der TQM-Einführung bildet dabei einen kontinuierlichen Kreislauf, da in regelmäßigen Abständen eine erneute Selbstbewertung durchgeführt wird.

Im Rahmen des Berliner TQM-Modells wird ein Modul als ein inhaltlich abgegrenztes Teilgebiet auf dem Weg zu TQM bestimmt. Es besitzt keinen zeitlichen Endtermin und steht mit anderen Modulen in mehr oder weniger starken Wechselbeziehungen. Das Berliner TQM-Umsetzungsmodell ist jederzeit um weitere Module erweiterbar und somit offen für unternehmensindividuelle Lösungen.

Das Berliner TQM-Modell definiert Module als operative Einheiten, die nach folgenden Merkmalen bestimmt sind:

- Modulinhalt: zur thematischen Abgrenzung,
- Modulzweck: zur Nutzenbestimmung unter Berücksichtigung der Wirtschaftlichkeit der jeweiligen Maßnahmen und ihres Beitrages zur Zielerreichung,
- Vorgehensweise: mit Hilfen und Anregungen in Form von Arbeitspaketen.

Module und Arbeitspakete bilden somit auf der Basis der Kriterien des EFQM-Modells den operativen Schwerpunkt des Berliner TQM-Modells.

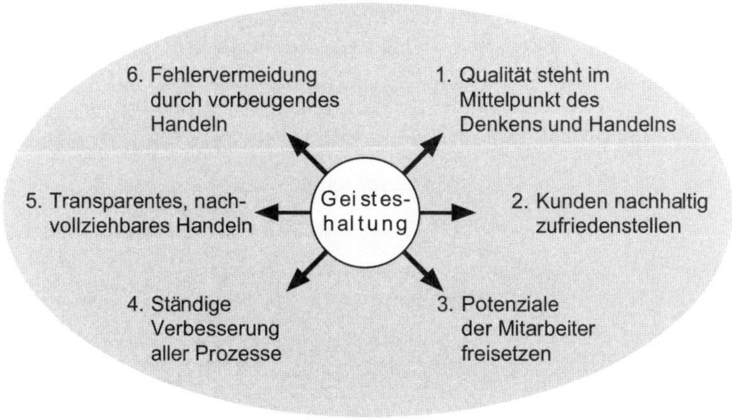

Bild 2.4 Dimensionen der Geisteshaltung zu TQM

Im Zentrum des Berliner TQM-Modells steht die Geisteshaltung, verstanden als die Grundeinstellung im Sinne einer grundlegenden stabilen Disposition oder Bereitschaft, TQM in positiver Weise zu bewerten und umzusetzen (Handlungskomponente). Diese muss von allen Mitgliedern der Organisation – allen voran den Führungskräften – verinnerlicht und gelebt werden. Die stabile Grundeinstellung, durch die alle Module zusammengehalten werden, drückt sich durch die in Wechselbeziehung zueinander stehenden sechs Aspekte bzw. Dimensionen aus (vgl. Bild 2.4):

- Qualität steht im Mittelpunkt des Denkens und Handelns

  Die Sichtweise, dass Qualität im Mittelpunkt aller geschäftlichen Tätigkeiten steht, muss im Denken und Handeln aller Mitarbeiter im Unternehmen verankert sein. Produktivität muss als logische Folge von Qualität angesehen werden. Das magische Dreieck aus Qualität, Zeit und Kosten wird zugunsten des mehrdimensionalen Qualitätsbegriffs aufgelöst (vgl. **Qualität/Qualitätsbegriff**). Qualität bezieht sich dabei auf das Erreichen aller geschäftlichen Ziele.

- Kunden nachhaltig zufriedenstellen

  Alle Mitarbeiter der Organisation müssen in internen und externen Kunden-Lieferanten-Beziehungen denken und auch handeln. Wertschöpfung findet nur dort statt, wo Nutzen für den Kunden entsteht oder erhöht wird. Daher müssen alle Prozesse des Unternehmens auf die Erzielung von Kundennutzen ausgerichtet werden (vgl. **Kundenorientierung**).

- Potenziale der Mitarbeiter freisetzen

  Die Mitarbeiter benötigen gemeinsame Zielvereinbarungen mit dem Management, um ihre Arbeit ordnungsgemäß ausführen zu können. Darüber hinaus müssen geistige Potenziale gefördert und genutzt werden. In Verbindung mit erhöhter Eigenverantwortlichkeit der Mitarbeiter gewinnt das Unternehmen an innerer Kraft. Auch wird dadurch die Motivation der Mitarbeiter erhöht und die Abwesenheit gesenkt (vgl. **Mitarbeiterorientierung**).

- Ständige Verbesserung aller Prozesse

  Alle Prozesse und Tätigkeiten im gesamten Unternehmen müssen einer Ständigen Verbesserung unterzogen werden. Dabei ist zunächst mit dem Lösen der täglichen Probleme zu beginnen. Weitere Schritte sind die Verbesserung der Prozesse und schließlich die Optimierung des gesamten Systems. Dabei muss durch ständige Anwendung des PDCA-Prinzips (Plan-Do-Check-Act) nach W. Edwards Deming aus vorherigen Fehlern gelernt werden (vgl. **Deming**, **Ständige Verbesserung**).

- Transparentes, nachvollziehbares Handeln

  Durch ein verständliches und systematisches Handeln sollen Entscheidungen rational erfolgen und nachvollziehbar und transparent gemacht werden. Für Entscheidungen müssen die nötigen Informationen und Daten als Entscheidungsgrundlage zur Verfügung stehen. Dies ist eine Voraussetzung für die Ständige Verbesserung im Sinne des PDCA-Zyklus.

- Fehlernvermeidung durch vorbeugendes Handeln

  Das Lösen von täglichen Problemen erfordert einen hohen Zeitaufwand. Werden dagegen Probleme von vornherein vermieden, so können erhebliche Zeiteinsparungen realisiert werden.

Die Potenziale von TQM können nur durch die verstärkte Einbeziehung der Mitarbeiter gehoben werden. Zielorientiert und zugleich partizipativ führen zu können, ist die hohe Kunst eines erfolgreichen Coachs. Mitarbeiter auch der operativen Ebene dürfen ihre Kreativität einbringen. Mitdenken und Mitgestalten bietet einerseits mehr Erfüllung, andererseits wird das Arbeitsleben weniger bequem, denn Ständige Verbesserung bedeutet auch ständige Veränderung.

Literaturhinweise zur Vertiefung

Kamiske, G. F.:
Qualitätswissenschaft für Manager.
2. Aufl., Norderstedt: BoD Verlag 2006.

Bläsing, J. P. (Hrsg.):
Total Business Excellence.
Ulm: TQU Verlag 1996.

Hummel, Th.; Malorny, Chr.:
Total Quality Management.
In: Kamiske, G. F. (Hrsg.): Reihe Pocket Power.
3. Aufl., München: Carl Hanser Verlag 2002.

Kamiske, G. F. (Hrsg.):
Der Weg zur Spitze. Business Excellence durch Total Quality Management – der Leitfaden.
2. Aufl., München: Carl Hanser Verlag 2000.

Kamiske, G. F. (Hrsg.):
Unternehmenserfolg durch Excellence.
München: Carl Hanser Verlag 2000.

Beschwerdemanagement

Im Zusammenhang mit der Ausrichtung an den Wünschen und Anforderungen der Kunden (Kundenorientierung) können unter Beschwerdemanagement die Planung, Durchführung und Kontrolle aller Maßnahmen verstanden werden, die ein Unternehmen im Zusammenhang mit Beschwerden ergreift [Stauss/Seidel 07] (vgl. **Kundenorientierung**, **Reklamationsmanagement und 8D-Report**).

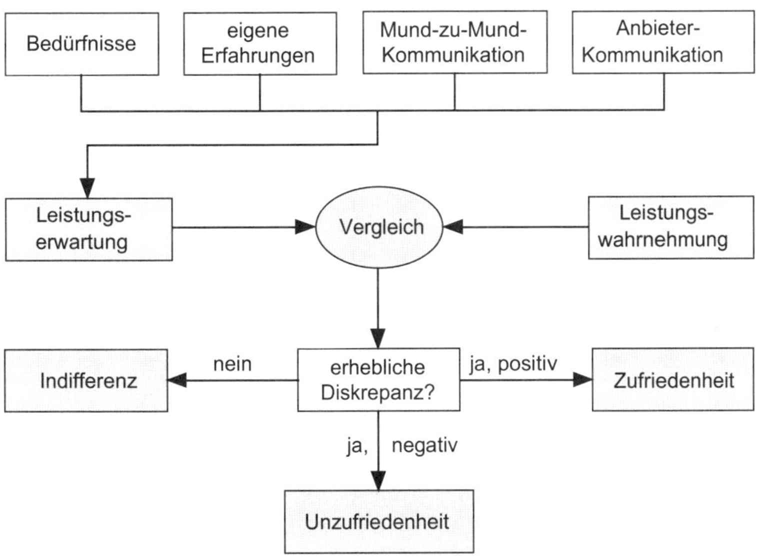

Bild 2.5 Unzufriedenheit als Diskrepanz zwischen erwarteter und erlebter Leistung

Beschwerden können im weitesten Sinne als Artikulationen von Unzufriedenheit gegenüber einem Unternehmen oder Dritten aufgefasst werden. Zweck von Beschwerden ist es, auf ein subjektiv als schädigend empfundenes Verhalten eines Anbieters aufmerksam zu machen, Wiedergutmachung für erlittene Beeinträchtigung zu erreichen und/oder eine Änderung des kritisierten Verhaltens zu bewirken.

Unzufriedenheit als Ursache für Beschwerden wird in der Regel, wie auch Zufriedenheit, als Folge einer wahrgenommenen Diskrepanz zwischen erwarteter und erlebter Leistung beschrieben [Oliver 80, Hill 86]. Demnach entwickeln Kunden gegenüber Marktangeboten bestimmte Erwartungen, die in Abhängigkeit von den jeweiligen Bedürfnissen stehen und auch von den bisherigen Erfahrungen beeinflusst werden. Im Prozess des Gebrauchs von Produkten bzw. der Nutzung von Dienstleistungen nimmt der Kunde die tatsächliche Leistung wahr und vergleicht diese mit seinen Erwartungen. Tritt hier eine erhebliche negative Diskrepanz auf, entsteht Unzufriedenheit (vgl. Bild 2.5) [Stauss/Seidel 07].

Ziel des Beschwerdemanagements ist es, die Kundenzufriedenheit wiederherzustellen und damit die negativen Auswirkungen von Kundenunzufriedenheit auf das Unternehmen zu senken. Gleichzeitig sollen die in Beschwerden enthaltenen Hinweise auf betriebliche Schwächen identifiziert und als Verbesserungspotenzial genutzt werden (vgl. **Ständige Verbesserung**). Dies führt auch zur Einsparung von Kosten, indem aufgetretene Fehler, die Anlass zu Beschwerden gegeben haben, zukünftig vermieden werden können.

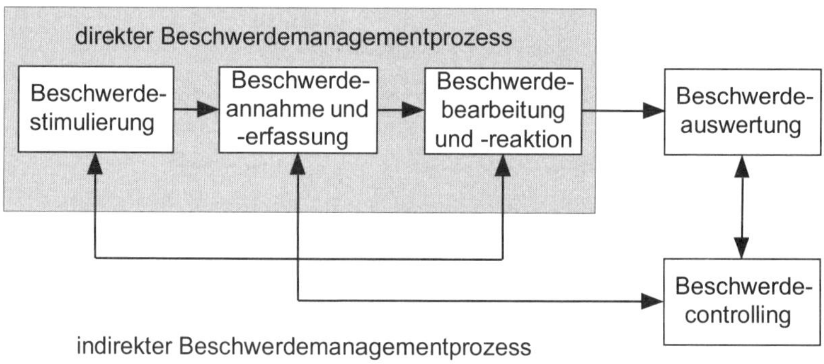

Bild 2.6 Beschwerdemanagementprozess

Zur Erreichung dieser Zielsetzung unterteilt sich der Gesamtprozess des Beschwerdemanagements in einen direkten und einen indirekten Teilprozess (vgl. Bild 2.6) [Stauss/Seidel 07]. Am direkten Beschwerdemanagementprozess ist der Kunde unmittelbar beteiligt. Primäres Ziel ist es, die Unzufriedenheit zu beseitigen, indem folgende Aufgaben wahrgenommen werden:

- Beschwerdestimulierung

  Unzufriedene Kunden sollen dazu bewegt werden, die von ihnen wahrgenommenen Probleme gegenüber dem Unternehmen zu äußern. Es sind also Maßnahmen zu treffen, damit die Beschwerde persönlich-mündlich, telefonisch oder schriftlich von einer zuständigen Person oder Stelle entgegengenommen werden kann. Weiterhin müssen diese Beschwerdewege in geeigneter Form kommuniziert werden, damit unzufriedene Kunden das Unternehmen erreichen und ihre Beschwerde unterbreiten. Unbedingt vermieden werden soll die „Abstimmung mit den Füßen“, d. h. der Kunde wechselt stillschweigend zu einem anderen Hersteller oder Anbieter.

- Beschwerdeannahme und -erfassung

  Nachdem der Kunde seine Beschwerde mitgeteilt hat, ist es Aufgabe des Beschwerdemanagements, die Unzufriedenheit in der unmittelbaren Reaktion (Erstkontakt) nach Möglichkeit abzubauen. Der die Beschwerde annehmende Mitarbeiter muss über den weiteren Beschwerdeweg Auskunft geben können und zur Beruhigung der Situation beitragen. Darüber hinaus sollte eine unmittelbare Lösung angestrebt oder zumindest die verlässliche Weiterleitung der Beschwerde an die zuständige Stelle gewährleistet werden. Hierbei ist es sinnvoll, das vom Kunden vorgebrachte Problem vollständig und strukturiert aufzunehmen, um so die spätere Bearbeitung zu erleichtern.

- Beschwerdebearbeitung und -reaktion

  Die Beschwerdebearbeitung ist vor allem ein unternehmensinterner Prozess, der neben der Lösung des Problems als solches auch die Festlegung von Verantwortlichen, von Bearbeitungsterminen sowie von Mechanismen zur Terminüberwachung beinhaltet. Die Fortschritte bei der eigentlichen Bearbeitung müssen jedoch dem beschwerdeführenden Kunden als Reaktion des Unternehmens kommuniziert werden. Hier ist festzulegen, welche Rückmeldungen (z. B. Eingangsbestätigung und/ oder Zwischenbescheid) in welcher Form (persönlich-mündlich, telefonisch oder schriftlich) gegeben werden sollen. Ebenso ist zu klären, in welchen Zeiträumen diese Beschwerdereaktion zu erfolgen hat.

Mit der Lösung des Problems und der kurzfristigen Rückmeldung an den Kunden ist der direkte Teil des Beschwerdemanagementprozesses abgeschlossen. Darüber hinaus gibt es weitere Teilaufgaben, die sich gegenüber Kunden erst nach weiteren Planungs-, Entscheidungs- und Handlungsabläufen auswirken. An diesem indirekten Teilprozess des Beschwerdemanagements ist der Kunde nur mittelbar beteiligt. Das Ziel besteht darin, die Beschwerdeinformationen für den kontinuierlichen Verbesserungsprozess zu nutzen (vgl. **Ständige Verbesserung**):

- Beschwerdeauswertung

  Jede erste Beschwerde zu einem Kriterium ist möglicherweise ein Frühindikator und sollte sehr ernst genommen werden. Mitunter stellen Beschwerden auch statistische Größen dar. Dann erfolgt die Auswertung eingegangener Kundenbeschwerden zunächst quantitativ. Dabei werden neben Umfang und Verteilung des Beschwerdeaufkommens auch mögliche Schwerpunkte bei den von Kunden wahrgenommenen Problemen ermittelt. Im Rahmen der qualitativen Beschwerdeauswertung wird eine systematische Ursachenanalyse betrieben, um auf dieser Basis Maßnahmen zur gezielten Verbesserung sowie zur vorbeugenden Fehlervermeidung ergreifen zu können.

- Beschwerde-Controlling

  Um die Wirkung sowie den Nutzen des Beschwerdemanagements zu überprüfen, lassen sich Leistungsindikatoren wie Geschwindigkeit der Beschwerdebearbeitung festlegen oder Beschwerdezufriedenheitsbefragungen durchführen. Das Verhältnis von Kosten und Nutzen eines Beschwerdemanagements sollte regelmäßig einer kritischen Betrachtung unterzogen werden. Hier ist jedoch Vorsicht geboten, da sich der Grad der Zufriedenheit von Kunden weitgehend der betriebswirtschaftlichen Rechnung entzieht [Deming 86].

Im Zuge von umfassenden Managementansätzen wie Total Quality Management sind viele Unternehmen richtigerweise von einer nachträglichen Kontrolle und Korrektur zu einer vorbeugenden Fehlervermeidung übergegangen. Die Zielsetzung von hoher Qualität und „Null-Fehler“ ist vor diesem Hintergrund richtig und erstrebenswert. Jedoch darf daraus nicht die Schlussfolgerung abgeleitet werden, dass Beschwerden unangebrachte Kritik an der Unternehmensleistung wären. Letztlich zählt die Beurteilung durch den Kunden mehr als die Übereinstimmung mit technischen Standards. Aus diesem Grunde haben auch Beschwerden eine besondere Bedeutung, weil sie Hinweise auf Verbesserungspotenzial aus Kundensicht liefern.

Literaturhinweise zur Vertiefung

Stauss, B.; Seidel, W.:
Beschwerdemanagement.
4. Aufl., München: Carl Hanser Verlag 2007.

Bellabarba, A.; Radtke, Ph.; Wilmes, D.:
Management von Kundenbeziehungen.
In: Kamiske, G. F. (Hrsg.): Reihe Pocket Power.
2. Aufl., München: Carl Hanser Verlag 2002.

CE-Kennzeichnung

Die CE-Kennzeichnung ist ein Konformitätszeichen für Erzeugnisse, die den technischen Harmonisierungsrichtlinien der Europäischen Union (Europäische Gemeinschaft) gerecht werden und dadurch im europäischen Binnenmarkt in den Verkehr gebracht werden dürfen. Ein Hersteller, dessen Erzeugnisse der Kennzeichnungspflicht unterliegen, erklärt mit dem Anbringen der CE-Kennzeichnung gegenüber der Gewerbeaufsicht die Konformität mit allen für sein Produkt gültigen Vorschriften, insbesondere mit den bisher erlassenen CE-Kennzeichnungsrichtlinien.

CE

Bild 2.7 Schriftbild der CE-Kennzeichnung

Die Abkürzung CE steht dabei für „**C**ommunauté **E**uropéenne“ (Europäische Gemeinschaft) und wird auch als Symbol zur Aufbringung auf die Erzeugnisse verwendet (vgl. Bild 2.7) [EG 90]. Die CE-Kennzeichnung erfüllt damit die Funktion eines EG-Freihandelszeichens, das den Behörden die Marktüberwachung erleichtern soll und Erzeugnisse ausweist, die den gemeinsamen Regeln entsprechen und die erforderlichen Prüfungen bestanden haben. Zu den Waren, die bereits kennzeichnungspflichtig sind, zählen u. a. einfache Druckbehälter, Spielzeug, Maschinen, Bauprodukte und Telekommunikationsendgeräte.

In den Harmonisierungsrichtlinien der Europäischen Union (Europäische Gemeinschaft) sind für alle Mitgliedsstaaten einheitliche Anforderungen an bestimmte Produktgruppen vereinbart. Diese Anforderungen beschreiben grundlegende Schutzziele für den Benutzer und Verbraucher hinsichtlich der technischen Sicherheit, des Gesundheits- sowie des Arbeits- und Umweltschutzes. Weiterhin ist in den Richtlinien geregelt, welche Verfahren anzuwenden sind, um die Übereinstimmung der Produktmerkmale mit den vorgeschriebenen Anforderungen nachzuweisen. Dieser Vorgang wird Konformitätsbewertung genannt.

Die Verfahren zur Konformitätsbewertung sind in ein System von Prüfbausteinen unterteilt, die als Module bezeichnet werden (vgl. Bild 2.8) [EG 90]. Die Anforderungen der Module bewegen sich von einer einfachen Konformitätserklärung des Herstellers bis zu einem umfassenden, zugelassenen (zertifizierten) Qualitätsmanagementsystem (vgl. **Qualitätsmanagementsystem**, **Zertifizierung**). Welche der Module für den einzelnen Hersteller zutreffen, ist in den jeweiligen Richtlinien festgelegt und richtet sich u. a. nach der Produktart und den von dem Produkt ausgehenden Gefährdungen. Der Hersteller hat die Wahlmöglichkeit zwischen mehreren Modulen, um so auch ohne Vorhandensein eines Qualitätsmanagementsystems arbeiten zu können.

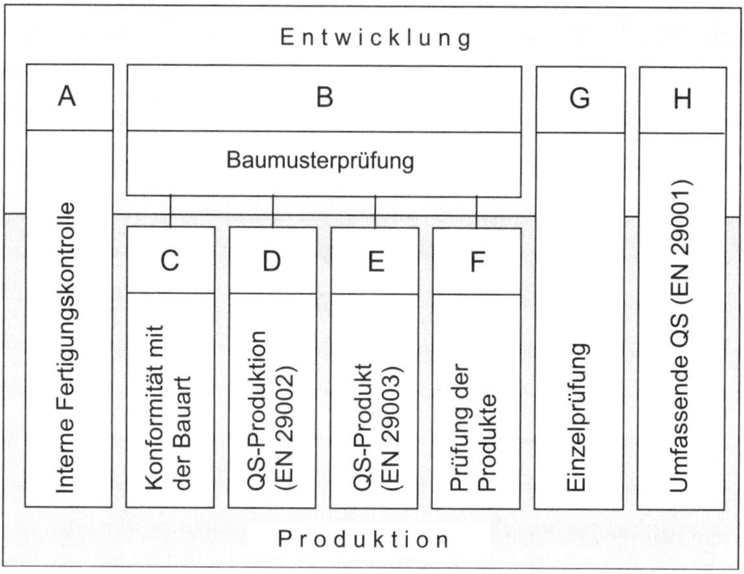

Bild 2.8 Konformitätsbewertungsverfahren (Modulsystem)

In der Regel muss ein Produkt sowohl in der Entwicklungs- als auch in der Produktionsphase auf Konformität überprüft werden. Für einfache Produkte mit geringen Sicherheitsanforderungen reicht die Erklärung des Herstellers aus, damit dieser die CE-Kennzeichnung anbringen darf (Modul A). Bei komplexen Erzeugnissen mit höheren Schutz- und Sicherheitsanforderungen muss eine der Europäischen Gemeinschaft gemeldete Prüfstelle (akkreditierte Zertifizierungsstelle) eingeschaltet werden (Module B bis H). Diese prüft die Konformitätserklärung des Herstellers und begutachtet das in den Modulen D, E und H geforderte Qualitätsmanagementsystem. Bei den Modulen F und G, die kein zertifiziertes Qualitätsmanagementsystem voraussetzen, stellt die Prüfstelle eine Konformitätsbescheinigung aus. Die Inhalte der Module im Einzelnen werden nachfolgend kurz skizziert:

- Modul A (Interne Fertigungskontrolle)

  Der Hersteller gibt ohne Hinzuziehung Dritter eine Konformitätserklärung ab.

- Modul B (Baumusterprüfung)

  Der Hersteller lässt in der Entwicklungsphase eine Baumusterprüfung von einer anerkannten Prüfstelle durchführen. Die Module C bis F müssen zusätzlich angewendet werden.

- Modul C (Konformität mit der Bauart)

  Der Hersteller gibt aufgrund der Baumusterprüfung eine Konformitätserklärung ab.

- Modul D (Qualitätssicherung Produktion)

  Der Hersteller gibt aufgrund der Baumusterprüfung eine Konformitätserklärung ab und unterhält ein zertifiziertes Qualitätsmanagementsystem für Produktion und Prüfung gemäß DIN EN ISO 9002:1994).

- Modul E (Qualitätssicherung Produkt)

  Der Hersteller gibt aufgrund der Baumusterprüfung eine Konformitätserklärung ab und unterhält ein zertifiziertes Qualitätsmanagementsystem für Überwachung und Prüfung gemäß DIN EN ISO 9001.

- Modul F (Prüfung der Produkte)

  Der Hersteller lässt sein Produkt nach erfolgter Baumusterprüfung noch einer Typprüfung am fertigen Erzeugnis unterziehen.

- Modul G (Einzelprüfung)

  Der Hersteller lässt sein Produkt einer Typprüfung am fertigen Erzeugnis unterziehen.

- Modul H (Umfassende Qualitätssicherung)

  Der Hersteller erklärt die Konformität auf der Basis eines umfassenden Qualitätsmanagementsystems gemäß DIN EN ISO 9001.

Da ein zertifiziertes Qualitätsmanagementsystem bei mehreren Modulen vorgeschrieben ist, kommt einer qualitätsgeführten Entwicklung und Produktion einige Bedeutung zu. Dennoch ist die CE-Kennzeichnung in erster Linie ein Behördenzeichen, das Richtlinienkonformität bescheinigt. Obwohl es vielfach durch den Verbraucher so angesehen wird, ist die CE-Kennzeichnung kein Qualitäts- oder Sicherheitszeichen.

Literaturhinweise zur Vertiefung

Berghaus, H.; Langner, D.; Klindt, T. (Hrsg.):
Das CE-Zeichen.
27. Ergänzungslieferung, München: Carl Hanser Verlag 2010.

Hahn, H. P.:
CE-Kennzeichnung leicht gemacht.
2. Aufl., München: Carl Hanser Verlag 1996.

Change Management

Change Management bedeutet Planung und Realisierung von zum Teil tiefgreifenden Veränderungen. Dieses ist als ein kontinuierlicher Prozess zu sehen, sowohl auf persönlicher als auch besonders auf unternehmerischer Ebene. Ziel ist die Änderung von menschlichen Verhaltensmustern und Fähigkeiten, um aus eingefahrenen und nicht weiterführenden Gleisen herauszukommen. Change Management bedeutet somit geplante Veränderung auf der Basis von bewusst getroffenen Entscheidungen anstelle von ungeplantem Wandel mit Wildwuchs.

Von den Managementkonzepten, die das Change Management enthalten, sei hier das Total Quality Management (TQM) als ganzheitliches System hervorgehoben. Dieser Ansatz verfolgt das Ziel der Business Excellence und setzt Qualität als Mittel dafür ein (vgl. **Total Quality Management, Qualität**) .

Veränderungsprozesse laufen – da sie die menschliche Akzeptanz und Einsicht benötigen – nicht geradlinig ab, sondern intervallartig. Erfolgreich sind heute solche Unternehmen, die sich am schnellsten auf neue Herausforderungen einstellen können. Dazu sind bewusste, von der Organisation geplante und initiierte Lern- und Veränderungsprozesse notwendig, mit dem Ziel der Effizienzsteigerung. Mit dem Ablauf dieser Prozesse eng verbunden ist die Fähigkeit der Menschen in der jeweiligen Organisation, ihr eigenes Verhalten im Unternehmenszusammenhang zu reflektieren.

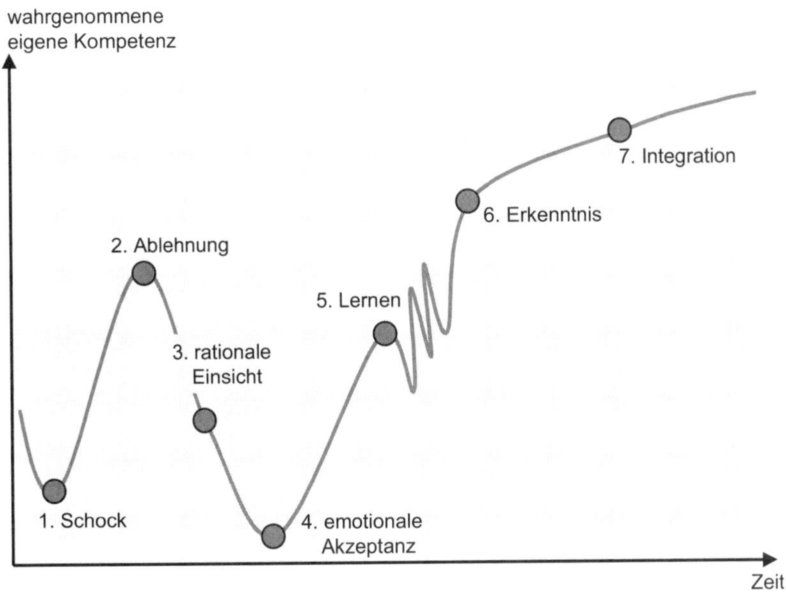

Bild 2.9 Phasen von Veränderungsprozessen

Der dadurch ausgelöste tiefgreifende Veränderungsprozess vollzieht sich in sieben typischen Phasen (vgl. Bild 2.9) [Kostka/Mönch 05]. Nach der gefühlsmäßigen ersten Ablehnung erfolgt bei entsprechender Begründung zunächst die rationale Einsicht und dann die emotionale Akzeptanz. Nun erst kann die Veränderung in die Denk- und Verhaltensweisen der Menschen integriert werden. Dabei werden schließlich sachliche Umsetzungen eher unbewusst denn angelernt vollzogen.

Widerstände gegen Verbesserungen bzw. Veränderungen generell können darin begründet sein, dass Betroffene Furcht vor den Folgen haben. Gute Kommunikation und eine faire Personalplanung können hier Ängste und damit Widerstände vermeiden. In der Praxis bleiben die Ergebnisse von Veränderungsprozessen regelmäßig hinter ihren Erwartungen und Zielen zurück. Die Gründe dafür liegen meist nicht in sachlich-fachlichen Aspekten, sondern in mental-kulturellen Barrieren:

- Fehlendes bzw. mangelndes Problembewusstsein,
- fehlendes Netzwerk zwischen den Veränderern,
- keine klare Vision,
- fehlende Vorbildwirkung der Führungskräfte und das Beharren auf Altbewährtem,
- mentale Blockaden wie Angst vor Macht- und Prestigeverlust,
- kurzfristige Erfolgsorientierung ohne langfristige Zielorientierung,

- Inkonsequenz in Konzeptverständnis und -umsetzung,
- Veränderungsmentalität bzw. -bereitschaft nicht in die Unternehmenskultur integriert.

Somit stellt die Gestaltung von Change Management besonders an die Führungskräfte sehr komplexe Anforderungen. Zusätzlich zur Fach- und Sachebene müssen also auch die mental-kulturellen Gegebenheiten und Belange der Menschen in der Organisation berücksichtigt werden. Grundsätzlich kann unternehmensweites Change Management nur von der Unternehmensleitung ausgehen. Vorrangiges Ziel wird hier die Verbesserung der Wettbewerbsfähigkeit sein. Dafür kann beispielsweise eine Änderung der Unternehmensstruktur nötig sein, die Erschließung neuer Geschäftsfelder oder Kundenstämme. Um die Veränderung durch die Hierarchie zu tragen und ihr Bestand zu geben, müssen die Mitarbeiter in jeder Ebene „mitgenommen“ werden. Dafür ist ein strategisch angelegtes Stufenprogramm zu empfehlen [Kostka/Mönch 05]:

1. Bewusstsein für dringenden Veränderungsbedarf schaffen.
2. Visionär führen und Strategien mit messbarem Ergebnis entwickeln.
3. Vision und Strategie kommunizieren.
4. Kurzfristig sichtbare Erfolge planen.
5. Prozessorientierte Steuerung der Veränderung durch Mitarbeiter.
6. Erfolge konsolidieren und Veränderung institutionalisieren.
7. Neue Verhaltensweise kultivieren.

Tiefgreifende Veränderungen können also nicht von einzelnen heldenhaften Persönlichkeiten herbeigeführt werden. Vielmehr ist die Mitwirkung von jedem einzelnen Mitarbeiter erforderlich. Nur begeisterte Mitarbeiter sind bereit und in der Lage, neue Ideen schnell umzusetzen und in der Anwendung auszugestalten.

Literaturhinweise zur Vertiefung

Kamiske, G. F.:
Qualitätswissenschaft für Manager.
2. Aufl., Norderstedt: BoD Verlag 2006.

Kostka, C.; Mönch, A.:
Change Management.
In: Kamiske, G. F. (Hrsg.): Reihe Pocket Power.
3. Aufl., München: Carl Hanser Verlag 2005.

Company-Wide Quality Control (CWQC)

Company-Wide Quality Control umfasst alle qualitätsrelevanten Aktivitäten innerhalb eines Unternehmens, wobei sämtliche Mitarbeiter auf allen Hierarchieebenen einbezogen werden. Alle Tätigkeiten im Produktentstehungsprozess haben dabei die Erfüllung der Kundenanforderungen zum Ziel.

Der Japaner Ishikawa stellte dieses mitarbeiterorientierte Konzept für die unternehmensweite Qualitätsarbeit vor, welches er aufbauend auf den Arbeiten von Deming Edwards, Juran und besonders Feigenbaum.; sowie seinen eigenen Erfahrungen entwickelt hatte (vgl. **Deming**, **Feigenbaum**, **Ishikawa**, **Juran**). Wegen der starken Anlehnung an das von Feigenbaum aufgestellte, eher von amerikanischen Vorstellungen geprägte Total Quality Control-Konzept (TQC) wurde Ishikawas Ansatz zunächst unter dem gleichen Namen als japanische Ausprägung bekannt [Ishikawa 89] (vgl. **Total Quality Control**). Zwischen diesen beiden Konzepten bestehen jedoch einige nicht zu vernachlässigende Unterschiede, die schließlich dazu führten, dass 1968 der japanische Ansatz von Ishikawa zur besseren Unterscheidung als Company-Wide Quality Control (CWQC) bezeichnet wurde.

Die dem Company-Wide Quality Control-Konzept zugrunde liegende Qualitätsphilosophie von Ishikawa lässt sich zu den folgenden Kernaussagen verdichten:

- Qualität ist wichtiger als kurzfristiger Gewinn.
- Kundenorientierung der Qualitätspolitik im gesamten Produktentstehungsprozess (vgl. **Kundenorientierung**).
- Aufbau von Kunden-Lieferanten-Beziehungen im gesamten Unternehmen.
- Verwendung von Daten und Fakten mithilfe statistischer Methoden (vgl. **Statistische Prozessregelung**).
- Berücksichtigung von humanitären und sozialen Gesichtspunkten.
- Einbeziehung und Mitwirkung sämtlicher Mitarbeiter, vom Management bis zur ausführenden Ebene (vgl. **Mitarbeiterorientierung**).
- Einführung von Qualitätszirkeln auf allen Hierarchieebenen (vgl. **Qualitätszirkel**).

Ishikawa sieht den wichtigsten Unterschied zwischen dem japanischen Company-Wide Quality Control und dem amerikanischen Total Quality Control darin, dass in Japan bei der Einführung eines solchen unternehmensweiten Qualitätskonzeptes eine Teilnahme sämtlicher Mitarbeiter des jeweiligen Unternehmens vorliegt. Von besonderer Bedeutung ist außerdem, dass die Qualitätsaufgaben nicht nur von einer speziellen Abteilung wahrgenommen werden sollen, sondern jeder Mitarbeiter im Rahmen seiner Möglichkeiten dafür zuständig und verantwortlich ist (vgl. **Mitarbeiterorientierung**). Weitere Unterschiede liegen in der gezielten Anwendung von Qualitätszirkeln auf allen Hierarchieebenen, der Betrachtung des jeweils nachfolgenden Arbeitsprozesses als Kunde und dem umfangreichen Einsatz von Schulungsprogrammen im Rahmen von Company-Wide Quality Control (vgl. **Qualitätszirkel**).

In diesem Sinne kann man also Company-Wide Quality Control nach Ishikawa als eine Weiterentwicklung des Total Quality Control-Ansatzes von Feigenbaum betrachten. In letzter Zeit wird ein Qualitätskonzept für das gesamte Unternehmen verstärkt diskutiert und setzt sich immer mehr durch, welches wiederum die Elemente von Company-Wide Quality Control integriert und darüber hinausgeht. Dieses neue Konzept wird als Total Quality Management (TQM) bezeichnet und beinhaltet neben der konsequenten Anwendung der Methoden des Quality Engineering besonders die Einbeziehung der Qualität in die obersten Unternehmensziele (vgl. **Total Quality Management**, **Simultaneous Engineering und Quality Engineering**).

Die synonyme Verwendung von Company-Wide Quality Control und Total Quality Control erscheint aufgrund der vorstehenden Ausführungen nicht angebracht.

Literaturhinweis zur Vertiefung

Ishikawa, K.:
Guide to Quality Control.
Tokyo/Japan: Asian Productivity Organization 1980.

Computer Aided Quality Management (CAQ)

Unter Computer Aided Quality Management versteht man die EDV-unterstützte Festlegung der Qualitätspolitik und deren Ziele sowie die rechnerunterstützten qualitätsbezogenen Maßnahmen zur Planung, Lenkung, Sicherung und Verbesserung im Unternehmen. Damit wird der gesamte Produktionsprozess begleitet, womit alle operativen und dienstleistenden Bereiche einbezogen sind.

Dabei ist Quality Management (Qualitätsmanagement) der Oberbegriff (vgl. **DIN EN ISO 9001:2008, Qualitätsmanagement und Qualitätssicherung**). Qualitätssicherung ist eine Untermenge – die auf Qualitätssicherung bezogene EDV-Unterstützung wird entsprechend Computer Aided Quality Assurance genannt. Die folgenden Ausführungen beziehen sich exemplarisch auf den Bereich Qualitätssicherung. Im engeren Sinne ist hier zu differenzieren zwischen der Installation einzelner CAQ-Funktionen und einem kompletten CAQ-System. Die Rechnerunterstützung isolierter Qualitätsfunktionen ohne informationstechnische Anbindung an andere Funktionen im Bereich der Qualität führt zu Insellösungen, deren Effektivität hinter den bestehenden Möglichkeiten zurückbleibt. Auf diese Weise werden verstreute Qualitätsinformationssysteme geschaffen, die lediglich die Aufgaben einer rechnerunterstützten Informationsbeschaffung, -verarbeitung und -bereitstellung von relevanten Daten aus bestimmten Teilbereichen erfüllen können. Es fehlt hier an der Vollständigkeit einer aufbau- und ablauforganisatorischen Gestaltung zur Verknüpfung der einzelnen Funktionen im Hinblick auf ein rechnergestütztes Qualitätsmanagementsystem (vgl. **Qualitätsmanagementsystem**). Demnach schafft erst die organisatorische und datenmäßige Verbindung verschiedener CAQ-Funktionen ein ganzheitliches CAQ-System. Mögliche Funktionen bzw. Komponenten eines CAQ-Systems werden im Folgenden kurz aufgeführt, die jeweiligen Aufgaben sind stichwortartig umrissen:

- Prüfplanung

  Stammprüfplanverwaltung, Prüfauftragsplanung und -erstellung, Prüfauftragsverwaltung.

- Qualitätsnachweise

  Wareneingangsprüfung, fertigungsbegleitende Prüfung, Warenausgangsprüfung, Reklamationsbearbeitung.

- Prüfmittelverwaltung

  Prüfmittelplanung, -konstruktion, -bereitstellung, -überwachung, -ersatz.

- Dokumentation

  Zeichnungen, Spezifikationen, Prüfanweisungen, Arbeitsanweisungen, Qualitätsmanagementhandbuch (vgl. **Qualitätsmanagementhandbuch**).

- Statistische Methoden

  Versuchsplanung (Design of Experiments, DoE), Einflussgrößenanalyse, Varianzanalyse, Regressionsanalyse, Sicherheitsbeurteilung, Risikoanalyse, Signifikanzprüfung, Statistische Prozessregelung (SPR, Statistical Process Control,

SPC), Stichprobenmethode (vgl. **Statistische Prozessregelung**, **Stichprobenprüfung**, **Versuchsplanung**).

- Fehlermanagement

  Erkennen und Behandeln von aufgetretenen Fehlern in allen Phasen, Korrigieren und Überwachen von Fehlerursachen, präventive Fehlerverhütung durch Analyse und Planung.

- Qualitätsplanung

  Quality Function Deployment (QFD), Fehlermöglichkeits- und -einflussanalyse (FMEA), Qualitätsmanagementhandbuch, Erfassung der Fehlerkosten (Fehlleistungsaufwand) (vgl. **Quality Function Deployment**, **Fehlermöglichkeits- und -einflussanalyse**, **Qualitätsmanagementhandbuch**, **Fehlleistungsaufwand**).

Im Rahmen von CAQ-Systemen liegen die Qualitätsdaten grundsätzlich in drei Formen vor, deren sorgfältige Trennung eine wichtige Voraussetzung für das Funktionieren des Systems bildet. Dies sind Vorgabedaten (Solldaten im Prüfplan), Prüfdaten (Istdaten durchgeführter Prüfungen) und Ergebnisdaten (bewertete und verdichtete Prüfdaten). Dabei lassen sich CAQ-Systeme in Ebenen aufteilen, zwischen denen der Transfer dieser Informationen und Daten zu organisieren ist. Für den Bereich der Produktion kann diese Einteilung wie folgt aussehen:

1. Planungsebene (strategische Unternehmensebene) mit Groß-EDV

   Diese Ebene stellt die Verbindung zwischen dem Qualitätsmanagement und dem CIM-Umfeld her. Sie ist die Schnittstelle zwischen den Vorgabedaten aus der Prüfplanung und den Ergebnisdaten für die Qualitätslenkung. Teilaufgaben sind die Übernahme von Unternehmensstamm- und Auftragsdaten, die Verwaltung der Prüfpläne und der Qualitätsdatenkataloge, die Speicherung und der Austausch von Ergebnisdaten, die Weitergabe von Kenngrößen zur Qualitätslenkung sowie die Aufbereitung und Verdichtung aller dokumentationspflichtigen Qualitätsdaten und qualitätsrelevanten Informationen zu qualitätsbezogenen Kennzahlen.

2. Steuerungsebene mit mehreren Bereichsrechnern

   Die Steuerungsebene löst alle Aktivitäten zur Durchführung der Qualitätsprüfungen aus, überwacht die Auftragsbearbeitung und koordiniert schließlich die eigentliche Durchführung der Qualitätsprüfungen. Hier werden auftragsfreie, allgemeine Prüfpläne in auftragsbezogene Prüfpläne umgewandelt. Jeder Prüfvorgang muss durch einen individuellen Auftrag gesteuert werden. Alle Daten werden unter Auftragsnummern gespeichert und verwaltet. Die Steuerungsebene wird durch mehrplatzfähige Minicomputer oder durch Rechnernetzwerke mit spezieller CAQ-Software als Bereichsrechner realisiert. Teilaufgaben sind die Erstellung und Pflege der Prüfpläne und der Qualitätsdatenkataloge, die Auswertung der Qualitätsdaten sowie die Erstellung der Qualitätsberichte und Qualitätszeugnisse.

3. Operative Ebene mit einer Vielzahl dezentraler Hard- und Software

   Die auftragsbezogenen Prüfpläne von der Steuerungsebene werden hier als Arbeitsvorgabe der durchzuführenden Qualitätsprüfungen verwendet. Das CAQ-System muss hier aus unterschiedlicher Hardware und prüfspezifischer Software realisiert werden. Ziel der operativen Ebene ist es, Fertigungs- und Montagevorgänge so zu steuern, dass beherrschte Prozesse ohne Nacharbeit oder Ausschuss entstehen.

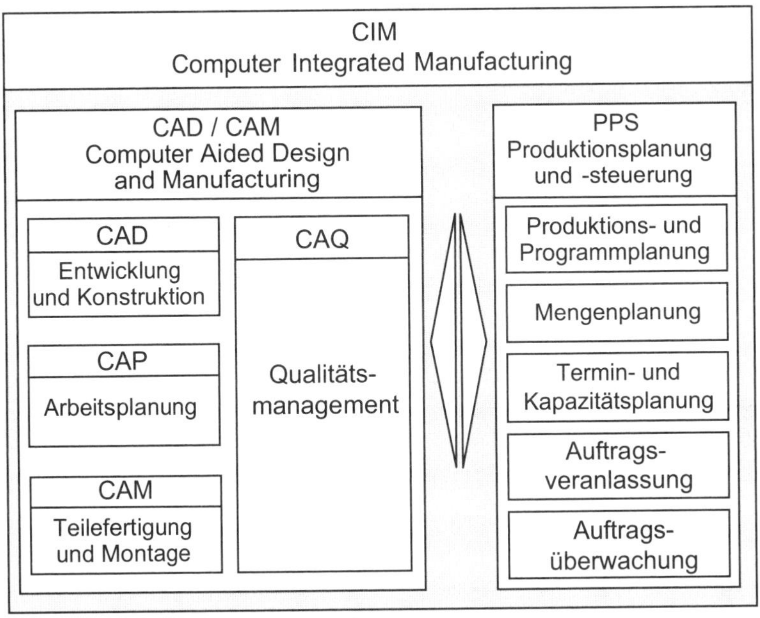

Bild 2.10 Computer Integrated Manufacturing (CIM)

Hinzu kommt die Wissensebene in der Qualitätsdatenbank, die das gesamte Qualitätswissen des Unternehmens enthält. Vorgabedaten von der Planungsebene werden in der Steuerungsebene auftragsbezogen verändert und an die operative Ebene weitergeleitet. Von unten nach oben, d. h. von der operativen Ebene zur Planungsebene fließen Prüfdaten, die in der Steuerungsebene verdichtet und gespeichert werden, um schließlich als Ergebnisdaten für die Qualitätslenkung Verwendung zu finden.

Computer Aided Quality Management gehört zu den CAx-Techniken (vgl. Bild 2.10) [AWF 85], mit deren Einbindung in eine übergeordnete CIM-Architektur (Computer Integrated Manufacturing) eine kontinuierliche Verbesserung von Produkten und Prozessen angestrebt wird (vgl. **Ständige Verbesserung**). Dabei erlangt die informationstechnische Integration der Einzelfunktionen des gesamten Unternehmens zu einem umfassenden System aus Aufgaben, Daten und Technik eine besondere Bedeutung.

Literaturhinweise zur Vertiefung

Franke, H.-J.; Pfeifer, T. (Hrsg.):
Qualitätsinformationssysteme.
München: Carl Hanser Verlag 1998.

Pfeifer, T.; Imkamp, D.:
Koordinatenmesstechnik und CAx-Anwendungen in der Produktion.
München: Carl Hanser Verlag 2004.

■ Demings Managementprogramm

Demings Managementprogramm ist eine zusammenfassende Bezeichnung für die von W. E. Deming seit den 1950er-Jahren entwickelte und zunächst in Japan eingeführte Unternehmensphilosophie. Seit den 1980er-Jahren wird diesen Gedanken auch in den westlichen Industrienationen verstärkte Aufmerksamkeit und Anerkennung zuteil. Viele Positionen, die Deming vertritt, sind für sich genommen weder neu noch unbekannt. In einer Art Synergieeffekt entwickeln sie sich jedoch zu einer in ihrer Gesamtheit neuen Qualitätsphilosophie.

Das Managementprogramm hat mehrere Bestandteile, die erst alle zusammen ihren umfassenden und das gesamte Unternehmen durchdringenden Charakter entfalten. Diese Philosophie ist auf Qualität und Ständige Verbesserung des Produktionsprozesses ausgerichtet, wobei alle Mitarbeiter des Unternehmens einbezogen werden müssen, von der obersten Geschäftsleitung bis zum Werker/zur Werkerin. Besonders wichtig ist ein klares Bekenntnis des Topmanagements zur Qualität, denn Deming geht davon aus, dass meist radikale Änderungen in der Ausrichtung des Unternehmens nötig sind, die nur von der Spitze aus durchgeführt werden können [Deming 86].

Die Demingsche Qualitätsphilosophie ist durch drei Grundhaltungen geprägt, in deren Vorhandensein die Voraussetzung für eine erfolgreiche Anwendung des gesamten Managementprogramms zu sehen ist:

Jede Aktivität kann als Prozess aufgefasst und entsprechend verbessert werden.

Problemlösungen allein genügen nicht, fundamentale Veränderungen sind erforderlich.

Die oberste Unternehmensleitung muss handeln, die Übernahme von Verantwortung ist nicht ausreichend.

Die einzelnen Bestandteile des Managementprogramms sind:

- Die 14 Punkte
- Die sieben tödlichen Krankheiten
- Hindernisse und Falsche Starts
- Die Demingsche Reaktionskette
- Das Prinzip der Ständigen Verbesserung – Der Deming-Zyklus

Im Folgenden werden die einzelnen Teile kurz erläutert, wobei der Begriff der Ständigen Verbesserung aufgrund seiner besonderen Bedeutung weiter unten gesondert behandelt wird (vgl. **Ständige Verbesserung**).

Demings 14 Punkte

Die 14 Punkte sind das Kernstück von Demings Philosophie, ihr umfassender Gestaltungsgehalt wird bei näherer Betrachtung offenbar. Sie bilden eine Zusammenfassung in Form von Management-Prinzipien, die hier wiedergegeben und stichpunktartig erläutert werden [Deming 86, Kirstein 94a]. Ihre Anwendung scheint auf den ersten Blick nur für die Produktion bestimmt, muss aber im Sinne einer unternehmensweiten Qualitätsphilosophie ausdrücklich auf alle Bereiche ausgedehnt werden, denn: Jede Tätigkeit kann als Prozess aufgefasst und entsprechend verbessert werden!

1. Schaffe einen feststehenden Unternehmenszweck (Constancy of Purpose) in Richtung auf eine Ständige Verbesserung von Produkt und Dienstleistung.
2. Wende die neue Philosophie an, um wirtschaftliche Stabilität sicherzustellen.

3. Beende Notwendigkeit und Abhängigkeit von Vollkontrollen, um Qualität zu erreichen.
4. Beende die Praxis, Geschäfte auf der Basis des niedrigsten Preises zu machen.
5. Suche ständig nach den Ursachen von Problemen, um alle Systeme von Produktion und Dienstleistung sowie alle anderen Aktivitäten im Unternehmen beständig und immer wieder zu verbessern (Continuous Improvement Process, CIP) (vgl. **Ständige Verbesserung**).
6. Schaffe moderne Methoden des Trainings und des Wiederholtrainings direkt am Arbeitsplatz und für die Arbeitsaufgabe.
7. Setze moderne Führungsmethoden ein, die sich darauf konzentrieren, den Menschen (und Maschinen) zu helfen, ihre Arbeit besser auszuführen.
8. Fördere effektive, gegenseitige Kommunikation sowie andere Mittel, um die Atmosphäre der Furcht innerhalb des gesamten Unternehmens zu beseitigen.
9. Beseitige die Abgrenzung der einzelnen Bereiche voneinander.
10. Beseitige den Gebrauch von Aufrufen, Plakaten und Ermahnungen.
11. Beseitige Leistungsvorgaben, die zahlenmäßige Quoten (Standards) und Ziele für die Werker festlegen.
12. Beseitige alle Hindernisse, die den Werkern und den Vorgesetzten das Recht nehmen, auf ihre Arbeit stolz zu sein.
13. Schaffe ein durchgreifendes Ausbildungsprogramm und ermuntere jeden Einzelnen zur Selbstverbesserung.
14. Definiere deutlich die dauerhafte Verpflichtung des Topmanagements zur Ständigen Verbesserung von Qualität und Produktivität.

Die sieben tödlichen Krankheiten

Als die sieben tödlichen Krankheiten bezeichnet Deming solche Verstöße gegen die 14 Punkte, die besonders negative Folgen nach sich ziehen und schließlich zum Scheitern des gesamten Managementprogramms führen können.

1. Fehlen eines feststehenden Unternehmenszweckes.
2. Betonung von kurzfristigen Gewinnen.
3. Jährliche Bewertung, Leistungsbeurteilung, persönliches Beurteilungssystem.
4. Hohe Fluktuation in der Unternehmensleitung, Springen von Firma zu Firma.

5. Verwendung von Kenngrößen durch das Management – ohne Berücksichtigung von solchen Größen, die unbekannt oder nicht quantifizierbar sind.
6. Überhöhte soziale Kosten.
7. Überhöhte Kosten aus Produkthaftpflichturteilen (vgl. **Produkthaftung**).

Hindernisse und Falsche Starts

In Erweiterung der sieben tödlichen Krankheiten sind anhand einer Vielzahl von praktischen Beispielen die Hindernisse und die Falschen Starts bei einer Einführung des Managementprogramms festgestellt worden.

Die Hindernisse:

- Eine Unterschätzung des notwendigen Aufwandes bzw. der erforderlichen Sorgfalt, um das Programm erfolgreich einzuführen.
- Die Erwartung kurzfristiger Ergebnisse.
- Die Annahme, dass Mechanisierung, Automatisierung, Computerisierung den Durchbruch erzwingen können.

Die Falschen Starts:

Falsche Starts liegen regelmäßig vor, wenn versucht wird, schnell zu Ergebnissen zu kommen. Es wird mit einer falschen Maßnahme begonnen bzw. versucht, nur einen Teil des Managementprogramms einzuführen. Dadurch ist die gesamte Maßnahme von vornherein zum Scheitern verurteilt, weil die Effekte des Zusammenwirkens der einzelnen Teile bzw. der 14 Punkte untereinander nicht verstanden oder nicht beachtet wurden.

Demingsche Reaktionskette

Die Demingsche Reaktionskette führt auf der Basis der 14 Punkte die Sicherheit von Arbeitsplätzen (und die Sicherung des Fortbestandes des Unternehmens) auf das Vorhandensein und die Ständige Verbesserung von Qualität zurück (vgl. Bild 2.11). Eine Abkürzung dieser Reaktionskette ist nicht möglich. Etwa der Beginn mit Kosteneinsparungen führt lediglich zu kurzfristigen Scheinerfolgen, die keinesfalls von Bestand sind, da nicht die im Prozess liegenden Ursachen, sondern nur die oberflächlichen Auswirkungen verändert wurden. Die Basis für eine wettbewerbsfähige Position des Unternehmens kann einzig durch die verbesserte Qualität geschaffen werden (vgl. **Ständige Verbesserung**).

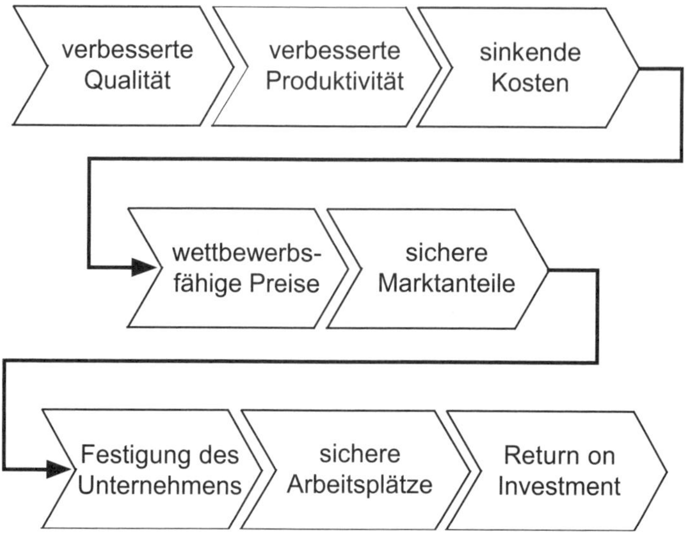

Bild 2.11 Demingsche Reaktionskette

Literaturhinweise zur Vertiefung

Deming, W. Edwards:
Quality, Productivity, and Competitive Position.
Cambridge/Mass./USA: Massachusetts Institute of Technology Press 1982.

Deming, W. Edwards:
Out of the Crisis.
2. Aufl., Cambridge/Mass./USA: Massachusetts Institute of Technology Press 1986.

Scherkenbach, W.:
The Deming Route to Quality and Productivity.
Washington/DC/USA: Cee Press Books 1986.

Kamiske, G. F.:
Als TQM nach Deutschland kam ...
Berlin: Lehmans Media 2010.

Denker der Qualitätswissenschaft

Im Folgenden werden einige bedeutende Persönlichkeiten kurz vorgestellt, deren Wirken die Entwicklung der Qualitätswissenschaft besonders geprägt und vorangetrieben hat. In einer zusammenfassenden Übersicht sind zunächst den Namen die jeweiligen Tätigkeitsschwerpunkte zugeordnet, die Erläuterungen schließen sich in alphabetischer Reihenfolge an.

Name	Tätigkeitsschwerpunkte
Crosby	Null-Fehler-Programm
Deming	14-Punkte-Managementprogramm Prinzip der Ständigen Verbesserung
Feigenbaum	Total Quality Control Simultaneous Engineering
Ishikawa	Qualitätszirkel Ursache-Wirkungs-Diagramm Company-Wide Quality Control
Juran	Qualitätstrilogie
Masing	Unternehmer Handbuch Qualitätsmanagement Fehlleistungsaufwand
Taguchi	Qualitätsverlustfunktion Versuchsplanung

Crosby, Philip B.

Als Vizepräsident und Direktor für Qualität sammelte Crosby umfangreiche Erfahrungen bei der International Telephone and Telegraph Corporation (ITT) in New York. 1964 wurde er vom US-Verteidigungsministerium für die Entwicklung seines Null-Fehler-Programms (Zero Defects Concept) ausgezeichnet (vgl. **Null-Fehler-Programm**). Er war Präsident der American Society for Quality Control (ASQC) und ist seit 1979 als selbstständiger Unternehmensberater in seiner Firma Philip Crosby Associates, Inc. tätig. Unter anderem hat er die Bücher „Quality is free", „Quality without Tears", „Let's talk Quality", „Cutting the Cost of Quality" und „Leading: The Art of becoming an Executive" veröffentlicht. Seine Arbeiten über Qualität beschäftigen sich schwerpunktmäßig mit Fehlerquoten und Fehlerkosten [Crosby 79].

Heute widmet sich Crosby neben Vorträgen und gelegentlicher Beratungstätigkeit vor allem der Zusammenfassung seiner Gedanken zum Thema Qualität, die er u. a. in seinem Buch „Completeness" niedergelegt hat. Dort beschreibt er Qualitätsmanagement als Denkweise und als Aufgabe der Führungskräfte, die sich seiner Ansicht nach weniger mit technischen Lösungen, sondern mit der Einführung von Vorbeugungsmechanismen beschäftigen sollten. Crosby sieht das Management und dessen Mangel an Einsicht und Selbstkritik als Ursache für viele Probleme im Unternehmen an. Als Weg in das 21. Jahrhundert empfiehlt er ein von gegenseitigem Vertrauen, Respekt und Anerkennung geprägtes Verhalten im Zusammenwirken von Kunden, Lieferanten, Management und Mitarbeitern, das er als Completeness bezeichnet und in seinem gleichnamigen Buch (deutscher Titel: „Qualität 2000") beschreibt [Crosby 94].

Deming, W. Edwards

Nach seiner Promotion in Mathematik und Physik begann Deming seine berufliche Tätigkeit bei der Western Electric Corporation. Schon 1939 schrieb er zusammen mit Walter A. Shewhart, der die Statistische Prozessregelung entwickelte, ein Buch über statistische Methoden in der Qualitätssicherung [Shewhart/Deming 39]. Während des Zweiten Weltkrieges war er im US-amerikanischen Statistischen Bundesamt (Bureau of Census) beschäftigt und hatte dort erheblichen Anteil an der Einführung statistischer Hilfsmittel bei der Qualitätssicherung in der Rüstungsindustrie. Gleichzeitig war er Dozent an der Universität New York.

Deming besuchte 1947 das erste Mal Japan, um dort im Auftrag General MacArthurs statistische Erhebungen durchzuführen. 1950 ging Deming als selbstständiger Berater auf Einladung der Japanese Union of Scientists and Engineers (JUSE) nach Japan, um sich dort am Wiederaufbau von Industrie und Volkswirtschaft zu beteiligen. Er führte die neuen Managementprinzipien seines 14-Punkte-Programms ein sowie das Prinzip der Ständigen Verbesserung (Continuous Improvement Process, CIP), welches von den Japanern als Kaizen bezeichnet und erfolgreich umgesetzt wurde (vgl. **Demings 14 Punkte**, **Kaizen**, **Ständige Verbesserung**). Mit seinen Lehren revolutionierte Deming Qualität und Produktivität der japanischen Industrie [Deming 86]. In den USA und danach auch in Europa wurde Deming insbesondere durch eine Sendung der NBC mit dem Titel „If Japan can, why can't we" bekannt, die viel Beachtung fand.

In Anerkennung seiner Verdienste um die japanische Wirtschaft verleiht die Japanese Union of Scientists and Engineers (JUSE) seit 1951 jährlich den Deming Prize für die erfolgreiche Anwendung von unternehmensweiten Qualitätskonzepten. Der Deming Prize wird in drei verschiedenen Sparten verliehen, wobei die Kriterien für die Vergabe nicht ausschließlich auf die Lehren Demings bezogen sind (vgl. **Qualitätsauszeichnungen**): Deming Application Prize (an Firmen), Deming Prize for Individuals (an Einzelpersonen) und den Deming Application Prize for Overseas Companies (an ausländische Firmen). Seit 1980 verleiht auch die American Statistical Association Metropolitan Section den Deming Prize für herausragende Leistungen im Bereich Qualität und Produktivität.

Als wohl bekanntester Berater, Lehrer und Autor zum Thema Qualität hat Deming über 200 Arbeiten veröffentlicht, darunter die Werke „Quality, Productivity, and Competitive Position“ sowie „Out of the Crisis“. Er war Ehrenmitglied der American Society for Quality Control (ASQC) und Träger von mehreren Ehrendoktortiteln amerikanischer Universitäten. 1987 wurde er vom US-Präsidenten persönlich ausgezeichnet. Deming starb 93-jährig im Dezember 1993. Den Worten aus einem Nachruf von Walter Masing ist nichts mehr hinzuzufügen: „Die Qualitätsbewegung hat mit ihm eine ihrer markantesten Persönlichkeiten verloren. Seine Botschaft aber lebt weiter“ [Masing 94].

Feigenbaum, Armand V.

Nach zehnjähriger Erfahrung in Fertigung und Qualitätssicherung bei General Electric gründete Feigenbaum eine eigene Firma, die General Systems Company, Ltd., deren Präsident er noch heute ist. Als internationale Ingenieur-Gesellschaft beschäftigt sich die General Systems mit Entwurf und Implementierung von Total Quality-Systemen. Das von Feigenbaum erdachte Konzept der Total Quality Control (TQC) beschrieb er erstmals 1961 in seinem gleichnamigen Buch (vgl. **Total Quality Control**).

Im Rahmen des TQC-Konzeptes, dessen Einführung in allen Unternehmensbereichen ein ganzheitliches, gleichartiges und paralleles Handeln erfordert, führte Feigenbaum auch die Arbeitstechnik des Simultaneous Engineering (auch als Concurrent Engineering bezeichnet) ein. Dies ist das überlappende (simultane) und nahezu gleichzeitige Bearbeiten von Aufgaben, insbesondere im Produktentstehungsprozess, durch verschiedene Arbeitsgruppen (vgl. **Simultaneous Engineering und Quality Engineering**). Weiterhin entwickelte Feigenbaum während seiner Tätigkeit eine Sichtweise, die Qualität nicht als statisches, sondern als bewegliches, sich veränderndes Ziel begreift, welches durch den Kunden bestimmt wird. Feigenbaum ist Ehrenmitglied der American Society for Quality Control (ASQC) und war zweimal hintereinander deren Präsident.

Ishikawa, Kaoru

Der Japaner Ishikawa (1915–1989) machte 1939 seinen Abschluss als Chemiker an der Universität Tokio und sammelte erste Berufserfahrungen bei der Nissan Liquid Fuels Co., Ltd., bevor er als Technischer Spezial-Offizier in die japanische Marine eintrat. Er entwickelte bereits 1943 sein erstes Ursache-Wirkungs-Diagramm (Cause-and-Effect Diagram), welches auch oft als Ishikawa-Diagramm oder als Fischgräten-Diagramm (Fishbone Diagram) bezeichnet wird (vgl. **Ursache-Wirkungs-Diagramm**). Es spürt die Problemquellen auf, die von Materialien, Methoden, Maschinen und Menschen verursacht werden. Das Ursache-Wirkungs-Diagramm ist eines der sieben elementaren Qualitätswerkzeuge (Q7, Tools of Quality), deren Anwendung Ishikawa immer wieder empfahl, da sie mit einfachen Methoden die meisten auftretenden Probleme lösen können (vgl. **Qualitätswerkzeuge**).

1949 wurde Ishikawa Mitglied der Japanese Union of Scientists and Engineers (JUSE) und arbeitete in deren Forschungsgruppe Qualitätssicherung mit, während er gleichzeitig an der Universität Tokio lehrte. In der JUSE-Forschungsgruppe begann Ishikawa in den frühen 1950er-Jahren ein gruppenarbeitsorientiertes Konzept anzuwenden, welches 1962 offiziell Qualitätssicherungszirkel (Quality Control Circle) genannt wurde. Dieses Konzept wurde unter der Bezeichnung Qualitätszirkel (Quality Circle) weltweit bekannt und verbreitet (vgl. **Qualitätszirkel**). Daraus zog Ishikawa u. a. die Schlussfolgerung, dass die Qualitätszirkel-Aktivitäten überall in der Welt erfolgreich implementiert werden könnten, mit nur geringen Anpassungen an die jeweils vorliegenden Randbedingungen.

Aufbauend auf den Arbeiten von Deming, Juran und besonders Feigenbaum sowie seinen eigenen Erfahrungen stellte Ishikawa mit Company-Wide Quality Control (CWQC) ein mitarbeiterorientiertes Konzept für die unternehmensweite Qualitätsarbeit vor (vgl. **Company-Wide Quality Control**).

Ishikawa war einer der Pioniere der qualitätsbezogenen Aktivitäten in Japan, zeitweiliger Präsident der Japanese Union of Scientists and Engineers (JUSE) und Befürworter gemeinsamer, koordinierter Anstrengungen zum Vorteil Japans im Sinne der Tätigkeit des japanischen Ministeriums für internationalen Handel und Industrie (MITI). Seine Gedanken hat Ishikawa in mehreren Büchern niedergelegt, darunter „What is Total Quality Control? The Japanese Way“, „How to operate QC Circle Activities“ und „Guide to Quality Control“. Er war Träger von hohen nationalen und internationalen Auszeichnungen, stellvertretend für viele sei hier der Deming Prize genannt.

Juran, Joseph M.

Der Amerikaner Juran, geb. 1904, sieht seine Aufgabe mit dem Ausdruck „Managing for Quality“ beschrieben. Als Ingenieur und Jurist hat er in den verschiedensten Berufsfeldern erfolgreich gearbeitet und schließlich seine managementorientierte Unternehmensphilosophie entwickelt, die Qualitätstrilogie (Quality Trilogy). Sie stellt den Prozess einer systematischen und kontinuierlichen Qualitätsverbesserung dar und erfolgt in drei sich wiederholenden Schritten (Einzelprozessen): Qualitätsplanung - Qualitätsregelung - Qualitätsverbesserung (vgl. **Qualitätstrilogie**). Diese Philosophie wird von Juran ständig weiterentwickelt und ist Grundlage seiner Auffassung von Qualitätsmanagement. Dabei kommt der vorausschauend-fehlervermeidenden Qualitätsplanung als Zielfestlegung in der Phase der Produkt- und Prozessentwicklung eine herausragende Bedeutung zu. Dieses auch als Juran-Trilogie (Juran Trilogy) bezeichnete Konzept hatte maßgeblichen Anteil an den Aktivitäten im Rahmen der Entwicklung der Qualitätswissenschaft, nicht nur in Japan, wo er seine Gedanken seit 1954 mit Erfolg vertrat.

Juran prägte den Ausdruck „vital few, useful many“, der eine Anwendung des Pareto-Prinzips auf die Qualitätssicherung wiedergibt und auch als 80-20-Regel bezeichnet wird. Dieses Prinzip drückt aus, dass die meisten Auswirkungen auf eine relativ kleine Zahl von Ursachen zurückzuführen sind. Quantitativ dargestellt, resultieren 80 % der Wirkungen aus 20 % der möglichen Ursachen bzw. Einflussgrößen (vgl. **Pareto-Diagramm**). Diese 20 % der möglichen Ursachen bezeichnet Juran als die „vital few“ (entscheidende wenige), die übrigen möglichen Ursachen als die „useful many“ (nützliche viele). Die Anwendung des Pareto-Prinzips kommt auch in Jurans Philosophie und in seiner Ansicht über die eingeplanten Fehlerquoten und die chronische Verschwendung zum Ausdruck [Juran 88].

Als Ingenieur, Unternehmensberater, Jurist, Regierungsmitarbeiter, Hochschullehrer und Autor zum Thema Qualität hat Juran zahlreiche Aufsätze und Bücher veröffentlicht, darunter insbesondere 1951 das „Quality Control Handbook“, das mittlerweile in seiner vierten Auflage erschienen ist. Er ist ehemaliger Vorsitzender seines international tätigen Unternehmens, des Juran-Instituts, und Ehrenmitglied der American Society for Quality Control (ASQC). Für seine Tätigkeit erhielt Juran internationale Auszeichnungen, darunter einen Orden vom japanischen Kaiser für seine Verdienste um die Entwicklung der Qualitätssicherung und die Förderung der amerikanisch-japanischen Freundschaft.

Masing, Walter

Als Mitinhaber und Technischer Leiter eines Unternehmens im Bereich der Entwicklung und Fertigung elektronischer Steuerungen mit zuletzt 450 Beschäftigten sammelte der promovierte Physiker Masing (1915–2004) von 1948 an über 20 Jahre lang praktische Erfahrungen. Nach der Eingliederung des Unternehmens in die Firmengruppe Bosch blieb Masing bis 1974 Technischer Geschäftsführer und wurde schließlich stellvertretender Vorsitzender des Aufsichtsrates.

Die Bedeutung der Qualität und die Notwendigkeit der Verbreitung des Qualitätsgedankens auch in Deutschland wurden von Masing bereits frühzeitig und engagiert vorangetrieben. 1954 leitete er den ersten Kurs zur statistischen Qualitätskontrolle, der vom Ausschuss für Technische Statistik im Ausschuss für Wirtschaftliche Fertigung (AWF) veranstaltet wurde. Der Ausschuss für Technische Statistik ging 1957 in seiner Nachfolgeorganisation Deutsche Arbeitsgemeinschaft für Statistische Qualitätskontrolle (ASQ) auf, bei der Masing zunächst zum stellvertretenden Vorsitzenden, später zum ersten Vorsitzenden gewählt wurde. 1968 wurde die ASQ in Deutsche Gesellschaft für Qualität (DGQ) umbenannt, wobei Masing wieder zum ersten Vorsitzenden gewählt wurde. Seit 1983 war er Ehrenvorsitzender der DGQ, die ihren 1988 erstmals verliehenen Förderpreis Qualität in Anerkennung seiner Verdienste Walter-Masing-Preis nannte.

Die Technische Universität Berlin erteilte Masing 1965 einen Lehrauftrag für Qualitätslehre. Er wurde 1970 Honorarprofessor und lehrte sein Fach am Institut für Werkzeugmaschinen und Fertigungstechnik an der TU Berlin bis 1977. Als dort 1988 der erste Lehrstuhl für Qualitätswissenschaft an einer deutschen Hochschule eingerichtet wurde, war dies auch eine Fortführung des Wirkens von Masing.

Auch auf internationaler Ebene setzte sich Masing für die Förderung des Qualitätsgedankens ein. Er war von 1956 bis 1959 Gründungspräsident der European Organization for Quality Control (EOQC), eines Zusammenschlusses von europäischen Organisationen, die sich mit Fragen der Qualitätssicherung beschäftigen. Sie heißt heute European Organization for Quality (EOQ). Anschließend war er bis 1976 Vorstandsmitglied der EOQC und von 1979 bis 1981 Präsident der International Academy for Quality (IAQ).

Als Unternehmer, Wissenschaftler, Mitarbeiter bei nationalen und internationalen Organisationen sowie als Hochschullehrer hat sich Masing auf vielfältige Weise für das Thema Qualität engagiert. Er gilt insbesondere in Deutschland als Wegbereiter der modernen, industriellen Qualitätswissenschaft. Von 1970 bis 1997 war er Herausgeber der Fachzeitschrift „Qualität und Zuverlässigkeit“ (QZ). Daneben hat er zahlreiche Aufsätze und Arbeiten veröffentlicht. Von besonderer Bedeutung ist das von Masing erstmals 1980 herausgegebene Werk „Handbuch der Qualitätssicherung“, welches als grundlegend für die Anwendung von qualitätssichernden Maßnahmen in der Industrie gilt. Dieses Standardwerk ist 1999 in seiner vierten Auflage erschienen und durch Überarbeitung und Erweiterung aktueller als je zuvor. Mit der 1994 vorgenommenen Änderung des Titels in „Handbuch Qualitätsmanagement“ [Masing 99] wird nicht nur dem Stand der Normung Rechnung getragen, sondern auch die Entwicklung in Industrie und Wissenschaft berücksichtigt. Dies drückt sich u. a. in der Betrachtung der Rolle des Menschen im Qualitätsgeschehen aus.

Für seine Tätigkeit erhielt Masing mehrere nationale und internationale Auszeichnungen, darunter als erster Europäer die Edwards Medal der American Society for Quality Control (ASQC). In Würdigung seiner Verdienste um die Entwicklung der Qualitätssicherung wurde Masing 1987 das Bundesverdienstkreuz Erster Klasse verliehen. 1995 zeichnete ihn die Hochschule St. Gallen (Schweiz) mit dem akademischen Grad des Doktors der Wirtschaftswissenschaften ehrenhalber und 1996 die Technische Universität Berlin mit dem des Doktor-Ingenieurs ehrenhalber aus. Völlig überraschend starb Masing am 29. März 2004. Sein Handbuch Qualitätsmanagement haben Tilo Pfeifer und Robert Schmitt 2007 fertiggeführt.

Taguchi, Genichi

Der Japaner Taguchi schloss 1942 sein Studium als Textilingenieur ab und war danach bei der kaiserlich-japanischen Marine im Bereich der astronomischen Navigation tätig. Bis 1950 war er bei verschiedenen staatlichen Ministerien angestellt, wo er speziell an mathematisch-statistischen Verfahren und Methoden arbeitete. Gleichzeitig war er als Berater in der Industrie tätig. Danach wechselte Taguchi in den Bereich Forschung und Entwicklung der Electrical Communications Laboratories der japanischen Telefongesellschaft Nippon Telephone & Telegraph (NT&T), wo er sich mit Versuchsplanung beschäftigte.

1957 legte Taguchi die erste Version seines Buches „Design of Experiments“ vor, in dem er den Gebrauch von statistischen Methoden für die Planung von Fertigungsprozessen beschreibt. Der Ausdruck Design of Experiments (DoE) kann als statistische Versuchsplanung oder kurz Versuchsplanung übersetzt werden (vgl. **Versuchsplanung**). Taguchi erläutert hier seine Sichtweise der Qualität, die er als Verlust beschreibt, der entsteht, wenn ein ausgeliefertes Produkt seine Funktion nicht erfüllt und bei der Benutzung schädliche Nebeneffekte auftreten (vgl. **Qualitätsverlustfunktion**, **Qualität/Qualitätsbegriff**). Weiterhin führt Taguchi aus, dass qualitätssichernde Maßnahmen am schnellsten, wirkungsvollsten und damit auch am kostengünstigsten während der Produktkonstruktion und der Prozessplanung zu treffen sind. Er bezeichnet dies als Off-Line Quality Control. Daran anschließend wird im Rahmen der On-Line Quality Control während der laufenden Produktion der Prozess beobachtet und geregelt.

In der ersten Version von „Design of Experiments“ führte Taguchi die Anwendung von orthogonalen Feldern und die Analyse von kategorisiertem Datenmaterial ein. In der zweiten Version, die 1962 erschien, fügte er das Signal-Rausch-Verhältnis (Signal-to-Noise Ratio) hinzu, das als Qualitätsmaßstab dient und aus dem durchschnittlichen Qualitätsverlust abgeleitet wird (vgl. **Versuchsplanung nach Taguchi**). In der dritten und aktuellen Version schließlich modifizierte Taguchi die mathematisch-statistischen Grundlagen seiner Methodik und führte die quadratische Qualitätsverlustfunktion (Quality Loss Function) ein, die eine parabelförmige Annäherung an denjenigen Qualitätsverlust darstellt, der auftritt, wenn die charakteristischen Qualitätsmerkmale von ihrem Zielwert abweichen (vgl. **Qualitätsverlustfunktion**). Um diese Abweichungen zu verhindern, ist nach Taguchi ein beherrschter und optimierter Produktionsprozess (Robust Design) nötig, der unempfindlich ist gegenüber den Störeinflüssen der Umwelt (vgl. **Versuchsplanung**). Dieser robuste Prozess wird erreicht über die Schritte System Design, Parameter Design und Tolerance Design.

Taguchi war Professor und Gastprofessor an mehreren in- und ausländischen Universitäten, geschäftsführender Direktor des American Supplier Institute, Inc. (ASI) und Berater der japanischen Normungsstelle (Japanese Standards Association). Für seine Untersuchungen zur Methodik der Versuchsplanung wurde Taguchi u. a. mit dem Deming Prize ausgezeichnet.

Designprüfung/Design Review

Unter einer Designprüfung – weiter verbreitet ist die englische Bezeichnung Design Review – versteht man eine dokumentierte, umfassende und systematische Untersuchung eines Objektes, um seine Fähigkeit zu beurteilen, die gestellten Qualitätsforderungen zu erfüllen. Untersuchungsobjekt kann dabei eine Entwicklung, Berechnung, Konstruktion oder Konzeption bzw. deren Ergebnis sein [ISO 95].

Progressiv werden in den Entwicklungsprozess bereits Qualitätsbewertungen eingebaut, die sogenannten Quality Gates. Dies sind ausgewählte Meilensteine an kritischen Stellen eines Entwicklungsprojektes, an denen beurteilt wird, ob der angestrebte Entwicklungsstand erreicht ist [Prefi 03]. An Quality Gates sind qualitative und quantitative Messgrößen gekoppelt, auf die man sich vor dem Start des Entwicklungsprozesses geeinigt hat. Um sich vor negativen Überraschungen zu schützen, ist es zweckmäßig, auf dem Wege zum Quality Gate zusätzliche Zwischenetappen einzulegen. Erforderlichenfalls muss reagiert und gegengesteuert werden, bevor die Erreichung des nächsten Quality Gate in Gefahr gerät. Die hohe Bedeutung der Quality Gates wird den Entwicklern dadurch veranschaulicht, dass der Vorstand für die Öffnung des jeweiligen Gates zum weiteren Entwickeln zuständig ist.

Quality Gates sind jedoch nicht auf den Entwicklungsprozess beschränkt. Sie können jeweils auf die wertschöpfenden Kernprozesse im Unternehmen ausgedehnt werden. Auch hier müssen an vorher definierten Orten ebenfalls vorher definierte Ergebnisse erbracht werden. Der Druck wird dabei nicht zwangsläufig durch Vorstandsentscheidungen aufgebaut, sondern vielmehr durch die internen Kunden-Lieferanten-Beziehungen. Der nach dem Quality Gate liegende Prozessabschnitt kann bzw. muss sogar als Kunde die Annahme verweigern, wenn die angelieferte Leistung nicht genügt und damit das Gesamtergebnis gefährdet wird. Strategisch vorgesehene Quality Gates können auch als ein Netzwerk im Controlling betrachtet werden (vgl. **Qualitätscontrolling**, **TQM-Scorecard**).

Weiterhin hilft ein Design Review zu beurteilen, ob die in der Spezifikation für die jeweilige Phase der Produktentwicklung vorgegebenen Ziele in allen Punkten erreicht wurden. So können Abweichungen und Probleme bereits im Vorfeld der Serienfertigung aufgezeigt und ggf. rechtzeitig Korrekturen, Anpassungen und Abstimmungen durchgeführt werden. Je früher diese Maßnahmen greifen, desto geringer ist der Aufwand an Kosten und Zeit.

Die wesentlichen Entwicklungsschritte, nach denen Design Reviews stattfinden sollten, sind:

- Verabschiedung endgültiger Spezifikationen/Pflichtenheft;
- Abschluss der Vorentwicklung;
- Abschluss der Konstruktion;
- Fertigstellung des Prototyps;
- Ende der Nullserie.

Design Reviews finden anhand der bisher erstellten Unterlagen bzw. eines Modells oder Prototyps sowie der erzielten Testergebnisse statt. Diese Nachweise werden mit den im Lastenheft festgelegten Anforderungen und Spezifikationen verglichen. Das Ergebnis ist ein Statusbericht, der mögliche bzw. vorhandene Abweichungen aufzeigt und Vorschläge für geeignete Korrekturmaßnahmen enthält, über deren Umsetzung anschließend zu entscheiden ist. Die inhaltliche Ausgestaltung von Design Reviews kann in verschiedenen Formen erfolgen und hängt vom Produkt sowie der jeweiligen Entwicklungsphase ab. Hilfsmittel zur Durchführung von Design Reviews sind im Allgemeinen Checklisten mit Anforderungskriterien aus den verschiedenen Bereichen. Dies können sein [Sondermann 07, Brunner/Wagner 08]:

- Gesamteindruck, Funktionen;
- Sicherheitsvorschriften, gesetzliche Auflagen;
- Einhaltung der Spezifikationen, Normenkonformität;
- Herstellbarkeit, Montagefreundlichkeit, Instandhaltbarkeit;
- Umweltfreundlichkeit, Entsorgbarkeit;
- Kostenrahmen.

Entsprechend dem Vieraugenprinzip dürfen Design Reviews nicht allein von den für die Leistungserstellung direkt Verantwortlichen durchgeführt werden. Deshalb wird ein Team aus Vertretern verschiedener Fachbereiche eingesetzt, beispielsweise Entwicklung/Konstruktion, Arbeitsvorbereitung, Einkauf, Fertigung/Produktion, Marketing, Kundendienst und Qualitätswesen. Die Koordination hat häufig das Qualitätswesen, das auch für die endgültige Freigabe verantwortlich sein sollte. Da Design Reviews in verschiedenen Stadien der Produktentstehung durchgeführt werden, müssen jedoch nicht immer alle Teammitglieder an den Reviews teilnehmen.

Design Reviews sollten detaillierte Qualitätsbewertungen enthalten, bei denen die jeweiligen Qualitätsanforderungen mit den erzielten Ergebnissen verglichen werden. Dabei ist die Qualitätsbewertung im Design Review keine Infragestellung der Kompetenz der Verantwortlichen, sondern eine gemeinsam vorgenommene Hilfestellung zur Gewährleistung der Zielerreichung.

Insgesamt tragen Design Reviews erheblich zu besseren Entwicklungsergebnissen bei. Sie verhindern Fehler und Probleme bereits in frühen Prozessphasen, führen zu deutlich besseren Produktionsanläufen und helfen, Terminverzögerungen zu verringern. Der Zeitaufwand für Design Reviews ist bei guter Vorbereitung relativ gering und steht in keinem Verhältnis zu den verhinderten Mehraufwendungen einer Fehlerbeseitigung.

Dienstleistungsqualität

Für die Bestimmung der Qualität von Dienstleistungen können zunächst grundsätzlich diejenigen Ansätze angewendet werden, wie sie auch für die Qualität im Allgemeinen gelten (vgl. **Qualität/Qualitätsbegriff**). Bei Qualitätsbetrachtungen wird jedoch meist von Sachleistungen, also Gütern im Sinne physisch greifbarer Produkte, ausgegangen. Dienstleistungen gewinnen jedoch in der Wirtschaft zunehmend an Bedeutung. Gegenüber der Land- und Forstwirtschaft (primärer Sektor) und dem produzierenden Gewerbe (sekundärer Sektor) nimmt das Gewicht der Dienstleistungen (tertiärer Sektor, z. B. Handel und Verkehr, Dienstleistungsunternehmen, Staat, private Haushalte) seit Jahrzehnten zu (vgl. Bild 2.12) [SBA 06].

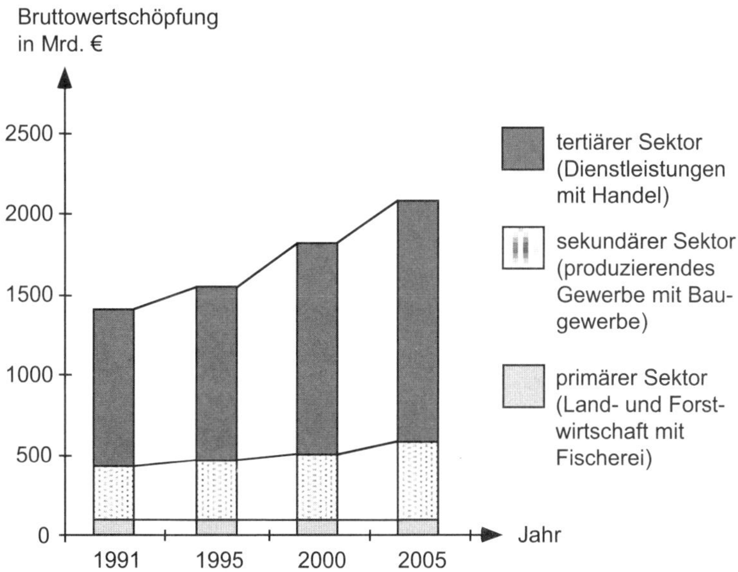

Bild 2.12 Entwicklung des Dienstleistungsanteils an der Bruttowertschöpfung der Bundesrepublik Deutschland

Dabei ist das Spektrum an Dienstleistungsangeboten äußerst breit und die Abgrenzung zu Sachleistungen kann sich im Einzelfall schwierig gestalten, da die Grenze zwischen Sach- und Dienstleistungen asymmetrisch verläuft: Es sind zwar Dienstleistungen ohne Sachleistungsanteil denkbar, aber kaum Sachleistungen ohne Dienstleistungsanteil.

Bei näherer Betrachtung wird deutlich, dass Dienstleistungen eine Reihe von Besonderheiten aufweisen. Sie lassen sich im Wesentlichen durch drei Elemente charakterisieren und damit von Sachleistungen abgrenzen:

- Immaterialität der angebotenen Leistung

  Bei Dienstleistungen handelt es sich im Gegensatz zu Sachgütern um keine physisch greifbaren Objekte. Damit kann auch die Qualität von Dienstleistungen vor der Erstellung und damit in aller Regel vor dem Kauf nur bedingt sinnlich wahrgenommen werden.

- Integration des externen Faktors

  Die Erbringung einer Dienstleistung erfolgt am Kunden selbst oder an einem Gegenstand aus seinem Besitz (Verfügungsobjekt). Der Kunde selbst und sein Verfügungsobjekt bilden gemeinsam den sogenannten externen Faktor. Dieser muss bei der Erbringung der Dienstleistung nicht nur vorhanden sein, sondern wird direkt in den Prozess der Leistungserbringung einbezogen.

- Gleichzeitigkeit von Produktion und Konsum

  Dienstleistungen werden in dem Augenblick vom Kunden verbraucht, in dem sie erbracht werden. Sie sind daher auch nicht lagerfähig. Es handelt sich um eine Produktion, die durch die Anwesenheit des Kunden oder seines Verfügungsobjektes ausgelöst wird und nicht unabhängig davon ausgeführt werden kann.

Vor dem Hintergrund dieser charakteristischen Elemente lassen sich Dienstleistungen als immaterielle Güter beschreiben, die von personellen oder materiellen Leistungsträgern an externen Faktoren (Personen oder deren Verfügungsobjekten) erbracht werden.

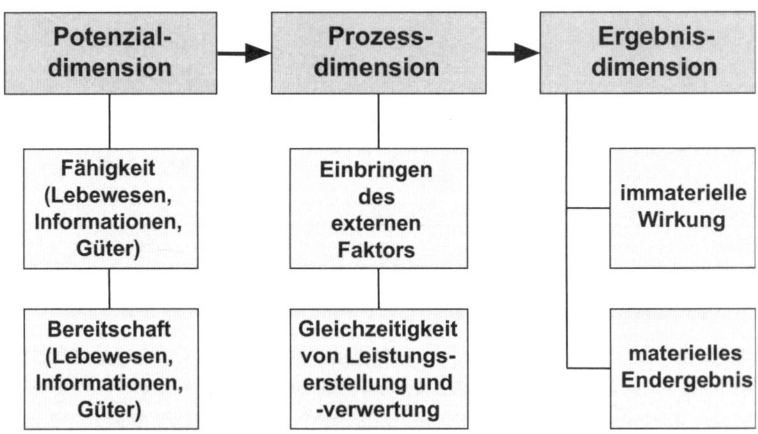

Bild 2.13 Drei-Dimensionen-Modell der Dienstleistungsqualität

Um die Qualität von Dienstleistungen gezielt verbessern zu können, ist die Kenntnis der genannten Charakteristika eine wichtige Grundlage. Um Dienstleistungen darüber hinaus zu systematisieren, eignet sich das Drei-Dimensionen-Modell (vgl. Bild 2.13) [Donabedian 80]. Es bietet die Möglichkeit, die unterschiedlichen Begriffsinhalte von Dienstleistungen durch die Betrachtung von drei speziellen Aspekten (Dimensionen) zu erfassen und eindeutig darzustellen:

- Die Potenzialdimension

  bezieht sich vor allem auf die Wahrnehmung der Strukturen und Potenziale des Dienstleistungsanbieters. Sie wird geprägt durch die Fähigkeit, eine Dienstleistung zu erstellen (Können), und die Bereitschaft, dies zu tun (Wollen). Zur Potenzialdimension gehören nicht nur technische Möglichkeiten, sondern auch physikalische und organisatorische Gegebenheiten sowie Qualifikation und Motivation der Mitarbeiter.

- Die Prozessdimension

  erfasst die Dienstleistung als Folge von Tätigkeiten (Prozessen), die gleichzeitig Leistungserstellung und -verwertung beinhalten. Dazu gehört auch die Betrachtung des externen Faktors (Kunde und Verfügungsobjekt).

- Die Ergebnisdimension

  bezieht sich auf die Beurteilung der erfolgten Leistung bzw. des Ergebnisses des Dienstleistungsprozesses. Dieses kann in Form einer materiellen oder immateriellen Veränderung am Kunden oder seinen Verfügungsobjekten vorliegen.

Konzentriert man die Betrachtung auf Art und Umfang der erstellten Dienstleistungen, so lassen sich in ähnlicher Weise zwei Qualitätsdimensionen unterscheiden: Bei der technischen Dimension steht die Breite des Leistungsprogramms im Mittelpunkt (Was wird angeboten?). Demgegenüber steht bei der funktionalen Dimension die Art und Weise der Leistungserbringung im Vordergrund (Wie wird die Leistung angeboten?).

Eine andere Unterteilung von Qualitätsdimensionen bezieht sich auf die Erwartungshaltungen der Kunden. Zu unterscheiden sind hierbei eine Routinekomponente (Eigenschaften von Dienstleistungen, die zum normalen Leistungsumfang gehören) und eine Ausnahmekomponente (Zusatzleistungen, die der Kunde vom Dienstleistungsanbieter nicht unbedingt erwarten kann).

Auch können Qualitätsdimensionen danach unterschieden werden, welche Nähe des Kunden zum Dienstleistungsprodukt bei der Beurteilung der Dienstleistungen gegeben ist: Kunden, die noch keine Erfahrung mit dem Dienstleistungsanbieter gemacht haben, werden sich demnach im Vorfeld der Leistungserbringung geeignete Indikatoren zur Beurteilung suchen (Suchkomponente). Liegen bereits Erfahrungen vor, so können während des Leistungserstellungsprozesses bzw. an dessen Ende gezielte Beurteilungen vorgenommen werden (Erfahrungskomponente). Solche Merkmale einer Dienstleistung, die sich einer genauen Beurteilung entziehen bzw. erst mit zeitlicher Verzögerung eingeschätzt werden können, lassen sich nur individuell beurteilen (Glaubenskomponente).

Darüber hinaus liegt eine Einteilung in Qualitätsdimensionen vor, die nicht nur konzeptionell entwickelt, sondern auch empirisch überprüft wurde. Sie kann gleichsam als Ergebnis sämtlicher oben skizzierter Dimensionen interpretiert werden. Demnach werden vom Kunden fünf Qualitätsdimensionen eigenständig wahrgenommen [Bruhn 98]:

- Annehmlichkeit des tangiblen Umfeldes

  Das äußere Erscheinungsbild des Dienstleistungsortes, insbesondere die Ausstattung der Räume sowie das Erscheinungsbild des Personals.

- Zuverlässigkeit

  Die Fähigkeit des Dienstleistungsanbieters, die versprochenen Leistungen auch auf dem avisierten Niveau erfüllen zu können.

- Reaktionsfähigkeit

  Die Fähigkeit des Dienstleistungsanbieters, auf den spezifischen Bedarf und die Wünsche der Kunden einzugehen und sie erfüllen zu können. Dazu gehören sowohl die generelle Bereitschaft als auch die Schnelligkeit der Reaktion.

- Leistungskompetenz

  Die grundsätzliche Fähigkeit des Anbieters zur Dienstleistung, insbesondere das Wissen, die Höflichkeit und Vertrauenswürdigkeit der Mitarbeiter.

- Einfühlungsvermögen

  Die Bereitschaft und Fähigkeit des Unternehmens, auf individuelle Kundenwünsche einzugehen.

Zur näheren Betrachtung der Dienstleistung im Kontakt zwischen Kunde und Leistungserbringer lässt sich das sogenannte Gap-Modell der Dienstleistungsqualität anwenden (vgl. Bild 2.14). Seine Besonderheit ist die genaue Darstellung der Lücken in der Kommunikation sowohl zwischen den innerbetrieblichen Bereichen als auch zwischen Dienstleistungsunternehmen und Kunde. Der englische Begriff „gap“ (Lücke) hat sich auch in der deutschsprachigen Dienstleistungsliteratur durchgesetzt und wird auch hier verwendet.

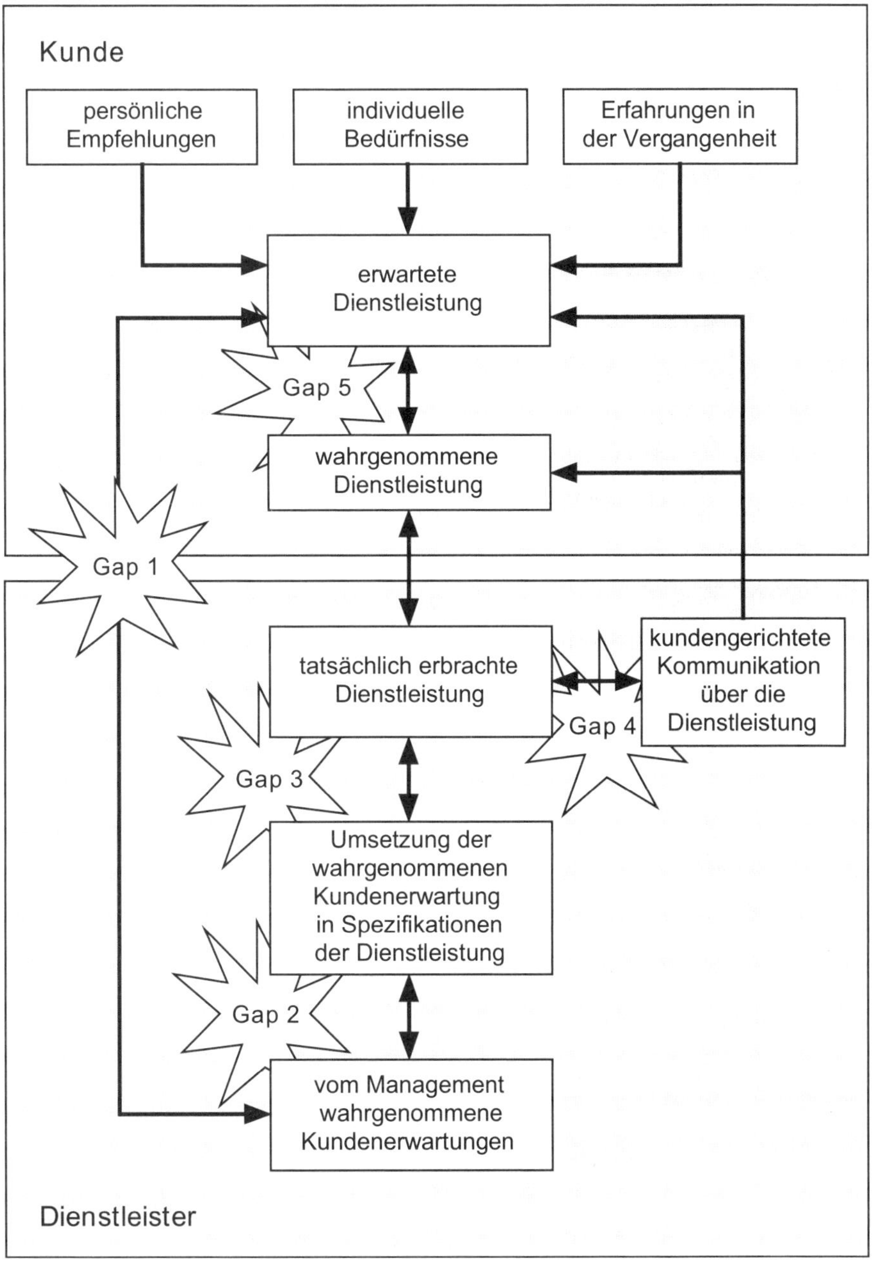

Bild 2.14 Gap-Modell der Dienstleistungsqualität

Das Gap-Modell unterscheidet folgende Lücken [Zeithaml et al. 92]:

- Gap 1

  Diskrepanz zwischen den Kundenerwartungen und deren Wahrnehmung durch das Management des Dienstleisters. Hier wird deutlich, dass bereits in der Erfassung der Kundenwünsche Schwierigkeiten bestehen. Eine wesentliche Ursache für diesen Gap sind die unterschiedlichen Auffassungen der Beteiligten über die jeweilige Dimension der (Dienstleistungs-)Qualität.

- Gap 2

  Diskrepanz zwischen der Wahrnehmung der Kundenerwartungen durch das Management und der Interpretation durch den Dienstleister mit anschließender Umsetzung in Spezifikationen der Dienstleistungsqualität. Dieser Gap zeigt, dass auch die Übertragung der erfassten Kundenwünsche in die unternehmensinternen Vorgaben für die Ausführung der Dienstleistung Probleme bereiten kann. Hierbei spielen auch die Einstellungen der am Prozess der Dienstleistungserstellung beteiligten Mitarbeiter gegenüber den Dienstleistungsprodukten eine wichtige Rolle.

- Gap 3

  Diskrepanz zwischen den Spezifikationen der Dienstleistungsqualität und der tatsächlich erstellten Leistung. Als Ursache für eine ungenügende Dienstleistung wird oftmals das Unvermögen der Mitarbeiter, eine korrekte Leistung zu erbringen, gesehen. Dabei ist jedoch auch der bedeutende Einfluss von technischen Gegebenheiten, nicht beeinflussbaren Umfeldbedingungen sowie spezifischen Kontrollmechanismen zu berücksichtigen.

- Gap 4

  Diskrepanz zwischen erstellter Dienstleistung und der an den Kunden gerichteten Kommunikation über diese Dienstleistung. Dieser Gap zeigt, dass dem Kunden oft mehr versprochen wird, als das Unternehmen zu leisten in der Lage ist. Ursachen dafür können in einem ungenügenden Abwägen von Werbebotschaften des Unternehmens an die Kunden, aber auch in einer unklaren horizontalen Kommunikation innerhalb des Unternehmens liegen.

- Gap 5

  Diskrepanz zwischen den Erwartungen des Kunden an eine Dienstleistung und seiner Wahrnehmung der real erbrachten Dienstleistung. Dieser Gap ist ein Maß für die vom Kunden wahrgenommene Dienstleistungsqualität und damit die entscheidende Lücke, die das Modell aufzeigt. Es besteht jedoch eine weitgehende Abhängigkeit von den vorhergehenden Gaps.

Insgesamt ist zu berücksichtigen, dass objektiv nachvollziehbare Aussagen über das tatsächliche Niveau einer Dienstleistung nur schwer getroffen werden können. Damit kommt auch die Subjektivität des Qualitätsbegriffs bei Dienstleistungen an sich zum Ausdruck: So wie die Leistung selbst sehr individuell sein kann, da der Kunde an ihrer Erbringung beteiligt ist, ist auch das Qualitätsverständnis sehr individuell und vielschichtig. Das Gap-Modell kann als Orientierungshilfe für die gezielte Analyse und die folgende Beseitigung inner- und überbetrieblicher Schwachstellen anhand der aufgezeigten Lücken dienen.

Literaturhinweise zur Vertiefung

DGQ - Deutsche Gesellschaft für Qualität (Hrsg.):
DGQ-Schrift 30-02: Prozessorientierung in der Dienstleistung.
1. Aufl., Berlin: Beuth Verlag 2000.

VDA - Verband der Automobilindustrie (Hrsg.):
VDA-Schriftenreihe Qualitätsmanagement in der Automobilindustrie,
Band 6 Teil 02: QM-Systemaudit - Dienstleistungen - Besondere Anforderungen analog ISO/TS 16 949:2002 für Dienstleister.
2. Aufl., Frankfurt/Main 2004.

Bruhn, M.; Stauss, B. (Hrsg):
Dienstleistungsqualität.
Wiesbaden: Gabler Verlag 1991.

Eversheim, W. (Hrsg.):
Qualitätsmanagement für Dienstleister.
Berlin: Springer-Verlag 1997.

Bruhn, M.:
Wirtschaftlichkeit des Qualitätsmanagements: Qualitätscontrolling für Dienstleistungen.
Berlin: Springer-Verlag 1997.

Hoeth, U.; Schwarz, W.:
Qualitätstechniken für die Dienstleistung.
In: Kamiske, G. F. (Hrsg.): Reihe Pocket Power.
2. Aufl., München: Carl Hanser Verlag 2002.

Digital Mock-Up (DMU)

Der englische Begriff Mock-Up bedeutet Nachbildung oder Modell. Digital Mock-Ups sind entsprechend rechnergenerierte (digitale) Modelle oder auch Simulationen, die Aussehen und/oder Funktionalitäten zu entwickelnder Produkte weitestgehend originalgetreu darstellen.

Die Bezeichnung Digital Mock-Up wurde vor allem in der Automobil- und Luftfahrtindustrie geprägt und geht zurück auf den sogenannten Physical Mock-Up (PMU), also einen – soweit möglich – in Originalgröße erstellten Prototyp oder Musterbau eines späteren Produktes. Heute werden Physical Mock-Ups in den frühen Phasen einer Produktentwicklung weitgehend durch Digital Mock-Ups auf der Basis von dreidimensionalen Rechnerdaten (3D-CAD-Daten) ersetzt. Diese Arbeitsweise wird auch Virtuelles Prototyping (Virtual Prototyping) genannt.

Die Zielsetzungen wie auch die Nutzenpotenziale bei der Anwendung von Digital Mock-Ups liegen in den klassischen Feldern Qualität, Zeit und Kosten: Die Entwicklungszeit für neue, qualitativ hochwertige Produkte wird immer kürzer, um auf die Anforderungen der Märkte schneller reagieren zu können (Time to Market). Gleichzeitig sind die Entwicklungskosten gering zu halten. Dies bedingt einen konsequenten Rechnereinsatz in der Entwicklung, um zeitaufwendige und kostspielige Musterbauten zu reduzieren, die durch Digital Mock-Ups ersetzt werden. Im Vordergrund steht jedoch der qualitative Aspekt durch frühzeitigen und fachbereichsübergreifenden Einsatz von Digital Mock-Ups zur geometrischen, funktionalen und vor allem produktionstechnischen Absicherung. So lassen sich frühzeitig aussagekräftige Ergebnisse, z. B. Montage- oder Crashsimulationen, ohne Hardware-Absicherungen erreichen. Insgesamt resultieren aus dem Einsatz von Digital Mock-Ups also neben der Reduktion der zeitlichen und monetären Aufwände eine höhere Produktqualität und verbesserte Absicherung [Röthlein 01].

DIN EN ISO 9000:2005

Die im Jahre 1987 entstandene, 1994 überarbeitete, 2000 reformierte und 2005 nochmals aktualisierte Normenreihe DIN EN ISO 9000 mit den einzelnen Normen DIN EN ISO 9000, 9001 und 9004 beschreibt prinzipiell Qualitätsmanagementsysteme. Dabei ist die Norm DIN EN ISO 9000:2005 als Begriffsnorm und Einführung in das Gebiet des Qualitätsmanagements zu verstehen (vgl. **Qualitätsmanagement**). Sie beschreibt Grundlagen für Qualitätsmanagementsysteme und erläutert die Begriffe zum Thema Qualität und Qualitätsmanagement. Weiterhin gibt sie einen Überblick hinsichtlich qualitätsbezogener Ziele und Verantwortlichkeiten, die von einer Organisation festgeschrieben und erfüllt werden sollten. Weitere Abschnitte behandeln die Beurteilung von Qualitätsmanagementsystemen sowie die Funktion und den Nutzen der Dokumentation des Systems.

Von zentraler Bedeutung für ein Qualitätsmanagementsystem ist die Norm DIN EN ISO 9001:2008 (vgl. **Qualitätsmanagementsystem**). Sie legt die Forderungen an ein solches System fest und liefert konkrete Hinweise, wie ein Qualitätsmanagementsystem normkonform aufzubauen und weiterzuentwickeln ist mit dem Ziel, die Kundenzufriedenheit zu erhöhen. Sie dient auch als Nachweis für den Fall, dass eine Organisation ihre Fähigkeit darlegen muss, Produkte bereitzustellen, die die Forderungen von Kunden und z. B. Behörden erfüllen. Außerdem erläutert sie Möglichkeiten, gewisse Normforderungen auszuschließen, falls diese nicht die Qualität des im anwendenden Unternehmen erzeugten Produktes betreffen. Die Zertifizierung des Qualitätsmanagementsystems erfolgt ausschließlich auf der Basis der DIN EN ISO 9001 in ihrer jeweils aktuellen Ausgabe (vgl. **Zertifizierung**).

Die Norm DIN EN ISO 9004:2009 stellt einen Leitfaden bereit, der sowohl die Wirksamkeit als auch die Wirtschaftlichkeit des Qualitätsmanagementsystems betrachtet. Sie ist zusammen mit der DIN EN ISO 9001:2008 als konsistentes Paar entwickelt worden, obwohl beide unterschiedliche Anwendungsbereiche haben. Das Ziel der DIN EN ISO 9004:2009 besteht in der internen Leistungsverbesserung sowie in der Verbesserung der Zufriedenheit der Kunden und wendet sich an Organisationen, deren oberste Leitung beim Streben nach Ständiger Verbesserung über die Forderungen der DIN EN ISO 9001:2008 hinausgehen will. Sie ist auf alle Organisationen anwendbar, unabhängig von deren Größe, Art und Tätigkeit, und stellt eine Anleitung dar, um das Erreichen eines nachhaltigen Erfolgs durch einen Qualitätsmanagementansatz zu unterstützen (vgl. **Ständige Verbesserung**, **Qualitätsauszeichnungen**).

Die wesentlichen Veränderungen der Normenreihe DIN EN ISO 9000:2005 gegenüber der Fassung von 1994 sind nachfolgend kurz dargestellt:

- Anwendbarkeit für Unternehmen verschiedener Branchen und Größen, auch im Dienstleistungsbereich, sowie Abbau der Produktionsorientierung.
- Stärkere Orientierung an den in Unternehmen real ablaufenden Prozessen – die Prozessorientierung löst die Funktionsorientierung der ehemals 20 Elemente des Qualitätsmanagementsystems ab.

- Ausrichtung des Qualitätsmanagements auf einen Prozess der Ständigen Verbesserung aller betrieblichen Abläufe.
- Vereinfachung und Vereinheitlichung der Normenreihe durch Reduzieren der Zahl der einzelnen Normen und Schaffung einer Konsistenz der Struktur von DIN EN ISO 9001 und 9004.

Ersetzt wurden:

- DIN EN ISO 8402 (Begriffe) und DIN EN ISO 9000-1 (Leitfaden zur Auswahl und Anwendung) durch eine neue DIN EN ISO 9000:2005 (Grundlagen und Begriffe);
- DIN EN ISO 9000-2 (Allgemeiner Leitfaden zur Auswahl und Anwendung) und alle Modelle für QM-Systeme DIN EN ISO 9001, 9002 und 9003 durch eine neue DIN EN ISO 9001:2008 (Forderungen);
- DIN EN ISO 9004-1 (Leitfaden) durch eine neue DIN EN ISO 9004:2009 (Leitfaden zur Leistungsverbesserung).

Entfallen sind:

- die Normen DIN EN ISO 9000-3 (Leitfaden für Entwicklung, Lieferung und Wartung von Software), 9004-2 (Leitfaden für Dienstleistungen) und 9004-3 (Leitfaden für verfahrenstechnische Produkte).

Weiterhin wurden vom zuständigen Gremium, dem Technischen Komitee ISO/TC176 „Qualitätsmanagement und Qualitätssicherung“, Unterkomitee 2 „Qualitätsmanagementsysteme“, acht Prinzipien des Qualitätsmanagements (Quality Management Principles) dargelegt, auf denen die überarbeitete Normenreihe DIN EN ISO 9000:2000 und auch die aktuelle Ausgabe von 2005 aufbaut. Dabei wird ein solches Qualitätsmanagementprinzip definiert als eine umfassende und grundlegende Regel oder Überzeugung zur Führung und Leitung einer Organisation, mit dem Ziel ständiger, langfristiger Verbesserung der Leistungen durch Konzentration auf die Kunden, während gleichzeitig die Erfordernisse aller Interessenpartner berücksichtigt werden. Nachfolgend sind diese Prinzipien zusammengefasst:

- Prinzip 1 – Kundenorientierte Organisation

  Organisationen hängen von ihren Kunden ab und sollten daher die aktuellen und künftigen Erfordernisse der Kunden verstehen, ihre Forderungen erfüllen und danach streben, ihre Erwartungen zu übertreffen.

- Prinzip 2 – Führung

  Das Management gibt den einheitlichen Zweck und die Richtung der Organisation vor. Es sollte ein internes Umfeld schaffen und erhalten, in dem Mitarbeiter sich voll für das Erreichen der Ziele der Organisation einsetzen können.

- Prinzip 3 – Beteiligung der Mitarbeiter

  Mitarbeiter aller Ebenen sind das Herz einer Organisation, und ihre volle Beteiligung ermöglicht, dass ihre Fähigkeiten zum Vorteil der Organisation genutzt werden können.

- Prinzip 4 – Vorgehen mittels Prozessen

  Ein erwünschtes Ergebnis wird effizienter erreicht, wenn die betroffenen Ressourcen und Aktivitäten als Prozesse geleitet werden.

- Prinzip 5 – Vorgehen mittels Systemen

  Identifizierung, Verstehen und Managen des Systems zusammenhängender Prozesse für ein bestimmtes Ziel verbessern die Wirksamkeit und Effizienz einer Organisation.

- Prinzip 6 – Ständige Verbesserungen

  Ständige Verbesserungen sollten eine anhaltende Zielsetzung der Organisation sein.

- Prinzip 7 – Sachliches Vorgehen bei der Entscheidungsfindung

  Wirksame Entscheidungen basieren auf der Analyse von Daten und Informationen.

- Prinzip 8 – Für beide Seiten vorteilhafte Lieferantenbeziehungen

  Eine Organisation und ihre Lieferanten sind voneinander abhängig, und für beide Seiten vorteilhafte Beziehungen steigern die Fähigkeiten beider, Werte zu schaffen.

Insgesamt wird mit der Revision der Normenreihe DIN EN ISO 9000 ein großer Schritt in Richtung Total Quality Management gemacht (vgl. **Total Quality Management**). Deutlicher als bisher wird die Unternehmensleitung in die Verantwortung für Qualität genommen, die Qualitätspolitik enthält zusätzlich noch die Pflicht zur Ständigen Verbesserung. Sichergestellt werden muss auch der Informationsfluss im Unternehmen bis hin zu den Mitarbeitern. Auch die Schulung wurde aufgewertet – über das Thema Qualität hinausgehend bis zur Unternehmenskultur zur

Steigerung des Qualitätsbewusstseins. Eine ganz wesentliche Neuerung ist auch die Prozessorientierung, letztlich mit dem Ziel, Kunden zufriedenzustellen (vgl. **Prozessorientierung, Kundenorientierung**).

Seit Dezember 2005 gibt es die Einzelnorm DIN EN ISO 9000:2005-12 als leicht aktualisierte Ausgabe der Norm zu Grundlagen und Begriffen für Qualität und Qualitätsmanagementsysteme. Sie ging damit einer vollständigen Revision der gesamten Normenfamilie voraus. Der Abschluss dieser turnusmäßigen Revision ist erfolgt mit der Herausgabe der DIN EN ISO 9001:2008 und schließlich der DIN EN ISO 9004:2009.

Ein wesentlicher Grund für die Herausgabe der ISO 9000:2005 ist die Harmonisierung der Begriffe mit den jeweils aktuellen Ausgaben der Normen DIN EN ISO 19 011 (Leitfaden für Audits von Qualitätsmanagement- und/oder Umweltmanagementsystemen) sowie DIN EN ISO 10 012 (Messmanagementsysteme – Anforderungen an Messprozesse und Messmittel). Von der Harmonisierung der Begriffe sowie redaktionellen Überarbeitungen und Verbesserungen an der deutschen Übersetzung sind in der ISO 9000:2005 über 20 Änderungsstellen betroffen. Diese sind in der Norm durch Änderungsvermerke kenntlich gemacht. Hinzu kommen die neu aufgenommenen Begriffe Kompetenz (im allgemeinen Sinn) als Ersatz für den Begriff Qualifikation, Vertrag, Auditplan, Auditumfang sowie Kompetenz im Zusammenhang mit Audits.

Fehler und Mangel

Ein Fehler (Fault) ist nach DIN EN ISO 9000:2005 allgemein die Nichterfüllung (Nichtkonformität) einer (festgelegten) Forderung [ISO 08]. Dabei können unter Forderung speziell Produktforderungen, Qualitätsmanagementsystem-Forderungen oder Kundenforderungen verstanden werden, auch Forderungen hinsichtlich der Qualitäts- und Zuverlässigkeitsmerkmale. Generell ist jede Abweichung von einer Forderung als Fehler zu betrachten.

Ebenfalls nach DIN EN ISO 9000:2005 wird unter Mangel (Defect) die Nichterfüllung einer Forderung hinsichtlich eines beabsichtigten oder festgelegten Gebrauchs einer Einheit verstanden. Im Gegensatz zu einem Fehler hebt ein Mangel also immer auf eine Beeinträchtigung der Verwendbarkeit der betrachteten Einheit ab. Als Einheit gilt hier ein Prozess im Sinne einer Tätigkeit, ein Produkt, ein System oder eine Kombination daraus. Das Auftreten eines Fehlers kann, das Auftreten eines Mangels muss zwangsläufig zu Fehlfunktionen oder zur Funktionsunfähigkeit der betrachteten Einheit führen. Tritt Funktionsunfähigkeit ein, so liegt ein Ausfall (Failure) vor. Eine Einheit fällt aus, wenn sie die ihr gestellte Aufgabe nicht mehr ausführt, ohne dass äußere Einflüsse dies verursachen oder dass eine Überbeanspruchung vorliegt [Geiger/Kotte 08] (vgl. **Zuverlässigkeit**).

Der Sinn dieser Unterscheidung zwischen Fehler und Mangel in einer technischen Norm darf wohl bestritten werden, insbesondere vor dem Hintergrund der juristischen Durchsetzbarkeit möglicher Ansprüche. Denn die Rechtsprechung kennt eine derartige begriffliche Trennung zwischen Fehler und Mangel nicht, beide Begriffe werden synonym verwendet [HDI 90]. Nach herrschender Auffassung ist die subjektive Fehlertheorie anzuwenden, die auch durch das Gesetz (§ 459 BGB, Haftung für Sachmängel) hinreichend gestützt wird [Brox 85]. Danach ist eine Einheit fehlerhaft, wenn sie von der vereinbarten Beschaffenheit abweicht und dadurch ihr Wert oder ihre Tauglichkeit zum normalerweise vorgesehenen oder vertraglich vereinbarten Gebrauch aufgehoben oder mehr als unerheblich gemindert wird. In ähnlicher Weise wird auch im Produkthaftungsgesetz der Fehlerbegriff (§ 3 I ProdHaftG, Fehler) festgelegt (vgl. **Produkthaftung**).

Von rechtlicher Relevanz ist jedoch die Unterscheidung zwischen offenem und verdecktem Fehler, wie sie im Handelsgesetzbuch getroffen wird (§ 377 I, II HGB, Untersuchungs- und Rügepflicht). Diese Unterscheidung kommt insbesondere bei der Stichprobenprüfung zum Tragen (vgl. **Stichprobenprüfung**). Ein offener Fehler ist unter Einsatz der dem Stand der Technik entsprechenden Verfahren und bei Anwendung der üblichen Sorgfalt bei einer Prüfung erkennbar, ein verdeckter Fehler ist hierbei nicht erkennbar. Wird z. B. bei einer Stichprobenprüfung das geprüfte Los trotz vorhandener Fehler abgenommen, die bei sorgfältiger Prüfung hätten gefunden werden können, so gelten diese als offene Fehler und damit als genehmigt. Wären diese Fehler hingegen selbst bei entsprechender Prüfung nicht entdeckt worden bzw. befinden sie sich im nicht geprüften Losrest, so gelten sie als verdeckte Fehler. Aus verdeckten Fehlern lassen sich auch bei späterer Entdeckung noch rechtliche Ansprüche im Rahmen der Gewährleistung ableiten.

Fehlermöglichkeits- und -einflussanalyse (FMEA)

Die Fehlermöglichkeits- und -einflussanalyse (engl.: Failure-Mode-and-Effects Analysis) ist eine formalisierte Methode, um mögliche Probleme sowie deren Risiken und Folgen bereits vor ihrer Entstehung systematisch und vollständig zu erfassen. Dieses potenzielle Auftreten von Fehlern wird von einem bereichsübergreifenden Arbeitsteam unter Anwendung in der Vergangenheit gewonnener Erfahrungen und unter Benutzung des kreativen Potenzials der Beteiligten frühzeitig aufgezeigt, bewertet und durch Festlegung geeigneter Maßnahmen vorausschauend vermieden.

Die analytische Vorgehensweise der FMEA stammt aus den USA und wurde dort in den 1960er-Jahren ursprünglich für die Anwendung im Bereich der Raumfahrt im Rahmen des Apollo-Programms entwickelt. Inzwischen hat sie sich in vielen Branchen als ein wirkungsvolles Werkzeug zur Erkennung von Fehlern und Fehlerauswirkungen durchgesetzt. Über die Automobilindustrie gelangte die FMEA etwa Ende der 1970er-Jahre nach Deutschland und wird seitdem auch hier erfolgreich angewendet.

Wie bereits erwähnt, ist die grundlegende Zielsetzung der FMEA in einer vorausschauenden Fehlervermeidung zu erblicken. Derartige Präventivmaßnahmen setzen immer am wirksamsten in den frühen Phasen des Produktentstehungsprozesses an, also im Rahmen von Entwicklung, Konstruktion und Planung. Dies betrifft insbesondere die Neuentwicklung von Produkten, Sicherheits- und Problemteile, neue Fertigungsverfahren sowie Produkt- oder Prozessänderungen. Dabei unterscheidet man nach dem Zeitpunkt der Anwendung und dem Objekt der Untersuchung zwischen der Konstruktions-FMEA für ein Produkt (Entwicklungs- und Konstruktionsphase) und der Prozess-FMEA für ein Herstellungsverfahren (Produktionsplanungsphase) (vgl. **Konstruktions-FMEA**, **Prozess-FMEA**). Hinzu kommt die System-FMEA, die sich zur Betrachtung übergeordneter Gesamtsysteme mit ihren Wechselwirkungen zwischen den jeweiligen Einzelsystemen entwickelt hat (vgl. **System-FMEA**).

Vor dem Hintergrund der zunehmenden Komplexität einzelner Komponenten und ihres Zusammenwirkens in Systemen haben sich in den letzten Jahren insbesondere in der Automobilindustrie die Bezeichnungen System-FMEA Produkt und System-FMEA Prozess herausgebildet. Die Begriffe Konstruktions-FMEA und Prozess-FMEA bleiben jedoch weiterhin gebräuchlich.

In jedem Fall muss die FMEA vor Beginn der Serienfertigung abgeschlossen sein. Neben ihrer grundsätzlich präventiven, fehlervermeidenden Wirkung lassen sich die wesentlichen Aufgaben und Ziele einer FMEA dabei wie folgt zusammenfassen:

- Identifizierung kritischer Komponenten und potenzieller Schwachstellen.
- Frühzeitiges Erkennen und Lokalisieren von möglichen Fehlern.
- Abschätzung und Quantifizierung von Risiken.
- Anwendung und Weitergabe von Wissen und Erfahrungen.
- Verkürzung der Entwicklungszeit, Senkung der Entwicklungskosten sowie des Fehlleistungsaufwandes (vgl. **Fehlleistungsaufwand**).
- Vermeidung von Doppelarbeit und Verringerung von Änderungen nach Beginn der Serienfertigung.
- Beitrag zur Erfüllung unternehmenspolitischer Qualitätszielsetzungen.

Darüber hinaus eignet sich die FMEA auch als Führungsinstrument für die Entscheidungsebene. Durch das Einfordern wichtiger Schlüsselergebnisse der FMEA, wie z. B. der Risikoprioritätszahl (RPZ), kann die tatsächliche Durchführung der Untersuchung nachvollzogen werden. Außerdem ist dadurch die Abschätzung bzw. Quantifizierung von potenziellen Fehlern zur Risikobeurteilung der betrachteten Aufgabe möglich.

Zur methodischen Durchführung einer FMEA empfiehlt sich die Benutzung eines Formblattes (vgl. Bild 2.15). Dadurch werden die Ergebnisse in schriftlicher Form festgehalten sowie Systematik und Übersichtlichkeit sichergestellt. Ein solches Arbeits- und Denkschema kann grundsätzlich in vier Blöcke eingeteilt werden: Fehleranalyse, Risikobeurteilung, Lösungsmöglichkeiten bzw. Maßnahmenvorschläge und Ergebnisbeurteilung

Im Folgenden wird der allgemeine Ablauf einer FMEA stichwortartig beschrieben:

- Orientierungsdaten (Stammdaten)

  Systemabgrenzung und -beschreibung, Teile und Merkmale bzw. Abläufe und einzelne Arbeitsfolgen ①.

- Fehleranalyse

  Mögliche Fehler nach Art und Ort ②, mögliche Folgen ③, mögliche Ursachen ④.

- Risikobeurteilung

Kontrollmaßnahmen, die zur Entdeckung potenzieller Fehler führen oder deren Auswirkungen verringern können ⑤. Punktbewertung jeder möglichen Fehlerursache nach der Wahrscheinlichkeit des Auftretens ⑥, der Bedeutung der Folgen eines Fehlers für den Betroffenen ⑦ sowie der Wahrscheinlichkeit für die Entdeckung des Fehlers ⑧. Diese Bewertung soll jeden Fehler quantifizieren. Dazu wird die sogenannte Risikoprioritätszahl (RPZ) berechnen ⑨. Sie ergibt sich aus der Multiplikation der Punkte der drei genannten Bewertungen

Risikoprioritätszahl RPZ = Wahrscheinlichkeit des Auftretens
× Bedeutung der Folgen
× Wahrscheinlichkeit der Entdeckung

Üblicherweise nimmt man die Punktbewertung zur Risikobeurteilung auf einer Skala von 1 (kein Risiko) bis 10 (hohes Risiko) vor. Die Risikoprioritätszahl kann dann einen Wert zwischen 1 und 1.000 annehmen und stellt so eine Rangfolge für die Optimierung durch entsprechende Lösungsvorschläge dar. Die Fehlerursachen mit dem höchsten Zahlenwert sind vorrangig zu beseitigen. Auf diese Weise wird die Voraussetzung für eine gezielte und systematische Verbesserung von Konstruktion und Prozess geschaffen.

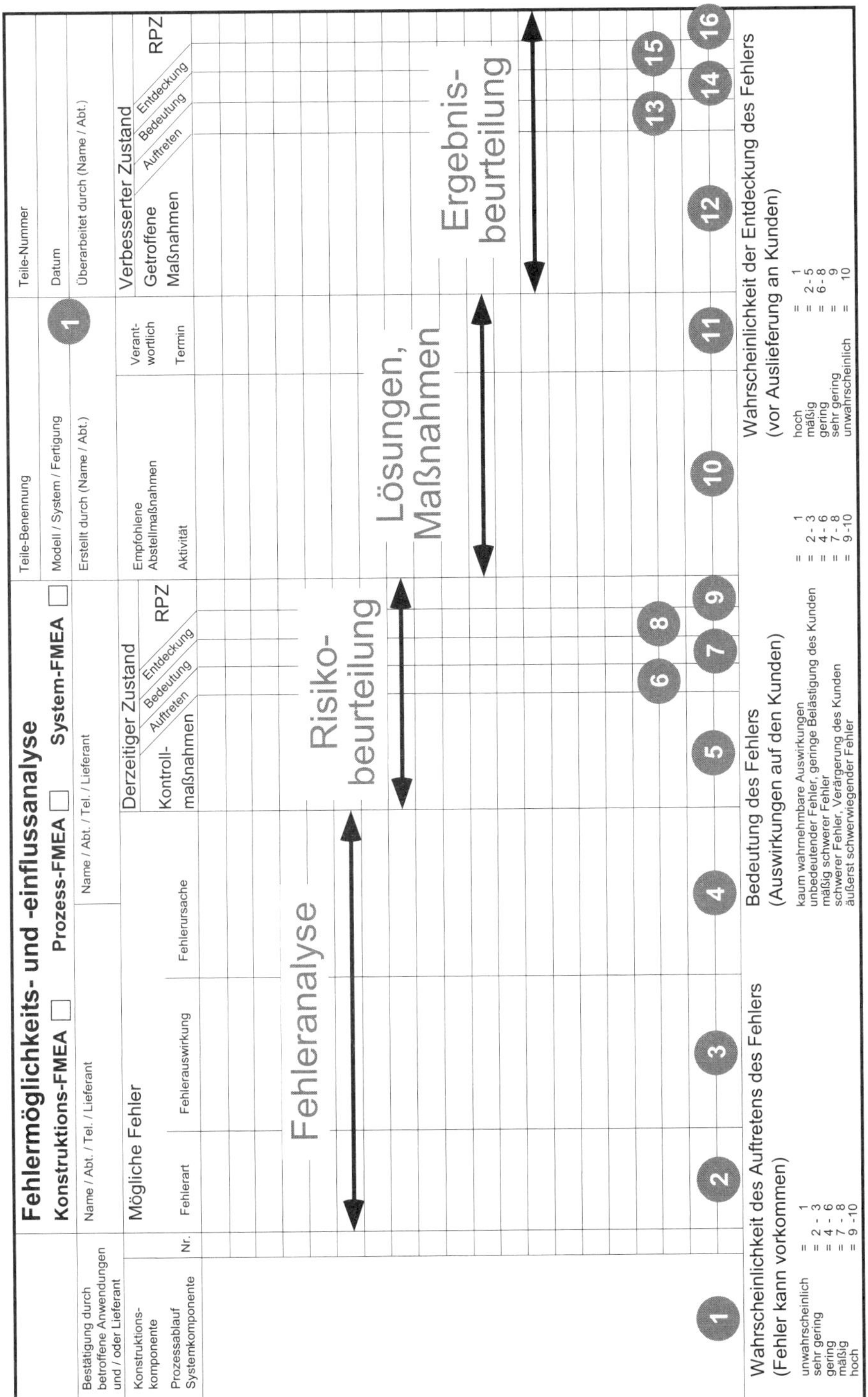

Bild 2.15 FMEA-Formblatt

- Maßnahmenvorschläge zur Optimierung

  Die Auftrittswahrscheinlichkeit von Fehlerursachen ist sowohl in der Konstruktion wie auch im Prozess zu minimieren. Lösungsvorschläge ⑩ sollten auf Fehlervermeidung anstelle von Fehlerentdeckung abzielen. Die Risikoprioritätszahl dient hier gemäß dem Pareto-Prinzip als ein Hinweis auf die zu wählende Optimierungsreihenfolge (vgl. **Pareto-Diagramm**). Dabei sind insbesondere auch die Einzelwerte der Risikobeurteilung zu betrachten. Hohe Werte für die Auftrittswahrscheinlichkeit weisen auf eine notwendige Konzeptverbesserung hin, selbst wenn die Entdeckungswahrscheinlichkeit hoch und die Bedeutung gering ist. Eine hohe Bedeutung der Folgen für den Kunden muss stets eine Konzeptionsänderung nach sich ziehen. Soll die Entdeckungswahrscheinlichkeit angehoben werden, ist eine gezielte Fehlersuche erforderlich. Eine hohe Entdeckungswahrscheinlichkeit hingegen erfordert die Minimierung der Auftrittswahrscheinlichkeit durch entsprechende Maßnahmen. Die Zuständigkeiten für diese Maßnahmen werden ebenfalls festgelegt ⑪.

- Entscheidung über die Maßnahmen

  Von den vorgeschlagenen Maßnahmen werden die erfolgversprechendsten diskutiert, ausgewählt und anschließend durchgeführt ⑫.

- Restrisikobetrachtung

  Nach der Durchführung von entsprechenden konstruktiven bzw. planerischen Maßnahmen wird wieder eine Risikobeurteilung vorgenommen ⑬ ⑭ ⑮. Es werden erneut Risikoprioritätszahlen berechnet ⑯, die zur Entscheidung über die Freigabe der Konstruktion bzw. der Betriebsmittelbeschaffung dienen.

- Ergebnisbeurteilung

  Im Rahmen der abschließenden Ergebnisbeurteilung wird ein Vergleich der beiden Risikoprioritätszahlen (vorheriger Zustand ⑨ und verbesserter Zustand ⑯) durchgeführt. Dabei wird auch das Verhältnis zwischen erzielbarer Verbesserung und einzusetzendem Aufwand berücksichtigt.

Ausgefüllte FMEA-Formblätter können zur Dokumentation verwendet werden, um jederzeit auf Ergebnisse bereits durchgeführter Untersuchungen zurückgreifen und Erfahrungswissen im Unternehmen weitergeben zu können. Der Verbesserungsprozess darf dadurch jedoch nicht zum Erliegen kommen.

Konstruktions-FMEA

Die Konstruktions-FMEA ist speziell auf ein Produkt ausgerichtet und wird in der Entwicklungs- und Produktionsplanungsphase von einem interdisziplinären Arbeitsteam, bestehend aus Fachleuten aller beteiligten Bereiche, durchgeführt. Dabei ist sicherzustellen, dass alle möglicherweise auftretenden Fehler betrachtet und vorausschauend vermieden werden. Das Produkt ist also gegen Schwachstellen aller Art abzusichern, beispielsweise in Bezug auf Funktionalität, Zuverlässigkeit, Geometrie, Werkstoffauswahl, wirtschaftliche Herstellbarkeit, Prüfbarkeit und Servicefreundlichkeit.

Dabei hat sich ein Top-down-Schema als Gliederungsprinzip bewährt. Es wird also zuerst das Gesamtsystem untersucht, dann die entsprechenden Teilsysteme bzw. Baugruppen. Diese sind wiederum in Erzeugnisse und Teilegruppen zerlegbar, die schließlich aus Einzelteilen mit entsprechenden Merkmalen bestehen. Die Konstruktions-FMEA ist besonders wirkungsvoll bei neuen oder geänderten Teilen bzw. Werkstoffen, bei geänderten oder zusätzlichen Anforderungen, bei besonderen Funktions- und Sicherheitsrisiken, bei fertigungstechnischen Dauerproblemen und erfahrungsmäßigen Feldproblemteilen sowie bei Schnitt- und Verbindungsstellen und allgemein schwieriger Prüfbarkeit.

Prozess-FMEA

Die Prozess-FMEA bezieht sich auf einen bestimmten Prozess in den Bereichen Fertigung, Montage sowie Prüfung und wird im Rahmen der Produktionsplanungsphase durchgeführt. Sie übernimmt auch die in der Konstruktions-FMEA festgestellten Fehlerursachen, die sich auf einen Prozess beziehen, und bietet auf dieser Grundlage die Möglichkeit, weitere Untersuchungen durchzuführen. Grundsätzlich sollen alle möglichen Faktoren und Zustände ermittelt werden, die einen einwandfreien Prozessablauf erschweren. Dabei ist die gesamte Handlungskette mit allen Einflüssen zu erfassen.

Im Rahmen der Prozess-FMEA sind Eignung und Sicherheit des Herstellverfahrens, seine Qualitätsfähigkeit sowie Prozessstabilität und die Ermittlung von Prozesssteuerungsmerkmalen besonders zu betrachten. Dabei zielt die Prozess-FMEA immer auf integrierte, gefertigte und kostenoptimierte Qualität. Sie ist als Ergänzung der Pflichtenhefte für die Betriebsmittelbeschaffung und die Ablaufgestaltung anzusehen.

System-FMEA

Mithilfe der System-FMEA wird das funktionsgerechte Zusammenwirken der einzelnen Komponenten eines komplexen Systems untersucht. Die dafür notwendigen

Ausgangsinformationen können beispielsweise als Pflichtenheft oder als Ergebnisse der Qualitätsplanung mittels Quality Function Deployment vorliegen (vgl. **Quality Function Deployment**). Ziel ist dabei die frühzeitige Vermeidung von Fehlern schon im Stadium des Systementwurfs. Dabei werden insbesondere Sicherheit und Zuverlässigkeit des geplanten Systems sowie die Einhaltung von gesetzlichen Vorschriften überprüft. Die System-FMEA kann darüber hinaus für einen Systemvergleich sowie zur fundierten Entscheidung bezüglich einer Systemauswahl herangezogen werden.

Im Sinne eines methodischen Zusammenhangs kann die System-FMEA als Basis für die Konstruktions-FMEA angesehen werden, aus der sich wiederum die Prozess-FMEA ableiten lässt. Dabei wird gemäß der grundsätzlichen Vorgehensweise bei einer FMEA zunächst für das zu betrachtende Endprodukt, Bauteil oder den Prozess die jeweilige Funktion beschrieben, woraus dann die potenzielle Fehlerart sowie deren mögliche Auswirkung und Ursache abzuleiten sind [Kersten 94].

Literaturhinweise zur Vertiefung

VDA – Verband der Automobilindustrie (Hrsg.):
VDA-Schriftenreihe Qualitätsmanagement in der Automobilindustrie, Band 4: Kapitel Produkt- und Prozess-FMEA
2 Aufl., Frankfurt/Main 2009 (aktualisierter Nachdruck).

DGQ – Deutsche Gesellschaft für Qualität (Hrsg.):
DGQ-Schrift 13-11: FMEA – Fehlermöglichkeits- und -einflussanalyse.
3. Aufl., Berlin: Beuth Verlag 2004.

Pfeifer, T.; Schmitt, R. (Hrsg.):
Masing Handbuch Qualitätsmanagement.
5. Aufl., München: Carl Hanser Verlag 2007.

Müller, D. H.; Tietjen, T.:
FMEA-Praxis.
2. Aufl., München: Carl Hanser Verlag 2003.

Kamiske, G. F.:
Technisches Risiko- und Krisenmanagement.
Düsseldorf: Symposion Publishing 2008.

Kamiske, G. F. (Hrsg.):
Qualitätstechniken für Ingenieure.
Düsseldorf: Symposion Publishing 2008.

Fehlleistungsaufwand

Die Bezeichnung Fehlleistungsaufwand wurde von Masing geprägt, der sich damit gegen die sogenannten Qualitätskosten wendet [Masing 88]. Unter Fehlleistungsaufwand versteht man den bewerteten Verbrauch von Leistungen (Arbeitsgängen, Prozessen) und Gütern (Produktionsfaktoren) im gesamten Unternehmen, der durch Fehlhandlungen und deren Auswirkungen entsteht. Dabei wird weder eine Werterhöhung am Produkt vorgenommen noch der Kundennutzen gesteigert, sondern eine Minderung von Effizienz und Ertrag bewirkt, da den Input-Faktoren des betrieblichen Leistungserstellungsprozesses ein um die Fehlleistungen geminderter Output gegenübersteht. Dies ist jedoch gleichbedeutend mit geringerer Produktivität (mengenmäßige Betrachtung) bzw. Wirtschaftlichkeit (wertmäßige Betrachtung).

Die veraltete Bezeichnung „Qualitätskosten" (heute: qualitätsbezogene Kosten) unterteilt sich in Fehlerverhütungskosten, Prüfkosten und Fehlerkosten. Dies impliziert den Versuch einer Trennung zwischen dem Produkt selbst und den die Qualität bestimmenden Merkmalen und Eigenschaften. Ein solches Vorgehen ist aber weder praktikabel noch betriebswirtschaftlich haltbar [Masing 88, Geiger 94, Kamiske 07]. Hinzu kommt, dass ein realistischer und verursachungsgerechter Ausweis der Kosten qualitätsbezogener Maßnahmen mit den heute zur Verfügung stehenden Verfahren der betrieblichen Kostenrechnung nicht befriedigend möglich ist. Unbedingt notwendig ist jedoch die gezielte Analyse sämtlicher Prozesse im Unternehmen in Bezug auf Produktivität und Wertschöpfung bzw. Fehlleistungen und Verschwendung [Tomys 94] (vgl. **Qualitätscontrolling**).

In diesem Zusammenhang gewinnt die klare Unterscheidung der Begrifflichkeiten eine besondere Bedeutung. Aufwand ist der Wert aller insgesamt verbrauchten Güter und Dienste, der in der Finanzbuchhaltung verrechnet wird. Kosten hingegen stellen lediglich den Wert aller verbrauchten Güter und Dienste für den eigentlichen, typischen Zweck der betrieblichen Leistung dar [Haberstock 77].

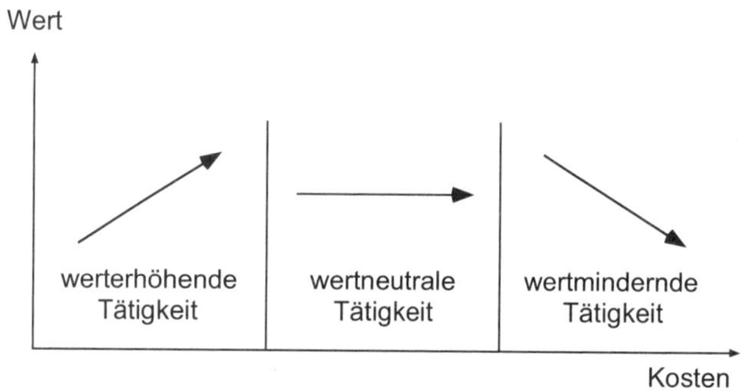

Bild 2.16 Arten der Wertveränderung im Produktionsprozess

Besondere Bedeutung für die Wertschöpfung eines Herstellungsprozesses kommt den Fehlleistungen zu, wie beispielsweise Ausschuss und Nacharbeit auslösende Tätigkeiten. Diese mindern die Wertschöpfung bzw. verzehren Kosten, bis die gewünschte Wertsteigerung erreicht ist. Sie stehen damit im Gegensatz zur werterhöhenden Nutzleistung, dem eigentlichen Zweck des Prozesses (vgl. Bild 2.16).

		Abschätzung des Anteils
Produktionsprozess	werterhöhend, geplant (Nutzleistung)	max. 25 %
	nötig zur Erstellung der Nutzleistung, geplant (Stützleistung)	ca. 45 %
	unnötig, ungeplant (Blindleistung oder Verschwendung)	ca. 20 %
	wertmindernd, ungeplant (Fehlleistung)	max. 10 %

Bild 2.17 Leistungsarten im Produktionsprozess

Neben der Trennung zwischen werterhöhender Nutzleistung und wertmindernder Fehlleistung sind jedoch noch weitere Unterscheidungen vorzunehmen (vgl. Bild 2.17). Um die gewünschte Nutzleistung erbringen zu können, sind Leistungen notwendig, die auch Kosten verzehren, aber nicht unmittelbar zur Werterhöhung beitragen. Zu diesen Leistungen gehören beispielsweise das Zuführen und Entnehmen der Werkstücke, der gelegentliche Werkzeugwechsel und das Rüsten der Maschine.

Dies sind geplante Tätigkeiten, die als Stützleistungen bezeichnet werden könnten. Darüber hinaus fallen aber noch Tätigkeiten an, die ungeplant sind, nicht zur Wertsteigerung beitragen, aber natürlich auch Kosten verursachen. Hier spricht man häufig von Verschwendung. Zur Unterscheidung seien sie mit Blindleistung bezeichnet (die versteckte Fabrik - Hidden Factory) [Miller/Vollmann 91].

Um ein Unternehmen auf eine qualitätsorientierte Weise führen zu können, bedarf es Kennzahlen, mit deren Hilfe Soll-Ist-Vergleiche möglich sind und mit denen Erfolge (oder Misserfolge) gemessen werden können (vgl. **Qualitätscontrolling**). Dazu könnte ein Wirkungsgrad der Produktion dienen, definiert als Verhältnis der Nutzleistung zur Gesamtleistung.

$$\textit{Wirkungsgrad der Produktion} = \frac{\textit{Anteil der werterhöhenden Leistung}}{\textit{insgesamt aufgewendete Leistung}}$$

So wie ein solcher Wirkungsgrad, auf die Nutzleistung in einem Betrieb bezogen, eine Aussage über die Effizienz der Fertigungsplanung und Produktion machen kann, so sind auch Kennzahlen zur Beobachtung von Stütz-, Blind- und Fehlleistungen denkbar, ohne hier näher auf sie einzugehen.

Literaturhinweise zur Vertiefung

Kamiske, G. F. (Hrsg.):
Rentabel durch TQM.
Berlin: Springer-Verlag 1996.

Kamiske, G. F.:
Qualitätswissenschaftliches Manager-Handbuch.
Berlin: Lehmanns Media 2005.

Gruppenarbeit

Gruppenarbeit tritt unter verschiedenen Bezeichnungen auf, sei es als Team, Zirkel, Fertigungs- oder Montagegruppe. Diese Form der Arbeitsorganisation beinhaltet heute die gleichzeitige Übernahme einer Aufgabe durch mehrere Personen, eine Gruppe also. Wesentliches Merkmal ist die weitgehende Selbststeuerung – Planungs-, Entscheidungs- und Prüfungsaufgaben sind integrale Bestandteile des Gruppenprozesses. Allerdings ist auch die Beachtung der verfügbaren Ressourcen und der Randbedingungen wie Termintreue, Kostenlimit und insbesondere Qualität des Ergebnisses erforderlich. Die Gruppengröße ist optimal mit fünf bis 15 Personen anzusehen. Die Hierarchie innerhalb der Gruppe kann formell, aber auch informell sein. Sie bildet sich im letzteren Fall organisch nach natürlicher Autorität, fachlicher Qualifikation oder organisatorischem Talent aus, im ersteren Fall ist eine Führungsperson direkt benannt.

Gruppen können für ein Projekt organisiert werden und arbeiten dann zeitlich begrenzt zusammen. Bei einer dauerhaften Arbeitsorganisation, also Gruppenarbeit im engeren Sinne, arbeitet die Gruppe in einem auf unbestimmte Zeit ausgelegten Fertigungs-, Montage- oder Dienstleistungsprozess.

Um Gruppenmitglieder als solche nicht zu überfordern, müssen sie für die Arbeit im Team geeignet sein. Besonders eine hierarchisch informelle Gruppe lebt in einem ständigen Spannungsfeld. Das soziale Verhalten jedes Einzelnen muss demnach gruppentauglich sein. Kommunikationsfähigkeit, Toleranz gegenüber Andersdenkenden, Diskussionsbereitschaft sowie Integrations- und Kompromissfähigkeit sind wichtige Ausprägungen. Die fachliche Qualifikation sei hier als selbstverständlich gegeben vorausgesetzt.

In den 1970er-Jahren von den Vordenkern der betrieblichen Arbeitsorganisation beschrieben und seit den 1980er-Jahren als anerkannter Organisationstyp der Produktion etabliert, wurde unter Gruppenarbeit zunächst nur die Zusammenfassung verschiedener Betriebsmittel zu Funktionsgruppen verstanden. Aus dem Ansatz der teilautonomen Gruppen hat sich die heutige Form der Gruppenarbeit entwickelt und ist in fast allen Arbeitsbereichen anzutreffen. Gruppenarbeit ist generell ein Bestandteil umfassender Qualitätskonzepte wie Total Quality Management und auch bereits seit den 1930er-Jahren als Qualitätszirkel im Sinne einer zeitweiligen Form dieser Arbeitsorganisation bekannt (vgl. **Total Quality Management**, **Qualitätszirkel**). Als dauerhafte Gruppenarbeit werden durch die Selbststeuerungspotenziale einer Gruppe hohe Qualität in Verbindung mit Stückzahl- und Termintreue sowie Kostenbegrenzung zugunsten der internen oder externen Kunden erzielt und verantwortet. Dem liegt die Auffassung zugrunde, dass Qualität nicht erprüft, sondern nur durch die Übernahme von Qualitätsverantwortung für einen bestimmten Prozess erreicht werden kann.

Die neben der Qualitätsverantwortung der Gruppe bestehende Verantwortung für nahezu alle Aufgaben im Rahmen der vollständigen Bearbeitung eines abgeschlossenen Teilprozesses ermöglicht darüber hinaus dem heute immer größer werdenden Kreis der entwickelten Mitarbeiter, sich durch höhere Selbstständigkeit zu entfalten. Darin liegt die Erwartung eines großen Interesses an der Arbeit mit allen Folgen, die mit motivierten Mitarbeitern verbunden sind. Schließlich kennen unmittelbar Beteiligte vor Ort ihre Arbeitsabläufe im Detail und können sie einem Prozess der Ständigen Verbesserung unterziehen (vgl. **Ständige Verbesserung**). Dies führt idealerweise zu einer Reduzierung der Bestände, größerer Verfügbarkeit der Betriebsmittel, kürzerer Durchlaufzeit und höherer Qualität der erzeugten Produkte oder Dienstleistungen.

Literaturhinweise zur Vertiefung

Gerst, D.:
Selbstorganisierte Gruppenarbeit.
Eschborn: RKW 1998.

Kühl, S.; Kullmann, G.:
Gruppenarbeit.
In: Kamiske, G. F. (Hrsg.): Reihe Pocket Power.
München: Carl Hanser Verlag 2002.

Hazard Analysis and Critical Control Points (HACCP)

Das Hazard Analysis and Critical Control Points-System (HACCP), deutsch etwa: Analyse von (Gesundheits-)Gefahren und Festsetzung kritischer Punkte, ist ein klar strukturiertes und auf die Festlegung präventiver Maßnahmen ausgerichtetes Werkzeug im Rahmen eines Lebensmittel-Sicherheitsmanagements. Es dient damit vorrangig der Vermeidung spezifischer Gefahren im Zusammenhang mit Lebensmitteln, die zu einer Erkrankung von Konsumenten führen können.

Seinen Ursprung hat das HACCP-System in den USA, wo es bereits in den 1960er-Jahren im Zusammenhang mit dem US-Raumfahrtprogramm entwickelt wurde. Damals verpflichtete die US-Weltraumbehörde NASA die Hersteller von Nahrungsmitteln für Astronauten zu einer Abschätzung und Beherrschung möglicher Gesundheitsgefahren.

Das HACCP-Konzept ersetzt nicht bisher übliche Hygienemaßnahmen, sondern baut auf einem wirksamen Hygienekonzept eines Lebensmittelbetriebes auf. Demnach sind beispielsweise Reinigungs- und Desinfektionspläne, Personalhygiene sowie Trennung von reinen und unreinen Bereichen Grundlage und Voraussetzung für die Erstellung, jedoch nicht unmittelbar Bestandteil eines konkreten HACCP-Konzeptes für ein bestimmtes Lebensmittel. Bei dem HACCP-System handelt es sich vielmehr um ein logisches Konzept, bei dem zunächst auf der Basis naturwissenschaftlicher Fakten ein Handlungsbedarf ermittelt wird („Hazard Analysis") und danach zuverlässige Sicherungsmaßnahmen aufgrund von genau definierten Prinzipien bestimmt und durchgeführt werden (Präventives Management durch Festlegung von „Critical Control Points") [Untermann 98].

Das Komitee Lebensmittelhygiene der FAO/WHO Codex Alimentarius Commission hat das HACCP-System in der Alinorm 97/13A dargelegt und Hinweise für dessen Anwendung gegeben. Auf dieser Basis lassen sich die sieben HACCP-Prinzipien in abgekürzter Form folgendermaßen beschreiben [Alinorm 97]:

1. Durchführen einer Gefahrenanalyse („Hazard Analysis");
2. Bestimmen der „Critical Control Points";
3. Festlegen der Grenzwerte;
4. Festlegen eines Systems zur Überwachung (Monitoring) der „Critical Control Points";
5. Festlegen von Korrekturmaßnahmen, die vorzunehmen sind, wenn die Überwachung (Monitoring) anzeigt, dass ein „Critical Control Point" nicht mehr unter Kontrolle ist (fehlerfrei funktioniert);
6. Festlegen von Verifizierungsverfahren, die bestätigen, dass das HACCP-System erfolgreich arbeitet;
7. Einführen einer Dokumentation, die alle Vorgänge und Aufzeichnungen berücksichtigt und den HACCP-Prinzipien und deren Anwendung entspricht.

Über seinen eigentlichen Anwendungsbereich hinaus lässt sich das HACCP-System auch als universelle Methode zur systematischen Analyse komplexer Produktionsabläufe verwenden und eignet sich deshalb als Hilfsmittel beim Aufbau und zur Optimierung von Systemen und Prozessen in den Bereichen Qualität und Sicherheit (vgl. **Qualitätsmanagementsystem**, **Safety Certification Contractors**). Wie dort auch können Unternehmen, die in einem Zertifizierungsaudit eine funktionierende Gefahrenanalyse und -beherrschung nachweisen, ein entsprechendes HACCP-Zertifikat erhalten (vgl. **Zertifizierung**). Seine Gültigkeit wird durch ein jährliches Überwachungsaudit überprüft.

Insgesamt ist das zugrunde liegende HACCP-Konzept auf vorausschauend-fehlervermeidende Aktivitäten sowie eine Ständige Verbesserung bestehender Abläufe ausgerichtet (vgl. **Ständige Verbesserung**). Durch entsprechende Dokumentation ist ein HACCP-System unter Umständen auch als Nachweis in Fällen der Beweislastumkehr nach dem Produkthaftungsgesetz geeignet (vgl. **Produkthaftung**). Es kann darüber hinaus auch zum Aufdecken von Einsparungspotenzialen und der Vermeidung von Fehlleistungsaufwand bzw. Verschwendung beitragen (vgl. **Fehlleistungsaufwand**, **Qualitätsbezogene Kosten**, **Qualitätstreiber**).

Literaturhinweis zur Vertiefung

Petridis, K.; Schlüter, S.:
HACCP umsetzen.
In: Kamiske, G. F. (Hrsg.): Reihe Pocket Power.
München: Carl Hanser Verlag 2001.

Innovative Prozesskettenoptimierung (IPO)

Hiermit wird eine Systematik zur Optimierung von Prozessketten vorgestellt. Die Systematik der Innovativen Prozesskettenoptimierung vernetzt den Einsatz bekannter Qualitätstechniken mit Kreativitätstechniken, insbesondere der Theorie des erfinderischen Problemlösens (TRIZ) (vgl. **TRIZ**). Der Ermittlung der Engpässe dient die Theory of Constraints (ToC) . Darübergelegt wird die Methodik der Define-Measure-Analyse-Improve-Control (DMAIC), die zu einer gründlichen Vorgehensweise, rational und sachorientiert, zwingt (vgl. **Sechs Sigma**, **Ständige Verbesserung**).

Für die Innovative Prozesskettenoptimierung wird ein Werkzeugkasten vorgeschlagen, dessen Werkzeuge die einzelnen DMAIC-Arbeitsschritte stützen. Als Engpässe von Prozessketten kommen alle leistungshemmenden Merkmale infrage, z. B. zu große Fertigungsstreuung, zu großer Material- und Energieverbrauch, zu großer Flächenbedarf, zu geringe Kapazität. Es handelt sich also weniger um die Beseitigung von Fehlern als vielmehr von Engpässen [Pfeifer/Tillmann 03].

Literaturhinweise zur Vertiefung

Gimpel, B.; Herb, R., Herb, T.:
Ideen finden, Produkte entwickeln mit TRIZ.
München: Carl Hanser Verlag 2000.

Herb, R.; Herb, T.; Kohnhauser, V.:
TRIZ – Der systematische Weg zur Innovation.
Landsberg/Lech: Verlag Moderne Industrie 2000.

Gundlach, C.; Nähler, H. T. (Hrsg.):
Innovationen mit TRIZ.
Düsseldorf: Symposion Publishing 2006.

Integriertes Qualitätsmanagement

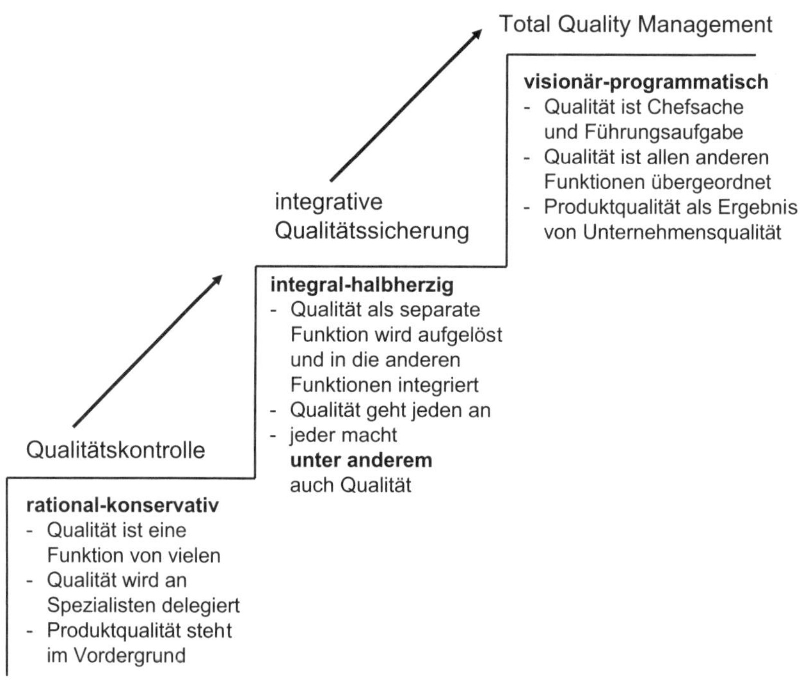

Bild 2.18 Entwicklungsstufen zu TQM

Die Integration des Qualitätsmanagements in die Managementaufgaben aller unternehmerischen Funktionsträger hebt die Spezialisierung auf diese Disziplin auf. Ziel ist einerseits die verstärkte Berücksichtigung und Beachtung qualitätsfördernder Elemente in jeder Situation, andererseits sollte der große Personalaufwand in den Spezialabteilungen des Qualitätsmanagements (Qualitätssicherung, Qualitätskontrolle, Qualitätswesen, Inspektion) verringert bzw. beseitigt werden.

Die Integration kann nur erfolgreich erfolgen, wenn der Qualität seitens der obersten Leitung erste Priorität beigemessen wird und dieses den untergeordneten Stellen unmissverständlich mitgeteilt und vorgelebt wird. Bei unklarer Prioritätensetzung besteht die Gefahr, dass Qualität dem Spiel der Kräfte ausgesetzt wird und vermeintlich zwingenden Kriterien (Kosten, Terminen u. a.) unterliegen kann. Integriertes Qualitätsmanagement ist ein unvermeidbarer Schritt auf dem Weg zum umfassenden Qualitätsmanagement (vgl. Bild 2.18) (vgl. **Total Quality Management**).

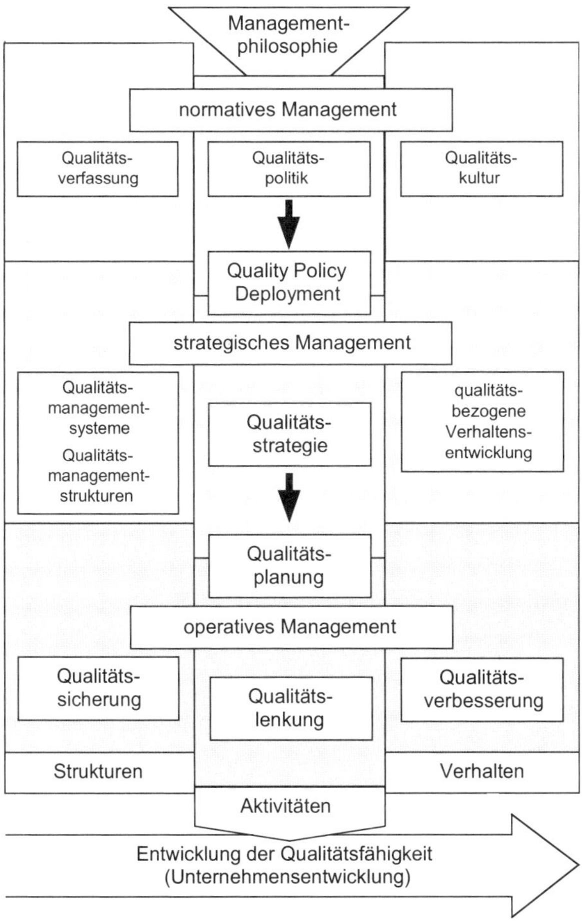

Bild 2.19 Konzept Integriertes Qualitätsmanagement

Einen formal, aber inhaltlich kaum anderen Weg als TQM geht das sogenannte St. Galler Managementkonzept mit der Integration des Qualitätsmanagements (vgl. Bild 2.19) [Seghezzi 96]. Sein Vorteil ist die Anlehnung an bekannte Managementstrukturen [Bleicher 96]. Die vorher genannten Anforderungen an das Führungsverhalten entscheiden über den Erfolg dieses Konzeptes.

Literaturhinweise zur Vertiefung

Zink, K. J.:
TQM als integratives Managementkonzept.
2. Aufl., München: Carl Hanser Verlag 2004.

Seghezzi, H. D.; Fahrni, F.; Herrmann, F.:
Integriertes Qualitätsmanagement.
3. Aufl., München: Carl Hanser Verlag 2007.

ISO/TS 16 949:2009

Diese Technische Spezifikation (TS) beschreibt die branchenspezifischen Forderungen der internationalen Automobilindustrie – Hersteller und Verbände – an ein Qualitätsmanagementsystem. In Deutschland hat sie als DIN SPEC 1115 - DIN ISO/TS 16 949 in ihrer Ausgabe von November 2009 den Status einer Vornorm und basiert auf den gemachten Erfahrungen mit der Erstausgabe von 1999, der Überarbeitung von 2002 und insbesondere auf der DIN EN ISO 9001:2008. Dabei gilt sie gleichermaßen für die Automobilhersteller (OEM – Original Equipment Manufacturer, Erstausrüster) und ihre Lieferanten. Die Ergänzung um jeweils kundenspezifische Forderungen ist ausdrücklich zugelassen [IATF 09].

Erarbeitet wurde die ISO/TS 16 949 von der International Automotive Task Force (IATF), einer international besetzten Arbeitsgruppe mit Vertretern von Herstellern und Verbänden der Automobilindustrie, in Zusammenarbeit mit dem Technischen Komitee ISO/TC176 „Qualitätsmanagement und Qualitätssicherung" der International Organization for Standardization (ISO).

Entsprechend wird die ISO/TS 16 949 von Automobilherstellern weltweit anerkannt – insbesondere von BMW, Chrysler, Daimler, Fiat, Ford, General Motors, PSA, Renault, VW – und bildet so eine einheitliche Grundlage für die Zertifizierung des Qualitätsmanagementsystems. Damit sollen auch die häufig vorgekommenen Mehrfachzertifizierungen in europäischen Ländern (z. B. VDA 6.1) und den USA (z. B. QS-9000) vermieden werden. Die US-amerikanische QS-9000 wurde konsequenterweise zum Dezember 2006 zurückgezogen. Andere nationale Automobilindustrieverbände im IATF wollten ursprünglich gleiches tun, entwickeln aber nach wie vor ihre eigenen Systeme weiter, beispielsweise die VDA 6.1 (vgl. **Qualitätsmanagementsystem**, **VDA 6.1**, **QS-9000**, **Zertifizierung**).

Obwohl keine Norm im eigentlichen Sinne, sondern nur eine Übereinkunft der Mitglieder des IATF, ist eine Zertifizierung nach den speziellen Vorgaben der ISO/TS 16 949 möglich [IATF 09a]. Dabei behalten die bekannten Qualitätsmanagementsysteme, etwa nach DIN EN ISO 9001:2008, und ihre Zertifizierungen jeweils ihre Gültigkeit bei, da sie mit der ISO/TS 16 949 harmonisiert sind und eine gute Grundlage für die erweiterten Forderungen der Automobilindustrie bilden (vgl. **DIN EN ISO 9000:2005**).

Durch eine Zertifizierung nach ISO/TS 16 949 erfüllt ein Unternehmen die Forderungen der DIN EN ISO 9001:2008 und darüber hinaus die Erwartungen der Automobilindustrie. Ohne zertifizierte Qualitätsmanagementsysteme sind Kunden-Lieferanten-Beziehungen gerade in der Automobilindustrie nicht mehr vorstellbar (vgl. **Kundenorientierung**). Der Auditablauf nach ISO/TS 16 949 ist terminlich und inhaltlich fest vorgeschrieben und darf nicht als Pflichtübung angesehen werden, sondern als Bestätigung für die Erfüllung der Forderungen der Kunden (vgl. **Audit**).

Die Basis der ISO/TS 16 949 ist eine besonders ausgeprägte Prozessorientierung, die sich durch alle inhaltlichen Forderungen zieht (vgl. **Prozessorientierung**). Folgende drei Schwerpunkte der ISO/TS 16 949:2009 lassen sich zusammenfassen [IATF 09, Frank 04]:

- Die Forderung nach fehlerfreien Produkten und Dienstleistungen, kostenbewusst produziert und termingerecht angeliefert.
- Die Forderung nach beherrschten und fähigen Prozessen als Voraussetzung für fehlerfreie Produkte.
- Die Forderung nach partnerschaftlicher Zusammenarbeit und Innovationsbereitschaft.

Damit steht die ISO/TS 16 949 inhaltlich der DIN EN ISO 9001:2008 sehr nahe, was in der Gliederung und der identischen Verwendung von Begriffen zum Ausdruck kommt. Dies wird noch dadurch unterstrichen, dass die ISO/TS 16 949 den Originaltext der DIN EN ISO 9001:2008 als Basisformulierungen – eingerahmter Text im Originaldokument der ISO/TS 16 949 – verwendet und darauf aufbaut [IATF 09a].

Darüber hinaus kommt es im Rahmen des Qualitätsmanagementsystems nach ISO/TS 16 949 auf die Verantwortung der Leitung, das Management von Ressourcen, die stabile Prozessfähigkeit, die Messung und Analyse von Abweichungen und deren kontinuierliche Verbesserung sowie die Optimierung der gesamten Wertschöpfungskette an (vgl. **Ständige Verbesserung**, **Supply Chain Quality**).

Literaturhinweise zur Vertiefung

IATF – International Automotive Task Force (Hrsg.):
IATF Auditor-Leitfaden für ISO/TS 16 949.
1. Aufl. 2009.

Frank, R.:
ISO/TS 16 949:2002 umsetzen.
In: Kamiske, G. F. (Hrsg.): Reihe Pocket Power.
München: Carl Hanser Verlag 2004.

VDA – Verband der Automobilindustrie (Hrsg.):
VDA-Standard – Erstellung kundenspezifischer QM-Systemanforderungen auf Basis der ISO/TS 16949, Inhalte, Dokumente und Erläuterungen.
Frankfurt/Main 2010.

■ J.D. Power

Das 1968 gegründete US-amerikanische Unternehmen J.D. Power and Associates ist eigentlich ein Marktforschungsinstitut mit Hauptsitz in Los Angeles, Kalifornien, und gehört heute zur McGraw-Hill-Unternehmensgruppe. Es führt weltweit mit eigenen Niederlassungen und Partnerinstituten unabhängige Befragungen über Kundenzufriedenheit, Produktqualität und Käuferverhalten durch, u. a. in den Branchen Automobil, Finanzdienstleistungen, Immobilien, Telekommunikation und Reise/Freizeit. Die Marktuntersuchungen von J.D. Power and Associates basieren auf ungefilterten und nicht beeinflussten Kundenrückmeldungen. Daraus werden Wettbewerbsbenchmarks in der jeweiligen Branche sowie unternehmensspezifische Stärken und Schwächen abgeleitet und den interessierten Unternehmen gegen Honorar zur Verfügung gestellt (vgl. **Benchmarking**).

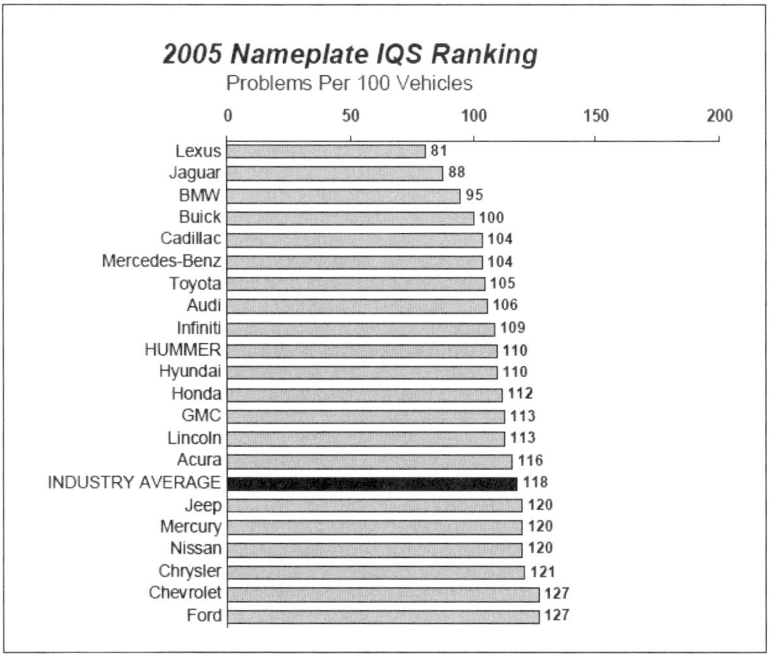

Bild 2.20 Rangfolge der Markenqualität Automobile im Auszug aus der J.D. Power and Associates 2005 Initial Quality Study

In der Automobilindustrie gelten die Branchenstudien von J.D. Power and Associates seit Beginn der 1990er-Jahre als der Gradmesser schlechthin für die Wettbewerbsposition der Hersteller hinsichtlich Qualität und Kundenzufriedenheit (vgl. **Kundenorientierung**). Die Untersuchungen umfassen dabei den gesamten Produktlebenszyklus aus Kundensicht und werden nachfolgend kurz umrissen [Power 05]:

- Initial Quality Study (IQS): Qualität von Neufahrzeugen auf dem US-Markt mit maximal drei Monaten Haltedauer. Die Ergebnisse werden in Fehlern pro 100 Fahrzeuge (PP100 – problems per 100 vehicles) dargestellt und enthalten Vergleiche zwischen den einzelnen Automobilherstellern (OEM – Original Equipment Manufacturer) , den Montagewerken und den verschiedenen Modellen in ihren jeweiligen Segmenten. Schwerpunktmäßig erfasst die Studie per Fragebogen Fehler und Beanstandungen am Fahrzeug. Grundlage sind die Neuzulassungen in den Monaten November und Dezember eines Jahres vom jeweils folgenden Modelljahr. Die von den Kunden gemeldeten Fehler aus 135 Einzelbewertungen werden in Kategorien zusammengefasst, zu denen Fahrverhalten, Motor, Getriebe, Fahrzeuginterieur und -exterieur, Bedienungselemente, das Soundsystem, Sitze sowie Heizung/Klimatisierung/Lüftung gehören. Daraus wird u. a.

eine Gesamtbewertung der Markenqualität weltweit abgeleitet (vgl. Bild 2.20) [IQS 05].

- Customer Service Index Study (CSI): Servicezufriedenheit von Kunden mit bis zu drei Jahre alten Fahrzeugen. Bewertet werden Erfahrungen mit Service, Garantie, Wartung und Reparaturen einschließlich Wartezeiten sowie Termineinhaltung bei den durchgeführten Arbeiten.
- Collision Repair Satisfaction Index Study (CRSI): Kundenzufriedenheit mit Fahrzeugreparaturen.
- Automotive Performance, Execution and Layout Study (APEAL): Beliebtheit von Marken und Modellen sowie der emotionalen Beziehung von Kunden zu Neufahrzeugen. Die Bewertung enthält über 100 Kriterien in verschiedenen Kategorien, u. a. Fahrverhalten, Motor, Komfort und Bequemlichkeit.
- Sales Satisfaction Index Study (SSI): Zufriedenheit der Kunden mit dem Händler beim Neufahrzeugkauf – von der Produktpräsentation über Preisverhandlung und Vertragsabschluss bis hin zu Fahrzeugauslieferung, Finanzierung und Zulassung.
- Escaped Shopper and Owner Loyalty Study (ESOL): Faktoren, die Markentreue und Markenwechsel bei Kaufentscheidungen von Neufahrzeugkäufern beeinflussen.
- Dealer Attitude Study (DAS): Meinungen und Verhaltensweisen von Neufahrzeughändlern in Bezug auf die Automobilhersteller.
- Vehicle Dependability Study (VDS): Zuverlässigkeit bei Fahrzeugen mit mehr als drei Jahren Haltedauer. Die Ergebnisse werden in Fehlern pro 100 Fahrzeuge dargestellt und enthalten die Erfahrungen mit Problemen innerhalb der letzten zwölf Monate.
- Component Quality Reports (CQRs): Qualität und Zufriedenheit mit speziellen Komponenten und Systemen in Neufahrzeugen. Dabei werden auch die Zulieferer der entsprechenden Komponente benannt und auf diese Weise mitbewertet.

Die mit Abstand bekannteste dieser Untersuchungen ist jedoch die Initial Quality Study (IQS). Sie wird jährlich durchgeführt und bildet auch die Grundlage für die Vergabe des J.D. Power Plant Quality Award, der wohl begehrtesten und prestigeträchtigsten Qualitätsauszeichnung auf Basis von Kundenbefragungen in der Automobilindustrie weltweit (vgl. **Qualitätsauszeichnungen**). Der Plant Quality Award wird einmal in Platin und jeweils mehrfach in Gold, Silber und Bronze für die Regionen Asien/Pazifischer Raum, Europa sowie Nord-/Südamerika vergeben. Dazu wird über die Fahrgestellnummern die Herstellerproduktionsstätte und daraus wiederum die Fertigungsqualität der einzelnen Automobilwerke ermittelt, und diese werden in eine Rangfolge gebracht (vgl. Bild 2.21) [IQS 05].

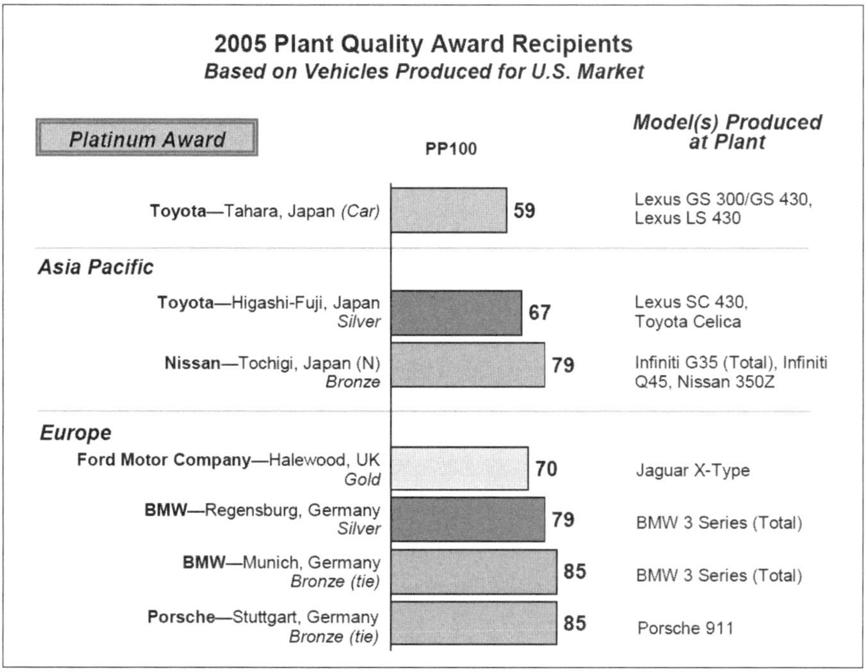

Bild 2.21 Gewinner des Plant Quality Award nach Regionen, Auszug aus der J.D. Power and Associates 2005 Initial Quality Study

■ Japanische Begriffe

Im Folgenden wird die Bedeutung einiger Begriffe japanischen Ursprungs kurz erläutert. Diese Begriffe, die zum Teil unter einer englischen Bezeichnung bekannt geworden sind, werden in jüngster Zeit häufig im Zusammenhang mit der Qualitätswissenschaft genannt. Sie entstammen meist dem Toyota Production System (TPS), dem das ganze Unternehmen umfassenden, auf die Fertigung ausgerichteten Organisationssystem der japanischen Toyota Motor Company, Ltd. (vgl. **Toyota Production System**).

Dabei finden diese Begriffe nicht nur Anwendung in den stark diversifizierten, vertikal integrierten Industriekonglomeraten (Keiretsu), wie sie sich in Japan um Großbanken, Versicherungen oder Produktionsunternehmen gebildet haben, sondern in der gesamten japanischen Wirtschaft. In einer zusammenfassenden Übersicht werden zunächst die Begriffe mit Kurzerklärungen belegt, die Erläuterungen schließen sich in alphabetischer Reihenfolge an.

Begriff	Kurzerklärung
Andon	Zentrale Anzeigetafel für den Fehlerort
Gemba	Werkstatt als Ort der Wertschöpfung
Heijunka	Harmonisierung des Produktionsflusses (Prozessglättung)
Jidoka	Selbststeuerndes Fehlererkennungssystem
Kaizen	Streben nach Ständiger Verbesserung
Kanban	Materialfluss-Steuerungssystem auf der Basis von Karten als Informationsträger
Mizenboushi	Fehler vermeiden, bevor sie auftreten
Muda, Mura, Muri - Die drei Mu	Verschwendung, Abweichung (Unausgeglichenheit), Überlastung
Poka Yoke	Vermeidung unbeabsichtigter Fehler
Seiri, Seiton, Seiso, Seiketsu, Shitsuke - Die fünf S	Ordnung schaffen, Ordnungsliebe, Sauberkeit, Ordnungssinn, Disziplin

Das Toyota Production System selbst sowie der ebenfalls damit zusammenhängende Begriff Just-in-Time (JiT) werden aufgrund ihrer herausragenden Bedeutung gesondert dargestellt (vgl. **Toyota Production System**, **Just-in-Time**).

Andon

Andon (TPS) ist eigentlich nur ein Hilfsmittel zur Informationsweiterleitung bei auftretenden Problemen. Es fungiert als visuelles Fertigungsinformationssystem, welches über die Lichtzeichen einer Anzeigetafel auf das Auftreten eines (Maschinen-)Fehlers hinweist. Es dient so als zentrale Anzeige des Problemortes und sollte für möglichst viele Mitarbeiter, vor allem aber für den zuständigen Meister gut sichtbar sein. Derjenige Mitarbeiter, der einen Fehler entdeckt bzw. ein Problem im Fertigungsablauf feststellt, kann einen Andon-Knopf betätigen und informiert so den Meister und die Kollegen, dass er Hilfe an seinem Arbeitsplatz benötigt. Kann das aufgetretene Problem nicht schnell genug beseitigt werden, so ist es auch möglich, den gesamten Produktionsablauf anzuhalten. Dies geschieht jedoch nicht automatisch bei jedem auftretenden Fehler und ist auch nicht Sinn von Andon. Es soll vielmehr das Problem sichtbar gemacht, die Ursache analysiert und gründlich beseitigt werden. Muss zu diesem Zweck die Produktion gestoppt werden, so ist dies zulässig, wenn damit ein erneutes Auftreten des Problems in Zukunft vermieden werden kann [Shingo 81].

Gemba

Mit dem Ausdruck Gemba bezeichnet man den Arbeitsplatz im Sinne des Ortes, an dem die wertschöpfenden Prozesse im Unternehmen stattfinden. Damit ist also nicht die Verwaltung, sondern die Fertigung (Werkstatt) als ausführende Ebene gemeint, wo Qualität in der Umsetzung der Kundenwünsche erzeugt wird. Die Verwaltungsebene des Unternehmens wird nicht als übergeordnet betrachtet, sondern als unterstützende, quasi dienstleistende Organisation für Gemba (vgl. Bild 2.22).

Als Gembutsu werden nicht nur diejenigen Mitarbeiter bezeichnet, die in Gemba arbeiten, sondern auch die dort eingesetzten Maschinen, das verwendete Material und sämtliche Randbedingungen, die Einfluss auf den Arbeitsprozess haben.

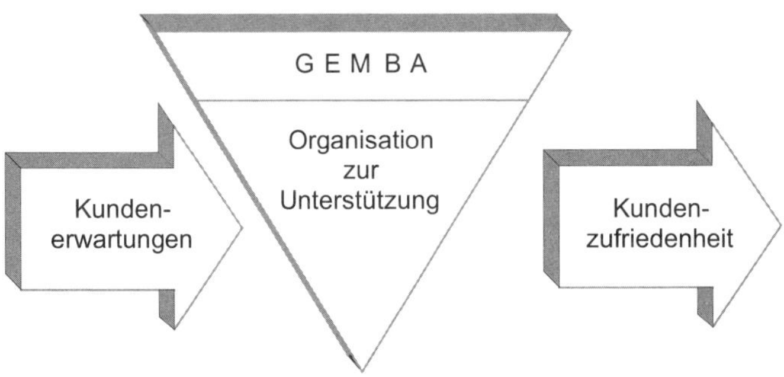

Bild 2.22 Gemba als Ort der Wertschöpfung

Von Gemba wird oft in Verbindung mit Kaizen gesprochen (vgl. **Kaizen**). Der Zusammenhang wird deutlich, wenn man Kaizen als eine kundenorientierte Verbesserungsstrategie auffasst, die davon ausgeht, dass alle Aktivitäten im Unternehmen schließlich zu einer Steigerung der Kundenzufriedenheit führen sollen [Imai 86]. Hierbei spielt Gemba eine entscheidende Rolle, da im Bereich der Fertigung letztlich die Produkte hergestellt werden, die durch ihre Qualität die Wünsche und Erwartungen der Kunden befriedigen sollen. Das folgende Vorgehen bezeichnet die sechs Prinzipien von Gemba:

1. Gehe zu Gemba, wenn eine Abweichung auftritt.
2. Überprüfe Gembutsu.
3. Leite Sofortmaßnahmen ein.
4. Finde die Ursachen der Abweichungen heraus.
5. Beseitige die Ursache an der Quelle.
6. Standardisiere, um einem Wiederauftreten der Abweichung vorzubeugen.

Heijunka

Heijunka (TPS) bezeichnet eine Harmonisierung des Produktionsflusses im Sinne eines mengenmäßigen Produktionsausgleichs. Es wird eine möglichst gleichmäßige Kapazitätsauslastung zur Prozessglättung angestrebt, indem Warteschlangen vor den einzelnen Bearbeitungsstationen (Maschinen) und damit auch Wartezeiten vermieden werden. An die Stelle der klassischen Werkstattfertigung mit starker Arbeitsteilung gemäß dem Taylorschen.; Prinzip, mit langen Liege- und Transportzeiten, tritt das Fließprinzip (Continuous Flow Manufacturing, CFM) mit kurzen Transportwegen und der Tendenz zur Komplettbearbeitung. Heijunka kann als Bestandteil des Just-in-Time-Gedankens (JiT) und als eine Voraussetzung für seine Realisierung angesehen werden [Soom 86] (vgl. **Just-in-Time**).

Jidoka

Jidoka (TPS) ist, ähnlich wie Andon, eigentlich nur ein Hilfsmittel, um auftretende Probleme zu lokalisieren und zu melden. Es wird auch als selbststeuerndes Fehlerkennungssystem oder als selbststeuernde Automatisierung (Autonomation) bezeichnet, da die Maschinen hierbei mit Sensoren ausgestattet sind, die automatisch Fehlfunktionen erkennen und die Maschinen anhalten. Auf diese Weise wird verhindert, dass fehlerhafte Teile im weiteren Produktionsprozess verarbeitet werden. Eine Ursachenanalyse zur grundlegenden Problembeseitigung schließt sich an. Jidoka erfüllt eine ähnliche Funktion wie ein Maschinenführer, der einen automatisierten Fertigungsprozess überwacht, um bei Fehlfunktionen eingreifen zu können [Ohno 88].

Kaizen

Der japanische Begriff Kaizen bedeutet eigentlich Veränderung zum Besseren und drückt das Streben nach kontinuierlicher, unendlicher Verbesserung aus. Dies ist jedoch nicht als Methode zu betrachten, die bei Bedarf auf ein Problem angewendet werden kann. Kaizen ist vielmehr als prozessorientierte Denkweise [Imai 86] im Sinne einer Geisteshaltung zu begreifen, die gleichzeitig Ziel und grundlegende Verhaltensweise im täglichen (Arbeits-)Leben darstellt [Dillon 90].

Mit gleicher inhaltlicher Bedeutung wird Kaizen im angloamerikanischen Sprachraum als Continuous Improvement bzw. Continuous Improvement Process (CIP) und in der deutschen Übersetzung als Ständige Verbesserung bzw. Kontinuierlicher Verbesserungsprozess (KVP) bezeichnet (vgl. **Ständige Verbesserung**). Der Amerikaner Deming beschreibt diese Denkweise, die durch den Plan-Do-Check-Act-Zyklus (PDCA-Zyklus) anschaulich dargestellt wird, sowohl im Rahmen seiner 14 Punkte wie auch als eigenständigen Teil seiner Unternehmensphilosophie (vgl. **Demings Managementprogramm**).

Kaizen bzw. Ständige Verbesserung muss somit als Teil einer das gesamte Unternehmen umfassenden Anstrengung zur Verbesserung im Hinblick auf das Qualitätsziel verstanden werden, wobei jeder einzelne Arbeitsplatz und alle Führungs- bzw. Hierarchieebenen mit einbezogen werden (vgl. **Total Quality Management**).

In der Literatur [Imai 86] wird Kaizen auch als übergeordnete, allumfassende Strategie beschrieben, die auf der Erkenntnis beruht, dass die Kunden zufriedengestellt und ihre Anforderungen erfüllt werden müssen, wenn ein Unternehmen erfolgreich wirtschaften und in Zukunft weiterbestehen will. Um dieses Ziel zu erreichen, wird die Qualität richtigerweise als grundlegender Ansatzpunkt erkannt, deren Steigerung dann wiederum zu höherer Produktivität führt. Dabei beinhaltet der Qualitätsbegriff im Rahmen von Kaizen nicht nur die Produktqualität, sondern die Qualität des gesamten Unternehmens, die soziale Komponenten mit einschließt und sich also auf alle Aspekte menschlicher Aktivitäten bezieht. Als ein der Qualitätsverbesserung vorgelagerter Prozess wird die Verbesserung selbst angesehen, beginnend mit dem Erkennen ihrer Notwendigkeit durch das Erkennen eines Problems. Jedwede Verbesserung in einem Unternehmen führt dann schließlich auch zu einer Verbesserung von Qualität und Produktivität.

Demgemäß wird Kaizen als eine kundenorientierte Verbesserungsstrategie aufgefasst, die davon ausgeht, dass alle Aktivitäten im Unternehmen schließlich zu einer Steigerung der Kundenzufriedenheit führen sollen [Imai 86].

Der Charakter von Kaizen als kontinuierlicher Prozess, also einer evolutionären Vorgehensweise in kleinen Schritten, die ständig erfolgt und nie als abgeschlossen betrachtet wird, offenbart sich besonders deutlich im Vergleich zur Innovation. Darunter wird eine große Veränderung in Richtung auf eine umfassende Erneuerung in einem bestimmten Bereich verstanden. Die Innovation erfolgt meist revolutionärumwälzend, zieht die Aufmerksamkeit aller auf sich und ist in der Regel ein einmaliger, abgeschlossener Vorgang [Imai 86].

Bild 2.23 Der Kaizen-Schirm

Noch deutlicher wird diese Betrachtungsweise, wenn man sich Kaizen als Zielvorgabe und gleichzeitig als Zielerreichungsstrategie vorstellt, die Methoden und Techniken integrativ überlagert. Die visuelle Darstellung dieser Überlagerung erfolgt häufig in Form eines Schirms (vgl. Bild 2.23) [Imai 86].

Im Zusammenhang mit Kaizen besonders hervorzuheben sind die Begriffe Cross-Functional Management und Policy Deployment, die man auch als Bestandteile einer umfassenden Managementstrategie zur Erreichung von Qualität und Produktivität betrachten kann [Imai 86].

Unter Cross-Functional Management (Funktionsüberschneidendes Management) versteht man das Koordinieren der Aktivitäten verschiedener organisatorischer Einheiten zum Erreichen der funktionsüberschneidenden Ziele von Kaizen und der Total Quality-Strategien [Imai 86]. Von besonderer Bedeutung sind hier die interdisziplinäre Zusammenarbeit der einzelnen Fachabteilungen sowie die offene Kommunikation untereinander. In diesem Sinne betont Cross-Functional Management vor allem die horizontale Integration der Aktivitäten innerhalb eines Unternehmens [King 89]. Die speziellen Ziele der Abteilungen werden den Gesamtzielen des Unternehmens untergeordnet, eine einseitige Optimierung wird vermieden. Auf diese Weise wird unter Einbeziehung sämtlicher Beteiligter der gesamte Produktentstehungsprozess konsequent und durchgängig an den übergeordneten, funktionsüberschneidenden

Zielen Qualität, Kosten und Liefertreue ausgerichtet [Imai 86]. Diese funktionsüberschneidenden Ziele können als gleichbedeutend mit den eingangs genannten Zielen Qualität, Produktivitäti.Produktivität; und Kundenzufriedenheiti.Kundenzufriedenheit; bzw. Erfüllung der Kundenwünschei.Kundenwünsche; angesehen werden.

In engem Zusammenhang mit Cross-Functional Management steht die Durchgängigkeit der Unternehmenspolitik, Policy Deployment. Dies ist die bekanntere Bezeichnung für Hoshin Planning, was wiederum auf den japanischen Ausdruck Hoshin Kanri zurückgeht. In einer etwas freieren Übersetzung bedeutet Hoshin zunächst „Politik" im Sinne von Unternehmenspolitik, aber auch „Ziel und Mittel (zur Zielerreichung)". Kanri bezeichnet sowohl „Planung" als auch „Management". Eine andere Bezeichnung für Hoshin Planning ist auch Management by Policy (MBP) zur Abgrenzung von Management by Objectives (MBO).

Policy Deployment ist ein (Planungs-)System zur langfristigen und allumfassenden Einführung des Grundsatzes der Ständigen Verbesserung in einem Unternehmen [Kirstein 94]. Es wird als Teil von Total Quality Management angesehen und stellt die gezielte Umsetzung von Kaizen in konkrete Handlungsanweisungen bzw. Aktionen dar. Im Gegensatz zu Cross-Functional Management wird beim Policy Deployment insbesondere die vertikale Integration der Aktivitäten innerhalb eines Unternehmens betont, indem der Planungsprozess sowohl im Top-down- als auch im Bottom-up-Ansatz realisiert wird.

Dazu werden die langfristigen strategischen Zielsetzungen des Unternehmens aufgelöst und operationalisiert bis hin zu Einzelaufgaben. So wird sichergestellt, dass sich jeder Mitarbeiter seiner Aufgaben und seines Beitrags zur Zielerreichung bewusst ist. Dabei wird besonderes Gewicht auf den Prozess und seine Umsetzung gelegt, die eigentliche Zielerreichung im Sinne einer Ergebnisorientierung steht nicht ausschließlich im Mittelpunkt. Policy Deployment beinhaltet damit Aussagen sowohl über die Mittel wie auch über den Zweck, dem diese Mittel dienen sollen [Imai 86]. Die Folge ist eine Akzeptanz der Unternehmenspolitik auf breiter Basis und über alle Hierarchiestufen hinweg.

Kanban

Kanban ist der japanische Ausdruck für Karte oder Schild. Entsprechend ist das Kanban-System (TPS) ein auf Karten basierendes Instrument zur Steuerung des Material- und Informationsflusses auf Werkstattebene (Fertigungssteuerung). Das Kanban-System übt keine Organisationsfunktion aus, es ist lediglich ein Steuerungsinstrument [Shingo 81], welches angewendet wird, um ein Produktionssystem nach dem Just-in-Time-Prinzip (JiT) zu erreichen (vgl. **Just-in-Time**). Es wird aber auch als eine Spielart der Just-in-Time Production bezeichnet [Soom 86a].

Ziel des Kanban-Systems ist es, auf allen Fertigungsstufen eine mindestbestandsorientierte Fertigungsdisposition einzuführen. Dies geschieht, indem die Materialbestände in Zwischenlagern (Puffer) sowie die Durchlaufzeiten bei trotzdem genauer Termineinhaltung auf ein Optimum reduziert werden, wobei gleichzeitig eine Erhöhung der Flexibilität im Fertigungsbereich angestrebt wird.

Der betriebliche Leistungserstellungsprozess wird im Rahmen der Fertigungsplanung vorausschauend festgelegt. Die Fertigungssteuerung hingegen umfasst grundsätzlich alle Funktionen der Produktion, die sich mit Termin, Mengen, Qualitäts- und Kostenaspekten der betrieblichen Auftragsabwicklung beschäftigen [Blohm et al. 87]. Bei den Konzepten zur Fertigungssteuerung ist zunächst zwischen zentralen und dezentralen Systemen zu unterscheiden. Bei einer zentralen Fertigungssteuerung werden sämtliche Aktivitäten zur Abwicklung der Fertigungsaufträge von einem über alle notwendigen Informationen verfügenden System festgelegt. Dies geschieht oft mithilfe geeigneter Rechnerprogramme, die als Produktionsplanungs- und -steuerungssysteme (PPS-Systeme) bezeichnet werden. Zentrale und ggf. rechnergestützte Steuerungskonzepte erstellen auf der Basis von vorher festgelegten Jahresproduktionsprogrammen sowohl die entsprechenden Tagesprogramme als auch die Aufträge für die einzelnen Fertigungsstufen und lasten diese in die Fertigung ein.

Das Kanban-System als dezentrales Konzept zur Fertigungssteuerung wurde in den 1950er-Jahren von dem Japaner Taiichi Ohno bei Toyota entwickelt und basiert auf dem Supermarkt-Prinzip [Shingo 81]. Darunter wird ein verbrauchsorientiertes System mit folgendem Ablauf verstanden: Alle Material- und Halbfabrikatelager werden in klein gehaltene Zwischen- bzw. Pufferlager umgewandelt. Ein Verbraucher auf der Produktionsstufe *n* (Kunde im Supermarkt) entnimmt dem Zwischenlager (Regal im Supermarkt) eine bestimmte Art und Menge an Teilen. Diese Lücke wird bemerkt und von der Produktionsstufe *n-1* (Angestellter des Supermarktes) kurzfristig wieder aufgefüllt. Dieser Vorgang löst auf einer weiter vorgelagerten Produktionsstufe *n-2* (Einkäufer im Supermarkt) eine Bestellung bzw. einen Auftrag zur Nachlieferung aus. Auf eine Kurzformel gebracht, lautet das Supermarkt-Prinzip: Produziere heute das, was gestern verbraucht wurde.

Dieses Verfahren der Wiederauffüllung impliziert, dass entsprechend den entstandenen Lücken in den Zwischenlagern pro Tag oder Planungsperiode unterschiedliche Mengen von unterschiedlichen Artikeln bzw. Teilen zu fertigen sind. Auf diese Weise ergeben sich beim Kanban-System die Tagesprogramme für die Produktion quasi automatisch entsprechend dem tatsächlichen Verbrauch. Diese Art der Festlegung des Produktionsprogramms ist jedoch nur sinnvoll, wenn die Umstellzeiten von einem Artikel auf den anderen vernachlässigbar gering sind. Dabei sind nicht nur die eigentlichen Rüstzeiten zu betrachten. Auch notwendige Vorlaufzeiten für vorgelagerte Fertigungsbereiche müssen berücksichtigt werden. Sind diese Umstellzeiten zu lang, wird nicht mehr gefertigt, sobald etwas verbraucht wurde, sondern es werden Mindestbestandsgrenzen eingeführt. Ein Auftrag zum Auffüllen einer Lücke wird also erst dann ausgelöst, wenn eine – häufig visuell gekennzeichnete – Mindestbestandsgrenze erreicht oder unterschritten wurde. Daraus ergibt sich auch die Begründung dafür, dass beim Kanban-System auf Zwischenlager nicht völlig verzichtet werden kann. Diese Lager können jedoch klein gehalten und ohne EDV-Unterstützung rein visuell kontrolliert werden [Soom 86a].

Beide beschriebenen Ausprägungen des Supermarkt-Prinzips erfordern für ihre Umsetzung eine besonders hohe maschinelle und personelle Elastizität, wenn nicht zum Ausgleich der täglich schwankenden Kapazitätsauslastung in der Fertigung wieder hohe Lagerbestände aufgebaut werden sollen. Da die Verringerung der Lagerbestände ein erklärtes Ziel des Kanban-Systems (und der Just-in-Time Production) ist, müssen entsprechende Maschinenkapazitäten im Sinne einer Umverteilung von Umlaufvermögen (Lager- und Werkstattbestände) zum Anlagevermögen (Betriebsmittel) geschaffen werden. Die personellen Kapazitäten sind über eine Flexibilisierung der täglichen Arbeitszeit (Entkopplung von Arbeits- und Betriebszeit) zu realisieren [Soom 86a].

Das Supermarkt-Prinzip wird auch als Hol-Prinzip oder Pull-Prinzip bezeichnet [Shingo 81]. In der Literatur findet sich aber auch eine feinere Differenzierung der Begrifflichkeiten [Soom 86a]. Demgemäß wird die oben beschriebene Art der Materialsteuerung dann als Pull-Prinzip bezeichnet, wenn sie auf den gesamten Materialfluss angewendet wird, wobei der Anstoß stets von der letzten Fertigungsstufe ausgeht. Also: Der Beginn der Produktion erfolgt als Reaktion auf eine Bestellung [Karmarkar 90]. Als Hol-Prinzip wird hier lediglich die Materialanlieferung für die nachfolgende Fertigungsstufe verstanden [Soom 86a].

Das Kanban-System besteht aus den folgenden Grundelementen [Wildemann 82]:

- Bildung vermaschter, selbststeuernder Regelkreise für den gesamten Fertigungsprozess, im Extremfall vom Lieferanten bis zum Endkunden, wobei ein Regelkreis jeweils aus einer Arbeitsstation und einem vorgelagerten Puffer (Zwischenlager) besteht (vgl. Bild 2.24).
- Implementierung des Hol-Prinzips für die jeweils nachfolgende Fertigungs- bzw. Verbrauchsstufe, wobei diese als (interner) Kunde betrachtet wird (vgl. **Kundenorientierung**).
- Flexibler Personal- und Betriebsmitteleinsatz durch teilautonome Arbeitsgruppenkonzepte und flexible Automatisierung der Fertigung.

- Fertigung von Tageslosen (Losgrößen, die den Bedarf eines Tages abdecken) und Übertragung der kurzfristigen Fertigungssteuerung an die ausführenden Mitarbeiter.
- Einführung der Kanban-Karte als spezieller Informationsträger und als Steuerungsinstrument innerhalb der Regelkreise. Eine Kanban-Karte ist in der Regel jeweils einem standardisierten Behälter, der als Transporteinheit dient, zugeordnet.

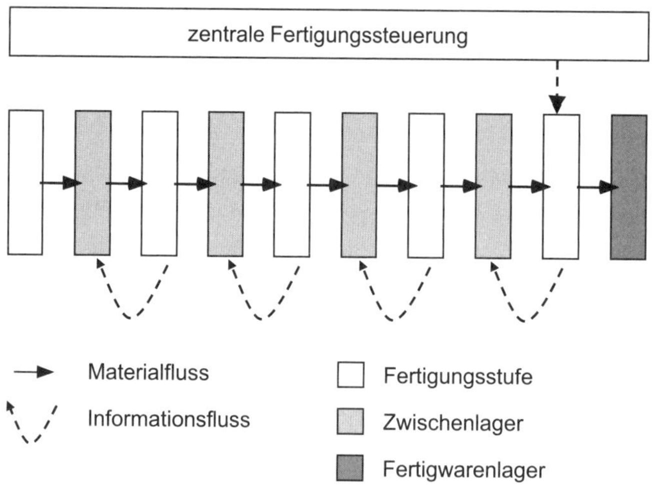

Bild 2.24 Schematische Darstellung des Kanban-Systems

Die Kanban-Karte als Informationsträger nimmt im Rahmen der Fertigungs- und Materialflusssteuerung nach dem Hol-Prinzip eine besonders wichtige Stellung ein. Sie enthält ähnliche Daten wie Fertigungsbegleitpapiere bzw. Werkstattaufträge:

- Name und Identnummer des Teils oder Artikels;
- Skizze der Teile;
- Behälterart und Anzahl der Teile pro Behälter;
- Herkunft der Teile (herstellende Abteilung oder Lieferant);
- Empfänger der Teile (verbrauchende Abteilung oder Kunde);
- Registriernummer und laufende Nummer des Kanbans;
- Abholzeit (Zeitpunkt, wann die Teile zum Abholen bereitgestellt sein müssen);
- ggf. zusätzliche Informationen (z. B. Arbeitsanweisungen, Prozessparameter).

Mithilfe der Kanban-Karte werden die Aktivitäten innerhalb des Produktionsprozesses in Form einer rückläufigen Informationsflusskette und einer vorwärtslaufenden Materialflusskette verknüpft (vgl. Bild 2.25). Der Einsatz einer Kanban-Karte erfolgt jeweils zwischen einer materialanliefernden Quelle und einer materialverbrauchenden Senke. Dabei läuft eine Karte jedoch nie über mehrere Regelkreise hinweg. Unter Beachtung dieser Vorschrift führt das Vorhandensein von Zwischenlagern, die gleichzeitig Quelle und Senke sind, zu einer Unterscheidung zwischen zwei Ausprägungen von Regelkreisen und damit auch zu zwei grundsätzlichen Arten von Kanban-Karten. Der Fertigungs-Kanban kursiert zwischen einer produzierenden Stelle (Quelle) und dem Zwischenlager (Senke). Der Verbrauchs- oder Transport-Kanban läuft zwischen dem Zwischenlager (Quelle) und einer verbrauchenden Stelle (Senke) um.

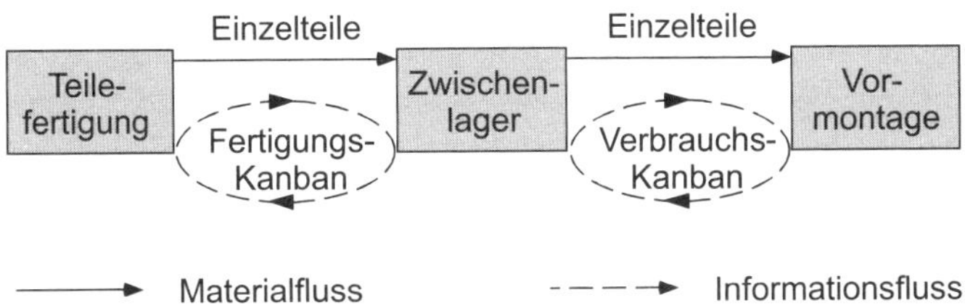

Bild 2.25 Beispiel für den Funktionsablauf der Kanban-Steuerung

Da im Idealfall das gesamte System der Fertigung und Logistik vom Hersteller bis zum Kunden von einem Netzwerk aus vermaschten Regelkreisen durchdrungen wird, können derartige Quellen und Senken in allen Bereichen der Herstellung und des Handels liegen. Beispiele hierfür sind: Fertigung – Montage, zwei Stufen eines Fertigungsprozesses, Zulieferer – Montage, Zulieferer – Zentrallager, Lager – Verkaufsstelle, Zulieferer – Einzelhandel. Zur Verdeutlichung der Funktionsweise einer Fertigungssteuerung nach dem Kanban-System wird im Folgenden der prinzipielle Ablauf beispielhaft dargestellt (vgl. Bild 2.25):

- Nachdem eine Losgröße von einer Stelle (z. B. Vormontage) bearbeitet und abgeliefert wurde, geht ein Mitarbeiter mit einem leeren Standardbehälter und einem Verbrauchs-Kanban zum Zwischenlager.
- Aus dem Zwischenlager wird ein Standardbehälter mit einem neuen Los entnommen. Der mitgebrachte Verbrauchs-Kanban wird diesem neuen Material zugeordnet. Der ebenfalls mitgebrachte leere Standardbehälter und der dem neuen Material ursprünglich beiliegende Fertigungs-Kanban werden anstelle des entnommenen Materials im Zwischenlager hinterlassen.
- Der hinterlassene Fertigungs-Kanban dient als Fertigungsauftrag und weist die vorgelagerte, erzeugende Stelle (z. B. Teilefertigung) an, das angeforderte Mate-

rial bereit- bzw. herzustellen und in der entsprechenden Menge in einem standardisierten Behälter abzulegen. Dieses neue Material wird zusammen mit dem Fertigungs-Kanban in das Zwischenlager gebracht, wo es von der nachgelagerten Fertigungsstufe (Vormontage) mit dem Verbrauchs-Kanban wieder entnommen werden kann.

Im Allgemeinen entspricht die auf einer Karte angeforderte Menge einem Behälterinhalt. Besonders zu beachten ist, dass stets nur Gutteile an die nachgelagerte Stufe übergeben werden dürfen. Die Qualitätssicherung ist also im Rahmen des Kanban-Systems von herausragender Bedeutung, da die Weitergabe von fehlerhaften Teilen das Funktionieren des gesamten Systems gefährdet.

Die Aufgaben der zentralen Fertigungssteuerung im Kanban-System bestehen darin, neue Aufträge einzulasten, den Anlauf der Fertigung eines neuen Teils zu überwachen und bei größeren Störungen im Produktionsablauf einzugreifen. Die Einsteuerung neuer Aufträge erfolgt zunächst konventionell, bis sich die notwendigen Zwischenlager aufgebaut haben. Danach erfolgt der Übergang zur Kanban-Steuerung, indem die notwendige Zahl von Kanban-Karten von der zentralen Fertigungssteuerung ausgegeben wird. Die notwendige Kartenanzahl berechnet sich aus dem Verbrauch pro Planungsperiode, der Anzahl der Teile pro Behälter, der Herstellzeit, den Transportzeiten für Material und Kartenrücklauf. Ein Sicherheitsfaktor, der allerdings sehr gering gehalten wird, ist dennoch notwendig, da ansonsten mit voller Absicht keinerlei Reserven im Hinblick auf Personal, Maschinenzeit oder Stückzahl eingeplant sind.

Ohne detaillierte Erläuterung sei noch erwähnt, dass die Kanban-Regelkreise sowohl die Eigenfertigung als auch die Zulieferer umfassen können. Eine räumliche Nähe und geringe Zahl von Zulieferanten wirkt sich insbesondere im Hinblick auf eine Fertigung nach dem Just-in-Time-Prinzip günstig aus, weil dadurch eine schnelle Reaktion auf Fertigungsschwankungen sowie eine hohe Anlieferfrequenz erreicht werden können (vgl. **Just-in-Time**). Um auf dieser Basis eine weitere mengenmäßige Variation der Fertigung entsprechend der jeweils aktuellen Nachfrage zu ermöglichen und dabei gleichzeitig den Materialbestand gering zu halten, wird angestrebt, kleinere Losgrößen zu produzieren. Die erforderliche Mengenanpassung erfolgt dabei durch die Erhöhung der Auflagefrequenz, also durch die Erhöhung der Häufigkeit, mit der eine bestimmte Losgröße pro Tag gefertigt wird.

Sind diese Faktoren nicht gegeben, erscheint auch eine Kombination von Kanban-Prinzipien mit EDV-unterstützten Systemen durchaus denkbar. Derartige Systeme sind unter der Bezeichnung Synchro-MRP (Materials Resource Planning, Materialbedarfsplanung) oder Synchro-Kanban in Anwendung. Sie übernehmen insbesondere bei der Integration von Zulieferern in das System der Kanban-Steuerung Aufgaben im Bereich des unternehmensübergreifenden Datenaustausches und ermöglichen dadurch auch kurzfristige Termin- und Mengenänderungen.

Auf die speziellen Einführungsvoraussetzungen eines Kanban-Systems soll hier nicht näher eingegangen werden. Sie entsprechen denen der Just-in-Time Production, da das Kanban-System als Steuerungsinstrument für dieses Produktionssystem nach dem Just-in-Time-Prinzip eingesetzt wird (vgl. **Just-in-Time**). Als wichtigste Bedingung für den Erfolg eines Kanban-Systems sei jedoch die absolute Qualitätssicherheit hervorgehoben. Jede nachfolgende Fertigungsstufe muss die Gewissheit haben, nur einwandfreie Teile von den vorgelagerten Produktionsbereichen zu erhalten. Der Qualitätsaspekt gewinnt seine besondere Bedeutung, weil die meisten auftretenden Probleme bei der Massenfertigung auf mangelhafter Qualität beruhen. Dies trifft speziell auch auf das Kanban-System zu, da hier besonders bei der Fertigung großer Stückzahlen die Sicherheit von hohen Zwischenlagerbeständen zu Recht als unproduktive Verschwendung erkannt und deshalb aufgegeben wird.

Mizenboushi

Der japanische Ausdruck Mizenboushi bezeichnet eine Grundhaltung, die darauf ausgerichtet ist, Fehler oder Probleme zu vermeiden, bevor sie tatsächlich auftreten. Ein wesentliches Element ist dabei der kreative Gedankenaustausch erfahrener Experten.

Hauptzielrichtung von Mizenboushi ist der Entwicklungsprozess (Design), also die frühe Phase der Produktentstehung und -gestaltung (vgl. **Designprüfung**). Dabei wird nicht nur das Produkt mit seinen Änderungen im Designfortschritt betrachtet, sondern auch die Prozesse, Mitarbeiter und Organisationsstrukturen sind mit einbezogen. Mizenboushi bildet somit die Basis für ein strukturiertes Vorgehen, bei dem vor allem Änderungen bestehender Konstruktionen durch Vergleiche mit bereits in Serie befindlichen Komponenten auf mögliche Fehler analysiert werden.

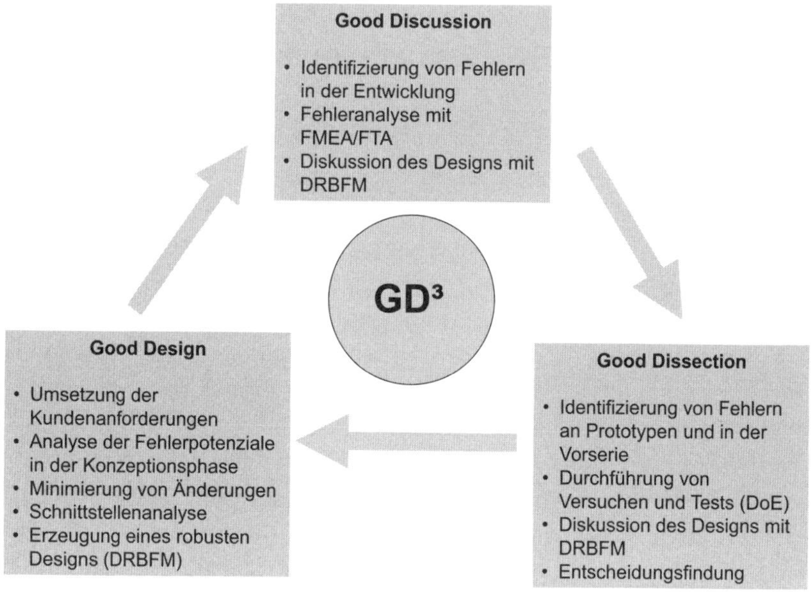

Bild 2.26 Mizenboushi – frühzeitige Fehlervermeidung mit GD-Cube

Mizenboushi wird auch GD-Cube (GD^3) genannt nach seinen drei Elementen Good Design, Good Discussion und Good Dissection. Sie bilden die Basis für ein strukturiertes Vorgehen zur frühzeitigen Aufdeckung potenzieller Fehler und möglicher Qualitätsmängel (vgl. Bild 2.26). Nachfolgend werden diese drei Elemente kurz beschrieben [Neumärker et al. 07]:

- Good Design (Robuste Konstruktion)

  Good Design zielt auf den Einsatz möglichst vieler bewährter Komponenten und Prozesse sowie die Festlegung klarer Qualitätskriterien, von denen nicht abgewichen werden darf. Diese Vorgaben und die Beschränkung der Änderungen am Produkt auf das Notwendigste verringern die Komplexität der Konstruktion und unterstützen somit die Fehlervermeidung. Ergebnis ist eine fehlertolerante Konstruktion im Sinne des Robust Design nach Genichi Taguchi (vgl. **Qualitätsverlustfunktion**, **Taguchi**).

- Good Discussion (Sachliche Konstruktionserörterung)

  Good Discussion drückt hier eine systematische Erörterung und tief- greifende Analyse der vorgenommenen Änderungen und ihrer potenziellen Fehler aus. Dazu werden mögliche Fehlerursachen und konstruktive Wechselwirkungen identifiziert und Maßnahmen zu ihrer Vermeidung bereits im Design festgelegt. Zu berücksichtigen ist insbesondere, dass auch angestrebte konstruktive Verbesserungen als Änderungen zu betrachten sind, die wie alle Änderungen Risiken in sich bergen. Besonders wichtig für den Erfolg von Good Discussion ist die Zusammenarbeit aller Know-how-Träger des Unternehmens.

- Good Dissection (Gemeinsame Verantwortungsaufteilung)

  Good Dissection nimmt einen Wechsel der Betrachtungsperspektive vor und stellt dadurch sicher, dass auch tatsächlich alle Fehlermöglichkeiten erkannt und mit Maßnahmen belegt wurden. Es werden also in der Analysephase möglicherweise übersehene Qualitätsrisiken nochmals konstruktiv nachgebessert. Auch dabei sind unbedingt die unterschiedlichen Sichtweisen aller beteiligten Fachbereiche einzubeziehen. Im Ergebnis steht die gemeinsame Verantwortung auf der Basis von gemeinsam getroffenen Entscheidungen.

Ein wesentlicher Bestandteil von GD-Cube ist die Methode Design Review Based on Failure Mode (versagenserfassungsgestützte Konstruktionsüberprüfung) (DRBFM), die alle Arbeitsschritte der drei Elemente Good Design, Good Discussion und Good Dissection strukturiert und unterstützt. DRBFM ist aus der Erkenntnis entstanden, dass Änderungen das höchste Fehlerpotenzial enthalten, und wurde zu großen Teilen aus der FMEA (Fehlermöglichkeits- und -einflussanalyse) hergeleitet (vgl. **Fehlermöglichkeits- und -einflussanalyse**). So basiert auch DRBFM auf einem speziellen Formblatt und wird in einem interdisziplinären Expertenteam durchgeführt. Wesentlich ist dabei die kreative, aber sachliche und faktenbasierte Diskussion im Team mit anschließender Dokumentation der Entscheidungen und Maßnahmen. Besonders erfolgreich wird DRBFM bei Varianten- oder Derivatsprojekten eingesetzt, während die FMEA bei kompletten Neuentwicklungen von Produkten zu bevorzugen ist.

Muda, Mura, Muri – Die drei Mu

Die drei Mu stellen die Grundlage für die Verlustphilosophie des Toyota Production System (TPS) dar. Im Rahmen dieser Verlustphilosophie werden die drei Mu als Schwerpunkte des Verlustpotenzials bzw. der Verschwendung identifiziert. Das größte Potenzial stellen hierbei die sieben Arten der Verschwendung (Sieben Muda) dar, die im gesamten Produktionsprozess auftreten können und schließlich zu finanziellen Verlusten führen. Weiterhin lässt sich aus den drei Mu auch die Basis für die Eliminierung von Verschwendung und Verlusten durch Ständige Verbesserung (Kaizen) und Senkung der Herstellungskosten ableiten (vgl. **Ständige Verbesserung, Kaizen, Toyota Production System**).

Die drei Mu

Muda	Verschwendung
Mura	Abweichung (Unausgeglichenheit)
Muri	Überlastung

Im Folgenden werden die drei Mu kurz beschrieben [Ohno 88]:

Die Verschwendung selbst (Muda) ist die offensichtlichste Ursache für die Entstehung von Verlusten. Im Einzelnen werden sieben Arten der Verschwendung (Sieben Muda) unterschieden, die nahezu überall im Unternehmen auftreten. Die Verschwendung ist insbesondere in dem Anteil der nichtwerterhöhenden Tätigkeiten (Non-Value-Adding Activities, NVA) an einer zu verrichtenden Arbeit oder an einem Produktionsprozess zu sehen. Diese unproduktiven Anteile sind zu minimieren, wobei zumindest teilweise auch die Arbeitsgestaltung im Sinne einer Gestaltung von Arbeitsmethoden, Betriebsmitteln, Arbeitsumgebung und Arbeitsorganisation verändert werden muss (vgl. **Fehlleistungsaufwand**).

Die sieben Arten der Verschwendung (Sieben Muda)

1. Überproduktion
2. Wartezeit
3. Überflüssiger Transport
4. Ungünstiger Herstellungsprozess
5. Überhöhte Lagerhaltung
6. Unnötige Bewegungen
7. Herstellung fehlerhafter Teile

Die Abweichung oder auch Unausgeglichenheit (Mura) drückt diejenigen Verluste aus, die durch eine fehlende oder nicht vollständige Harmonisierung der Kapazitäten im Rahmen der Fertigungssteuerung entstehen (vgl. **Heijunka**, **Just-in-Time**). Als spezifische Ausprägungen von Mura sind zum einen Verluste durch Warteschlangenbildung (Stau von Aufträgen vor den einzelnen Bearbeitungsstationen bzw. Maschinen) zu nennen, zum anderen Verluste durch nicht optimal ausgelastete Kapazitäten, also unnötige, nicht durch den Prozess bedingte Leerzeiten.

Die Überlastung (Muri) beschreibt Verluste, die durch Überbeanspruchungen im Rahmen des Arbeitsprozesses entstehen. Dabei wird zwischen der Überlastung des

Handhabungs- und der des Herstellungsprozesses unterschieden. Die Verluste im Handhabungsprozess entstehen durch physische und auch psychische Überbeanspruchung des betreffenden Mitarbeiters und äußern sich in Form von Übermüdung, Stresserscheinungen, erhöhter Fehlerhäufigkeit und steigender Arbeitsunzufriedenheit (vgl. **Kontrollwirkungsgrad**). Meist wird die Überlastung des Mitarbeiters und damit auch der resultierende Verlust durch den Einsatz von Handhabungs- und Rüsthilfen, durch konstruktive Maßnahmen oder auch durch Veränderungen der Arbeitsgestaltung zu vermeiden sein. Im Herstellungsprozess auftretende Überlastung beruht oft auf fehlerhaft ermittelten Vorgabezeiten für Arbeitstakt und Werkzeugwechsel sowie auf mangelnder Harmonisierung des Produktionsflusses. Die Folge sind Warteschlangen vor den Maschinen und Bildung von Zwischenlagern, die wiederum Störungen und Fehler im Produktionsablauf verdecken. Abhilfe schaffen hier die Optimierung der Prozesse und die Harmonisierung der Kapazitäten (vgl. **Heijunka**).

Neben ihrer Bedeutung für die Verlustphilosophie des Toyota Production System (TPS) als Ausgangspunkt sowohl für die Identifizierung als auch für die Eliminierung von Verschwendung werden die drei Mu auch im Rahmen der Kaizen-Strategie verwendet (vgl. **Kaizen**). Sie dienen in diesem Zusammenhang als Prüfsystem (Checkpoint-System), um allen Mitarbeitern zu helfen, sich stets über die vorhandenen Potenziale zur Verbesserung im Klaren zu sein. Im Folgenden wird eine häufig angewandte 3-Mu-Checkliste wiedergegeben [Shingo 81]:

- Mitarbeiter, menschliche Arbeitskraft;
- Technik;
- Methode;
- Zeit;
- Möglichkeiten;
- Vorrichtungen und Werkzeuge;
- Material;
- Produktionsvolumen;
- Bestände, Vorräte;
- Denkweise, Art zu denken;
- Arbeitsplatz.

Poka Yoke

Der japanische Ausdruck Poka Yoke bezeichnet ein aus mehreren Elementen bestehendes Prinzip, welches technische Vorkehrungen und Einrichtungen zur Fehlerverhütung bzw. zur sofortigen Fehleraufdeckung umfasst. Es ist dabei besonders auf die unbeabsichtigten Fehler ausgerichtet, die den Menschen bei ihrer Mitwirkung innerhalb von Fertigungsprozessen unterlaufen können, und soll verhindern, dass aus einer Fehlhandlung ein Fehler am Produkt entsteht. Poka Yoke wurde von dem Japaner Shigeo Shingo zusammen mit der Fehlerquelleninspektion (Source Inspection) im Rahmen des Toyota Production System (TPS) entwickelt [Shingo 69] (vgl. **Toyota Production System**).

Poka bedeutet im Japanischen der unbeabsichtigte Fehler, Yoke bedeutet Vermeidung oder Verminderung, sodass sich der Ausdruck Poka Yoke als Vermeidung unbeabsichtigter Fehler übersetzen lässt. Die Bezeichnung fehlhandlungssicher in Bezug auf einen Fertigungsprozess ist in diesem Sinne genauso möglich. Da stets davon ausgegangen wird, dass niemand absichtlich Fehler macht, ist eine Übersetzung mit narrensicher nicht zutreffend und deshalb abzulehnen [Sondermann 92].

Ausgangsbasis für Poka Yoke ist die Erkenntnis, dass kein Mensch und auch kein System in der Lage ist, unbeabsichtigte Fehler vollständig zu vermeiden. Bei Systemen, also Maschinen und Anlagen, können in der Regel Angaben über Fehler durch die Kenngröße Mean Time Between Failure (MTBF) oder mittlerer Ausfallabstand gemacht werden (vgl. **Zuverlässigkeit**). Fehlhandlungen wie Unaufmerksamkeit, Auslassen, Vertauschen, Vergessen, Falschablesen, Missinterpretieren u. Ä., die außerdem durch Stress, belastende Umwelteinflüsse und schlechte Arbeitsbedingungen noch verstärkt werden können, liegen in der Natur des Menschen und lassen sich trotz aller Bemühungen nicht mit Sicherheit ausschließen (vgl. **Kontrollwirkungsgrad**).

Mithilfe von Poka Yoke wird nun durch meist einfache, aber wirkungsvolle Systeme dafür gesorgt, dass derartige Fehlhandlungen im Fertigungsprozess nicht zu Fehlern am Endprodukt führen bzw. nicht unentdeckt bleiben. Da von Poka Yoke sämtliche in einem Fertigungsprozess hergestellten Teile bzw. Produkte betroffen sind, kann man auch in diesem Zusammenhang von einer 100%- oder Vollprüfung sprechen (vgl. **Vollprüfung**). In weitestem Sinne werden Poka Yoke-Systeme auch zur Vermeidung von Bedienungsfehlern bei der Benutzung von Produkten eingesetzt.

Um auch ein weiteres Auftreten von einmal entdeckten Fehlern ausschließen zu können, wird Poka Yoke stets in Verbindung mit einer Inspektionsmethode angewendet. Hierbei hat sich die ebenfalls von Shigeo Shingo entwickelte Fehlerquelleninspektion (Source Inspection) als besonders effektiv erwiesen. Nur in der Kombination Poka Yoke – Fehlerquelleninspektion ist ein wirkungsvolles Abstellen des

Fehlers möglich, da die gesamte Kausalkette zwischen Fehlhandlung im Prozess und Fehler am Produkt betrachtet und so die tatsächliche Fehlerursache gefunden und beseitigt wird. Auf diese Weise wird das wiederholte Auftreten eines Fehlers im Sinne einer Fehlervermeidung wirksam verhindert. In der praktischen Anwendung besteht ein Poka Yoke-System grundsätzlich aus den beiden Grundelementen Initialisierungs- bzw. Auslösemechanismus und Regulierungsmechanismus [Shingo 69]. Als drittes Element werden in der Sekundärliteratur noch die Detektionsmechanismen unterschieden, die aber auch eine Art der Initialisierung darstellen. Hinzu kommen spezielle Vorkehrungen in Form von Gestaltungsmaßnahmen, die eine mögliche Fehlhandlung von vornherein ausschließen, wie z. B. Positionierstifte.

Unter den Detektionsmechanismen werden Sensoren und Sensorsysteme verstanden, die in vielfältiger Ausprägung eingesetzt werden können: als End- und Näherungsschalter, als Sensoren für Position, Dimension, Form, Druck, Temperatur, Vibration, Farbe oder Strom sowie als Zähler und Zeitüberwachungseinrichtungen.

Die Auslöse- bzw. Initialisierungsmechanismen bestimmen die Art, wie ein Fehler im Fertigungsprozess erkannt wird. Im Einzelnen sind drei Methoden zu unterscheiden:

- Kontaktmethode

  Unzulässige Abweichungen von der Arbeitsfolge, die zu Fehlhandlungen führen können, werden von Sensoren über geometrische Kenngrößen festgestellt. Je nach Art des Sensors kann der Kontakt berührend oder auch berührungslos sein.

- Fixwertmethode

  Abweichungen oder Unregelmäßigkeiten im Verlauf des Fertigungsprozesses werden durch das Überprüfen des Erreichens einer bestimmten Anzahl von Teilarbeitsschritten erkannt. Die hierbei eingesetzten technischen Mittel sind meist sehr einfach, aber wirkungsvoll, beispielsweise mechanische Zähleinrichtungen.

- Schrittfolgenmethode

  Die Standardbewegungsabfolge eines Arbeitsprozesses wird erkannt und mit möglichst einfachen Hilfsmitteln auf Fehlhandlungen hin überprüft.

Nach der Art der Maßnahme, die nach festgestellter Abweichung bzw. Fehlhandlung getroffen wird, sind die Reguliermechanismen in zwei Methoden zu unterteilen:

- Eingriffsmethode (Abschaltmethode)

  Beim Auftreten von Abweichungen oder Prozessunregelmäßigkeiten, die Fehler zur Folge haben können, wird die Maschine sofort abgeschaltet. Mit dem Fertigungsprozess verbundene Vorgänge wie Transportieren oder Spannen werden ebenfalls sofort unterbrochen. Dadurch werden Korrekturmaßnahmen und die Vermeidung von Wiederholungsfehlern möglich.

- Alarmmethode

  Hierzu zählen sämtliche Arten von optischen und/oder akustischen Signalen, die auf die Situation der entstehenden oder gerade entstandenen Fehlhandlung hinweisen.

Durch den gezielten Einsatz von Poka Yoke in Verbindung mit Fehlerquelleninspektion kann mit relativ einfachen technischen Hilfsmitteln sehr wirkungsvoll verhindert werden, dass aus unbeabsichtigten Fehlhandlungen im Fertigungsprozess vermeidbare Fehler am Produkt entstehen. Dabei ist jedoch zu beachten, dass die Fehlerursachen oft in einem früheren Stadium des Produktentstehungsprozesses liegen und dort auch mit wesentlich geringerem Aufwand verhindert werden können. Beispielhaft für eine fehlervermeidende Methode bereits in der Konstruktionsphase sei hier die Fehlermöglichkeits- und -einflussanalyse (FMEA) genannt (vgl. **Fehlermöglichkeits- und -einflussanalyse**). Besonders hervorzuheben bleibt, dass die Auseinandersetzung mit Poka Yoke eine Änderung derjenigen Geisteshaltung verlangt, welche Fehler und Fehlerquoten akzeptiert und als unvermeidbar ansieht. Vor dem Hintergrund der Unvermeidbarkeit von menschlichen Fehlhandlungen darf jedoch das Entstehen von Fehlern auf keinen Fall als normal angesehen werden.

Seiri, Seiton, Seiso, Seiketsu, Shitsuke – Die fünf S

Die fünf S beschreiben eine Vorgehensweise, um in fünf Schritten ein neues System der Instandhaltung von Produktionsmitteln bei der Einführung zu unterstützen bzw. zu stabilisieren. Dieses System wird als Total Productive Maintenance (TPM) bezeichnet (vgl. **Total Productive Maintenance**). Der Total Productive Maintenance-Ansatz zielt darauf ab, dem Maschinenbediener auch die Verantwortung für den einwandfreien Zustand seines gesamten Arbeitsplatzes zu übertragen, wobei der Arbeitsplatz nicht nur die Maschine als solche umfasst, sondern auch alle benötigten Werkzeuge sowie die Ausführung von Tätigkeiten im Rahmen der Instandhaltung. Das alte System der Arbeitsteilung nach Taylor wird durchbrochen und ein neues System geschaffen, welches den Maschinenführer durch sinnvollen Einsatz seiner Fachkenntnisse zum Experten für Bedienung, Wartung und Fertigung, also für den gesamten Produktionsprozess macht.

Die fünf S werden auch im Zusammenhang mit der Kaizen-Strategie genannt (vgl. **Kaizen**). Sie sind dann Teil eines das gesamte Unternehmen umfassenden Programms zur Verbesserung, welches jeden einzelnen Arbeitsplatz mit einbezieht [Imai 86]. Die Bedeutung der fünf S ist sowohl in Verbindung mit Kaizen als auch in Verbindung mit Total Productive Maintenance (TPM) die gleiche. In beiden Fällen zielen die fünf S jedoch in erster Linie auf die Werkstattarbeitsplätze ab, wobei der Arbeitsplatz im Sinne von Gemba als der Ort verstanden wird, an dem die wertschöpfenden Prozesse im Unternehmen stattfinden (vgl. **Gemba**).

Die fünf S

Seiri	Ordnung schaffen
Seiton	Ordnungsliebe
Seiso	Sauberkeit
Seiketsu	Persönlicher Ordnungssinn
Shitsuke	Disziplin

Im Folgenden werden die Inhalte der fünf S kurz dargestellt [Imai 86]:

1. Seiri (Ordnung schaffen)

   Ordnung schaffen bedeutet hier, das Notwendige vom nicht Notwendigen zu unterscheiden und alles nicht Notwendige vom Arbeitsplatz zu entfernen. Dies bezieht sich speziell auf zu hohe Umlaufbestände, unnötiges Werkzeug, unnötige Maschinen, fehlerhafte Teile sowie überflüssige Papiere und Dokumente.

2. Seiton (Ordnungsliebe)

   Zur Aufrechterhaltung der geschaffenen Ordnung werden die für notwendig erachteten Arbeitsmittel in einwandfreien Zustand gebracht und zum Gebrauch bereitgestellt, wobei jeder Gegenstand griffbereit an seinem richtigen Platz aufzubewahren ist.

3. Seiso (Sauberkeit)

   Der geordnete Arbeitsplatz einschließlich Maschinen und Werkzeuge ist sauber zu halten.

4. Seiketsu (Persönlicher Ordnungssinn)

   Persönliche Sauberkeit und Ordnung sollen zur Gewohnheit werden, indem jeder Mitarbeiter damit bei sich selbst und an seinem eigenen Arbeitsplatz beginnt.

5. Shitsuke (Disziplin)

   Standards, Regeln und Vorschriften im Rahmen des Arbeitsprozesses sind unbedingt einzuhalten.

Literaturhinweise zur Vertiefung

Ohno, T.:
Toyota Production System: Beyond Large-Scale Production.
Cambridge/Mass./USA: Productivity Press 1988.

Shingo, S.:
Study of ‚Toyota' Production System from Industrial Engineering Viewpoint.
Tokyo/Japan: Japan Management Association 1981.

Shingo, S.:
Zero Quality Control: Source Inspection and the Poka-Yoke System.
Cambridge/Mass./USA: Productivity Press 1986.

Shingo, S.:
A Revolution in Manufacturing: The SMED System.
Cambridge/Mass./USA: Productivity Press o. J.

Imai, M.:
Kaizen: The Key to Japan's competitive Success.
New York/NY/USA: McGraw-Hill Book Company 1986.
(Dt. Ausgabe: 4. Aufl., München: Wirtschaftsverlag Langen-Müller/Herbig 1992.)

Akao, Y. (Hrsg.):
Practical Application of Management by Policy.
Tokyo/Japan: Japan Standards Association 1988.

Hirano, H.:
Poka-Yoke.
Cambridge/Mass./USA: Productivity Press 1988.
(Dt. Ausgabe: Sondermann, J. P.; Landsberg/Lech: Verlag Moderne Industrie 1992.)

King, B.:
Hoshin Planning.
Methuen/Mass./USA: Goal/QPC 1989.

Imai, M.:
Gemba Kaizen – Permanente Qualitätsverbesserung, Zeitersparnis und Kostensenkung am Arbeitsplatz.
München: Wirtschaftsverlag Langen-Müller/Herbig 1997.

Just-in-Time (JiT)

Das Prinzip der Just-in-Time Production ist ein logistikorientiertes, dezentrales Organisations- und Steuerungskonzept, welches die Materialver- und -entsorgung für eine Produktion auf Abruf zum Ziel hat. Die Grundidee ist dabei die flexible Anpassung der kurzfristigen Kapazitäts- und Materialbedarfsplanung an die aktuelle Fertigungs- und Auftragssituation. So wird die Produktion auf allen Fertigungsstufen, von der Rohmaterialbeschaffung bis zur Ablieferung der Endprodukte, mithilfe geeigneter Instrumente zur Material- und Informationsflusssteuerung in die Lage versetzt, die richtigen Teile am richtigen Ort in der richtigen Menge zum richtigen Zeitpunkt und in der richtigen Qualität zu erhalten bzw. zu liefern.

Das Just-in-Time-Prinzip wurde von dem Japaner Taiichi Ohno im Rahmen des Toyota Production System (TPS) bei der Toyota Motor Company, Ltd. entwickelt. In diesem Zusammenhang ist Just-in-Time ein Konzept zur flexiblen, zeitgenauen Fertigung und Anlieferung, welches in ein schlankes Produktionsmanagementsystem (Lean Production), eben das des Toyota Production System (TPS), eingebunden ist [Shingo 81] (vgl. **Toyota Production System**).

Außerdem kann Just-in-Time auch als Synonym für eine Grundeinstellung, sogar als eine Produktionsphilosophie, angesehen werden, welche die Planung, Steuerung und Kontrolle aller zur Fertigung notwendigen Material- und Informationsströme beinhaltet [Zibell 90]. Zur Realisierung eines als Philosophie betrachteten Just-in-Time-Konzeptes werden mehrere Elemente bzw. Voraussetzungen benötigt. Sie sind in der Regel auch mit den wesentlichen Bestandteilen des schlanken Produktionsmanagementsystems (Lean Production) identisch und werden bei der integrierten Betrachtung von Just-in-Time bereits in diesem Rahmen geschaffen bzw. zur Verfügung gestellt. Als Referenzanwendung kann das Toyota Production System (TPS) herangezogen werden (vgl. **Toyota Production System**). Diese Elemente bzw. Voraussetzungen der Just-in-Time Production werden nachfolgend kurz beschrieben [Soom 86]:

- Harmonisierung der Kapazitäten durch ablauforientierte Fertigung

  Der gesamte Produktionsfluss soll im Sinne eines mengenmäßigen Produktionsausgleichs verstetigt werden. Dazu wird der klassische Organisationstyp für die Produktion, die Werkstattfertigung mit ihren langen Transport- und Liegezeiten sowie der starken Arbeitsteilung, aufgegeben. Stattdessen wird das Fließprinzip mit kontinuierlichem Fertigungsablauf und Anordnung der Arbeitsstationen entsprechend der Arbeitsgangfolge eingeführt (Continuous Flow Manufacturing, CFM). Dies beinhaltet ausdrücklich auch ein dem Fließprinzip angenähertes Fabriklayout in Fertigungs-, Montage- und Lagerbereichen. Auf diese Weise werden kurze Transportwege und -zeiten ermöglicht sowie die Tendenz zur Komplettbearbeitung in Bearbeitungszentren oder flexiblen Fertigungszellen gefördert. Durch eine gleichmäßige Kapazitätsauslastung werden Warteschlangen vor den einzelnen Bearbeitungsstationen und damit auch die Wartezeiten vermieden (vgl. **Heijunka**).

- Bildung teilautonomer Arbeitsgruppen

  Da im Rahmen der Fließfertigung oft mehrere Mitarbeiter an einer Bearbeitungsstation tätig sind, werden diese auch zu einer Arbeitsgruppe zusammengefasst. Hierfür eignet sich besonders das Konzept der selbststeuernden (teilautonomen) Gruppe als eines der Grundprinzipien moderner Arbeitsstrukturierung. Die Gruppe kann längere Zeit ohne externe Steuerung und Kontrolle arbeiten, wobei der Tätigkeits- und Entscheidungsspielraum des einzelnen Gruppenmitgliedes bereichert und erweitert wird.

- Absolute Qualitätssicherung

  Zur Gewährleistung eines einwandfrei ablaufenden Fertigungsprozesses ist es unbedingt erforderlich, dass ausschließlich einwandfreie Teile (Gutteile) an die nachfolgende Fertigungsstufe übergeben werden. Um dies zu erreichen, wird ein System zur selbststeuernden Fehlererkennung eingesetzt, das auch als selbststeuernde Automatisierung (Autonomation, Jidoka) bezeichnet wird. Die einzelnen Maschinen erhalten dabei Sensoren als Prüfeinrichtungen, die Fehlfunktionen automatisch erkennen und die weitere Fertigung fehlerhafter Teile verhindern (vgl. **Jidoka**). Weiterhin werden spezielle Konzepte zur Vermeidung unbeabsichtigter Fehler der Mitarbeiter im gesamten Fertigungsprozess angewendet (vgl. **Poka Yoke**). Derartige, vorwiegend technisch orientierte Maßnahmen zielen auf die Qualitätsfähigkeit der Fertigungsprozesse ab. Eine echte Verbesserung und die dauerhafte Sicherstellung der Qualität können aber nur erreicht werden, wenn sämtliche Arbeitsprozesse im gesamten Unternehmen betrachtet werden. Dazu muss auch das Potenzial aller Mitarbeiter, insbesondere der Maschinenarbeiter, genutzt werden. Der Weg dazu führt wiederum über die Einrichtung von Qualitätszirkeln, nicht nur in der Fertigung, sondern auch in allen übrigen Unternehmensbereichen (vgl. **Qualitätszirkel**).

- Verkürzung von Rüst- und Einrichtezeiten

  Als wesentliche Voraussetzung für die Erhöhung der Flexibilität in der Produktion ist vor allem bei variantenreicher Fertigung die deutliche Senkung der für das Einrichten und Umrüsten der Maschinen aufzuwendenden Zeit anzusehen. Die sich daraus ergebenden Vorteile liegen in einem schnellen Wechsel der jeweils zu fertigenden Variante, in kürzeren Durchlaufzeiten sowie in der Verringerung von Lagerbeständen. Maßnahmen zur Erreichung von kürzeren Rüst- und Einrichtezeiten können produktbezogen, produktionsbezogen oder organisatorischer Art sein. Die auf das Produkt bezogenen Maßnahmen setzen in den Bereichen Konstruktion und Entwicklung an. Beispiele sind die Einführung einer Baukastensystematik, Standardisierung und Typisierung der Produkte, Verringerung des Teilespektrums durch gezielte Vielfachverwendung sowie fertigungs- und automatisierungsgerechtes Konstruieren (Design for Manufacture, DFM) und montagegerechtes Konstruieren (Design for Assembly, DFA). Produktionsbezogene Maßnahmen bestehen in erster Linie in der flexiblen Automatisierung der Fertigung. Darunter sind flexible Fertigungssysteme, also flexible Fertigungszellen, -linien und -netze zu verstehen (vgl. Bild 2.27) [Spur/Mertins 81]. Zu den organisatorischen Maßnahmen gehören vor allem die Trennung der Rüst- und Einrichtearbeiten in vorbereitende Tätigkeiten und den eigentlichen Werkzeugwechsel, der Einsatz von spezialisierten Rüstteams sowie die Festlegung einer rüstoptimalen Reihenfolge für die Bearbeitung der einzelnen Fertigungsaufträge (vgl. **Single Minute Exchange of Die**).

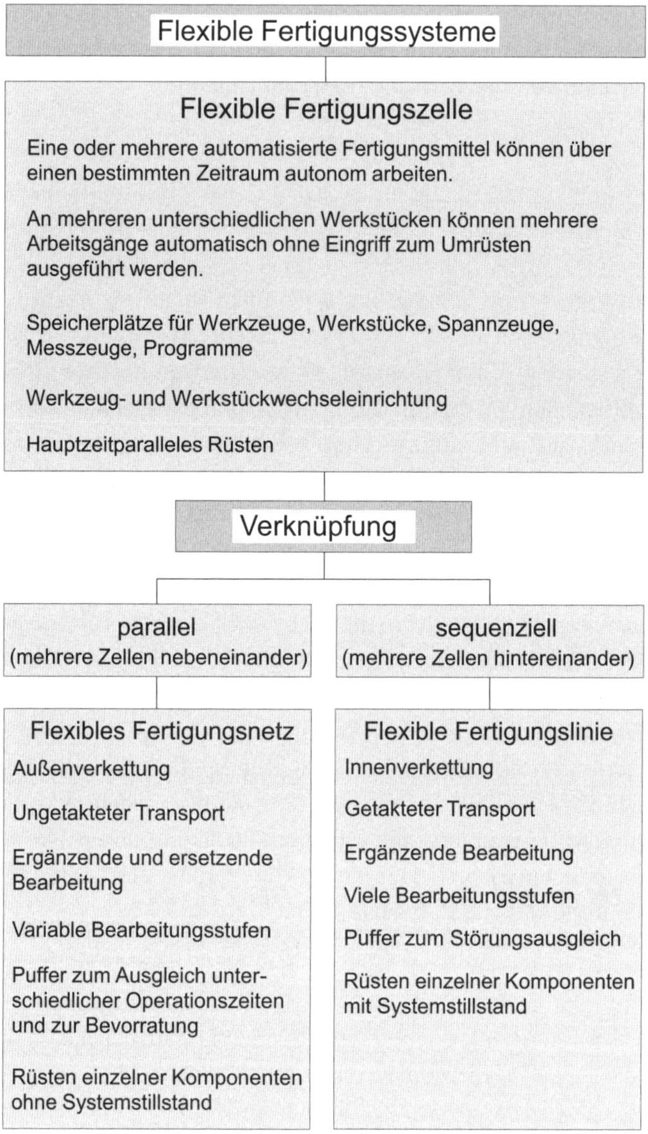

Bild 2.27 Flexible Fertigungssysteme im Rahmen der flexiblen Automatisierung

- Reduzierung der Durchlaufzeiten

  Unter der Durchlaufzeit (DLZ) eines Fertigungsauftrages wird die Zeitspanne von der Auftragserteilung bis zur Ablieferung des hergestellten Produktes verstanden. Sie setzt sich zusammen aus Bearbeitungszeiten, Transportzeiten, Rüstzeiten und Liegezeiten. Die Verkürzung der Durchlaufzeiten wird gelegentlich auch als Schlüssel zu Just-in-Time bezeichnet [Zibell 90], denn lange Durchlaufzeiten erschweren flexibles Reagieren auf Änderungen, erhöhen die Werkstattbestände und verdecken oft die wahren Probleme in der Fertigung. Neben der Einführung des Fließprinzips (Continuous Flow Manufacturing, CFM) und einer flexiblen Automatisierung der Fertigung kann die Senkung der Durchlaufzeiten insbesondere durch die Weitergabe von bereits bearbeiteten Teillosen an die folgende Arbeitsstation (überlappte Fertigung), durch die Zerlegung eines Fertigungsauftrages in mehrere Teilaufträge und deren parallele Bearbeitung (Splittung) sowie durch die Verkürzung der Übergangszeiten aufgrund einer Optimierung der Auftragsreihenfolge erreicht werden.

- Kleine Lose in Fertigung und Montage

  In der traditionellen Werkstattfertigung wird in der Regel eine sogenannte optimale Losgröße bestimmt und gefertigt. Diese berechnet sich aus verschiedenen Kostengrößen, der Lagerzeit sowie dem Gesamtbedarf der Periode und führt meist zu relativ großen Losen mit Reichweiten von einem Jahr oder mehr. Dadurch kann in der Werkstatt eine gleichmäßige Auslastung und beim Lieferanten ein günstiger Preis erzielt werden. Wegen der zum Teil sehr unrealistischen Prämissen sowie der fast völlig fehlenden Flexibilität in der Fertigung muss diese Art der Bestimmung der Losgrößen insbesondere auch im Rahmen einer Just-in-Time-Konzeption abgelehnt werden. Die Forderung nach vollständiger Flexibilität, die theoretisch eine Losgröße von einem Stück (Losgröße 1) ermöglichen würde, ist unter Berücksichtigung von Kostenaspekten sicher auch nicht haltbar. Die Realität ist also in einem gesunden Mittelweg zu sehen, der eine möglichst große Flexibilität bei sinnvollen Losgrößen und damit hinreichender Wirtschaftlichkeit gewährleistet.

Unabhängig davon, ob Just-in-Time als integraler Bestandteil eines schlanken Produktionsmanagementsystems oder übergreifend mit dem Charakter einer eigenständigen Philosophie betrachtet wird, erfolgt die Ausgestaltung der Material- und Informationsflusssteuerung auf Werkstattebene innerhalb der Just-in-Time Production in der Regel durch das Kanban-System (vgl. **Kanban**).

In der Literatur [Soom 86a] wird aber auch die Synchronfertigung als eine zweite Spielart der Just-in-Time Production genannt, die prinzipiell die gleichen Aufgaben wie das Kanban-System wahrnimmt, aufgrund ihrer Bedarfsorientierung jedoch auch Züge einer zentralen Fertigungssteuerung trägt.

Die oben beschriebenen Elemente bzw. Voraussetzungen der Just-in-Time Production gelten gleichermaßen für beide der ansonsten zu unterscheidenden Spielarten von Just-in-Time (vgl. Bild 2.28) [Soom 86a].

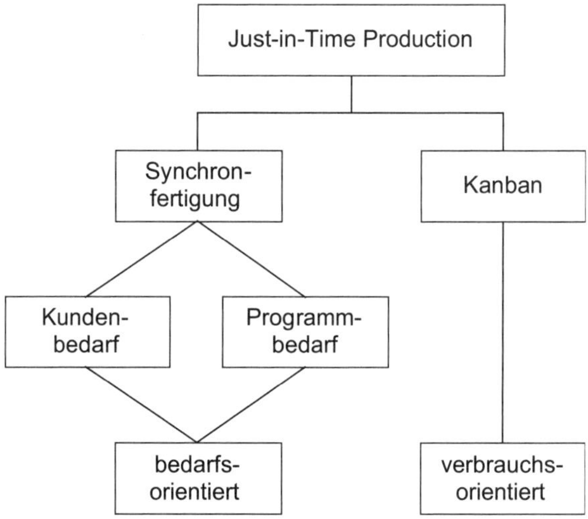

Bild 2.28 Die beiden Spielarten der Just-in-Time Production

Da die Funktionsweise des Kanban-Systems ausführlich erläutert wurde (vgl. **Kanban**), sind die wesentlichen Unterschiede zur Synchronfertigung in der folgenden Tabelle lediglich schlagwortartig dargestellt [Soom 86a]:

Kriterien	Synchronfertigung		Kanban
	Kundenbedarf	Programmbedarf	
Gestaltung der Tagesprogramme	aus Kundenbestellungen	aus Jahresprogramm	aus Lagerbezügen (letztendlich aus Kundenbestellungen)
Lagersituation	Zwischenlager möglich	keine Zwischenlager	zumindest kleine Zwischenlager erforderlich
Kapazitätssituation	ausgeglichen		unausgeglichen
Planung	bedarfsorientiert		verbrauchsorientiert
Planungsrichtung	Vorwärtsplanung		Rückwärtsplanung
Steuerung	zentral		dezentral
EDV-Einsatz	Dialog-EDV		ohne EDV möglich
Materialfluss	Push-Prinzip		Pull-Prinzip
Materialanlieferung	Bring-Prinzip		Hol-Prinzip

Literaturhinweise zur Vertiefung

Ohno, T.:
Toyota Production System: Beyond Large-Scale Production.
Cambridge/Mass./USA: Productivity Press 1988.

Shingo, S.:
Study of ‚Toyota' Production System from Industrial Engineering Viewpoint.
Tokyo/Japan: Japan Management Association 1981.

Zibell, R. M.:
Just-in-Time: Philosophie, Grundlagen, Wirtschaftlichkeit.
München: Huss-Verlag 1990.

Kernkompetenz/Core Competence

Unter Kernkompetenzen versteht man die ganz spezifischen Fähigkeiten und Fertigkeiten eines Unternehmens, die sein besonderes Know-how ausmachen, beispielsweise die Beherrschung einer speziellen Fertigungstechnologie. Kernkompetenzen charakterisieren sich dadurch, dass sie von entscheidender Bedeutung für die strategische Zielsetzung des Unternehmens sind. Eine wichtige Rolle als Ausgangsbasis spielt hierbei die Definition von unternehmerischen Schlüsselprozessen, da diese die Kernkompetenzen abbilden (vgl. **Prozessorientierung**).

Kernkompetenzen beinhalten immer auch wertschöpfende Aspekte, die kontinuierlich einen überlegenen, langfristig verteidigbaren und wahrgenommenen Kundennutzen schaffen und damit einen nachhaltigen Wettbewerbsvorteil erzeugen [Deutsch et al. 97].

Vor diesem Hintergrund lassen sich folgende Merkmale von Kernkompetenzen bestimmen [Hinterhuber et al. 97]:

- Sie durchziehen als integrierte Gesamtheit die Prozesse der Wertschöpfungskette im Unternehmen.
- Sie spiegeln sich in der Unternehmenskultur als gemeinsame Werthaltung wider.
- Sie sind gegenüber Wettbewerbern einmalig und schwer imitierbar.
- Sie resultieren aus organisationalen Lernprozessen.

- Sie sind dezentral im Unternehmen verteilt und wurzeln nicht nur in individuellen, sondern auch in kollektiven Strukturen.
- Sie beziehen sich auf ein Kundenproblem, das in gleicher oder ähnlicher Form in verschiedenen Zusammenhängen auftritt, sodass potenziell der Zugang zu einer Vielzahl von Märkten eröffnet wird.

Insgesamt lassen sich drei Bereiche unternehmerischer Aktivitäten identifizieren, in denen Kernkompetenzen eine herausragende Rolle für den strategischen Erfolg zukommt [Hamel 94]:

- Marktbezogene Kernkompetenzen

  ermöglichen eine gezielte Marktbearbeitung und stellen den Kontakt zu den Kunden her. Dabei sind in erster Linie Fähigkeiten in den Bereichen Vertrieb, Verkauf und Marketing angesprochen.

- Integrationsbezogene Kernkompetenzen

  sorgen dafür, dass die Teilbereiche des Unternehmens schnell, flexibel und zuverlässig zusammenarbeiten. Sie sind ein wesentlicher Faktor dafür, dass dem Kunden eine Leistung angeboten wird, auf deren Qualität er sich verlassen kann, und beziehen sich daher auf Basis- und Leistungsanforderungen.

- Funktionsbezogene Kernkompetenzen

  verleihen den Endprodukten herausragende Funktionseigenschaften. Sie sind dafür verantwortlich, dass ein Unternehmen Produkte oder Dienstleistungen anbieten kann, die sich aus Kundensicht deutlich von denen der Wettbewerber abheben und den Kunden nach Möglichkeit sogar begeistern.

Die sinnvolle Nutzung von Kernkompetenzen als Antrieb für den zukünftigen und nachhaltigen Erfolg erfordert eine Reihe von Maßnahmen bzw. Verhaltensweisen im Unternehmen:

- Zielgerichtete Auswahl derjenigen Fähigkeiten, Fertigkeiten und Technologien als Kernkompetenzen, die einen außerordentlichen Beitrag zum vom Kunden wahrgenommenen Nutzen darstellen und dem Unternehmen damit einen einzigartigen Wettbewerbsvorteil verschaffen.
- Erschließung von internem und externem Wissen durch organisationsübergreifende Kommunikation und Lernanstrengungen zum schnellen und wirtschaftlichen Aufbau und Erhalt von Kernkompetenzen.
- Synergetische Nutzung von Kernkompetenzen zwischen Unternehmensbereichen zur leichteren Erschließung neuer Geschäftsfelder.

- Schutz der Kernkompetenzen durch laufende Unterstützung in organisatorischer und finanzieller Hinsicht.

Die vermehrte Rückbesinnung auf die Kernkompetenz von Unternehmen begann im Gefolge der „schlanken Unternehmensführung“. Dieser Zeitströmung ging, etwa in den 1970er-Jahren, die Welle der Diversifizierungsversuche voraus. Hohe Unternehmensgewinne suchten nach einer Anlage, die z. B. in Technologiekonzernen gefunden wurde. Die nachlassende Wettbewerbsfähigkeit deutscher Unternehmen – und nicht nur dieser – in preislicher Hinsicht zwang zum Umdenken. Den Weg zeigte die Studie des Massachusetts Institute of Technology (MIT) auf [Krafcik 88, Womack et al. 90] (vgl. **Toyota Production System**).

Die völlige Beschränkung auf die Kernkompetenz kann am Beispiel der Automobilindustrie zu der Erstellung von Lastenheft und Zielkatalog einerseits sowie der Fahrzeugmontage andererseits führen. Aggregate- und Detailkonstruktion sowie Anlieferung kompletter Module gehen an sogenannte Systemlieferanten über. Von Systemlieferanten erwartet man ein höheres Expertenwissen, als es die Mitarbeiter des eigenen Unternehmens bieten können. Weit gefasst bedeutet Kernkompetenz beim Zusammenschluss von Unternehmen, dass nur solche aus derselben Branche zusammengehen und nach Synergien suchen.

Literaturhinweis zur Vertiefung

Hamel, G.; Prahalad, C. K.:
Wettlauf um die Zukunft.
Wien: Wirtschaftsverlag Ueberreuter 1995.

Konfliktmanagement

Der Wortursprung aus dem lateinischen *confligere* bedeutet zusammenprallen. Den Zusammenprall in vernünftige Bahnen zu lenken heißt, ihn zu managen. Konflikte entstehen sowohl auf der Sachebene als auch auf der Beziehungsebene, können aber auch in Kommunikationsfehlern begründet sein. Konflikte können schlagartig offenkundig werden oder lange Zeit im Verborgenen liegen.

Konflikte sollten gelöst und nicht verdrängt werden. Dies beginnt mit der Identifizierung und Akzeptanz des Problems, das zum Konflikt führt. Der Abbau des Konfliktpotenzials erfolgt mithilfe von Deeskalationsstrategien wie bewusstes Vermeiden von Provokation, Zuhören, ohne zu widersprechen, interessiertes Nachfragen und Verständnis zeigen, Informationen nutzen anstelle subjektiver Argumente. Damit wird die Spielregel „Druck erzeugt Gegendruck“ entschärft.

Eskalationen dagegen bewirken Unbeherrschtsein und damit Offenlegung von eigenen persönlichen Schwachstellen. Eskalationsformen sind beispielsweise die Bildung von Cliquen (man sucht sich Verstärkung und Bestätigung), die Beleidigungen vor Zeugen (besonders kränkend im Vorgesetzten-Mitarbeiter-Verhältnis), das Vernichten von Belegen über positive Arbeitsergebnisse oder die Weitergabe von Interna an die Öffentlichkeit bzw. Presse.

In Fällen extremer Eskalation liegt die Lösung häufig in der Einschaltung von Moderatoren als neutrale Dritte oder höheren Gremien bzw. Entscheidungsstellen, sofern die Deeskalationsbemühungen erfolglos waren. Als letzte Möglichkeit gilt der beamtete Richter nach erfolgter Gerichtsverhandlung, sofern sich kein Vergleich erzielen lässt, den beide Seiten als Gewinn anerkennen. Wird dagegen die eine Seite bestraft zugunsten der anderen Seite, kann der Konflikt als nicht gelöst angesehen werden, nur als entschieden. Erwächst die Lösung des Konfliktes dagegen aus dem Kreis der direkt Betroffenen, ist sie in der Regel viel besser und hält nachhaltig.

Konflikte sollten ausgetragen werden, um die darin liegenden Chancen zu nutzen. Ein „Gewitter“ reinigt, sofern es fair abläuft und keiner nachtragend ist. Besonders sachliche Konflikte können durch Austausch der Gründe für die vorgeschlagene Lösung zu weiteren Verbesserungen führen. Für die Lösung sachlicher Konflikte gibt es beispielsweise in Entwicklungsprozessen von Produkten vereinbarte Spielregeln, um die – vielleicht gewollten – Konflikte zu objektivieren. Kollegiale Interessenvertretung des Konstrukteurs gegenüber dem Produzenten, dem Verkäufer und dem Controller ruft jeweils in Quality Gates nach optimierter Entscheidung. Jede erfolgte Konfliktbehandlung bedeutet eine persönliche Leistung.

Literaturhinweise zur Vertiefung

Schwarz, G.:
Konfliktmanagement – Sechs Grundmodelle der Konfliktlösung.
Wiesbaden: Gabler Verlag 1997.

Höher, P.; Höher, F.:
Konfliktmanagement – Konflikte kompetent erkennen und lösen.
Freiburg: Haufe Verlag 2002.

Passameras, K.; v. Diemer, R.:
Konfliktmanagement.
In: Kamiske, G. F. (Hrsg.): Reihe Pocket Power.
München: Carl Hanser Verlag 2005.

Kontrollwirkungsgrad

Der Kontrollwirkungsgrad einer Qualitätsprüfung ist das Verhältnis von ausgelesenen zu tatsächlich vorhandenen fehlerhaften Stücken bei Durchführung von subjektiven Vollprüfungen. Er liegt bei einer Größenordnung von 80–95 % [Masing 70], d. h., es muss mit einem Durchschlupf von 5–20 % des im Los vorhandenen Fehleranteils gerechnet werden (vgl. **Vollprüfung**).

Unter Durchschlupf versteht man den mittleren Anteil fehlerhafter Einheiten an den insgesamt vom Abnehmer angenommenen Einheiten (eines oder mehrerer Lose). Der Durchschlupf wird auch als Average Outgoing Quality (AOQ) bezeichnet.

$$\textit{Kontrollwirkungsgrad} = \frac{\textit{ausgelesene fehlerhafte Einheiten}}{\textit{vorhandene fehlerhafte Einheiten}} \times 100\%$$

Eine Objektivierung der Prüfvorgänge durch Automatisierung ist zur Vermeidung des subjektiv bedingten Durchschlupfes sowie aus Gründen der Wirtschaftlichkeit unbedingt anzustreben. Der größere apparative Aufwand, z. B. für Sortiermaschinen, steht den Personalkosten, den sogenannten Fehlerfolgekosten und den Kosten der irrtümlich als schlecht ausgelesenen, fehlerfreien Stücke gegenüber (vgl. **Fehlleistungsaufwand**).

Lässt sich ein Prüfvorgang aus technischen Gründen nicht objektivieren, bleibt nur die Möglichkeit einer subjektiven Stück-für-Stück-Prüfung. Bei der Durchführung derartiger Vollprüfungen werden aber nicht unbedingt alle vorhandenen Fehler entdeckt. Es kommt zu einem unvermeidlichen Durchschlupf, wie systematische Untersuchungen gezeigt haben. Gründe hierfür liegen einerseits in der Umwelt, andererseits im Menschen selbst.

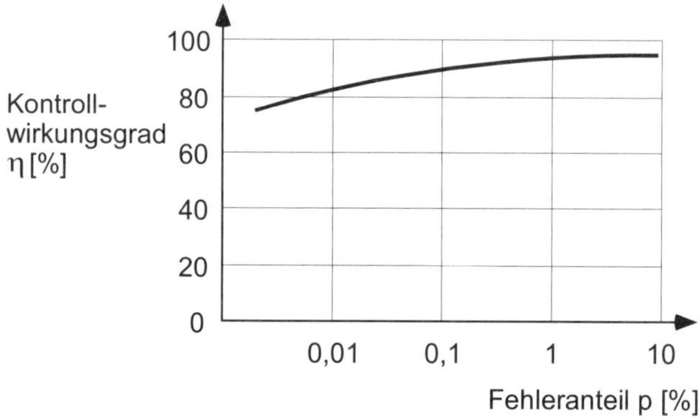

Bild 2.29 Qualitativer Verlauf des Kontrollwirkungsgrades

Die wichtigsten Umwelt- und Arbeitsbedingungen sind Umgebungseinflüsse wie Lärmbelastung und Lichtverhältnisse sowie die Unterscheidbarkeit zwischen Gutteil und Schlechtteil. Eine nicht zu vernachlässigende Einflussgröße stellt auch die menschliche Unzulänglichkeit dar. Hierzu zählen persönliche Leistungsschwankungen (z. B. bei leichter Krankheit oder Problemen seelischer Art), Ermüdung, nachlassendes Sehvermögen bei Dauerbeanspruchung sowie Unaufmerksamkeit. Hinzu kommt ein signifikanter Einfluss des Fehleranteils im Los auf den Kontrollwirkungsgrad (vgl. Bild 2.29). Die Qualifikation des Prüfenden ist nur von untergeordneter Bedeutung.

Die Erklärung für diesen Verlauf liegt darin, dass die Aufmerksamkeit des Prüfers immer wieder angeregt und damit wachgehalten wird, wenn er relativ häufig ein fehlerhaftes Stück findet. Erst bei sehr viel größeren Fehleranteilen sinkt der Kontrollwirkungsgrad wieder ab, weil dann verstärkt Ermüdungserscheinungen und Irrtümer einsetzen. Es wird häufig angenommen, dass durch mehrfache Prüfung die Anzahl der im Los verbleibenden fehlerhaften Stücke beliebig verringert werden kann. Diese Annahme trifft nur bedingt zu, da der Kontrollwirkungsgrad mit abnehmendem Fehleranteil ebenfalls sinkt (vgl. Bild 2.29). Es wird nämlich bei jeder nachfolgenden Prüfung immer unwahrscheinlicher, dass noch ein fehlerhaftes Teil entdeckt wird. Der Restanteil nicht entdeckter, fehlerhafter Einheiten tendiert erfahrungsgemäß gegen einen Grenzwert, der etwa in der Größenordnung von 0,2 % liegt.

Die Aussagen zum Kontrollwirkungsgrad sind jedoch nur relevant bei der Durchführung von subjektiven Sortierarbeitsgängen, die bei nicht fähigen bzw. nicht beherrschten Fertigungsprozessen (Prozessfähigkeitsindex $c_{pk} < 1{,}33$) erforderlich werden (vgl. **Statistische Prozessregelung**).

Kundenorientierung

Unter Kundenorientierung kann die Ausrichtung sämtlicher Tätigkeiten und Abläufe (Prozesse bzw. Geschäftsprozesse) eines Unternehmens auf die Wünsche, Anforderungen und Erwartungen seiner Kunden verstanden werden. Grundlage ist die Einbeziehung einer kunden- bzw. anwenderbezogenen Sichtweise in die möglichen Ausprägungen des Qualitätsbegriffs, wobei Qualität dann als Erfüllung von Anforderungen aufgefasst wird (vgl. **Qualität/Qualitätsbegriff**). Diese Anforderungen, Eigenschaften oder Spezifikationen werden dabei vom Kunden als Anwender eines Produktes bzw. Empfänger einer Dienstleistung explizit geäußert oder stillschweigend erwartet. Ein Kunde kann dabei jeder sein, der von einem Produkt oder Prozess betroffen ist. Dabei lässt sich zwischen internen und externen Kunden unterscheiden.

Externe Kunden haben etwas mit dem Produkt zu tun, gehören aber nicht dem herstellenden Unternehmen an. Dies schließt also nicht nur den speziellen Käuferkreis ein, sondern kann sich auf die gesamte Gesellschaft, den Staat und die Öffentlichkeit beziehen, etwa im Falle von Sicherheits- oder Umweltschäden. Eine entsprechende Auffassung vom Kunden liegt insbesondere der gesamtwirtschaftlich-gesellschaftsbezogenen Sichtweise des Qualitätsbegriffs zugrunde, wie sie von dem Japaner Taguchi mithilfe seiner Qualitätsverlustfunktion beschrieben wird (vgl. **Taguchi**, **Qualitätsverlustfunktion**).

Interne Kunden haben mit dem Produkt in ihrer Eigenschaft als Mitarbeiter des herstellenden Unternehmens zu tun. In diesem Sinne sind sie zwar keine Käufer, aber dennoch Empfänger eines Produktes oder einer Produktvorstufe.

Der Differenzierung zwischen internen und externen Kunden liegt ein Gedanke des Just-in-Time-Prinzips zugrunde, welches u. a. die auftragsgesteuerte Materialver- und -entsorgung für eine Produktion auf Abruf zum Ziel hat (vgl. **Just-in-Time**). Dabei wird die Produktion auf allen Fertigungsstufen in die Lage versetzt, die richtigen Teile am richtigen Ort, in der richtigen Menge, zum richtigen Zeitpunkt und in der richtigen Qualität zu erhalten bzw. zu liefern. Hierfür wird insbesondere das Kanban-System als spezielle Methode zur Material- und Informationsflusssteuerung eingesetzt (vgl. **Kanban**). Zur Gewährung eines einwandfrei ablaufenden Fertigungsprozesses nach dem Just-in-Time-Prinzip ist es unbedingt erforderlich, dass ausschließlich einwandfreie Teile (Gutteile) an die nachfolgende Bearbeitungsstufe übergeben werden. Dies beinhaltet oft die Übertragung von Qualitätsverantwortung auf die Mitarbeiter durch Einführung von Selbstprüfung anstelle von Fremdkontrolle. Voraussetzung dafür sind die Fähigkeit der Prozesse, ein hohes Engagement der Mitarbeiter und gegenseitiges Vertrauen von Vorgesetzten und Mitarbeitern (vgl. **Mitarbeiterorientierung**, **Prozessorientierung**).

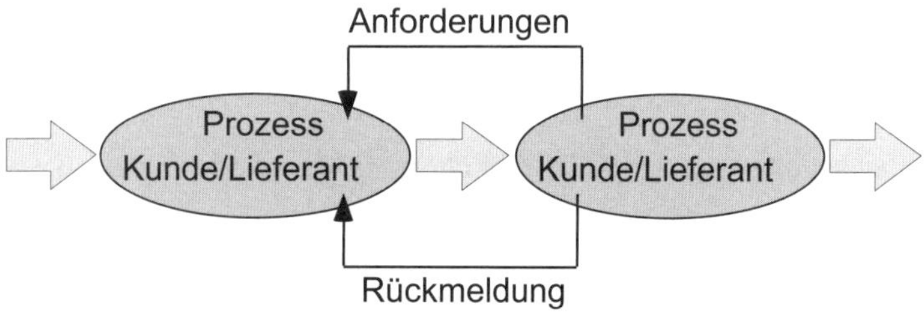

Bild 2.30 Prinzip der Kunden-Lieferanten-Beziehung

Es wird also jeder Output eines Verarbeitungsschrittes zum Input für den nächsten Schritt. Jeder Mitarbeiter ist demnach interner Kunde des im Herstellungsprozess vor ihm liegenden Mitarbeiters und zugleich Anbieter seines Arbeitsergebnisses an den nachfolgenden Mitarbeiter (Next Operation as Customer, NOAC). Voraussetzung ist, dass jedem Mitarbeiter die Erwartungen seines unmittelbaren Kunden bekannt sind. Damit kann die gesamte Wertschöpfungskette, die das Unternehmen durchzieht und noch darüber hinausreicht, als Verknüpfung von Kunden-Lieferanten-Beziehungen betrachtet werden (vgl. Bild 2.30).

Aus diesem Grunde ist es genauso bedeutsam, die Qualität der Produkte und Dienstleistungen innerhalb des Unternehmens einzuhalten wie gegenüber den externen Kunden. Erst wenn jeder interne Kunde einwandfreien Input erhält und gleichzeitig die Anforderungen seines eigenen Kunden erfüllt, entsteht ein optimales Endergebnis: ein zufriedener externer Kunde. Dieses Konzept der Orientierung am internen und externen Kunden bildet die Basis für die Umsetzung und Durchführung von Total Quality Management als die Koordination eines komplexen Systems von Aktivitäten bzw. Prozessen, das von der Erfassung der Kundenwünsche bis zur Platzierung des Produkts bzw. der Dienstleistung beim Kunden und noch darüber hinausreicht (vgl. **Total Quality Management**).

In diesem Zusammenhang wird die Verbindung der Kundenorientierung zur Prozessorientierung deutlich (vgl. **Prozessorientierung**). Die Erfüllung der Kundenanforderungen hängt direkt von der Gestaltung der Fertigungs- und Geschäftsprozesse im Unternehmen ab. Erst eine hohe Qualität der einzelnen Prozesse bzw. Teilprozesse ermöglicht einen qualitativ hochwertigen Ablauf des Gesamtprozesses und damit die Optimierung des Gesamtsystems Unternehmen. Dabei ergeben sich jedoch zwei Schlüsselfragen der Kundenorientierung: die Ermittlung der Kundenanforderungen einschließlich ihrer Umsetzung sowie die kundenorientierte Bewertung der erbrachten Leistungen.

Zur Ermittlung und Umsetzung der Kundenanforderungen steht eine ganze Reihe von Methoden zur Verfügung. Zunächst bietet sich die Qualitätsplanungsmethodik des Quality Function Deployment an, mit deren Hilfe Kundenwünsche systematisch erfasst und in konkrete Produktmerkmale umgesetzt werden können (vgl. **Quality Function Deployment**). Weiterhin lassen sich vor allem aus dem Bereich Marketing verschiedene Methoden anwenden (z. B. Kundenbefragungen, Marktanalysen, Untersuchungen über das zu erwartende Markt- und Käuferverhalten). Diese und ähnliche Instrumente können auch zur Bewertung der Kundenzufriedenheit sowie der eigenen Produkte gegenüber dem Wettbewerb (Benchmarking) herangezogen werden (vgl. **Benchmarking**).

Von besonderer Bedeutung sind hier jedoch Methoden zur direkten Messung der Kundenzufriedenheit, die sich aus dem Grad der Übereinstimmung von gestellter Anforderung und erbrachter Leistung ergibt. Ohne hier auf derartige Methoden näher einzugehen, soll jedoch das Modell des Japaners Noriaki Kano erwähnt werden, welches den Zusammenhang zwischen der Erfüllung der Kundenanforderungen und der Kundenzufriedenheit darstellt (vgl. Bild 2.31) [Kano et al. 84]. Qualität erscheint hier als bewegliches Ziel. Dabei wird besonders deutlich, dass sich die Zufriedenheit der Kunden durch die Erfüllung von selbstverständlichen Erwartungen (Basisanforderungen) oder explizit geäußerten Wünschen (Leistungsanforderungen) nur begrenzt steigern lässt. Fehlerfreie und qualitativ hochwertige Produkte und Dienstleistungen werden zunehmend vorausgesetzt. Um den Kunden überproportional zufriedenzustellen, ihn also zu begeistern, sind außergewöhnliche Anstrengungen vorzunehmen.

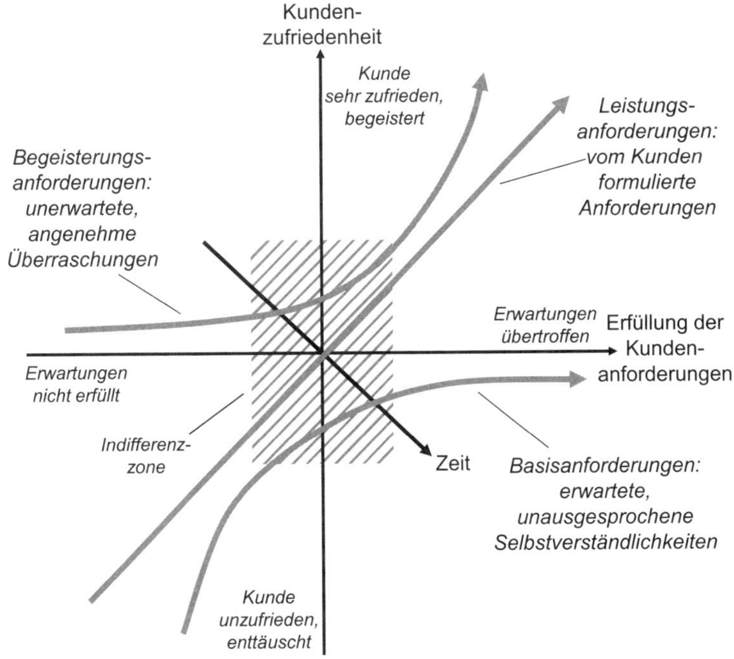

Bild 2.31 Kano-Modell

Umgekehrt ist eine Unzufriedenheit der Kunden unter dem Blickwinkel der Kundenzufriedenheit als Unternehmensziel unbedingt zu vermeiden. Wenn diese bereits eingetreten ist, sind ernsthafte Anstrengungen zu unternehmen, sie zu beseitigen. Dazu gehört auch ein wirkungsvolles Beschwerdemanagement, denn mit ihren Beschwerden äußern Kunden nicht nur Unzufriedenheit, sondern geben gleichzeitig wertvolle Hinweise zur Verbesserung (vgl. **Beschwerdemanagement**).

Literaturhinweise zur Vertiefung

Saatweber, J.:
Kundenorientierung durch Quality Function Deployment.
2. Aufl., Düsseldorf: Symposion Publishing 2007.

VDA - Verband der Automobilindustrie (Hrsg.):
VDA-Schriftenreihe Qualitätsmanagement in der Automobilindustrie, Band 4: Sicherung der Qualität in der Prozesslandschaft.
2 Aufl., Frankfurt/Main 2010.

Loss Control Management (LCM)

Der Begriff Loss Control Management bezeichnet den gesamten Prozess, um einen potenziellen Verlust (engl.: Loss) zu ermitteln und systematisch auf seine Ursachen hin zu analysieren sowie notwendige Gegenmaßnahmen zu treffen und deren Wirksamkeit regelmäßig zu prüfen. Dabei wird der Begriff Verlust sehr weit gefasst und bezieht sich auf die Bereiche Mensch (Unfälle, Erkrankungen, langfristige Gesundheitsschäden), Maschine (Störungen, Ausfälle), Material (Rohstoffe, Finanzen) und Umwelt (Unternehmensimage, Naturereignisse, Umweltschäden). Darin fließen Ansätze aus Sicherheitsmanagement, Arbeitsschutz, Gesundheitsförderung, Störfallvermeidung, Qualitätsmanagement und finanziellen Risikobetrachtungen ein. Loss Control Management ist also ein sehr umfassender, integrativer Ansatz und geht über bekannte Konzepte der Arbeitssicherheit und des allgemeinen Risikomanagements hinaus (vgl. **Safety Certification Contractors**, **Risiko- und Krisenmanagement**).

Ursprünglich kommt Loss Control Management aus dem amerikanischen Sprachgebrauch der Versicherungsbranche und hat sich dort seit den 1970er- Jahren etabliert. Ausgangspunkt war die Reduzierung finanzieller Verluste von versicherten

Unternehmen bei Risikoeintritt. Dieser Ansatz wurde immer mehr ausgeweitet bis hin zu einer umfassenden Verlustrisikobetrachtung, die vom ungeplanten Maschinenstillstand bis zur Explosion einer Bohrinsel alle denkbaren Aspekte einbezieht. In Europa findet Loss Control Management gerade in den letzten Jahren zunehmend Beachtung. Dazu beigetragen haben sicherlich auch die bekannten Umweltkatastrophen der letzten Zeit und die allgemeine Wirtschafts- und Bankenkrise 2009.

Ging es in den Anfängen des Loss Control Managements vor allem darum, Unfälle zu vermeiden und die dadurch entstehenden Ausgaben zu reduzieren, so stehen heute diejenigen Kosten im Vordergrund, die durch Störungen und Wartezeiten im betrieblichen Ablauf entstehen. Diese ungeplanten Verzögerungen lassen Mängel in den Prozessen der Arbeitsorganisation und der Logistik erkennen. Hinzu kommen Aspekte der Mitarbeiterqualifikation, die zu Fehlern in der Bedienung von Maschinen und Anlagen und somit auch zu Ausfallzeiten führen können. Hier besteht eine enge Verbindung zu den etablierten präventiven Methoden des Qualitätsmanagements zur Vermeidung von unbeabsichtigten Fehlern (Poka Yoke) und zu neueren Methoden wie dem Wertstromdesign (vgl. **Mizenboushi**, **Poka Yoke**, **Wertstromdesign**).

Zum Loss Control Management gehört allerdings auch die Betrachtung von Risiken wie Feuer und Explosion sowie von Naturereignissen wie Hochwasser oder Erdbeben. Derartige Ereignisse können ein Unternehmen in seiner Existenz gefährden und über die finanziellen Auswirkungen hinaus auch große Schäden bei Menschen und Umwelt anrichten. Die Realität lehrt, dass solche Ereignisse auch bei einer noch so geringen Eintrittswahrscheinlichkeit immer wieder auftreten können. Analysen haben darüber hinaus gezeigt, dass niemals eine Ursache allein für den Eintritt eines solchen Ereignisses verantwortlich war. Vielmehr existiert regelmäßig eine Anzahl von systematischen Ursachen, kombiniert mit beitragenden Faktoren, die letztendlich durch räumliches und zeitliches Zusammentreffen in der Lage sind, ein Ereignis mit verheerendem Ausmaß zu verursachen [Remus 09].

Vor diesem Hintergrund ist es besonders wichtig, zwischen jenen Aktivitäten und den damit verbundenen Kosten zu unterscheiden, die tatsächlich ohne großes Risiko eingespart werden können, und Ausgaben für vorausschauende Fehlervermeidung und Risikominimierung, die für das Unternehmen bei Ereigniseintritt lebenswichtig sind. Mit dieser Unterscheidung lassen sich auch die Kosten für nichtwertschöpfende Tätigkeiten oder gar Fehlleistungsaufwand identifizieren und entsprechend reduzieren oder ganz vermeiden (vgl. **Fehlleistungsaufwand**, **Qualitätscontrolling**). Dies beinhaltet auch Kosten, die auf Versäumnisse zurückzuführen sind, z.B. Schadensersatzansprüche oder Konventionalstrafen, und die durch ein entsprechendes Loss Control Management reduziert oder ausgeschlossen werden können.

Die Vorgehensweise zur Einführung und Umsetzung eines Loss Control Managements ähnelt im Grundsatz dem Prozess des Risikomanagements. Jedoch wird beim Loss Control Management ein umfassenderer Ansatz gewählt:

- Loss Control Management-Beauftragten benennen,
- Risiken systematisch sammeln,
- Ursachen ermitteln,
- Risikofolgen abschätzen,
- Risiken gewichten,
- Ziele für Loss Control Management setzen und Kennzahlen festlegen,
- Loss Control Management-Audits vorsehen,
- Übergeordnete Maßnahmen einleiten,
- Aktualität und Wirksamkeit der Maßnahmen regelmäßig überprüfen.

Damit lohnt sich ein systematisches Loss Control Management für jedes Unternehmen. Es gewährleistet Rechts- und Revisionssicherheit und erzeugt Vertrauen bei Kunden, bei Behörden und in der Öffentlichkeit. Weiterhin werden Fehlleistungsaufwände aufgedeckt und die wertschöpfenden Prozesse unterstützt. Somit integriert sich ein wirksames präventives Loss Control Management in den großen Rahmen des Total Quality Managements und liefert einen Beitrag zur Business Excellence (vgl. **Total Quality Management**, **Qualitätsauszeichnungen**).

Managementwerkzeuge (M7)

Die sieben Managementwerkzeuge werden auch als „New Seven Tools for Quality Control" oder „New Seven" bezeichnet. Es handelt sich dabei um Problemlösungstechniken, die unter Anwendung visueller Hilfsmittel zur Analyse verbaler Informationen dienen. Die Managementwerkzeuge werden insbesondere im Rahmen von Gruppenarbeit während der Entwicklungs- und Planungsphase eingesetzt, wo kaum numerische Daten zur Verfügung stehen. Darüber hinaus fördern sie eine systematische und strukturierte Vorgehensweise, die zur Bearbeitung komplexer Fragestellungen unerlässlich ist.

Die elementaren Qualitätswerkzeuge (Q7, Tools of Quality) und andere Qualitätstechniken, wie beispielsweise Statistische Prozessregelung, werden überwiegend im Bereich der Fertigung und somit während der Produktions- bzw. Serienphase eingesetzt, wo in der Regel numerische Daten vorliegen (vgl. **Qualitätswerkzeuge**, **Statistische Prozessregelung**). Die Managementwerkzeuge bieten hier eine sinnvolle Ergänzung, da sie vor allem in den frühen Vorserienphasen angewendet werden können [Nayatani et al. 94].

Die Managementwerkzeuge wurden erstmals 1978 in Japan veröffentlicht, wo im Auftrag der Japanese Union of Scientists and Engineers (JUSE) eine Arbeitsgruppe unter dem Vorsitz von Yoshinobu Nayatani eine Vielzahl bekannter Managementtechniken auf ihre Eignung untersucht und daraus sieben Elemente zusammengestellt hat:

Die sieben Managementwerkzeuge

Affinitätsdiagramm
Relationendiagramm
Baumdiagramm
Matrixdiagramm
Matrix-Daten-Analyse (Portfolio-Analyse)
Problem-Entscheidungs-Plan
Netzplan

Obwohl die einzelnen Managementwerkzeuge auch unabhängig voneinander wirkungsvoll eingesetzt werden können, entfaltet sich ihr voller Nutzen erst in der kombinierten Anwendung. Die Managementwerkzeuge sind so konzipiert, dass sie aufeinander aufbauend alle Phasen eines Problemlösungsprozesses unterstützen und dabei mit den anderen Qualitätstechniken in enger Wechselwirkung stehen. Ausgangspunkt einer Problemlösung kann das Affinitätsdiagramm oder das Relationendiagramm zur Setzung von Schwerpunkten für die weitere Untersuchung sein. Sind diese Schwerpunkte identifiziert, können sie mithilfe des Baumdiagramms operationalisiert werden. Anschließend können mit dem Problem-Entscheidungs-Plan bereits im Vorfeld Gegenmaßnahmen für eventuell auftretende Schwierigkeiten bei der Umsetzung festgelegt werden. Der Netzplan dient schließlich zur Unterstützung bei der Detailplanung sowie bei der Durchführung der beschlossenen Maßnahmen [Gogoll 94].

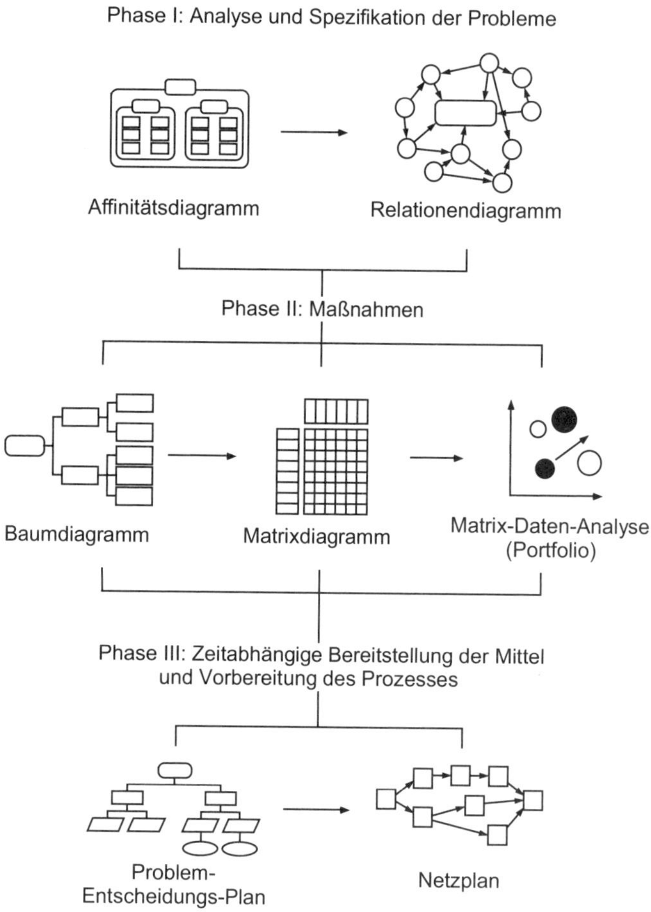

Bild 2.32 Die sieben Managementwerkzeuge im Überblick

Betrachtet man den Problemlösungsvorgang als mehrstufigen Prozess, so lassen sich prinzipiell drei Phasen identifizieren (vgl. Bild 2.32):

- Phase I: Analyse der ungeordneten Informationen und Beschreibung des zu lösenden Problems.
- Phase II: Herausfinden der Mittel und Maßnahmen zur Lösung des Problems sowie Klären der Beziehungen von Mitteln und Maßnahmen für das zu erreichende Ziel.
- Phase III: Spezifizieren eines realisierbaren Programms. Mittel und Maßnahmen werden in einen zeitlichen Ablauf gebracht, wobei ggf. zusätzliche Mittel einbezogen werden, um den Prozess noch zu verbessern.

Affinitätsdiagramm

Das Affinitätsdiagramm (Affinity Diagram) verwendet man bei der Bearbeitung von zukünftigen Problemen, insbesondere wenn eine Vielzahl schwer überschaubarer und ungeordneter Informationen vorliegt. In dieser frühen Problemlösungsphase werden relevante Informationen in beschreibender, verbaler Form gesammelt. Sie beruhen auf Fakten, Schätzungen, Prognosen, Meinungen und der Intuition der Gruppenmitglieder. Hierfür verwendet man auch die Methode des Brainstormings (vgl. **Brainstorming**). Affinität bedeutet, dass die gesammelten Daten verglichen und in Gruppen eingeteilt werden, deren Elemente in Bezug auf ihre Bedeutung in einem engen Zusammenhang stehen. Die so entstandenen Cluster werden mit Oberbegriffen versehen und hinsichtlich ihrer Relevanz bewertet, sodass ein strukturierter Pool von Fakten bzw. Ideen entsteht (vgl. Bild 2.33).

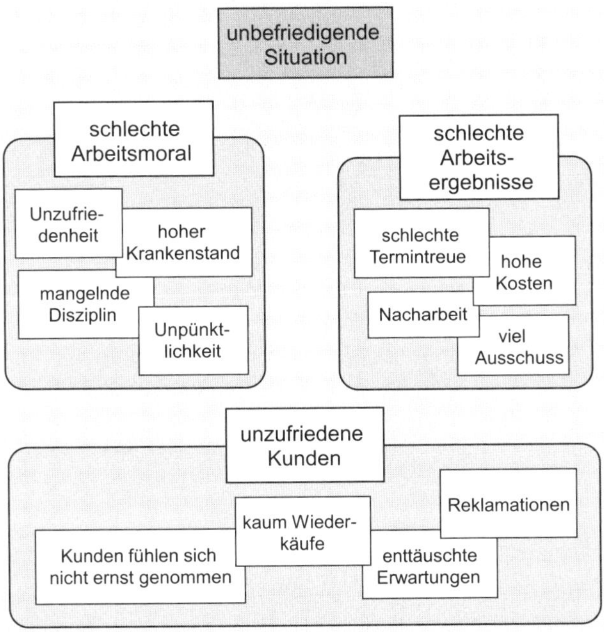

Bild 2.33 Beispiel für ein Affinitätsdiagramm

Das Affinitätsdiagramm hilft damit vor allem bei der eindeutigen Formulierung des Problems sowie bei der Konsensfindung innerhalb der Gruppe.

Relationendiagramm

Das Relationendiagramm (Interrelationship Diagram) geht von einem zentralen Problem oder einer zentralen Idee aus (z. B. als Ergebnis des Affinitätsdiagramms) und veranschaulicht die Wechselwirkungen zwischen den Ursachen des Problems.

Die Beziehungen zwischen den Ursachen werden mit Pfeilen gekennzeichnet, die in Haupteinflussrichtung weisen. Dabei werden Ursachen gleichzeitig nach ihrer Bedeutung klassifiziert (Ursachen erster, zweiter und dritter Ordnung). So erhält man eine strukturierte Darstellung der Hauptursachen des Problems und deren Wechselwirkungen (vgl. Bild 2.34). Daraus lässt sich bereits ableiten, welche Möglichkeiten als Lösung geeignet sind.

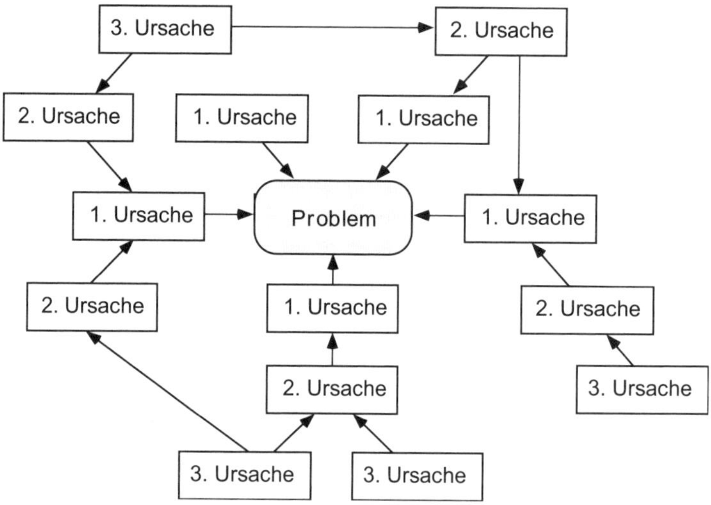

Bild 2.34 Schematische Darstellung eines Relationendiagramms

Darüber hinaus hilft dieser Prozess, irrtümliche Vorstellungen der Teilnehmer zu ändern und Übereinstimmung zwischen den Mitgliedern über die wesentlichen Ursachen und deren Beseitigung zu erzielen.

Baumdiagramm

Das Baumdiagramm (Tree Diagram) wird angewendet, um die zur Lösung eines Problems erforderlichen Mittel und Maßnahmen herauszufinden. Dazu wird das angestrebte Ziel oder Problem zunächst im Hinblick auf alle möglichen Ursachen in mehreren Schritten mit zunehmendem Detaillierungsgrad analysiert. Um von einer Betrachtungsebene in die nächste zu gelangen, wird untersucht, wie man das jeweilige (Teil-)Ziel erreichen kann. Dabei besitzen die Mittel der vorhergehenden Ebene in der Regel Zielcharakter für die folgende Ebene (vgl. Bild 2.35). Der Unterschied zum Ursache-Wirkungs-Diagramm von Ishikawa besteht in der strikt sequenziellen Vorgehensweise (vgl. **Ursache-Wirkungs-Diagramm**).

Als Ergebnis erhält man eine systematische Übersicht in Form des Baumdiagramms über alle relevanten Mittel zur Lösung des betreffenden Problems. Dadurch wird das Risiko minimiert, dass wesentliche Lösungsansätze übersehen werden. Außerdem erleichtert es die Offenlegung der Mittel, einzelne Teilnehmer zu überzeugen und Konsens in der Gruppe herzustellen.

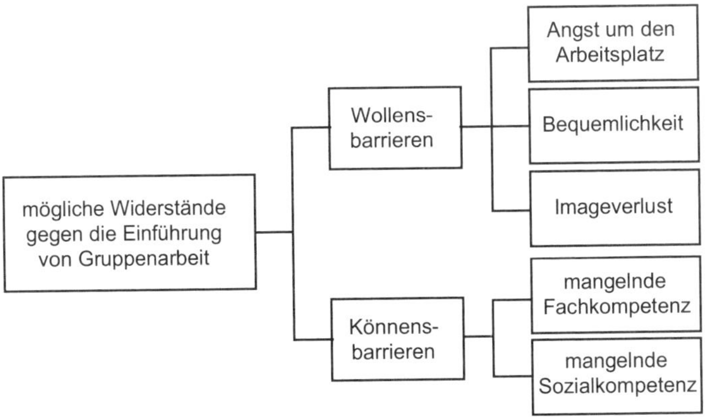

Bild 2.35 Beispiel für ein Baumdiagramm

Matrixdiagramm

Komplexe Probleme sind häufig durch Überschneidungen ihrer Ursachen und mehrfache Auswirkungen der geplanten Maßnahmen gekennzeichnet. Mithilfe des Matrixdiagramms (Matrix Diagram) lassen sich die Beziehungen und Wechselwirkungen innerhalb einer Fragestellung systematisch untersuchen und anschaulich darstellen.

Je nach Aufbau unterscheidet man zwischen L-, T- und X-Matrix. In der L-Matrix können zwei Dimensionen eines Problems miteinander in Beziehung gesetzt werden. In den Zellen der Matrix trägt man die Wechselwirkungen ein, die entsprechend der Stärke ihres Einflusses bewertet werden. Eine typische Anwendung dieser Technik erfolgt beim House of Quality im Rahmen des Quality Function Deployment, wo die Designanforderungen aus den Kundenanforderungen hergeleitet werden (vgl. **Quality Function Deployment**).

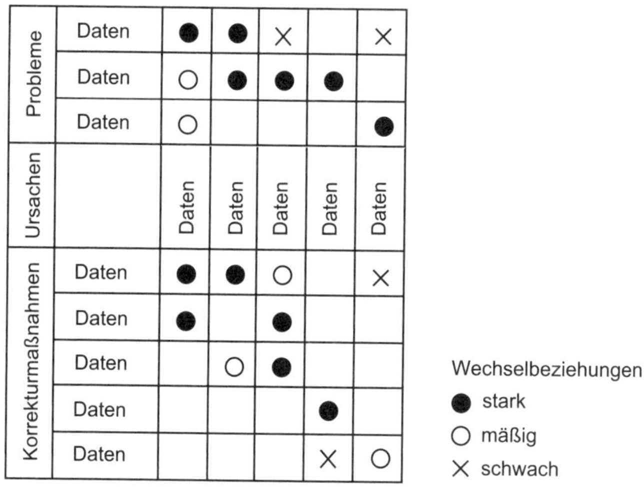

Bild 2.36 Schematische Darstellung eines Matrixdiagramms

Die T-Matrix stellt eine Kombination aus zwei L-Matrizen dar. Hier werden zwei Dimensionen eines Problems (z. B. Fehlermerkmal und Korrekturmaßnahme) auf Wechselwirkungen mit einer gemeinsamen dritten (z. B. Fehlerursache) untersucht (vgl. Bild 2.36). Die X-Matrix ist eine Verknüpfung von vier L-Matrizen, ihr Informationsgehalt ist entsprechend komplexer.

Matrix-Daten-Analyse (Portfolio-Analyse)

Die im Matrixdiagramm erfassten Daten lassen sich mithilfe der Matrix-Daten-Analyse (Matrix-Data Analysis) weiter auswerten. Als einziges Verfahren innerhalb der Managementwerkzeuge, welches numerische Daten verwendet, erlaubt es, große Datenmengen auf wenige zweidimensionale Zahlen zu reduzieren. Die so gewonnenen Daten werden in ein Achsenkreuz eingetragen, wodurch ein qualitativer Vergleich bezüglich zweier charakteristischer Merkmale möglich ist. Dieses Verfahren ähnelt stark der Portfolio-Analyse, die im Marketing und bei der strategischen Planung eingesetzt wird. Als Ergebnis erhält man somit eine Darstellung, die eine große Zahl numerischer Daten überschaubar macht (vgl. Bild 2.37). Durch den Einsatz dieser Technik wird die inhaltliche Diskussion der Gruppe visuell unterstützt.

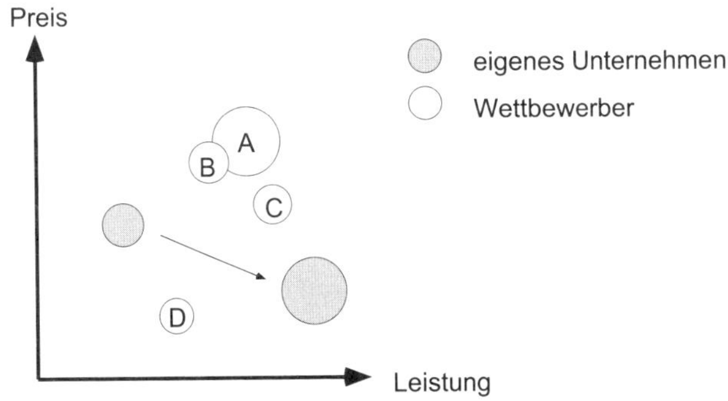

Bild 2.37 Schematische Darstellung einer Matrix-Daten-Analyse (Portfolio-Analyse)

Problem-Entscheidungs-Plan

Der Problem-Entscheidungs-Plan (Problem Decision Program Chart) wird eingesetzt, um Maßnahmen für unvorhergesehene Schwierigkeiten bei der Umsetzung von Teilschritten vorzubereiten. Analog dem Vorgehen bei der Fehlermöglichkeits- und -einflussanalyse werden auch hier bereits im Vorfeld potenzielle Störungen systematisch erfasst und geeignete Gegenmaßnahmen festgelegt (vgl. **Fehlermöglichkeits- und -einflussanalyse**). Die Entwicklung des Problem-Entscheidungs-Plans erfolgt am besten entlang der Struktur des Baumdiagramms. Die Teilschritte werden so in ihrer logischen und zeitlichen Folge untersucht. Die Darstellung der Störungen und der zu ihrer Behebung vereinbarten Maßnahmen kann entweder grafisch (vgl. Bild 2.38) oder verbal in Textform erfolgen.

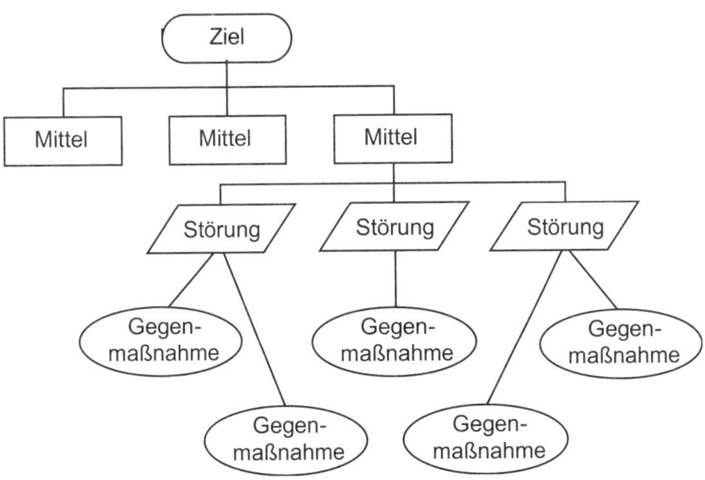

Bild 2.38 Schematische Darstellung eines Problem-Entscheidungs-Plans

Netzplan

Der Netzplan (Arrow Diagram, Activity-Network Diagram) erlaubt eine gut überschaubare Darstellung der zeitlichen Verknüpfung der Maßnahmen, die zur Verwirklichung des Ziels geplant sind. Insbesondere bei unübersichtlichen Projekten ermöglicht dieses Verfahren ein strukturiertes Abbild der gegenseitigen Abhängigkeiten von Ereignissen und erleichtert damit die Planung und Überwachung des gesamten Ablaufs.

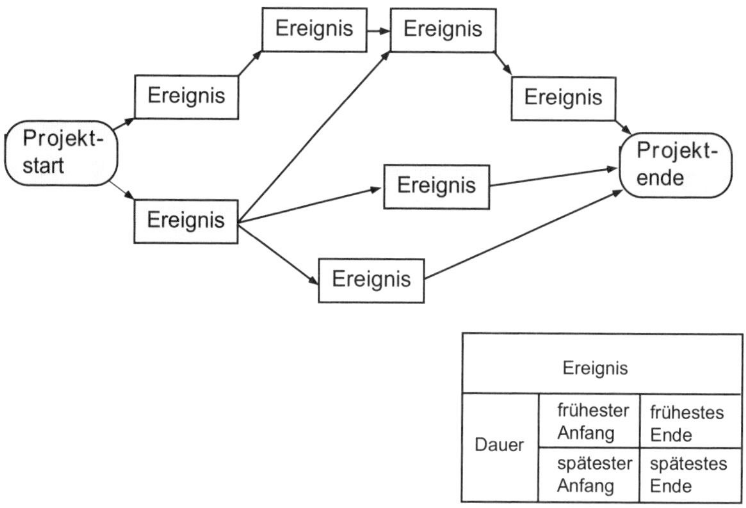

Bild 2.39 Schematische Darstellung eines Netzplans

Zur Entwicklung des Netzplans werden die Ereignisse in Kästchen eingetragen und mit Pfeilen verbunden, die die Vorgänge symbolisieren (vgl. Bild 2.39). Außerdem werden in den Kästchen oder an ihren Ecken die Dauer der Vorgänge (minimal/ maximal) und der Anfangstermin (frühestens/spätestens) eintragen. Mittels dieser Daten lassen sich durch Vorwärts- und Rückwärtsterminierung die Dauer sowie der Anfangs- und Endtermin des Projektes bestimmen. Diejenigen Vorgänge, die auf dem kritischen Pfad liegen, d. h. deren Verzögerungen unmittelbar den Endtermin des gesamten Projektes beeinflussen, können farbig gekennzeichnet werden, um sie extra hervorzuheben.

Literaturhinweise zur Vertiefung

Nayatani, Y.; Eiga, T.; Futami, R.; Miyagawa, H.:
The Seven New QC Tools: Practical Applications for Managers.
White Plains/NY/USA: Quality Resources 1994.

Mizuno, S.:
Management for Quality Improvement: The 7 New QC Tools.
Cambridge/Mass./USA: Productivity Press 1988.

Ozeki, K.; Tesuichi, A.:
Handbook of Quality Tools.
Cambridge/Mass./USA: Productivity Press 1990.

Theden, P.; Colsman, H.:
Qualitätstechniken.
In: Kamiske, G. F. (Hrsg.): Reihe Pocket Power.
4. Aufl., München: Carl Hanser Verlag 2005.

Malorny, Chr.; Langner, M. A.:
Moderationstechniken.
In: Kamiske, G. F. (Hrsg.): Reihe Pocket Power.
3. Aufl., München: Carl Hanser Verlag 2007.

Malorny, Chr.; Schwarz, W.; Backerra, H.:
Kreativitätstechniken.
In: Kamiske, G. F. (Hrsg.): Reihe Pocket Power.
3. Aufl., München: Carl Hanser Verlag 2007.

Mitarbeiterorientierung

Unter Mitarbeiterorientierung in einem Unternehmen kann eine Grundhaltung verstanden werden, bei der jeder einzelne Mitarbeiter als bedeutendes Problemlösungs- und Kreativitätspotenzial betrachtet und entsprechend behandelt wird. Dem liegt die Erkenntnis zugrunde, dass die Wertschöpfung im Unternehmen zwar durch den Einsatz technischer Hilfsmittel unterstützt, aber letztlich vom Menschen erbracht und gesteuert wird. Dies entspricht der Auffassung, dass Qualität unter Anwendung geeigneter Techniken, aber auf der Basis einer entsprechenden Geisteshaltung entsteht [Kamiske 90].

Ziel der Mitarbeiterorientierung ist einerseits die Hebung des Interesses der Mitarbeiter an der Arbeit im Unternehmen, andererseits die Nutzung des Know-hows der Mitarbeiter zur Ständigen Verbesserung sämtlicher Prozesse im Hinblick auf Qualität und Produktivität (vgl. **Prozessorientierung**). Zur Institutionalisierung derartiger Aktivitäten ist insbesondere Gruppenarbeit mit Delegation von Teilverantwortung geeignet. Besonders bei Mitarbeitern der ausführenden Ebene wurden in der Vergangenheit deren geistige Fähigkeiten nicht in gleichem Maße in Anspruch genommen wie die physischen. Ausgangspunkt sind dabei folgende Überlegungen [Warnecke 92]:

- Eine auf Vorbeugung basierende Qualitätsstrategie wie Total Quality Management benötigt das Engagement aller am Wertschöpfungsprozess beteiligten Mitarbeiter, um Fehler frühzeitig zu erkennen und nachhaltig zu beseitigen, denn niemand kennt die Prozesse so gut wie die sie ausführenden Mitarbeiter.
- Die Hinwendung zu Qualität und Ständiger Verbesserung sämtlicher Beteiligten bildet den Mittelpunkt aller Bemühungen.
- Die Problemlösungskapazität und Kreativität der Mitarbeiter stellen ein unausgeschöpftes Potenzial an Ideen zur Erreichung und Verbesserung des Qualitätsziels dar.
- Flexibilität und Anpassungsfähigkeit zur Erfüllung von Kundenanforderungen lassen sich im Unternehmen dauerhaft nur mithilfe gut ausgebildeter Mitarbeiter erreichen, die in der Lage sind, „unternehmerisch" zu denken.
- Ein Unternehmen ist nur dann fähig, sich den ständig steigenden Herausforderungen des Wettbewerbs zu stellen, wenn der Grundsatz des lebenslangen Lernens von allen Mitarbeitern (einschließlich der Führungskräfte) befolgt wird.

Vor diesem Hintergrund wird insbesondere deutlich, dass die Mitarbeiter als langfristig zu pflegendes und weiterzuentwickelndes Erfolgspotenzial im Sinne von Human Resources anzusehen sind, das den höchsten Stellenwert für die Sicherung von Überleben und Erfolg eines Unternehmens hat [Bleicher 96]. In die gleiche Richtung zielt die Betrachtung des Unternehmens als Sinn-Gemeinschaft, in der die Menschen miteinander verbunden sind und eine entsprechende Vertrauenskultur herrscht [Lietz 94].

Ein weiterer Ansatz ist die Übertragung von (Qualitäts-)Verantwortung auf die Mitarbeiter durch die Einführung von Selbstprüfung anstelle von Fremdkontrolle. Dazu ist jedoch neben einer Reihe von technischen und organisatorischen Voraussetzungen eine konsequente Kunden- und Prozessorientierung im gesamten Unternehmen notwendig (vgl. **Kundenorientierung**, **Prozessorientierung**). Folgende Punkte sind in diesem Zusammenhang besonders zu beachten [Schildknecht 92]:

- Dem Mitarbeiter muss seine Position im Netz der Kunden-Lieferanten-Beziehungen bekannt sein, insbesondere jedoch die Erwartungen seines unmittelbaren

Kunden, also des nächsten Arbeitsprozesses (Next Operation as Customer, NOAC).

- Die Prozesse müssen beherrscht und robust gegenüber Störgrößen sein (Robust Design) sowie klare Eingriffsmöglichkeiten zur Prozessregelung enthalten (vgl. **Qualitätsverlustfunktion**, **Statistische Prozessregelung**).
- Zur selbstständigen Beurteilung der Qualität durch die Mitarbeiter müssen geeignete Kennzahlen vorliegen, die zusammen mit verbindlichen Zielvereinbarungen, an deren Formulierung die Mitarbeiter beteiligt sind (Management by Objectives), die Grundlage für systematische Verbesserungsmaßnahmen bilden.
- Geeignete Arbeitsstrukturierungsmaßnahmen sowie die Übertragung von eigenverantwortlichen Aufgaben im Rahmen eines umfassenden Systems zur produktiven, vorbeugenden Instandhaltung der Produktionsanlagen (Total Productive Maintenance) erhöhen die Identifikation der Mitarbeiter mit ihrer Arbeit und ihrem gesamten Arbeitsumfeld (vgl. **Total Productive Maintenance**).

Literaturhinweise zur Vertiefung

DGQ – Deutsche Gesellschaft für Qualität (Hrsg.):
DGQ-Schrift 14-61: Qualitätspolitik und Mitarbeiterorientierung.
1. Aufl., Berlin: Beuth Verlag 1997.

Bühner, R.:
Mitarbeiterkompetenzen als Qualitätsfaktor.
München: Carl Hanser Verlag 2004.

Wunderer, R.; Gerig, V; Hauser, R. (Hrsg.):
Qualitätsorientiertes Personalmanagement.
München: Carl Hanser Verlag 1997.

Kostka, C.:
Coaching-Techniken.
In: Kamiske, G. F. (Hrsg.): Reihe Pocket Power.
2. Aufl., München: Carl Hanser Verlag 2002.

Nachhaltigkeit/Sustainability

Das Konzept der Nachhaltigkeit beschreibt den Gedanken, ein natürliches System ausschließlich so zu nutzen, dass es in seinen wesentlichen Charakteristika langfristig erhalten bleibt [Bundestag 02]. Im eigentlichen Wortsinn von Nachhaltigkeit bedeutet dies, dass lebende Ressourcen nur in dem Maße genutzt werden dürfen, wie die Bestände auch natürlich nachwachsen.

Ursprünglich kommt der Begriff Nachhaltigkeit aus der Forstwirtschaft und lässt sich auf die Publikation „Sylvicultura Oeconomica" des sächsischen Oberberghauptmanns Hans Carl von Carlowitz aus dem Jahr 1713 zurückführen. Dort wird die nachhaltende Nutzung der Wälder beschrieben, bei der nur so viel Holz entnommen wird, wie nachwachsen kann. Der Wald wird also nicht gänzlich abgeholzt, sondern kann sich immer wieder regenerieren und bleibt in seiner Substanz erhalten. In seinem Buch plädierte Carlowitz für ein ganzes Bündel von Maßnahmen im Sinne der Nachhaltigkeit: eine Effizienzverbesserung, z. B. durch Wärmedämmung beim Hausbau zur Senkung des Aufwands an Heizenergie, die Verwendung von energiesparenden Schmelzöfen und Küchenherden, die planmäßige Aufforstung und nicht zuletzt die Suche nach Alternativen für Holz als Rohstoff und Energieträger.

Der Hintergrund für die Forderung von nachhaltiger Waldnutzung lag in einer Krise, die etwa um 1700 den Silberbergbau an den Ausläufern des sächsischen Erzgebirges in seiner Existenz bedrohte. Man fürchtete jedoch nicht etwa die Erschöpfung der Lagerstätten, sondern den Holzmangel, der vor allem durch die mit Holzkohle betriebenen Öfen der Schmelzhütten verursacht war. Die Umgebung der Bergwerksstädte war durch Übernutzung weitgehend kahl geschlagen. Die Knappheit an der primären Ressource Holz war aber überall in Europa eines der akuten ökonomischen Probleme des 17. und 18. Jahrhunderts. So hatte die Flottenbaupolitik des französischen „Sonnenkönigs" Ludwig XIV. bereits ein nationales Wiederaufforstungsprogramm nach sich gezogen.

Der Begriff Nachhaltigkeit wird heute meist im Zusammenhang mit dem Umweltschutz verwendet. Damit ist im engeren Sinn ein pfleglicher, nicht verschwendender Umgang mit der Natur und ihren Rohstoffen gemeint (vgl. **Umweltmanagement**). Die konsequente Anwendung nachhaltiger Maßnahmen ist jedoch regelmäßig durch eine Krise der Ressourcenverfügbarkeit ausgelöst. Dabei ist der Begriff der Ressourcen allerdings nicht mehr nur auf Bodenschätze und nachwachsende Rohstoffe beschränkt, sondern hat sich immer stärker auf das gesamte Ökosystem Erde und die Erdatmosphäre ausgeweitet. In diesem erweiterten Sinn eines „Zustands des globalen Gleichgewichts" wird der Begriff Nachhaltigkeit Ende der

1960er-, Anfang der 1970er-Jahre in dem Bericht „Die Grenzen des Wachstums" des Club of Rome verwendet [Meadows et al. 72].

Den Leitgedanken der Nachhaltigkeit greift die 1983 von den Vereinten Nationen eingesetzte Weltkommission für Umwelt und Entwicklung auf. Sie beschreibt das Konzept der nachhaltigen Entwicklung dahingehend, dass die gegenwärtige Generation ihre Bedürfnisse befriedigt, ohne die Fähigkeit der zukünftigen Generation zu gefährden, ihre eigenen Bedürfnisse befriedigen zu können [Hauff 87].

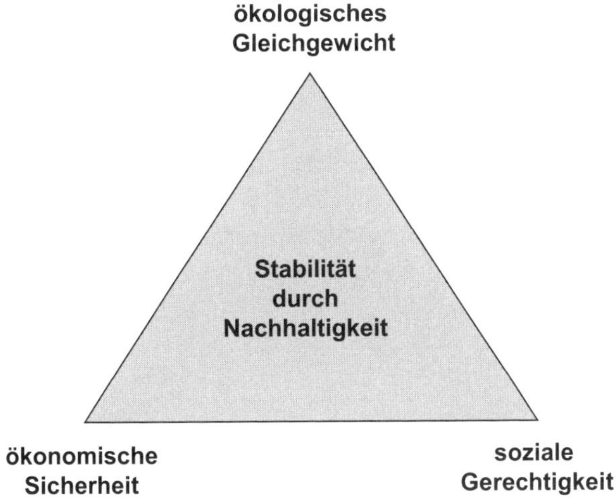

Bild 2.40 Dreieck der Nachhaltigkeit

In ähnlicher Weise stellt die Agenda 21, das 1992 von 180 Staaten verabschiedete Aktionsprogramm der Konferenz der Vereinten Nationen für Umwelt und Entwicklung, das Konzept der nachhaltigen Entwicklung (sustainable development) dar. Demnach werden Lösungen angestrebt, die ökologisches Gleichgewicht, ökonomische Sicherheit und soziale Gerechtigkeit zusammenführen und auf lange Sicht und weltweit stabilisieren können – das Dreieck der Nachhaltigkeit (vgl. Bild 2.40). Eine nachhaltige, auf Dauer angelegte Entwicklung muss den Bestand an natürlichen Ressourcen so weit erhalten, dass die Lebensqualität zukünftiger Generationen gewährleistet ist.

Damit hat sich der Begriff der Nachhaltigkeit von seinem ursprünglich forstwirtschaftlichen Bezug hin zu einer umfassenden gesamtökologischen Bedeutung entwickelt. Dies ist auch vor dem Hintergrund des drohenden Klimawandels, der Überbevölkerung der Erde und dem Schwinden lebensnotwendiger Ressourcen seit dem Ende des 20. Jahrhunderts zu sehen. Hier geht es also in der Hauptsache um die Verhinderung des Aufbrauchs der Ressourcen. Gleichwohl ist die Nachhaltigkeit auch in der Ökonomie zum Erhalt der Wettbewerbsfähigkeit in der jeweiligen Volkswirtschaft und ihren Betriebswirtschaften bei sozial gerecht verteilten Werten unverzichtbar.

Nachhaltigkeit wird heute aber noch weiter gefasst und auf sehr unterschiedliche Branchen angewendet. So betont beispielsweise eine Schweizer Bank ihre nachhaltige Einstellung mit ihrem gemeinnützigen Engagement, ihrem betrieblichen Umweltmanagement und der nachhaltigen Vermögensverwaltung. Auch in einem Kernthema des Qualitätsmanagements, nämlich der Qualifizierung der Mitarbeiter, lassen sich Beispiele für Nachhaltigkeit finden: Zu den bisher üblichen Ausbildungsinhalten kommen z. B. Module für Solarthermie, Fotovoltaik oder die Verwendung nachwachsender Rohstoffe. In der Ernährungsökologie werden Nachhaltigkeitsmanager ausgebildet (vgl. **Mitarbeiterorientierung**).

Sustainable Excellence - exzellent führen, nachhaltig handeln - ist eine von der Deutschen Bundesstiftung Umwelt geförderte Initiative der Sustainable Excellence Group und der Deutschen Gesellschaft für Qualität (DGQ) . Nachhaltig exzellente Organisationen zeichnen sich durch nachhaltig gute Ergebnisse, eine hohe Organisationskultur und durch gesellschaftliche Verantwortung aus (vgl. **Qualitätsauszeichnungen**).

Literaturhinweis zur Vertiefung

Haas, B. et al.:
Nachhaltige Unternehmensführung.
München: Carl Hanser Verlag 2007.

Null-Fehler-Programm/Zero Defects Concept

Das Null-Fehler-Programm (Zero Defects Concept) wurde von Philip B. Crosby 1961 entwickelt und zielt auf eine fehlerfreie Produktion ohne Ausschuss und ohne Nacharbeit ab (vgl. **Crosby**). Crosby vertritt die Auffassung, dass es keine akzeptable Fehlerquote und keine Nachbesserung geben sollte, sondern dass eine Null-Fehler-Produktion anzustreben ist. In seinen Kostenbetrachtungen dazu stellt er fest, dass nicht die Fertigung von Qualität Kosten verursacht, sondern die Fehler bzw. die Nichterfüllung von Anforderungen die Gesamtkosten in die Höhe treiben (vgl. **Fehlleistungsaufwand**).

Im Folgenden werden die einzelnen Schritte des Null-Fehler-Programms nach Crosby kurz aufgeführt [Crosby 79]:

1. Verpflichtung des Managements: Den Standpunkt des Managements in Bezug auf Qualität klarstellen.
2. Lenkungsgruppe Qualität: Das Qualitätsverbesserungsprogramm durchführen.
3. Qualitätsmessung: Aktuelle und potenzielle Qualitätsabweichungen in einer Form darstellen, die eine objektive Bewertung und Korrekturmaßnahmen erlaubt.
4. Qualitätsbezogene Kosten: Die Bestandteile der qualitätsbezogenen Kosten definieren und ihren Nutzen als Instrument des Managements erklären.
5. Qualitätsbewusstsein: In der gesamten Belegschaft des Betriebes das persönliche Verantwortungsgefühl für die Qualität des Produktes bzw. der Dienstleistung erhöhen und das Ansehen der Firma in Bezug auf Qualität verbessern.
6. Korrekturmaßnahmen: Eine systematische Methode erarbeiten, um die bei den vorausgegangenen Schritten festgestellten Probleme auf Dauer zu lösen.
7. Null-Fehler-Planung: Die verschiedenen Vorbereitungsmaßnahmen prüfen, die zur offiziellen Einführung des Null-Fehler-Programms erforderlich sind.
8. Mitarbeiterschulung: Feststellen, welche Art von Schulung für Vorgesetzte und Mitarbeiter angezeigt ist, damit diese ihre Aufgabe innerhalb des Qualitätsverbesserungsprogramms aktiv ausführen können.
9. Tag der Qualität: Eine Veranstaltung organisieren, die allen Beschäftigten durch eigenes Erleben begreiflich macht, dass sich etwas geändert hat.
10. Zielsetzung: Vorsätze und Verpflichtungen in die Tat umsetzen, indem die einzelnen Mitarbeiter ermutigt werden, sich selbst und ihren Gruppen Verbesserungsziele zu setzen.
11. Beseitigung von Fehlerursachen: Ein Kommunikationssystem einrichten, damit der einzelne Beschäftigte das Management über die Probleme verständigen kann, die es dem Beschäftigten schwer machen, seinen Verbesserungsvorsatz einzuhalten.
12. Anerkennung: Die Leistungen der Teilnehmer würdigen.
13. Expertengruppen: Die Qualitätsfachleute in offizieller Form zu regelmäßiger Verständigung zusammenbringen.
14. Wieder von vorn anfangen: Verdeutlichen, dass das Programm zur Qualitätsverbesserung nie beendet ist.

Mit seinem Null-Fehler-Leistungsstandard spricht Crosby die zwiespältige Einstellung an, die oft am Arbeitsplatz vorherrscht: In einigen Bereichen besteht die Bereitschaft, sich mit Nachlässigkeit abzufinden, in anderen Bereichen wiederum wird Perfektion erwartet. Diese Einstellung ist eigentlich nur menschlich, und Menschen machen Fehler. Die Null-Fehler-Methode hingegen zielt darauf ab, dass Menschen wesentlich näher an das Ziel der Perfektion herankommen können, wenn sie es sich zur Aufgabe machen, auch auf Kleinigkeiten zu achten und Irrtümer zu vermeiden. Der Leistungsstandard, der also zu setzen ist, lautet „Null-Fehler", nicht nur „annehmbare Qualitätsgrenzlage" (AQL, Acceptable Quality Level) (vgl. **Stichprobenprüfung**).

Irren ist menschlich, Fehler vollständig zu vermeiden problematisch. Deshalb sollten Vorhaltungen gegenüber den Mitarbeitern unbedingt vermieden werden. Die Ursachen der „Minderleistungen" sind regelmäßig im (vorgeschriebenen) System zu suchen. Deming weist zu Recht darauf hin, dass nicht die Menschen sich ändern müssen, sondern die Systeme (vgl. **Deming**, **Demings Managementprogramm**). Trotzdem darf auch vor dem Hintergrund der Unvermeidbarkeit von menschlichen Fehlhandlungen das Entstehen von Fehlern am Produkt nicht als normal angesehen werden. Somit ist eine Änderung beider Geisteshaltungen notwendig. Weder dürfen Fehler und Fehlerquoten akzeptiert und als unvermeidbar angesehen werden noch sind Schuldzuweisungen an die Mitarbeiter angebracht. Dazu sind die Arbeitssysteme in einer Weise zu gestalten, die eine ständige Aufmerksamkeit der Arbeitsperson nicht erforderlich macht (vgl. **Kontrollwirkungsgrad**).

Derartige Arbeitssysteme sind nur durch sichere Beherrschung der Fertigung, also durch robuste Prozesse, zu erreichen. Voraussetzung dazu ist wiederum eine Strategie der Fehlervermeidung, die am wirkungsvollsten in der Entwicklungs- und Konstruktionsphase der Produkte und Prozesse ansetzt (Robust Design) [Kamiske 07] (vgl. **Poka Yoke**, **Simultaneous Engineering und Quality Engineering**). In diesem Sinne äußert sich Crosby selbst auch in der Zusammenfassung seiner Gedanken zum Thema Qualität (vgl. **Crosby**). Dort beschreibt er Qualitätsmanagement als Denkweise und als Aufgabe der Führungskräfte, die sich vorwiegend mit der Einführung von Vorbeugungsmechanismen im oben genannten Sinne der Fehlervermeidung beschäftigen sollten. Crosby deutet hier sein Null-Fehler-Konzept als Ansatz, um die Denkweise in „annehmbaren Qualitätsgrenzlagen" (AQL, Acceptable Quality Level) abzuschaffen und so eine Senkung der Kosten für Qualitätsabweichungen zu erreichen. Er sieht das Management und dessen Mangel an Einsicht und Selbstkritik als Ursache für viele Probleme im Unternehmen an. Er empfiehlt ein von gegenseitigem Vertrauen, Respekt und Anerkennung geprägtes Verhalten im Zusammenwirken von Kunden, Lieferanten, Management und Mitarbeitern, das er als Completeness bezeichnet [Crosby 94].

Literaturhinweise zur Vertiefung

Crosby, Ph. B.:
Cutting the Cost of Quality.
2. Aufl., New York/NY/USA: McGraw-Hill Book Company 1990.

Crosby, Ph. B.:
Quality is Free.
New York/NY/USA: McGraw-Hill Book Company 1979.

Crosby, Ph. B.:
Quality without Tears.
New York/NY/USA: McGraw-Hill Book Company 1984.

Crosby, Ph. B.:
Qualität 2000 (Completeness).
München: Carl Hanser Verlag 1994.

Produkthaftung

Produkthaftung (Product Liability) ist allgemein die Verpflichtung zum Ersatz eines durch ein fehlerhaftes Produkt entstandenen Schadens. Sie ist in Deutschland seit dem 1. Januar 1990 in einer eigenen Rechtsnorm, dem Produkthaftungsgesetz (ProdHaftG), geregelt. Es sei jedoch darauf hingewiesen, dass dieses Gesetz keine grundsätzliche Neugestaltung des Rechts der Produkthaftung darstellt. Es tritt vielmehr ergänzend neben die unverändert weiterbestehenden Anspruchsgrundlagen aus Vertrag (Vertragsrecht) und aus unerlaubter Handlung (Deliktsrecht, § 823 BGB).

Als entscheidender Unterschied zu den meisten gesetzlichen Vorschriften und rechtsfortbildenden Konstruktionen ist für die Entstehung einer Haftung aus dem Produkthaftungsgesetz lediglich zu prüfen, ob das betrachtete Produkt fehlerhaft war (vgl. **Fehler und Mangel**). Wer diesen Fehler verursacht und verschuldet hat, ist unerheblich [HDI 88]. Auf ein Verschulden wird also nicht mehr abgestellt, es kommt zu einer verschuldensunabhängigen Haftung des Herstellers aus dem Gesetz, hier aus dem Produkthaftungsgesetz.

Die Begriffe Produkt, Fehler und Hersteller sind im Produkthaftungsgesetz gesondert geregelt und werden sehr weit gefasst (vgl. §§ 2, 3 und 4 ProdHaftG). Als fehlerhaft gemäß § 3 I ProdHaftG gilt ein Produkt, wenn es nicht die Sicherheit bietet, die unter Berücksichtigung aller Umstände, insbesondere seiner Darbietung, des Gebrauchs, mit dem billigerweise gerechnet werden kann, und des Zeitpunkts, in dem es in den Verkehr gebracht wurde, berechtigterweise erwartet werden kann. Insbesondere als Hersteller im Sinne dieses Gesetzes gilt jeder, der einen Grundstoff, ein Teilprodukt oder das Endprodukt hergestellt oder auch nur ein entsprechendes Kennzeichen an dem Produkt angebracht hat (vgl. § 4 ProdHaftG). Damit kann auch ein Händler bzw. Vertreiber als Hersteller im Sinne dieses Gesetzes gelten, insbesondere dann, wenn der eigentliche Hersteller nicht zu ermitteln ist. Alle diesbezüglich an der Herstellung des fehlerhaften Produktes Beteiligten haften für den vollen Schaden als Gesamtschuldner (vgl. § 5 ProdHaftG).

Der Hersteller (bzw. Vertreiber) haftet aus dem Produkthaftungsgesetz für Schäden, die als Folge eines fehlerhaften Produktes entstanden sind (Folgeschäden). Dies können immer Personenschäden sein, Sachschäden jedoch nur im privaten, nicht im gewerblichen Bereich. Ein wirksamer Ausschluss dieser Haftung ist gemäß § 14 ProdHaftG nicht möglich. Fehler bzw. Schäden am Produkt selbst fallen jedoch nicht unter das Produkthaftungsgesetz, sie werden im Rahmen der Gewährleistungspflicht betrachtet.

Als Voraussetzung für die Haftung sind vom Anspruchsteller lediglich ein vorliegender Personen- oder Sachschaden, der Fehler des Produktes sowie die Ursächlichkeit dieses Fehlers für den entstandenen Schaden (Kausalität) zu beweisen (vgl. Bild 2.41) [HDI 88]. Das Verschulden des Herstellers an diesem Fehler muss nicht mehr bewiesen werden (verschuldensunabhängige Haftung). Aus der Rechtsprechung des Bundesgerichtshofes (BGH) wurden die im Deliktsrecht (§ 823 BGB) bereits institutionalisierte Verschuldensvermutung und die damit einhergehende Beweislastumkehr zugunsten des Anspruchstellers in das Produkthaftungsgesetz übernommen (§ 1 II und IV ProdHaftG). Damit ist es dem Hersteller übertragen, sich von der vermuteten Schuld zu befreien. Die Haftung ist im Wesentlichen dann ausgeschlossen, wenn es dem Hersteller gelingt, zu beweisen, dass der Fehler zum Zeitpunkt des Inverkehrbringens noch nicht vorlag oder nach dem Stand der Wissenschaft und Technik nicht erkannt werden konnte (vgl. § 1 II ProdHaftG).

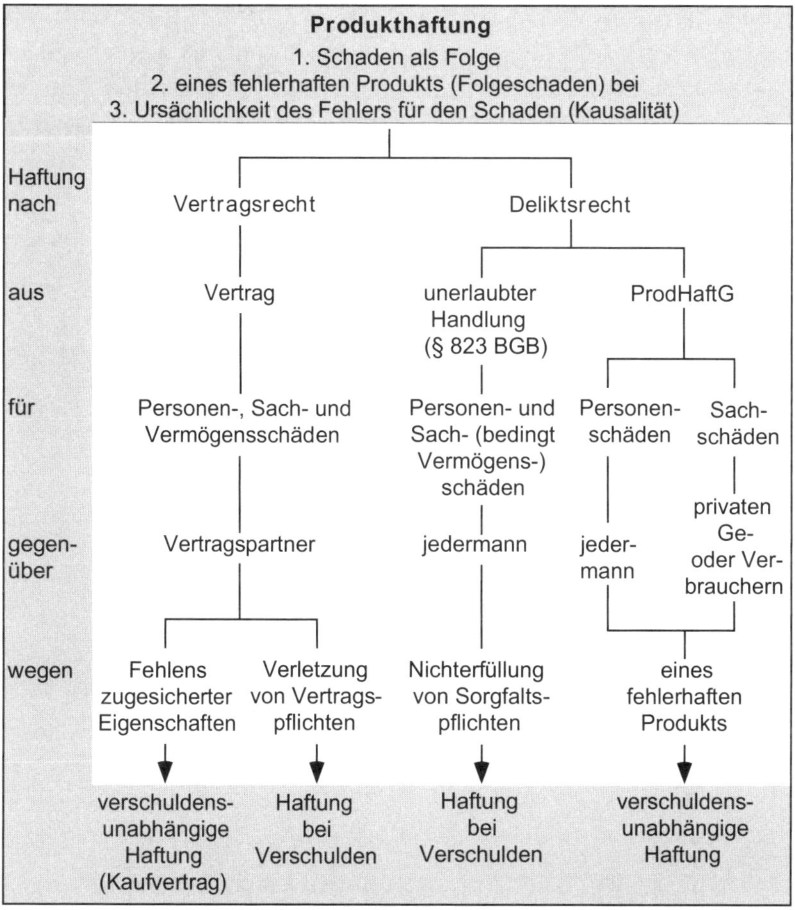

Bild 2.41 Haftungsgrundlagen der Produkthaftung

Diese rechtswirksame Schuldbefreiung (Exkulpation) kann unter Umständen durch den Nachweis des Vorhandenseins eines nach DIN EN ISO 9001:2008 zertifizierten Qualitätsmanagementsystems erleichtert werden (vgl. **Qualitätsmanagementsystem**, **Zertifizierung**). Dies gilt vor allem dann, wenn es um die Abwendung des Vorwurfs eines Organisationsverschuldens geht. Eine Haftung aus dem Produkthaftungsgesetz wird aber auch dann begründet, wenn es sich bei dem fehlerhaften Produkt um einen Ausreißer handelt, also um einen einzelnen, plötzlich und unvorhersehbar aufgetretenen Fehler oder um Durchschlupf bei der industriellen Produktion [HDI 90a]. In diesem Fall ist eine Exkulpation nicht möglich [Schramm 90].

Grundsätzlich bleibt festzuhalten, dass ein zertifiziertes Qualitätsmanagementsystem an sich nicht die Befreiung bei Produkthaftungsfällen bedeutet, sondern vielmehr die Chance bietet, eine diesbezügliche Fehlleistung zu vermeiden. Dies entspricht auch der Rechtsprechung des Bundesgerichtshofes, wonach ein Qualitätsmanagementsystem zu den immanenten Unternehmenspflichten gehört [Malorny/Kassebohm 94]. In diesem Zusammenhang ist auch auf die besondere strafrechtliche Verantwortung der Unternehmensleitung bzw. der leitenden Angestellten für Produktfehler und Missstände in der Aufbau- und Ablauforganisation hinzuweisen [Kassebohm/Malorny 94].

Literaturhinweise zur Vertiefung

Ensthaler, J.:
Produkt- und Produzentenhaftung.
In: Kamiske, G. F. (Hrsg.): Reihe Pocket Power.
München: Carl Hanser Verlag 2006.

Bauer, C.-O.; Hinsch, Chr. (Hrsg.):
Produkthaftung.
Berlin: Springer-Verlag 1994.

Malorny, Chr.; Kassebohm, K.:
Brennpunkt TQM: Rechtliche Anforderungen, Führung und Organisation, Auditierung und Zertifizierung nach DIN ISO 9000 ff.
Stuttgart: Schäffer-Poeschel Verlag 1994.

Schmidt-Salzer, J.:
Entscheidungssammlung Produkthaftung, 6 Bände.
Frankfurt/Main: Alfred Metzner Verlag 1976–1990.

Sattler, E.:
Produkthaftung und Risikominimierung.
2. Aufl., München: Carl Hanser Verlag 1999.

Kamiske, G. F.:
Technisches Risiko- und Krisenmanagement.
Düsseldorf: Symposion Publishing 2008.

Produktionsprozess- und Produktfreigabe (PPF)

Die Produktionsprozess- und Produktfreigabe ist das vom Verband der Automobilindustrie (VDA) empfohlene Verfahren zum Nachweis der Qualität von Produktionsteilen vor Serieneinsatz und ist im VDA Band 2 „Sicherung der Qualität von Lieferungen" beschrieben. Dieser Nachweis, die Bemusterung, besteht aus zwei eng miteinander verbundenen Elementen: dem Nachweis der Qualität der Produkte anhand von Dokumenten und Mustern (Musterprüfung) sowie dem Nachweis der Qualitätsfähigkeit der Prozesse zur Herstellung und zum Transport der Produkte (Prozessfähigkeit). Dazu wird in einem repräsentativen Produktionslauf eine festgelegte Stückzahl produziert und entsprechenden Prüfungen unterzogen. Mit der Bemusterung erbringt der Lieferant den Nachweis, dass seine Produkte und Prozesse die Qualitätsforderungen des Kunden erfüllen. Die auf der Basis der erfolgreichen Bemusterung erteilte Produktionsprozess- und Produktfreigabe durch den Kunden bestätigt, dass die Voraussetzungen für die Serienlieferung von spezifikationskonformen Produkten beim Lieferanten gegeben sind.

Das PPF-Verfahren wird - ähnlich wie der Production Part Approval Process (PPAP) auf Basis der QS-9000 - bei der Herstellung neuer Teile oder bei technischen Änderungen einschließlich Material, bei der Erstbelieferung durch neue Lieferanten oder Unterlieferanten, bei neuen Produktionsstandorten von bekannten Lieferanten, nach Anlagenumzügen sowie bei Inbetriebnahme von neuen Werkzeugen oder Produktionsanlagen durchgeführt (vgl. **QS-9000**, **Production Part Approval Process**).

Voraussetzung zur Durchführung des PPF-Verfahrens ist insbesondere, dass die entsprechenden Serienwerkzeuge und Serienproduktionsanlagen mit ihren jeweils vollständigen Kapazitäten am Serienproduktionsstandort installiert sind. Dazu gehört auch die volle Verfügbarkeit des notwendigen Personals sowie aller unterstützenden Prozesse, Systeme und Einrichtungen einschließlich der Mess- und Prüfmittel.

Auf dieser Basis wird dann ein repräsentativer Produktionslauf unter Serienbedingungen (Leistungstest) durchgeführt, in dem die benötigten Teile (Muster) zur Bemusterung produziert werden.

Muster sind nach VDA Produktproben, an denen geprüft wird, ob die festgelegten Forderungen erfüllt sind. Unter Musterprüfung wird die Verifizierung von Mustern verstanden: Die Muster werden gegen die vereinbarten, festgelegten Forderungen geprüft, bewertet und die Ergebnisse dokumentiert. Die Muster zur PPF sind diejenigen Produkte, die im Rahmen eines Leistungstests (Serienbetriebsmittel, Serienbedingungen) hergestellt wurden. Diese Muster sollen als Zufallsstichprobe aus dem Leistungstest entnommen werden [VDA 04].

Zu bemustern sind alle in Zeichnungen und Spezifikationen enthaltenen Produktmerkmale, insbesondere:

- Maß,
- Funktion,
- Werkstoff,
- Haptik,
- Akustik,
- Geruch,
- Aussehen,
- Oberfläche,
- Zuverlässigkeit,
- Inhaltsstoffe.

Dabei sind die jeweiligen Muster eindeutig zu kennzeichnen, um die Zuordnung zu den einzelnen Messwerten zu ermöglichen. Alle Merkmale sind eindeutig zu bezeichnen und einzeln mit Nennwerten, Toleranzen und Istwerten aufzuführen.

Hervorzuheben ist hier vor allem die Angabe der Inhaltstoffe der Musterteile. Diese erfolgt in einem Materialdatenblatt, in dem für das betreffende Bauteil alle verwendeten Werkstoffe und anteiligen Stoffkomponenten benannt sind sowie alle erforderlichen Daten erfasst werden, die für das spätere Recycling des Fahrzeugteils notwendig sind. Grundlage dafür ist das International Material Data System (IMDS), ein Archiv-, Austausch- und Verwaltungssystem für den Fahrzeugbau.

Die Ergebnisse des Leistungstests dienen weiterhin dem Nachweis der Fähigkeit des Produktionsprozesses in qualitativer und quantitativer Hinsicht (vgl. **Run at Rate**). Grundlage dafür sind die vertraglich vereinbarten maximalen Lieferstückzahlen. Die Prozessfähigkeit wird anhand vereinbarter Produkt- und Prozessmerkmale statistisch nachgewiesen (vgl. **Statistische Prozessregelung**). Dabei sind mindestens folgende Werte einzuhalten:

Kurzzeit-Prozessfähigkeit:
$C_{mk} \geq 1{,}67$
Vorläufige Prozessfähigkeit:
$P_{pk} \geq 1{,}67$
Langzeit-Prozessfähigkeit:
$C_{pk} \geq 1{,}33$

Der Umfang der Dokumente und Muster, die der Lieferant seinem Kunden zur PPF vorlegen muss, wird mit der anzuwendenden Vorlagestufe festgelegt. Wenn nicht anders vereinbart, werden dem Kunden Dokumente und Muster entsprechend Vorlagestufe 2 zugesandt bzw. vorgestellt.

Der Lieferant muss jedoch unabhängig von der Vorlagestufe eine PPF durchführen und die Ergebnisse dokumentieren. (vgl. Bild 2.42). Folgende Auswahlkriterien für die einzelnen Vorlagestufen werden empfohlen [VDA 04]:

Vorlagestufe 1:

- Lieferant bekannt, keine Probleme bei Bemusterung und Serienlieferung,
- einfach herzustellende Produkte bzw. einfache Änderung,
- bei internen Lieferanten,
- Produktfamilie: eine Sachnummer wird nach Vorlagestufe 2 oder 3, übrige Sachnummern nach Stufe 1 bemustert.

Vorlagestufe 2:

- neuer Lieferant,
- Qualitätsprobleme bei bekanntem Lieferanten,
- Probleme mit ähnlich hergestellten Produkten,
- neue Produktionsprozesse (neue Produkte).

Vorlagestufe 3:

- keine geeigneten Messmittel beim Kunden vorhanden,
- neue Produktionsprozesse (Beurteilung der Qualitätsfähigkeit),
- komplexe, schwierig herzustellende Produkte, schwer beherrschbare Produktionsprozesse.

	Nachweis-/Dokumentationsinhalt	Vorlagestufe		
		1	2	3
1	Deckblatt zum PPF-Bericht	x	x	x
2	Prüfergebnisse (z. B. Maß, Funktion, Werkstoff, Haptik, Akustik, Geruch, Aussehen, Oberfläche, Zuverlässigkeit, Prozessfähigkeit, Transportmittel etc.)		v	v
3	Muster (Anzahl bzw. Liefermenge nach Vereinbarung)	x	x	x
4	Unterlagen (z. B. Kundenzeichnungen, CAD-Daten, Spezifikationen, genehmigte Konstruktionsänderungen, etc.)		v	v
5	Konstruktions-, Entwicklungsfreigaben des Lieferanten bei Design-Verantwortung		x	x
6	FMEA			x*
7	Prozessablaufdiagramm (Fertigungs- und Prüfschritte)		x	x
8	Produktionslenkungsplan (Control Plan)			x*
9	Prüfmittelliste (produktspezifisch)			x
10	Prüfmittelfähigkeitsuntersuchung, wo zweckmäßig (Ergebnis)			v
11	Bestätigung der Einhaltung gesetzlicher Forderungen, soweit mit dem Kunden vereinbart (z.B. Umwelt, Sicherheit, Recycling)	v	v	v
12	Materialdatenblatt per IMDS oder als Anlage	x	x	x

x Forderung für die jeweilige Vorlagestufe
x* Forderung für die jeweilige Vorlagestufe, nur zur Einsichtnahme, Dokumente verbleiben beim Lieferanten
v Im Einzelfall ist der Umfang mit dem Kunden zu vereinbaren

Bild 2.42 Vorlagestufen zur Bemusterung nach VDA Bd. 2

Der Begriff „Deckblattbemusterung“ ist die weitläufige Bezeichnung für eine Erstbemusterung nach Vorlagestufe 1. Hierbei wird ein PPF-Deckblatt erstellt, das einen Hinweis (z. B. im Feld Bemerkungen) auf den Grund der Bemusterung enthält. Ergänzt wird dieses Deckblatt in der Regel durch einen aktualisierten Teilelebenslauf des Produkts.

☒ Bericht Produktionsprozess- und Produktfreigabe
☐ DmbA
Vorlagestufe: 2
☒ Bemusterung
☐ Neuteil
☐ Produktänderung (Spezifikationsänderung)
☐ Produktionsverlagerung
☐ Änderung von Produktionsprozessen
☐ Aussetzen der Fertigung länger als 12 Monate
☐ Werkzeugänderung/-korrektur
☐ Änderung von Zukaufteilen
☐ Änderung von Lieferanten
☐ Sonstige
☐ Nachbemusterung
☐ Neubemusterung
☐ Bericht sonstige Muster

Absender
Fa. Müller
Name, Lieferant
Musterstadt
Werkbezeichnung
GH / 987654321
Werkschlüsselzahl / DUNS - Code
Industriestraße 1
Straße oder Postfach
DE-12345
Land, PLZ, Stadt

Empfänger
Fa. Maier
Name, Kunde
Werk 35
Werkbezeichnung
55 / 1234567
Werkschlüsselzahl / DUNS - Code
Gewerbestraße 23
Straße oder Postfach
DE-54321 Spielstadt
Land, PLZ, Stadt

Anlagen / Einsichtnahme		
☒ 01 Maßprüfung	☐ 09 EMV - Prüfung	☐ 17 Prüfmittelliste
☐ 02 Funktionsprüfung	☐ 10 Zuverlässigkeitsprüfungen	☐ 18 Prüfmittelfähigkeitsnachweis
☐ 03 Werkstoffprüfung	☐ 11 Design - FMEA	☐ 19 EU-Sicherheitsdatenblatt
☐ 04 Haptikprüfung	☐ 12 Konstruktionsfreigabe	☒ 20 Materialdatenblatt / IMDS
☐ 05 Akustikprüfung	☐ 13 Prozess - FMEA	☐ 21 Transportmittel / Verpackung
☐ 06 Geruchsprüfung	☒ 14 Prozessablaufdiagramm	☐ 22 Zertifikate
☐ 07 Aussehensprüfung	☐ 15 Produktionslenkungsplan	☐ 23 Prozessabnahme
☐ 08 Oberflächenprüfung	☒ 16 Prozessfähigkeitsnachweis	☐ 24 Sonstiges

Lieferant / Produktionsstandort: Fa. Müller, Werk GH	**Kunde:** Fa. Maier
Kennummer / DUNS-Code: 987654321	Kennummer: 1234567
Berichts-Nr.: 21 Index: 2	Berichts-Nr.: 321 Index: f Vom Kunden auszufüllen
Benennung: Generator 14 V Sachnummer: 3456 789 Zeichnungsnummer: 12 34 56 Stand/Datum: d / 12.12.03	Benennung: LU Generator Sachnummer: 987 98 123 Zeichnungsnummer: AB 123 678 f Stand/Datum: 15.11.2003
Lieferschein-Nr./-datum: 345 789 / 10.01.04	**Wareneingangs-Nr./-datum:** 9654 / 12.01.04 Vom Kunden auszufüllen
Liefermenge: 5 Chargennummer: 12345 Mustergewicht: 10 kg	Bestellabruf-Nr./-datum: 987 654 Abladestelle: WE Werk 35

Bild 2.43 Beispiel für das Deckblatt eines PPF-Berichts nach VDA Bd. 2

Der Bericht zur Produktionsprozess- und Produktfreigabe (PPF-Bericht) besteht aus dem Deckblatt und den je nach Vorlagestufe zwischen Kunde und Lieferant vereinbarten weiteren Dokumenten bzw. Anlagen. Das Deckblatt enthält wesentliche Kenndaten zur Bemusterung und die zusammengefassten Entscheidungen (vgl. Bild 2.43) [VDA 04].

Bestätigung Lieferant:
Hiermit wird bestätigt, dass die Bemusterungen entsprechend dem VDA Band 2 Kapitel 4 durchgeführt worden sind.
☒ Der IMDS-Datensatz wurde erstellt unter der IMDS-ID-Nr: 23456789/1

Name: *Becker, Fritz* Abteilung: *QM* Telefon: *03344 - 0815* Fax: *03344 - 0816* E-Mail: *fritz.becker@mueller.de* Datum: *01.01.2004* Unterschrift: *Becker*	Bemerkung: *Maße sind teilweise außerhalb der Toleranz, Prozessfähigkeiten konnten z. T. noch nicht nachgewiesen werden*

Entscheidung Kunde	gesamt	Einzelfreigaben: 01	02	03	04	05	06	07	08	09	10	11	12	13	14	15	16	17	18	19	20	21	22	23	24
frei	☐	☐	☐	☐	☐	☐	☐	☐	☐	☐	☐	☐	☐	☐	☒	☐	☐	☐	☐	☐	☒	☐	☐	☐	☐
frei mit Auflagen, Nachbem. erforderlich	☒																								
abgelehnt, Nachbem. erforderlich	☐	☒	☐	☐	☐	☐	☐	☐	☐	☐	☐	☐	☐	☐	☐	☐	☒	☐	☐	☐	☐	☐	☐	☐	☐

Abweich-Genehmigung-Nr.: *567765* Gültig bis: Stückzahl: *1000* Termin für Nachbemusterung: *01.03.04*
bei Rücksendung Lieferschein-Nr./-datum:

Name : *Maier, Thomas* Abteilung: *QS* Telefon: *01122 - 4711* Fax: *01122 - 4712* E-Mail: *maier@maier.de*	Bemerkung: *Korrekturen siehe Anlage 01! Prozessfähigkeitsuntersuchungen sind nachzureichen!* Datum: *01.02.04* Unterschrift: *Maier*

Bild 2.44 Beispiel für den Freigabestatus einer PPF nach VDA Bd. 2

Der Kunde bewertet die übermittelten oder vorgestellten Unterlagen und die Musterteile. Das Deckblatt des Berichts wird um den entsprechenden Freigabestatus ergänzt und dem Lieferanten übermittelt (vgl. Bild 2.44) [VDA 04]. Der Einzel-Freigabestatus unterscheidet in seiner Bewertung nur zwischen „frei" und „abgelehnt". Der Gesamt-Freigabestatus kann sein:

- frei:
  Lieferungen von Produkten entsprechend dem Lieferabruf sind ohne Auflagen freigegeben
- frei mit Auflagen:
  Lieferungen sind nur für eine begrenzte Zeit oder Stückzahl gestattet (Abweicherlaubnis), eine Nachbemusterung ist erforderlich

- abgelehnt:
  Lieferungen sind nicht gestattet, eine Nachbemusterung ist erforderlich

Analog zur Produktionsprozess- und Produktfreigabe (PPF) des Verbands der Automobilindustrie (VDA), wie sie im VDA Band 2 „Sicherung der Qualität von Lieferungen" beschrieben ist, wird auch im Rahmen der Production Part Approval Process (PPAP) aus der QS-9000 vorgegangen (vgl. **QS-9000**, **Production Part Approval Process**). Die Bemusterung nach PPAP wird sogar ausdrücklich als Freigabeverfahren in der PPF nach VDA und in der ISO/TS 16 949:2009 anerkannt (vgl. **ISO/TS 16 949:2009**).

Prozessorientierung

Unter Prozessorientierung in einem Unternehmen kann eine Grundhaltung verstanden werden, wobei das gesamte betriebliche Handeln als Kombination von Prozessen bzw. Prozessketten betrachtet wird. Ziel ist die Steigerung von Qualität und Produktivität im Unternehmen durch eine Ständige Verbesserung der Prozesse. Eine besonders wichtige Rolle spielen dabei die Ausrichtung auf die Wünsche und Anforderungen der Kunden sowie die Einbeziehung aller Mitarbeiter auf allen Hierarchieebenen (vgl. **Kundenorientierung**, **Mitarbeiterorientierung**).

Dieser Ansatz geht bereits auf Deming zurück, der Prozessorientierung als Voraussetzung für eine erfolgreiche Anwendung seines Managementprogramms zur Steigerung von Qualität und Produktivität beschreibt (**Demings Managementprogramm**, **Ständige Verbesserung**). Dies drückt Deming auch in einer seiner Grundhaltungen aus, die hier noch einmal wiedergegeben wird [Deming 86]:

> Jede Aktivität kann als Prozess aufgefasst und entsprechend verbessert werden.

Dabei ist unter einem Prozess grundsätzlich eine Folge von wiederholt ablaufenden Aktivitäten mit messbarer Eingabe, messbarer Wertschöpfung und messbarer Ausgabe zu verstehen. Gekennzeichnet wird ein Prozess durch das systematische Zusammenwirken von Menschen (als Kunden und Lieferanten), Maschinen, Material und Methoden entlang der Wertschöpfungskette zur Erreichung eines Ziels. Dies kann die Erbringung einer Dienstleistung oder die Erzeugung eines Produktes sein. Von einem einmalig durchzuführenden Projekt unterscheidet sich der Prozess durch seinen repetitiven Charakter. Damit zeigen sich Parallelen der Prozessorientierung zum Prinzip der Ständigen Verbesserung (Kaizen), während ein Projekt eher auf Innovation ausgerichtet ist (vgl. **Kaizen, Ständige Verbesserung**). Hier ist auch ein wesentlicher Unterschied zum Ansatz des ebenfalls projektmäßig durchzuführenden Reengineerings zu sehen (vgl. **Reengineering**).

Vor diesem Hintergrund und in Übereinstimmung mit Demings Sichtweise kann sich also ein Prozess sowohl auf technische als auch auf administrative Tätigkeiten beziehen. Diese Fertigungs- und Verwaltungsprozesse können unter der Bezeichnung Geschäftsprozess (Business Process) zusammengefasst werden. Entscheidend ist dabei die Abkehr von der funktionalen Trennung der Tätigkeiten und Abläufe im Sinne der Taylorschen.; Arbeitsteilung. Geschäftsprozesse setzen sich in der Regel aus mehreren Teil- oder Subprozessen zusammen, die wiederum bis hin zu einzelnen Aktivitäten zerlegt werden können (Dekomposition). Es kann von einer Prozesshierarchie gesprochen werden. Eine wichtige Rolle als Ausgangsbasis spielt hierbei die Definition von Schlüsselprozessen, die von entscheidender Bedeutung für die strategische Zielsetzung des Unternehmens sind, da sie die Kernkompetenzen abbilden (vgl. **Kernkompetenz**).

Dabei sind vor allem folgende Anforderungen an Prozesse zu berücksichtigen [Füermann 97]:

- Effektivität (Wirksamkeit) im Hinblick auf vorgegebene Aufgaben und Ziele.
- Effizienz (Wirtschaftlichkeit).
- Kontrollierbarkeit und Steuerbarkeit durch die verantwortlichen Personen in Kenntnis des Prozesszustandes und mit der Möglichkeit, Korrekturmaßnahmen einleiten zu können.
- Anpassungsfähigkeit an Veränderungen der Prozessumgebung oder an gestellte Anforderungen, insbesondere der Kunden.

Zur konkreten Umsetzung der Prozessorientierung im Rahmen einer strukturierten Vorgehensweise dient das langfristig angelegte Prozessmanagement (Process Management), das auch als Geschäftsprozessmanagement (Business Process Management oder Business Process Engineering) bezeichnet wird. Dieses Konzept wurde Anfang der 1980er-Jahre entwickelt. Es umfasst planerische, organisatorische und kontrollierende Maßnahmen zur zielorientierten Steuerung der Prozesse eines Unternehmens hinsichtlich Qualität, Zeit, Kosten und Kundenzufriedenheit. Dabei erfolgt die Aufgabenteilung im gesamten Unternehmen nach einer durch die

Wertschöpfungskette vorgegebenen Prozessnotwendigkeit, wie sie im Fertigungsbereich schon immer als normal angesehen wurde [Gaitanides et al. 94].

Bei der Einführung des Prozessmanagements empfiehlt sich eine Orientierung an drei grundlegenden Phasen, wie sie nachfolgend skizziert werden. Insbesondere zur ersten Phase weist der Reengineering-Ansatz eine starke Ähnlichkeit auf (vgl. **Reengineering**).

- Phase 1: Einführung

  Möglichkeiten der Prozessverbesserung werden beim Prozessmanagement insbesondere in Maßnahmen gesehen, die auf der Basis bisheriger Strukturen bereichsübergreifend wirken. Aus diesem Grunde ist zunächst die Verantwortlichkeit für den betrachteten Prozess klar festzulegen. Dazu wird ein Prozessverantwortlicher benannt, der in der Lage sein muss, den gesamten Prozess in seinen komplexen Wirkzusammenhängen zu überschauen und zu beurteilen. Die Prozessverantwortung erstreckt sich dabei auf die Definition des Prozesses und der Teilprozesse, die Identifikation von Schnittstellen, die Spezifikation von Input-Output-Beziehungen, die Dokumentation der Prozesse, die Bestimmung von Anforderungen an den Prozess und die diesbezügliche Abstimmung mit Kunden und Lieferanten sowie die Festlegung von Messgrößen und Methoden zur Erfolgsmessung. Dazu gehört auch die Benennung der Prozessverantwortlichen für die Teilprozesse. Weiterhin stellt der Prozessverantwortliche ein interdisziplinär und funktionsübergreifend besetztes Prozessmanagement-Koordinationsteam zusammen, das ihn berät und die Aktivitäten der Prozessverbesserung durchführt. Gemeinsam mit dem Prozessmanagement-Koordinationsteam führt der Prozessverantwortliche die Erfassung und Beschreibung des Istzustandes des betrachteten Prozesses durch. Dabei sind neben sämtlichen Informationsflüssen vor allem die Anforderungen von Kunden und Lieferanten an den Prozess zu berücksichtigen (vgl. **Kundenorientierung**). Um den Geschäftsprozess zu überwachen und Probleme frühzeitig erkennen zu können, ist die Festlegung von Kontrollpunkten erforderlich. Dies sind definierte Stellen im Prozessablauf, an denen Messungen der für den Prozess relevanten Kennzahlen vorgenommen werden. Auf diese Weise wird die Kontrollierbarkeit des Prozesses hergestellt. Die Ziele des Prozesses und seiner Verbesserung ergeben sich insbesondere aus den Anforderungen der Kunden sowie aus der Notwendigkeit von Wirtschaftlichkeit, Produktivität und Termintreue.

- Phase 2: Kontinuierliche Verbesserung

  Als Voraussetzung für eine Verbesserung ist zunächst eine sorgfältige Analyse des Prozesses notwendig, um Fehler oder Schwachstellen zu erkennen und entsprechende Potenziale abzuleiten. Dabei lässt jede Abweichung der Prozessergebnisse von den Anforderungen auf einen Fehler schließen. Jeder Fehler ist genau zu untersuchen, um seine Ursache zu ermitteln und entsprechende fehlervermeidende Maßnahmen einleiten zu können, die eine Beseitigung der Fehlerursache zum Ziel haben müssen. Hier kann insbesondere der Einsatz der elementaren Qualitätswerkzeuge (Q7) von Nutzen sein (vgl. **Qualitätswerkzeuge**). Haben in der Prozessanalyse erkannte Fehler ihre Ursachen in der Konzeption des Prozesses selbst, so ist diese entsprechend zu modifizieren, damit die Fehler nachhaltig abgestellt werden können. Darüber hinaus ist die Prozesskonzeption derart zu verändern, dass alle Aktivitäten und Teilprozesse zu einem optimalen Prozessergebnis führen. Dabei sind jedoch stets Änderungsaufwand und Wirtschaftlichkeit gegeneinander abzuwägen. Änderungen, bei denen der Aufwand den Nutzen übersteigt, sind zu vermeiden. In einem solchen Falle ist eine vollständige Neugestaltung des Prozesses in Betracht zu ziehen, die im engeren Sinne auch als Prozess-Engineering (Process Engineering oder Business Process Engineering) bezeichnet wird. Fehler in der Ausführung sind in der Regel auf das Verhalten der Mitarbeiter zurückzuführen. Aus diesem Grunde kommt hier der Motivation und vor allem auch der Qualifikation der Mitarbeiter eine besondere Bedeutung zu (vgl. **Mitarbeiterorientierung**). Das Prozessmanagement schließt deshalb immer auch die Durchführung von entsprechenden Mitarbeiterschulungen ein. Durch diese Schulungen und vor allem durch eine konsequente Beteiligung vom Beginn der Einführung des Prozessmanagements an werden die Mitarbeiter motiviert, die neuen Regeln des Prozesses, an denen sie selbst mitgearbeitet haben, zu akzeptieren und zu befolgen.

- Phase 3: Beherrschung

  Wenn der Prozess durch Beseitigung von Fehlern und konzeptionellen Verbesserungen eine gewisse Stabilität erreicht hat, ist sein weiterer Verlauf zu überwachen, um nötigenfalls frühzeitig Korrekturmaßnahmen einleiten zu können. Dadurch wird sichergestellt, dass der Prozess auch unter sich ändernden Bedingungen die an ihn gestellten Anforderungen erfüllt. Ziel ist ein gegenüber äußeren Störgrößen möglichst unempfindlicher Prozess (Robust Design). Zur weiteren Überwachung kann ein Regelsystem mit Rückkopplungsschleifen eingeführt werden. Insbesondere für Fertigungsprozesse bietet sich hier die Statistische Prozessregelung an (vgl. **Statistische Prozessregelung**). Für administrative Prozesse eignet sich ein entsprechendes Beobachtungs- und Berichtssystem unter Verwendung geeigneter Kennzahlen (Qualitätskennzahlen), wie es beispielsweise im Rahmen des Qualitätscontrollings installiert wird (vgl. **Qualitätscontrolling**).

Abschließend bleibt festzustellen, dass andere Ansätze zur Unternehmensumgestaltung, wie beispielsweise Wertanalyse (kostenorientiert) oder Reengineering (prozessorientiert), das Potenzial einer kontinuierlichen inkrementalen Verbesserung nicht erkennen (vgl. **Reengineering**, **Wertanalyse**, **Ständige Verbesserung**).

Sie stellen im Gegensatz zum Prozessmanagement kein Instrumentarium zur Verfügung, um einen einmal erreichten Zustand zu stabilisieren und kontinuierlich zu verbessern oder das Unternehmen an veränderte Umweltbedingungen anzupassen [Gaitanides et al. 94].

Vor diesem Hintergrund ist Prozessmanagement nicht als Programm zur kurzfristigen Lösung von Problemen anzusehen. Es strebt vielmehr ein Umdenken bei der Betrachtung von Tätigkeiten an und somit einen langfristigen Wandel der Unternehmenskultur hin zu einer Orientierung auf Prozesse, aber auch auf Kunden und Mitarbeiter. Ziel ist dabei eine kontinuierliche Qualitätsverbesserung. In diesem Sinne legt Prozessmanagement die systematische und methodische Basis für die Einführung von Total Quality Management und die Ausrichtung eines Unternehmens auf Qualität (vgl. **Total Quality Management**).

Ganz in diesem Sinne ist auch die im Jahr 2000 in Kraft gesetzte und 2005 nochmals überarbeitete Neufassung der Normenreihe DIN EN ISO 9000:2005 als Grundlage eines modernen Qualitätsmanagementsystems ausgerichtet (vgl. **DIN EN ISO 9000:2005**, **Qualitätsmanagementsystem**): Das in der Einleitung zur DIN EN ISO 9001:2008, Abschnitt 0.2, dargestellte „Modell eines prozessorientierten Qualitätsmanagementsystems" (Prozessmodell) ist eine der wesentlichen Neuerungen in dieser Norm und unterstreicht deren Orientierung an den in Unternehmen real ablaufenden Prozessen.

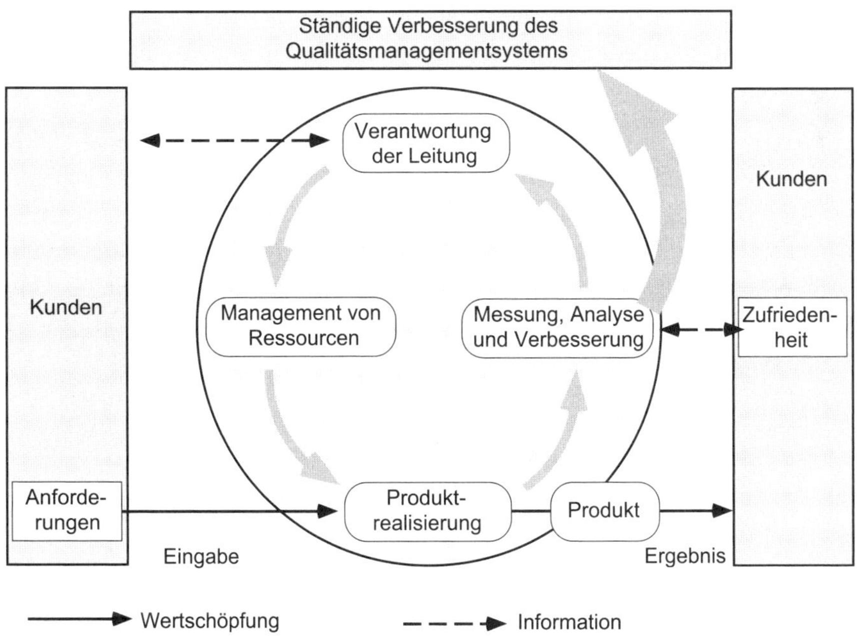

Bild 2.45 Prozessmodell des Qualitätsmanagements nach DIN EN ISO 9001:2008

Dabei werden die Kernaufgaben des Unternehmens als Regelkreis zwischen eingehenden Kundenanforderungen und der angestrebten Kundenzufriedenheit dargestellt (vgl. **Kundenorientierung**). Dieser Regelkreis folgt den kausalen Zusammenhängen zwischen der „Verantwortung der Leitung“, dem „Management von Ressourcen“, der „Produktrealisierung“ und der „Messung, Analyse und Verbesserung“ (vgl. Bild 2.45) [ISO 08]. Wird dieser Regelkreis erfolgreich umgesetzt, kann das angestrebte Ziel der „Ständigen Verbesserung“ erreicht werden (vgl. **Ständige Verbesserung**).

Der prozessorientierte Ansatz der DIN EN ISO 9000:2005 kann entsprechend verstanden werden als das systematische Erkennen (Ermitteln), Leiten und Lenken (Managen, Handhaben) der innerhalb einer Organisation eingesetzten (angewandten) Prozesse sowie der Wechselwirkungen zwischen den Prozessen. Konsequenzen zur praktischen Anwendung der Prozessorientierung im Unternehmen sind demnach:

- Ermittlung der Prozesslandschaft: Erkennen der erforderlichen Prozesse und Festlegung der Abfolge, Wechselwirkungen und Lenkungsmethoden;
- Festlegung und Gewichtung von Kriterien zur Bewertung der Prozesse (Kundenzufriedenheit, Wertschöpfung in den Prozessen);
- Messen und Prüfen (Bewerten) der Prozesse, z. B. durch interne Audits;
- Maßnahmen zur Erreichung der geplanten Ergebnisse und zur Ständigen Verbesserung in den betrieblichen Abläufen umsetzen und die Erreichung gegen die festgelegten Ergebniskriterien bewerten.

Im Rahmen der gezielten Umsetzung der Prozessorientierung wird auch die Berücksichtigung von Informations- und Kommunikationssystemen immer bedeutsamer. Die rechtzeitige Information und Einbeziehung der Mitarbeiter im Unternehmen scheint heute schon fast selbstverständlich (vgl. **Mitarbeiterorientierung**). Über die Anwendung der Prozessorientierung ist dann auch die Verbindung zum Prinzip der Ständigen Verbesserung im Sinne des Plan-Do-Check-Act-Zyklus (PDCA-Zyklus) gegeben.

Literaturhinweise zur Vertiefung

Gaitanides, M.; Scholz, R.; Vrohlings, A.; Raster, M. (Hrsg.):
Prozessmanagement.
München: Carl Hanser Verlag 1994.

Füermann, T.; Dammasch, C.:
Prozessmanagement.
In: Kamiske, G. F. (Hrsg.): Reihe Pocket Power.
3. Aufl., München: Carl Hanser Verlag 2008.

Jochem, R.; Mertins, K.; Knothe, T. (Hrsg.):
Prozessmanagement: Strategien, Methoden, Umsetzung.
Düsseldorf: Symposion Publishing 2010.

QS-9000

Die im August 1994 erstmals veröffentlichte Richtlinie „QS-9000 – Quality System Requirements“ (Qualitätsmanagementsystem-Forderungen) ist das Ergebnis einer gemeinsamen Arbeitsgruppe der US-amerikanischen Automobilhersteller Chrysler Corporation, Ford Motor Company und General Motors Corporation („Big Three“). Aufgabe der Arbeitsgruppe war es, die unterschiedlichen Referenzhandbücher, Berichtsformulare, technischen Bezeichnungen, Qualitätsmanagementhandbücher für Lieferanten und die Bewertungswerkzeuge anzugleichen. Auf diese Weise sollten einheitliche Auditierungsweisen und Anforderungen an die Dokumentation sowie einheitliche, länder-, industrie- und unternehmensübergreifende Regeln geschaffen werden.

Seit Inkrafttreten der QS-9000 muss nun ein Lieferant für Chrysler, Ford und General Motors nur noch diese eine Richtlinie erfüllen. Sie enthält spezifische Forderungen und Empfehlungen für die Entwicklung eines Qualitätsmanagementsystems nach den Vorstellungen der drei US-amerikanischen Automobilhersteller sowie der Nutzfahrzeughersteller Freightliner, Mack Trucks, Navistar, Paccar und Volvo GM, die sich an der Entwicklung der Richtlinie beteiligt haben.

Von Anfang an war es Ziel der QS-9000, das Qualitätsmanagementsystem weiterzuentwickeln, die kontinuierliche Verbesserung sicherzustellen, Fehlervermeidung zu fördern und die Prozessfähigkeit in der Wertschöpfungskette zu stärken (vgl. **Prozessorientierung**, **Qualitätsmanagementsystem**, **Ständige Verbesserung**). Die zweite Auflage der QS-9000 vom Februar 1995 weist spezifische Änderungen auf, um die Einführung in Europa zu erleichtern. Die Änderungen der dritten Auflage, herausgegeben im April 1998, betreffen vor allem die formale Gestaltung der QS-9000.

Die QS-9000 ist sowohl die Bezeichnung für die gesamte Richtlinie, die sich aus insgesamt sieben Dokumenten zusammensetzt, als auch der Titel für das Handbuch „QM-Systemforderungen". Dieses Handbuch (die QS-9000 im engeren Sinne) besteht aus zwei Abschnitten und acht Anhängen und bildet die Grundlage für ein Qualitätsmanagementsystem nach QS-9000.

Der Abschnitt I enthält Forderungen auf der Basis der DIN EN ISO 9001 in ihrer Fassung von 1994, die vollständig und wörtlich übernommen und um zusätzliche Forderungen ergänzt wurden. Diese stammen zum Teil aus der Norm DIN EN ISO 9004 (Fassung 1994) und aus den ehemals branchenspezifischen Forderungen der zweiten Auflage der QS-9000. Abschnitt II enthält kundenspezifische Forderungen, die durch die Richtlinie nicht vereinheitlicht werden konnten.

Die Anhänge der QS-9000 liefern ergänzend wichtige und hilfreiche Informationen: Anhang A enthält eine Beschreibung des Zertifizierungsprozesses; Anhang B beschreibt die Vorgehensweise für Zertifizierer; Anhang C erläutert die besonderen Merkmale und Symbole der US-amerikanischen Automobilhersteller; im Anhang E finden sich Abkürzungen und ihre Bedeutung; die Änderungen der dritten Auflage sind übersichtlich im Anhang F dargestellt; Anhang G wendet sich an Akkreditierungsorgane und deren Anerkennung durch die „Big Three" und enthält Anforderungen an Zertifizierer und Auditoren; mithilfe von Anhang H lässt sich der Zeitbedarf für ein Zertifizierungsaudit planen.

Ergänzt wird die Richtlinie durch fünf Referenzhandbücher:

- Production Part Approval Process (PPAP) – Produktionsteil-Abnahmeverfahren
- Advanced Product Quality Planning (APQP) – Produktqualitätsvorausplanung
- Failure-Mode-and-Effects Analysis (FMEA) – Fehlermöglichkeits- und -einflussanalyse
- Measurement System Analysis (MSA) – Messmittelfähigkeitsanalyse
- Statistical Process Control (SPC) – Statistische Prozessregelung

Zur Anwendung der beiden erstgenannten Referenzhandbücher (PPAP und APQP) ist der Lieferant zwingend verpflichtet. Zusätzlich enthält ein sechstes Handbuch mit dem Fragenkatalog „Quality System Assessment (QSA) – Bewertung von Qualitätsmanagementsystemen" eine Anweisung zur Durchführung von Qualitätsmanagementsystemaudits einschließlich der Liste der Fragen und der Beschreibung des Bewertungssystems. Dieser Fragenkatalog kann Grundlage für interne Systemaudits, für Lieferantenaudits und Zertifizierungsaudits sein (vgl. **Systemaudit**, **Zertifizierung**). Dabei sind immer Verfahren und Ergebnisse zu auditieren, damit Rückschlüsse auf die Wirksamkeit des Systems möglich sind. Mit der dritten Auflage wurde darüber hinaus ein Arbeitsbuch herausgegeben, das die Änderungen von der zweiten zur dritten Auflage in einfacher und übersichtlicher Form gegenübergestellt.

Dabei ist zu berücksichtigen, dass die QS-9000 keine Norm ist, sondern eine Vorgabe der US-amerikanischen Automobilindustrie, die auf einer individuellen Vertragsgestaltung zwischen Kunde und Lieferant beruht. Sie ist eine vertragliche Forderung für alle internen und externen Lieferanten von Produktionsmaterialien, Produktions- und Ersatzteilen oder Wärmebehandlung, Lackierung, Beschichtung oder anderen Oberflächenbehandlungen, die direkt an Unternehmen liefern, die die QS-9000 zur Grundlage für die Forderungen an ein Qualitätsmanagementsystem erhoben haben. Für Lieferanten von Werkzeugen und Ausrüstungen wurde im August 1996 die freiwillige Ergänzung „QS-9000: TE-Supplement" veröffentlicht.

Die QS-9000 kann auch über die Automobilbranche hinaus als Wegweiser für Unternehmen dienen, eine eigene Bewertung ihres bestehenden Qualitätsmanagementsystems vorzunehmen und sich so in Richtung eines ganzheitlichen unternehmensweiten Qualitätsmanagements im Sinne des Total Quality Management zu entwickeln (vgl. **Total Quality Management**).

Eine weltweite Harmonisierung der branchenspezifischen Forderungen der internationalen Automobilindustrie – Hersteller und Verbände – an ein Qualitätsmanagementsystem ist mit der ISO/TS 16 949:2009 gelungen, die gleichermaßen für die Automobilhersteller (OEM – Original Equipment Manufacturer, Erstausrüster) und ihre Lieferanten gilt.

Vor diesem Hintergrund wurde die QS-9000 konsequenterweise zum Dezember 2006 zurückgezogen. Mit diesem Termin sind auch alle Zertifikate nach QS-9000 ausgelaufen. Ihren Platz nimmt nun eine Zertifizierung nach den speziellen Vorgaben der ISO/TS 16 949 ein [IATF 09a]. Die Referenzhandbücher zur QS-9000 bleiben jedoch weiterhin inhaltlich voll gültig und anwendbar. Insbesondere die beiden grundlegenden Referenzhandbücher Production Part Approval Process (PPAP) und Advanced Product Quality Planning (APQP) sind in der Automobilzulieferindustrie weit verbreitet und genießen aufgrund ihrer Praxistauglichkeit hohe Anerkennung.

Ein Qualitätsmanagementsystem nach der internationalen Norm DIN EN ISO 9001:2008 und die entsprechende Zertifizierung behält ihre Gültigkeit bei, da sie mit der ISO/TS 16 949 harmonisiert ist und eine gute Grundlage für die erweiterten Forderungen der Automobilindustrie bildet (vgl. **DIN EN ISO 9000:2005, ISO/TS 16 949:2009, Zertifizierung**).

Literaturhinweise zur Vertiefung

Rösch, B.; Hummel, T.:
QS-9000 und VDA 6.1 umsetzen.
In: Kamiske, G. F. (Hrsg.): Reihe Pocket Power.
2. Aufl., München: Carl Hanser Verlag 2003.

Loos, S.:
QS-9000 und VDA 6.1.
München: Carl Hanser Verlag 1998.

Advanced Product Quality Planning (APQP)

APQP ist ein definierter Prozess zur systematischen Produktqualitätsvorausplanung, der eine standardisierte Sammlung von Methoden und Arbeitsschritten zur Verfügung stellt. Damit einher geht auch ein kontinuierliches Projektmanagement für alle Phasen des Entwicklungsprozesses bis zur Serienreife. Anwendung findet APQP grundsätzlich in allen Bereichen der industriellen Produktentwicklung, insbesondere jedoch in der Automobilindustrie.

Bereits in den späten 1980er-Jahren wurde APQP von den drei großen US-Automobilherstellern Chrysler, Ford und General Motors entwickelt und später in die QS-9000 als eigenes Referenzhandbuch aufgenommen. Dies ist bis heute gültig und international anerkannt, obwohl die QS-9000 als eigenständige Qualitätsrichtlinie mittlerweile zurückgezogen ist (vgl. **QS-9000**). Auch im Rahmen der ISO/TS 16 949:2009 wird auf APQP verwiesen und dieser Prozess als Nachweis einer Qualitätsplanung voll akzeptiert (vgl. **ISO/TS 16 949:2009**). In der industriellen Praxis ist die Verwendung der englischen Kurzform APQP vollkommen üblich und wird weltweit verstanden.

Neben dem planvoll-strukturierten Einsatz von bewährten Methoden und Instrumenten des Qualitätsmanagements, wie Quality Function Deployment (QFD) oder Fehlermöglichkeits- und -einflussanalyse (FMEA), zielt APQP vor allem darauf ab, die geforderten Ablaufschritte rechtzeitig und vollständig zu erledigen und die Kundenforderungen an das Produkt auch tatsächlich zu erfüllen (vgl. **Quality Function**

Deployment, Fehlermöglichkeits- und -einflussanalyse). Dabei können die Anwendung der Methoden sowie die zeitliche Abfolge und die Ausführung der einzelnen Schritte variieren. Ein weiteres Ergebnis ist eine einheitliche produktbezogene Dokumentation, die eine gemeinsame Basis schafft, mit Klarheit sowohl für den Kunden wie auch für den Lieferanten.

Grundsätzlich unterteilt APQP den Produktentstehungsprozess in drei operative Phasen: Entwicklung, Industrialisierung und Anlauf. Hinzu kommen eine vorgeschaltete Definitionsphase und eine Abschlussphase. In diesem Rahmen werden die entsprechenden Methoden und Arbeitsschritte angewendet, deren Ergebnisse überprüft und ggf. notwendige Korrekturmaßnahmen abgeschlossen, bevor der Produktionsstart erfolgt. Dabei werden von einer robusten Konstruktion über die Qualitätsfähigkeit des Produktionsprozesses bis hin zur Mitarbeiterqualifikation alle möglichen Aspekte berücksichtigt. Leitgedanken sind immer das tiefe Verständnis der Kundenforderungen, die proaktive Rückmeldung und ggf. Einleitung von Korrekturmaßnahmen, die Entwicklung von fähigen Prozessen, die frühzeitige Vermeidung von Fehlermöglichkeiten sowie regelmäßige Design Reviews zur Überprüfung und Absicherung der Entwicklungsergebnisse (vgl. **Designprüfung**).

Nachfolgend werden die Phasen des APQP kurz skizziert:

- Definitionsphase

  Definition und Planung der Vorgehensweise – Verständnis der Kundenforderungen, Anforderungen und Erwartungen hinsichtlich des Methodeneinsatzes wie QFD, Festlegung der Meilensteine für Design Reviews, Vereinbarung der erwarteten Vorleistungen und Ergebnisse.

- Entwicklungsphase

  Entwicklung und Konstruktion des Produkts – Überprüfung der Vorleistungen und Durchführung des Entwicklungsprozesses einschließlich FMEA, Bestätigung der Entwicklung durch Design Reviews, Festlegung des Materials und anderer Spezifikationen.

- Industrialisierungsphase

  Entwicklung des Produktionsprozesses – Konstruktion von Werkzeugen und Fertigungsanlagen, Festlegung der relevanten Kenngrößen im Prozess, Definition der erforderlichen Prüfungen, Aufstellung von Prüfplänen, Review der Prozessimplementierung.

- Anlaufphase

  Bewertung von Produkt und Prozess – Bewertung des ausgewählten Fertigungsprozesses und seiner Prüfeinrichtungen hinsichtlich seiner quantitativen Leistungsfähigkeit durch einen entsprechenden Probelauf vor dem Produktionsstart (Run at Rate), Bewertung der erreichten Qualität der Produkte unter Serienbedingungen (Production Part Approval Process, PPAP), jedoch vor Produktionsstart beim Kunden (vgl. **Run at Rate**, **Production Part Approval Process**).

- Abschlussphase

  Produktionsstart und Rückmeldungen – Feinjustierung des Prozesses und Ständige Verbesserung, Vergleich zu Kundenerwartungen und Ableitung von Lernpozentialen für zukünftige Produkte und Prozesse (vgl. **Ständige Verbesserung**).

Die dem APQP der QS-9000 entsprechende Empfehlung des Verbands der Automobilindustrie (VDA) ist im VDA Band 4 Teil 3 „Sicherung der Qualität vor Serieneinsatz“ beschrieben (vgl. **Simultaneous Engineering**).

Production Part Approval Process (PPAP)

PPAP ist ein klar beschriebenes Verfahren zum Nachweis der Qualität von Produktionsteilen vor dem Serieneinsatz. Dieser Nachweis, die Bemusterung, besteht aus zwei eng miteinander verbundenen Elementen: dem Nachweis der eigentlichen Qualität der Teile und dem Nachweis der Qualitätsfähigkeit des Produktionsprozesses. Dazu wird in einem repräsentativen Produktionslauf eine festgelegte Stückzahl produziert und entsprechenden Prüfungen unterzogen. Anwendung findet PPAP grundsätzlich in allen Bereichen der industriellen Produktion, insbesondere jedoch in der Automobil- und Zulieferindustrie.

Die drei großen US-Automobilhersteller Chrysler, Ford und General Motors entwickelten PPAP vor mehr als 20 Jahren und nahmen den Prozess später in die QS-9000 als eigenes Referenzhandbuch auf. Dieses ist bis heute gültig und international anerkannt, obwohl die QS-9000 als eigenständige Qualitätsrichtlinie mittlerweile zurückgezogen ist. Auch im Rahmen der ISO/TS 16 949:2009 wird auf PPAP verwiesen und dieser Prozess für die Teileabnahme akzeptiert (vgl. **ISO/TS 16 949:2009**). In der industriellen Praxis ist die Verwendung der englischen Kurzform PPAP vollkommen üblich und wird weltweit verstanden.

Wie beim Run at Rate, dem quantitativen Nachweis, dass die geforderte Stückzahl an Teilen auch tatsächlich produziert werden kann, so wird auch die Bemusterung mit PPAP normalerweise bei der Herstellung neuer Teile, bei der Erstbelieferung durch neue Lieferanten, bei neuen Produktionsstandorten von bekannten Lieferanten, nach Anlagenumzügen sowie bei Inbetriebnahme von neuen Werkzeugen oder Produktionsanlagen durchgeführt (vgl. **Run at Rate**). Voraussetzung ist dabei insbesondere, dass die entsprechenden Serienwerkzeuge und -produktionsanlagen mit ihren jeweils vollständigen Kapazitäten am Serienproduktionsstandort installiert sind. Dazu gehört auch die volle Verfügbarkeit des notwendigen Personals sowie aller unterstützenden Prozesse, Systeme und Einrichtungen einschließlich der Mess- und Prüfmittel. Dabei ist zu beachten, dass sicherheitskritische Teile regelmäßig sehr viel länger vor dem Produktionsstart des Kunden bemustert werden als rein optische Teile ohne weitere Funktion, und daher einen entsprechend vorgezogenen Terminplan benötigen.

Der repräsentative Produktionslauf, in dem die benötigten Teile zur Bemusterung produziert werden, ist eine wesentliche Forderung des PPAP. Grundlage dafür sind die vertraglich vereinbarten maximalen Lieferstückzahlen. Die Basis für den Produktionslauf stellt dann die sogenannte Tagesproduktion dar, die auf einen Produktionstag heruntergerechnete Lieferstückzahl.

Sind alle Voraussetzungen zur Durchführung des PPAP erfüllt und können die geforderten Stückzahlen ordnungsgemäß produziert werden, erfolgt die eigentliche Bemusterung. Basis dafür ist ein Bemusterungsdokument (englisch: Part Submission Warrant – PSW), in dem alle wichtigen Informationen zu Anforderungen an die Qualität der produzierten Teile, Ergebnisse der durchgeführten Tests des Produktionsprozesses sowie ergänzende Informationenen und Anforderungen zusammengefasst sind. Mit Hilfe der Verfahren der Statistischen Prozessregelung lässt sich daraus dann die Qualitätsfähigkeit des Produktionsprozesses berechnen (vgl. **Statistische Prozessregelung**). Die folgenden Informationen werden üblicherweise im Bemusterungsdokument nach PPAP abgefragt:

- Designaufzeichnungen
- Dokumente über technische Änderungen
- Technische Freigabe
- Konstruktions-FMEA
- Prozessablaufpläne
- Prozess-FMEA
- Prüfplan
- Analyse von Messsystemen

- Messergebnisse
- Material- und Leistungstests
- Untersuchungen zur Kurzzeitfähigkeit der Prozesse
- Dokumentation eines qualifizierten Laboratoriums
- Bericht zur Freigabe des Aussehens
- Musterteile
- Referenzmuster
- Spezifische Prüfmittel
- Kundenspezifische Forderungen
- Bemusterungsdokument (Part Submission Warrant – PSW)

Die Bemusterung nach PPAP wird in fünf Ebenen eingeteilt, die sich in ihrem Anspruch steigern:

- Ebene 1:
  nur das Bemusterungsdokument wird dem Kunden vorgelegt;
- Ebene 2:
  das Bemusterungsdokument mit Musterteilen und eingeschränkte unterstützende Daten werden dem Kunden vorgelegt;
- Ebene 3:
  das Bemusterungsdokument mit Musterteilen und umfassende unterstützende Daten werden dem Kunden vorgelegt;
- Ebene 4:
  das Bemusterungsdokument und andere Forderungen, wie sie vom Kunden festgelegt wurden, werden dem Kunden vorgelegt;
- Ebene 5:
  das Bemusterungsdokument mit Musterteilen und vollständige unterstützende Daten stehen am Produktionsstandort des Lieferanten für eine Bewertung durch den Kunden zur Verfügung.

Mit der Bemusterung nach PPAP erbringt der Lieferant somit den Nachweis, dass seine Produkte und der entsprechende Prozess die Qualitätsforderungen des Kunden erfüllen. Oftmals wird für die Bemusterung der Teile auch die englische Abkürzung FAI (First Article Inspection) oder ISI (Initial Sample Inspection) verwendet.

Die dem PPAP der QS-9000 entsprechende Empfehlung des Verbands der Automobilindustrie (VDA) ist die Produktionsprozess- und Produktfreigabe (PPF), wie sie im VDA Band 2 „Sicherung der Qualität von Lieferungen" beschrieben ist (vgl. **Produktionsprozess- und Produktfreigabe**).

Qualität/Qualitätsbegriff

Im Zuge der Normungsbestrebungen nationaler und internationaler Organisationen wurden der Qualitätsbegriff sowie damit zusammenhängende Begriffe des Qualitätsmanagements beschrieben (vgl. **Qualitätsmanagement**). Grundlage ist dabei die internationale Norm DIN EN ISO 9000:2005, die den Qualitätsbegriff wie folgt definiert [ISO 05]:

> **„Qualität**
>
> Vermögen einer Gesamtheit inhärenter Merkmale eines Produktes, Systems oder Prozesses, zur Erfüllung von Forderungen von Kunden und anderen interessierten Parteien.
>
> **Anmerkung:**
>
> Die Benennung „Qualität" darf zusammen mit Adjektiven wie schlecht, gut oder ausgezeichnet verwendet werden."

Diese definitorische Festlegung des Qualitätsbegriffs erscheint vor allem wegen der schwer zu handhabenden Formulierung für die ungeschulte Anwendung nicht immer uneingeschränkt geeignet. Sie erfasst jedoch den Qualitätsbegriff nahezu in seiner ganzen Komplexität und Vielschichtigkeit. Beherrschendes Argument der Begriffsfestlegung gemäß DIN EN ISO 9000:2005 ist die prozessorientierte Denkweise. Dabei wird jedoch nicht nur das Produkt oder die Dienstleistung allein betrachtet, sondern die Gesamtheit von Merkmalen der dem Kunden angebotenen Leistungen und auch deren Zusammenwirken. Aus der Sicht des Kunden ist Qualität somit durch die Erfüllung der Kundenforderungen – also durch die von ihm wahrgenommenen Eigenschaften im weitesten Sinne – determiniert.

Ein ähnlich umfassendes Bild wurde auch schon von der mittlerweile nicht mehr gültigen Norm DIN EN ISO 9004, Ausgabe August 1994, mit dem Qualitätskreis gezeichnet. Dieser bezieht sich zur einen Hälfte auf die betriebliche Herstellung eines Produktes, zur anderen Hälfte auf den Kunden (vgl. Bild 46) [DIN 94]. Im Qualitätskreis sind die wichtigsten Stationen der Wertschöpfungskette dargestellt, die auch jeweils einen entsprechenden Wechsel des Qualitätsbegriffs widerspiegeln. Hier ist auch die Einbeziehung des Umweltaspektes bemerkenswert, der durch das Qualitätskreis-Element „Beseitigung oder Wiederverwendung am Ende der Nutzungsdauer“ seinen Ausdruck findet.

Bild 46: Qualitätskreis nach DIN EN ISO 9004, Ausgabe 1994

Vor dem Hintergrund dieser Definitionselemente ergibt sich also Qualität als eher summarische Größe. Dem Qualitätsbegriff selbst können demnach auch verschiedene Betrachtungsweisen zugrunde liegen. Da diese meist subjektiven Eindrücke jedoch individuell verschieden sind, stellt ihre Messbarkeit ein grundsätzliches Problem dar, sofern keine genauen technischen Bewertungen vorgegeben sind.

Die fünf Blickrichtungen des Qualitätsbegriffes

Die transzendente Sichtweise
Die produktbezogene Sichtweise
Die anwenderbezogene Sichtweise
Die prozessbezogene Sichtweise
Die Preis-Nutzen-bezogene Sichtweise

Der Amerikaner Garvin hat hier einen pragmatischen Ansatz zur Operationalisierung von Qualität vorgestellt. Er basiert auf mehreren unterschiedlichen Sichtweisen, den fünf Blickrichtungen des Qualitätsbegriffes, die im Folgenden stichwortartig umrissen werden. Durch deren Verknüpfung wird der Vielschichtigkeit des Begriffes Qualität in umfassender Weise Rechnung getragen [Garvin 84]. Um in der Qualitätsdiskussion nicht aneinander vorbeizureden, ist es deshalb erforderlich, sich auf eine gemeinsame Sichtweise zu einigen.

1. Die transzendente Sichtweise

   Qualität ist absolut und universell erkennbar, ein Zeichen von kompromisslos hohen Ansprüchen und Leistungen, sie ist nicht präzise zu definieren und wird nur durch Erfahrung empfunden.

2. Die produktbezogene Sichtweise

   Qualität ist präzise und messbar, Qualitätsunterschiede werden durch bestimmte Eigenschaften oder Bestandteile eines Produktes auch quantitativ widergespiegelt.

3. Die anwenderbezogene Sichtweise

   Qualität liegt im Auge des Betrachters und weniger im Produkt, individuelle Konsumenten haben unterschiedliche Wünsche und Bedürfnisse, wobei diejenigen Güter, welche diese Bedürfnisse am besten befriedigen, als qualitativ besonders hochstehend betrachtet werden.

4. Die prozessbezogene Sichtweise

   Qualität ist das Einhalten von Spezifikationen, jede Abweichung impliziert eine Verminderung, hervorragende Qualität entsteht durch eine gut ausgeführte Arbeit, deren Ergebnis die Anforderungen zuverlässig und sicher erfüllt.

5. Die Preis-Nutzen-bezogene Sichtweise

   Qualität wird durch Kosten und Preise ausgedrückt, ein Qualitätsprodukt erfüllt eine bestimmte Leistung zu einem akzeptablen Preis bzw. steht in Übereinstimmung mit Spezifikationen zu akzeptablen Kosten.

Als Grundlage der Umsetzung von Qualität und ersten Schritt zu einem bewussten Qualitätsmanagement im Unternehmen nennt Garvin die Bereitschaft, Qualität als Strategie begreifen zu wollen (vgl. **Qualitätsmanagement**, **Total Quality Management**). Zur weiteren Beschreibung führt er die acht Dimensionen der Produktqualität ein, die als Zerlegung des Qualitätsbegriffes in handhabbare Einheiten zu verstehen sind [Garvin 88]:

Die acht Dimensionen der Produktqualität

Gebrauchsnutzen	Haltbarkeit
Ausstattung	Kundendienst
Zuverlässigkeit	Ästhetik
Normgerechtigkeit	Qualitätsimage

Eine weitere einfühlsame Überlegung zum Begriff Qualität unterscheidet hier einerseits „Protective Quality“ , womit rational erkennbare und messbare Merkmale wie Verarbeitung, Zuverlässigkeit und Lebensdauer erfasst werden. Im Gegensatz dazu wird mit „Perceived Quality“ eher die Anmutungsqualität beschrieben [Prefi 03]. Perceived Quality wird empfunden mit einem oder mehreren der fünf Sinne, wie folgende Beispiele verdeutlichen:

- Sehen: schöner Anblick (Form, Oberfläche ...)
- Hören: guter Klang (Motorgeräusch, Fahrzeugtür beim Schließen ...)
- Fühlen: Anfassempfinden (Kleidung, Handlauf an Treppe ...)
- Riechen: Wohlgerüche (Nahrungsmittel, Ledersitze ...)
- Schmecken: Schmackhaftigkeit (Essen und Trinken ...)

Bessere Perceived Quality ist nicht zwangsläufig nur mit teureren Materialien erzielbar. Die Herausforderung besteht vielmehr darin, eine qualitativ hochwertige Anmutung in einer möglichst günstigen Kostenstruktur darzustellen. Dazu ist die Kenntnis der Regeln und Mechanismen, die zu einer hohen Perceived Quality führen, unerlässlich.

Eine Operationalisierung des Qualitätsbegriffs darf jedoch nicht so weit vorgenommen werden, dass der Blick auf den integrativen Charakter von Qualität und Qualitätsmanagement verstellt wird. Diesem umfassenden Ansatz folgt sinngemäß auch die neuere Normung, indem Qualität als Querschnittsfunktion dargestellt wird, die sich durch das gesamte Unternehmen zieht und für die alle Mitarbeiter verantwortlich sind. Denn letztlich entsteht Qualität vor allem in den Köpfen der Beteiligten – innerhalb wie außerhalb des Unternehmens [Borgward 87].

Der Qualitätsbegriff ist seit dem Altertum bekannt. In der lateinischen Sprache z. B. wird *qualitas* mit der Beschaffenheit (eines Gegenstandes) übersetzt. So alt wie der Begriff selbst ist auch die Diskussion um seine Inhalte, die bis heute andauert. Auf eine Betrachtung der Qualität im Sinne eines volkswirtschaftlichen Verlustes nach

Taguchi (Qualitätsverlustfunktion) ist jedoch hinzuweisen, ebenso auf eine monetäre Maßgröße, den sogenannten Qualitätsschattenpreis (vgl. **Taguchi, Qualitätsverlustfunktion, Qualitätsschattenpreis**).

Qualität = Technik + Geisteshaltung

Daneben soll an dieser Stelle stellvertretend der formelmäßige Ansatz Qualität = Technik + Geisteshaltung hervorgehoben werden. Er besagt insbesondere, wie Qualität entsteht, nämlich mithilfe der Technik auf der Basis einer ensprechenden Geisteshaltung [Kamiske 90]. Dies kann auch eine Betrachtung der Qualität des gesamten Unternehmens (Unternehmensqualität) einschließen und führt dann in einer konsequenten Weiterentwicklung schließlich zu einem Qualitätsbegriff im Sinne von Total Quality Management (TQM) (vgl. **Total Quality Management**).

Literaturhinweis zur Vertiefung

DGQ – Deutsche Gesellschaft für Qualität (Hrsg.):
DGQ-Schrift 11-04: Managementsysteme – Begriffe.
9. Aufl., Berlin: Beuth Verlag 2009.

Geiger, W.; Kotte, W.:
Handbuch Qualität.
5. Aufl., Wiesbaden: Vieweg Verlag 2008.

■ Qualitätsauszeichnungen/Quality Awards

Zur Förderung und Anerkennung der Bemühungen um Qualität sind in Japan, den USA und schließlich auch in Europa Qualitätsauszeichnungen (Quality Awards) geschaffen worden. Die Auszeichnungen stellen eine Anerkennung für hervorragende Leistungen bei der Umsetzung umfassender Qualitätskonzepte im Sinne von Total Quality Management dar und sind mit erheblichem Prestige für das jeweilige Unternehmen verbunden (vgl. **Total Quality Management**). Gleichzeitig dienen die Beurteilungskriterien, nach denen die Bewerber begutachtet werden, für viele Unternehmen als interner Leitfaden und Bewertungsmaßstab für ihre Qualitätsbemühungen (Quality bzw. Self-Assessment, Selbstbewertung), denn die Anforderungen gehen über diejenigen der Zertifizierungsnorm für Qualitätsmanagementsysteme,

DIN EN ISO 9001:2008, hinaus und können somit als Maßstäbe für ein Unternehmen auf seinem Weg in Richtung Total Quality Management eingesetzt werden [Malorny 99] (vgl. **Selbstbewertung**).

Damit leisten der Deming Prize in Japan, der Malcolm Baldrige National Quality Award in den USA, der EFQM Excellence Award in Europa und der davon abgeleitete deutsche Ludwig-Erhard-Preis einen wesentlichen Beitrag zur Verbreitung von Qualität als Führungskonzept und Unternehmensphilosophie. Mit der neuen DIN EN ISO 9004:2009 wird jedoch auch seitens der internationalen Normung ein Leitfaden für solche Organisationen angeboten, die sich beim Streben nach ständiger Leistungsverbesserung weiterentwickeln wollen (vgl. **DIN EN ISO 9000:2005**).

Die Auszeichnungen weisen trotz der Übereinstimmung in wesentlichen Punkten einige spezifische Unterschiede auf, die aus den jeweiligen Kriterienmodellen resultieren und nachfolgend kurz dargestellt werden. Dabei sei noch darauf hingewiesen, dass es sich hier nur um generelle Aussagen handelt. Die Kriterien der Qualitätsauszeichnungen verändern sich teilweise von Jahr zu Jahr, sodass eine verbindliche Aussage nur von den entsprechenden Trägerorganisationen erfolgen kann und dort aktuell eingeholt werden sollte.

Deming Prize

Der Deming Prize ist die älteste Auszeichnung für Unternehmen und Organisationen, der ein umfassendes Qualitätsverständnis zugrunde liegt. Er wurde erstmals 1951 von der Japanese Union of Scientists and Engineers (JUSE) verliehen. In Anerkennung seiner Verdienste um die japanische Wirtschaft wurde die Auszeichnung nach W. Edwards Deming, einem der Begründer der weltweiten Qualitätsbewegung, benannt (vgl. **Deming**).

Der Deming Prize ist besonders auf umfassende Qualitätsanstrengungen im gesamten Unternehmen ausgerichtet und zielt damit direkt auf Total Quality Management als unternehmensweit wirksames Qualitätskonzept ab (vgl. **Total Quality Management**). Wichtigster Aspekt ist dabei das wirkungsvolle und auch wirtschaftliche Erreichen von Unternehmens- und Qualitätszielen, um Produkte und Dienstleistungen zur vereinbarten Zeit, zu einem angemessenen Preis und mit einer vom Kunden akzeptierten Qualität zu erstellen. Eine zentrale Bedeutung wird auch der Ständigen Verbesserung, der Einführung von Qualitätszirkeln sowie der konsequenten Anwendung statistischer Methoden in allen Unternehmensbereichen beigemessen [JUSE 96] (vgl. **Qualitätszirkel**, **Ständige Verbesserung**, **Statistische Prozessregelung**).

Der Deming Prize wird in folgenden Kategorien vergeben:

- Deming Prize for Individuals (an Einzelpersonen)
- Deming Application Prize
  - for Companies (an Unternehmen allgemein)
  - for Small Companies (an Kleinbetriebe)
  - for Divisions (an Bereiche eines größeren Unternehmens)
  - for Overseas Companies (an ausländische Firmen)
- Quality Control Award for Factories (an Unternehmen)
- Japan Quality Medal (seit 1969 an Unternehmen, die vor mindestens fünf Jahren bereits den Deming Application Prize gewonnen haben, aber ihr Qualitätsengagement nochmals deutlich verbessert haben)

Hinsichtlich der möglichen Teilnehmer an der Ausschreibung unterscheidet sich der Deming Prize von anderen nationalen Qualitätsauszeichnungen dadurch, dass sich nicht nur Unternehmen des eigenen Landes, sondern seit 1986 auch ausländische Firmen sowie öffentliche und gemeinnützige Organisationen um den Deming Application Prize und die Japan Quality Medal bewerben können.

Dem Beurteilungsprozess zum Deming Prize liegt kein formales Bewertungsmodell zugrunde, wie es bei anderen Qualitätspreisen regelmäßig der Fall ist. Stattdessen gibt die Japanese Union of Scientists and Engineers (JUSE) eine Checkliste mit Hauptkriterien heraus, die in ihrer Bedeutung erläutert werden. Unterschiedliche Bewertungsgewichtungen der einzelnen Kriterien gibt es nicht. Alle Bewerber, die 70 von maximal 100 erreichbaren Punkten erzielt haben, werden ausgezeichnet. Bewerber, die diesen anspruchsvollen Mindeststandard nicht erfüllt haben, können sich im folgenden Jahr erneut bewerben und werden dann nur in denjenigen Kriterien geprüft, in denen die Punktzahl nicht ausreichend war.

Nachfolgend wird die Checkliste für den Deming Application Prize mit stichpunktartig gefassten Erläuterungen zu den Hauptkriterien wiedergegeben [JUSE 96]:

<u>1. Unternehmenspolitik</u>

- Bedeutung von Qualitätsaspekten für Politik und Strategie
- Prozess zur Festlegung von Qualitätspolitik und -zielen
- Einbeziehung der Mitarbeiter in die Zielfestlegung

- Gewichtung der Qualitätsziele zu anderen Unternehmenszielen
- Klarheit und Verständlichkeit der Qualitätsziele
- Durchgängige Umsetzung der Ziele auf allen Ebenen
- Vorbildfunktion und aktive Führungsrolle des Managements

2. Organisation

- Angemessenheit und Wirksamkeit organisatorischer Regelungen
- Eindeutige Festlegung von Verantwortlichkeiten
- Klare Schnittstellenregelungen zwischen Bereichen
- Mitwirkungs- und Beteiligungsmöglichkeiten für Mitarbeiter
- Unterstützung der Zusammenarbeit von Abteilungen
- Umfang abteilungsübergreifender Teamarbeit
- Ausgestaltung der Beziehungen zu verbundenen Unternehmen

3. Information

- Umgang mit internen und externen Informationen
- Weitergabe von Informationen zwischen Bereichen/Werken
- Datengewinnung, Ableitung von Informationen
- Verwaltung, Schutz und Nutzung von Daten/Informationen
- Einsatz statistischer Analysen und Auswertungen

4. Standardisierung/Normung

- Inhalt und praktische Anwendung von Normen und Regelwerken
- Angemessenheit und Einhaltung
- Vorgehen zur ständigen Aktualisierung
- Gewinnung und Pflege von technologischem Wissen

5. Personalentwicklung, Aus- und Weiterbildung

- Systematische Personalplanung und -entwicklung

- Vermittlung von qualitätsrelevantem Wissen
- Gründlichkeit der Ausbildung für die praktische Anwendung
- Orientierung an statistischen Methoden
- Ausbildung der Mitarbeiter in der Qualitätszirkel-Arbeit
- System für Verbesserungsvorschläge

6. Qualitätssicherungsaktivitäten

- Qualitätssicherung in allen Phasen des Produktlebenszyklus
- Produktsicherheit und Einhaltung gesetzlicher Bestimmungen
- Prozessüberwachung und Ständige Verbesserung
- Untersuchungen zur Prozessfähigkeit
- Wirkungsvolle Prüfungen und Messungen in den Prozessen
- Regelmäßige Überprüfung des Qualitätsmanagementsystems
- Einsatz statistischer Methoden
- Durchführung von Qualitätsuntersuchungen und Audits

7. Steuerung, Überwachung und Regelung

- Steuerungssysteme für Qualität, Kosten und Mengen
- Zyklische Überwachung und Regelung der Qualitätsaktivitäten
- Einsatz statistischer Methoden, z. B. Qualitätsregelkarten
- Steuerungssysteme für Fertigungs- und Geschäftsprozesse

8. Verbesserungsaktivitäten

- Prozess der Ständigen Verbesserung im gesamten Unternehmen
- Anwendung statistischer Methoden
- Gezielte Identifikation von Verbesserungspotenzialen
- Durchführung von Qualitäts- und Prozessanalysen
- Analyse und Bewertung realisierter Verbesserungen
- Stabilisierung über Regelungs- und Kontrollmechanismen

9. Ergebnisse

- Leistungsfähigkeit des gesamten Unternehmens
- Messung finanzieller und nicht finanzieller Geschäftsergebnisse
- Wirksamkeit von Erfolgen hinsichtlich Kundenzufriedenheit
- Instrumente und Verfahren zur Erfolgsmessung
- Bewertung nicht monetär messbarer Erfolge
- Auswirkung der Geschäftstätigkeit auf die Gesellschaft

10. Zukunftsplanung

- Perspektiven für die zukünftige Entwicklung
- Reaktionen auf Veränderungen der Rahmenbedingungen
- Schaffung von Voraussetzungen für Neuerungen
- Anpassung an wechselnde Kundenanforderungen
- Förderung von Plänen für die Zukunft
- Zukünftige Entwicklungen des Qualitätsmanagements
- Umsetzung der langfristigen Pläne des Unternehmens

Malcolm Baldrige National Quality Award (MBNQA)

Der Malcolm Baldrige National Quality Award wurde 1987 vom US-amerikanischen Kongress zur Verbesserung der Wettbewerbsfähigkeit der Wirtschaft per Gesetz ins Leben gerufen. Damit wurde Produkt- und Servicequalität als ein Anliegen von nationaler Bedeutung erkannt. Benannt wurde der Award nach dem 1987 verstorbenen Handelsminister Malcolm Baldrige, der sich um die Gestaltung und politische Durchsetzung der Auszeichnung verdient gemacht hat. Die Preisverleihung erfolgt seit 1988 jährlich durch den Präsidenten der USA, wodurch das hohe Ansehen dieser Auszeichnung unterstrichen wird. Die Entwicklung des Malcolm Baldrige Award erfolgt unter Federführung des National Institute of Standards and Technology (NIST).

Ziel des Malcolm Baldrige Award ist es, das Gedankengut des Total Quality Management zu verbreiten (vgl. **Total Quality Management**). Dazu heißt es in den Ausschreibungsunterlagen: „Es wird beabsichtigt, das Bewusstsein für Qualität als entscheidenden Wettbewerbsfaktor zu stärken, die Notwendigkeit für hervorragende Qualität bewusst zu machen und Informationen über erfolgreiche Qualitätskonzepte und die Vorteile, die aus ihrer Einführung herrühren, publik zu machen“ [NIST 97].

Der Malcolm Baldrige Award fokussiert stark auf Kundenzufriedenheit als wesentliches Qualitätsmerkmal und enthält mit der Betonung von Wettbewerbervergleichen (Benchmarking) ein starkes Konkurrenzelement (vgl. **Kundenorientierung**, **Benchmarking**). In diesem Sinne wird er auch nur an jeweils maximal zwei Bewerber in drei Kategorien verliehen:

- Produzierende Unternehmen
- Dienstleistungsunternehmen
- Kleine Unternehmen mit weniger als 500 Vollzeitbeschäftigten

Dem Beurteilungsprozess für den Malcolm Baldrige Award liegt ein Kriterienmodell zugrunde, das auf einem umfassenden Verständnis von Qualität beruht. Dieses Modell wurde 1997 deutlich weiterentwickelt und besteht aus sieben Haupt- und 20 Einzelkriterien mit expliziten Gewichtungsfaktoren (vgl. Bild 2.47) [NIST 97]. Aufgrund des hohen Detaillierungsgrades wird der Kriterienkatalog von vielen Unternehmen auch als interner Leitfaden zur Selbstbewertung (Quality Assessment, Self-Assessment) auf dem Weg der Umsetzung von Total Quality Management benutzt (vgl. **Selbstbewertung**, **Total Quality Management**).

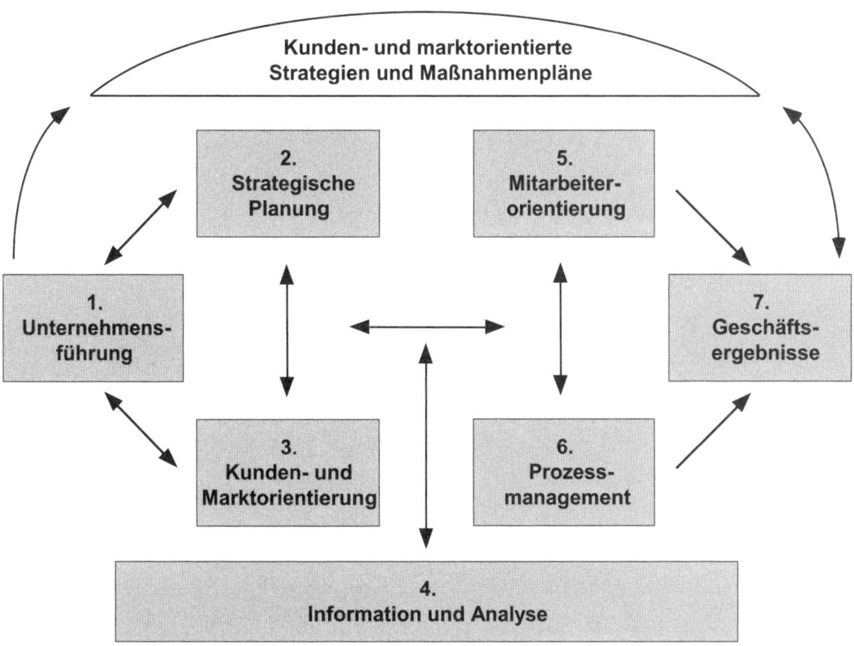

Bild 2.47 Das Modell des Malcolm Baldrige Award

Das Kriterienmodell des Malcolm Baldrige Award basiert auf Grundprinzipien (Core Values), die von vielen Fachleuten als die Säulen des Qualitätsmanagements angesehen werden [Nakhai/Neves 94]. Darüber hinaus ist das Modell auch stark auf Aspekte allgemeiner Unternehmensführung ausgerichtet, um den Gedanken an ganzheitliche Unternehmensqualität, Wettbewerbsfähigkeit und ausgezeichnete Unternehmensführung (Business Excellence) noch deutlicher in den Vordergrund zu stellen.

Nachfolgend wird der Kriterienkatalog für den Malcolm Baldrige Award 1998 wiedergegeben [NIST 97]:

Beurteilungskriterien		max. Punktzahl
1.	**Unternehmensführung**	**110**
	1.1 System und Organisation der Unternehmensführung	80
	1.2 Gesellschaftliche Verantwortung	30
2.	**Strategische Planung**	**80**
	2.1 Entwicklungsprozess der strategischen Planung	40
	2.2 Durchgängigkeit der Unternehmensplanung	40
3.	**Kunden- und Marktorientierung**	**80**
	3.1 Wissen über Kunden und Markt	40
	3.2 Kundenzufriedenheit und Kundenbeziehungen	40
4.	**Information und Analyse**	**80**
	4.1 Auswahl und Nutzung von Informationen und Daten	25
	4.2 Vergleiche mit Wettbewerbern und Benchmarking	15
	4.3 Analyse und Beurteilung der Leistungsfähigkeit auf Unternehmensebene	40
5.	**Mitarbeiterorientierung**	**100**
	5.1 Leistungsfähigkeit des Arbeitssystems	40
	5.2 Aus- und Weiterbildung, Personalentwicklung	30
	5.3 Wohlbefinden und Zufriedenheit der Mitarbeiter	30
6.	**Prozessmanagement**	**100**
	6.1 Management von Produkt- und Dienstleistungsprozessen	60
	6.2 Management von unterstützenden Prozessen	20
	6.3 Prozessmanagement bei Zulieferern und Partnern	20
7.	**Geschäftsergebnisse**	**450**
	7.1 Erzielte Kundenzufriedenheit	125
	7.2 Finanzielle und marktbezogene Geschäftsergebnisse	125
	7.3 Erfolge bei der Mitarbeiterorientierung	50
	7.4 Leistungsniveau der Zusammenarbeit mit Zulieferern und Partnern	25
	7.5 Ergebnisse unternehmensspezifischer Leistungen	125
Erreichbare Punkte insgesamt		**1.000**

Die Bewertung nach dem Modell des Malcolm Baldrige Award erfolgt für die ersten sechs Hauptkriterien über einen zweidimensionalen Ansatz. Dabei wird einerseits die Angemessenheit der verfolgten Konzepte und Maßnahmen zur Erfüllung der Modellforderungen erfasst, andererseits wird auch der Umfang der Anwendung berücksichtigt. Diese beiden Aspekte stehen gleichberechtigt nebeneinander und zielen darauf ab, dass hohe Bewertungsergebnisse nur dann erreicht werden können, wenn ein zielführendes und systematisches Vorgehen im gesamten Unternehmen zur Anwendung kommt. Der Bewertung des Hauptkriteriums „Geschäftsergebnisse" liegt formal ein eindimensionaler Ansatz zugrunde, da lediglich die Qualität der Ergebnisse (realisiertes Leistungsniveau und erkennbare Trends) betrachtet wird. Doch findet hier auch die Bedeutung der erbrachten Leistungen für das Unternehmen Eingang in die Bewertung [Zink 98].

EFQM Excellence Award (EEA)

Vor dem Hintergrund der verstärkten Qualitätsförderung in Japan und in den USA wurde auch eine europäische Qualitätsauszeichnung, der European Quality Award, geschaffen und 1992 erstmals verliehen. Entwickelt wurde diese Auszeichnung von der European Foundation for Quality Management (EFQM) in Zusammenarbeit mit der European Organization for Quality (EOQ) und der Kommission der Europäischen Gemeinschaft [Peacock 92]. Die EFQM mit Sitz in Brüssel ist ein 1988 gegründeter Zusammenschluss von Unternehmen, die das Ziel verfolgen, die Position europäischer Firmen auf dem Weltmarkt zu stärken. Dazu sollen die Bedeutung von Qualität als Erfolgsfaktor und die Akzeptanz von Total Quality Management in den Unternehmen verbreitet werden. Die Auszeichnung – seit 2006 EFQM Excellence Award (EEA) genannt statt bisher European Quality Award (EQA) – wird an solche Unternehmen verliehen, die besondere Anstrengungen auf dem Gebiet von Total Quality Management vorzuweisen haben. Für alle anderen Unternehmen soll er ein Ansporn sein, es diesen „Quality Leaders" gleichzutun [Zink 04].

Grundlage für den EEA ist das EFQM-Excellence-Modell (vgl. Bild 2.48) [EFQM 10]. Es wurde zunächst als stark qualitätsbezogenes Modell eingeführt und in den Jahren 1998 und 1999 grundlegend verändert und 2003 erneut behutsam überarbeitet, um auch die erweiterte Ausrichtung auf hervorragende Leistungen im Wettbewerb auszudrücken. Ende September 2009 veröffentlichte die EFQM in Brüssel die Revision des bisherigen EFQM-Modells.

Das neue, aktuelle EFQM-Modell 2010 ist – wie bisher auch – in neun Hauptkriterien unterteilt und als ein Total Quality Management-Modell zu verstehen, das alle Managementbereiche abdeckt. Es hat zum Ziel, den Anwender zu exzellentem Management und exzellenten Geschäftsergebnissen zu führen. Dabei betrachtet das Modell sowohl die Ergebnisse in Form von vier Ergebniskriterien als auch das, was zu diesen Ergebnissen führt, nämlich fünf sogenannte Befähigerkriterien. Diese

Kriterien sind weiter unterteilt in insgesamt 32 Teilkriterien, zu denen es noch entsprechende Erläuterungen gibt.

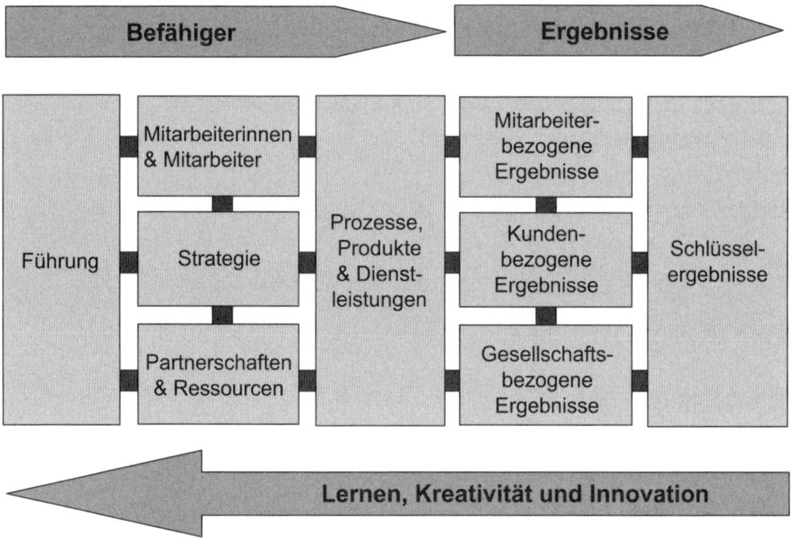

Bild 2.48 Das EFQM-Excellence-Modell 2010

In das EFQM-Modell 2010 wurden neben übergeordneten sprachlichen Anpassungen und der Konsistenz der Kriterien und Ansatzpunkte vor allem auch aktuelle Themen eingearbeitet. Schwerpunkt des EFQM Modells 2010 ist seine managementorientierte Ausrichtung, die die Treiber des nachhaltigen Erfolgs mit ausgewogenen Schlüsselergebnissen unterlegt. Weiterhin werden die Kunden sowie die Wertschöpfung hinsichtlich Produkten und Prozessen stärker in den Blick genommen. Dabei spielt die strategische und nachhaltige Ausrichtung der Prozesse eine große Rolle.

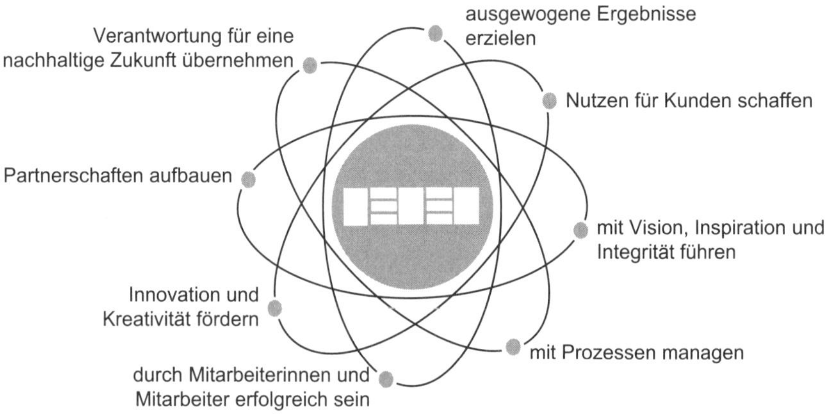

Bild 2.49 Grundkonzepte der Excellence

Ebenfalls überarbeitet wurden die 2003 eingeführten „Grundkonzepte der Excellence" (The Fundamental Concepts of Excellence). Diese sind als Grundprinzipien zu verstehen und definieren die acht wesentlichen Erfolgsfaktoren für Organisationen, um nachhaltige Excellence zu erreichen (vgl. Bild 2.49) [EFQM 10].

Um den EFQM Excellence Award können sich alle europäischen Unternehmen bzw. Organisationen jährlich in vier grundlegenden Kategorien bewerben [EFQM 10]:

- Large Organisation and Business Unit: An einzelne Unternehmen oder eigenständige Unternehmenseinheiten, die als unabhängige Profit Center geführt werden, einen eigenen Umsatz größer 50 % erzielen, mehr als 250 Beschäftigte und einen eigenen Namen sowie eigene Markennamen haben.
- Operational Unit of a Large Organisation: An wesentliche Unternehmensteile mit mehr als 250 Beschäftigten, die sich nicht als selbstständige Unternehmen bewerben können, jedoch als unabhängige Geschäftseinheiten (Cost Center) geführt werden, beispielsweise Fabriken, Montagewerke, Forschungsbereiche oder andere Funktionseinheiten.
- Public Sector (Large or Small): An öffentliche Dienstleistungsbetriebe, die nicht gewinnorientiert arbeiten und nicht dem Unternehmenssteuerrecht unterliegen.
- Small and Medium Sized Enterprise (SME): An gesamte Unternehmen (Independent SME) oder unabhängige Tochtergesellschaften (Subsidiary SME), die weniger als 250 Mitarbeiter beschäftigen.

Die jährliche Vergabe der Auszeichnung erfolgt dann in vier Stufen, die auf jede der vorstehend genannten Unternehmenskategorien angewendet werden können [EFQM 10]:

- Award Winner EEA:

  Ausgezeichnet wird ein Unternehmen bzw. eine Organisation je Kategorie. Es muss jedoch nicht jährlich in jeder Kategorie der EFQM Excellence Award vergeben werden.

- Prize Winner:

  Die Preise können an mehrere Unternehmen, die hervorragende Leistungen auf dem Gebiet des Qualitätsmanagements erbracht haben, verliehen werden.

- Finalist:

  Es können mehrere Finalisten in allen Kategorien ausgezeichnet werden, deren Unternehmen bzw. Organisationen bereits einen hohen Grad der Excellence erreicht haben.

- Recognised for Excellence in EEA:

  Alle Bewerber um den EEA können diese Anerkennung erhalten, wenn sie bereits messbare Fortschritte auf ihrem Weg zu Excellence gemacht haben (mindestens 300 Punkte). Der Schwerpunkt liegt auf der Anerkennung von erfolgreichen Anstrengungen sowie einer strukturierten Vorgehensweise bei der Identifizierung von Stärken und Verbesserungspotenzialen [EFQM 05].

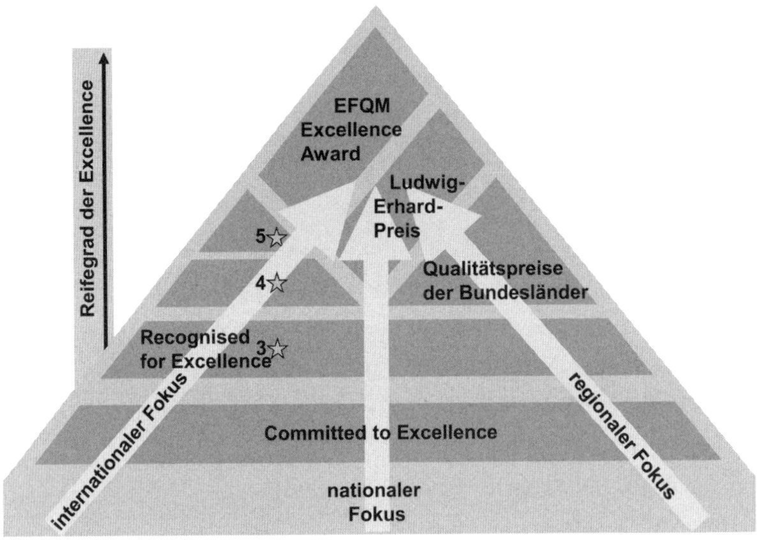

Bild 2.50 Levels of Excellence – Stufen der Excellence

Darüber hinaus vergibt die EFQM bereits für den ersten Schritt zu Excellence eine Urkunde: Erfolgreiche Absolventen müssen eine erste Selbstbewertung nach dem EFQM-Modell durchgeführt, daraus Stärken und Verbesserungspotenziale abgeleitet und für mindestens drei relevante Verbesserungspotenziale Maßnahmenpläne entwickelt und umgesetzt haben. Dieser Schritt auf dem Weg zu Excellence ist nicht an den Jahresrhythmus des EEA gebunden, sondern kann zu jedem beliebigen Zeitpunkt durchlaufen werden. Er ist gleichzeitig die unterste Stufe (Committed to Excellence) im EFQM-Programm „Levels of Excellence – Stufen der Excellence“. Levels of Excellence wurde als europäisches Anerkennungsprogramm ins Leben gerufen. Es bietet einen durchgängigen europäischen Standard für Organisationen und Organisationseinheiten aller Größen und Branchen und ihrer unterschiedlichen Reifegrade. Es dient dazu, auf Erreichtes zurückzublicken und zu noch größeren Leistungen in der Zukunft anzuspornen. Basierend auf dem EFQM-Modell für Excellence und den acht Grundkonzepten der Excellence stellt sich das Programm Levels of Excellence der EFQM in drei Blickrichtungen dar – internationaler, nationaler und regionaler Fokus (vgl. Bild 2.50) [EFQM 05a].

Die einzelnen Kriterien des EFQM Excellence Award ähneln stark denen des Malcolm Baldrige National Quality Award. Es werden allerdings durch eine stärkere Akzentuierung des Themenbereichs der gesellschaftlichen Verantwortung, welcher Aspekte der Lebensqualität, des Umweltschutzes und des Ressourcenschutzes mit in die Bewertung einbezieht, sowie durch die im Zuge der Überarbeitung veränderten Kriterien etwas andere Schwerpunkte gesetzt.

Nachfolgend werden die Kriterien für den EFQM Excellence Award in der Fassung für das Jahr 2010 wiedergegeben. Wie bisher auch, können insgesamt 1000 Punkte erreicht werden [EFQM 10]:

Nr.	Kriterium	Unterkriterien/Spezifikation	Gewichtung
1.	Führung	▪ Führungskräfte entwickeln die Vision, Mission, Werte und ethischen Grundsätze und sind Vorbilder. ▪ Führungskräfte definieren, überprüfen und verbessern das Managementsystem der Organisation. ▪ Führungskräfte befassen sich persönlich mit externen Interessengruppen. ▪ Führungskräfte stärken zusammen mit den Mitarbeiterinnen und Mitarbeitern der Organisation eine Kultur der Excellence. ▪ Führungskräfte gewährleisten, dass die Organisation flexibel ist und Veränderungen effektiv gemanagt werden.	10%
2.	Strategie	▪ Die Strategie beruht auf dem Verständnis der Bedürfnisse und Erwartungen der Interessengruppen und des externen Umfelds. ▪ Die Strategie beruht auf dem Verständnis der eigenen Leistungen und Fertigkeiten. ▪ Die Strategie und unterstützende Leitlinien werden entwickelt, überprüft und aktualisiert, um ökonomische, gesellschaftliche und ökologische Nachhaltigkeit sicherzustellen. ▪ Die Strategie und die unterstützenden Leitlinien werden kommuniziert und durch Pläne, Prozesse und Zielsetzungen umgesetzt.	10%
3.	Mitarbeiterinnen & Mitarbeiter	▪ Personalpläne unterstützen die Strategie der Organisation. ▪ Das Wissen und die Fähigkeiten der Mitarbeiterinnen und Mitarbeiter werden entwickelt. ▪ Mitarbeiterinnen und Mitarbeiter handeln abgestimmt, werden eingebunden und zu selbstständigem Handeln ermächtigt. ▪ Mitarbeiterinnen und Mitarbeiter kommunizieren wirkungsvoll in der gesamten Organisation. ▪ Mitarbeiterinnen und Mitarbeiter werden belohnt, anerkannt und betreut.	10%

Nr.	Kriterium	Unterkriterien/Spezifikation	Gewichtung
4.	Partner-schaften & Ressourcen	▪ Partner und Lieferanten werden zu nachhaltigem Nutzen gemanagt. ▪ Finanzen werden zum nachhaltigen Erfolg gemanagt. ▪ Gebäude, Sachmittel und Material werden zur Unterstützung der Strategie nachhaltig gemanagt. ▪ Technologie wird gemanagt, um die Realisierung der Strategie zu unterstützen. ▪ Informationen und Wissen werden gemanagt, um die effektive Entscheidungsfindung zu unterstützen und um die Fähigkeiten der Organisation aufzubauen.	10%
5.	Prozesse, Produkte & Dienst-leistungen	▪ Prozesse werden entwickelt und gemanagt, um den Nutzen für die Interessengruppen zu optimieren. ▪ Produkte und Dienstleitungen werden entwickelt, um optimale Werte für Kunden zu schaffen. ▪ Produkte und Dienstleistungen werden effektiv beworben und vermarktet. ▪ Produkte und Dienstleistungen werden erstellt, geliefert und gemanagt, um den laufenden Erfolg der Organisation zu sichern. ▪ Kundenbeziehungen werden gemanagt und vertieft.	10%
6.	Kunden-bezogene Ergebnisse	▪ Wahrnehmungen ▪ Leistungsindikatoren	15%
7.	Mitarbeiter-bezogene Ergebnisse	▪ Wahrnehmungen ▪ Leistungsindikatoren	10%
8.	Gesell-schaftsbe-zogene rgebnisse	▪ Wahrnehmungen ▪ Leistungsindikatoren	10%
9.	Schlüssel-ergebnisse	▪ Erfolgsmessgrößen ▪ Schlüsselleistungsindikatoren	15%

Im Beurteilungsprozess für den EFQM Excellence Award werden die eingereichten Unterlagen von speziell ausgebildeten Assessoren bewertet und anschließend einer Jury vorgelegt, die darüber entscheidet, in welchen Unternehmen Audits durchgeführt werden. Die Preisträger werden in einem Schlussreview ermittelt. Zur Neufassung des EFQM-Modells 2000 gehörte auch eine überarbeitete Bewertungsmethode, die sich aus mehreren Schritten zusammensetzt und nach ihren Anfangsbuchstaben „RADAR" genannt wird. Diese Methode wurde für das neue EFQM-Modell 2010 nochmals verändert und zu einem dynamischen Bewertungsinstrument entwickelt, um die Leitungen einer Organisation strukturiert zu messen und Ansätze zur systematischen Verbesserung darzustellen:

- **R**esults (Ergebnisse) spiegeln den Grad der erreichten Excellence wider. Sie sollen positive Trends über Jahre aufweisen, also Nachhaltigkeit auf dem Weg, die gesetzten Ziele zu erreichen. Der erreichte positive Stand muss sich dabei ursächlich auf den Einsatz von Total Quality Management in der Organisation zurückführen lassen.

- **A**pproach (Vorgehen) beschreibt die geplante Vorgehensweise unter Angabe der Gründe. Basis sind die umfassenden Kundenbedürfnisse (Stakeholder Needs). Die Prozessorientierung dient dabei der Unterstützung von Politik und Strategie.
- **D**eployment (Umsetzung) soll systematisch in allen Bereichen der Organisation erfolgen.
- **A**ssessment (Bewertung) der Vorgehensweise und des Standes der erreichten Ergebnisse sowie Initiierung von weiteren Verbesserungsmöglichkeiten.
- **R**eview (Überprüfung) des Umsetzungsweges und der erzielten Ergebnisse und Verbesserungen im Vergleich zu anderen Unternehmen (Benchmarking), um entsprechende Lernaktivitäten einleiten zu können.

Die Bedeutung des EFQM Excellence Award wird durch die Tatsache gemindert, dass bisher noch keine europäische Autorität für die Vergabe der Auszeichnung gefunden wurde, die in allen Ländern der Europäischen Union (Europäische Gemeinschaft) ein gleichermaßen hohes Ansehen genießt. Eine solche Autorität stellt z. B. der Präsident der USA in den USA dar, der den Malcolm Baldrige National Quality Award überreicht. Zur Imagebildung der Auszeichnung ist dies nicht unerheblich.

Ludwig-Erhard-Preis (LEP)

Der Ludwig-Erhard-Preis als Deutscher Qualitätspreis für Spitzenleistungen im Wettbewerb wurde erstmalig 1997 ausgelobt. Er schließt die Lücke zwischen einzelnen Landespreisen (Bayern, Berlin-Brandenburg, Nordrhein-Westfalen, Sachsen, Sachsen-Anhalt, Schleswig-Holstein, Thüringen) und dem Europäischen Qualitätspreis (EFQM Excellence Award). Gleichzeitig ist er in Verbindung mit anderen nationalen Qualitätsauszeichnungen, insbesondere dem Deming Prize (Japan) und dem Malcolm Baldrige National Quality Award (USA), zu sehen.

Benannt ist die Auszeichnung nach dem deutschen Wirtschaftsminister und Bundeskanzler Ludwig Erhard (1897–1977), dem „Vater des Wirtschaftswunders" in der Zeit nach dem Zweiten Weltkrieg. Der Ludwig-Erhard-Preis steht unter der Schirmherrschaft des Deutschen Bundespräsidenten und ist eine Initiative des Vereins Deutscher Ingenieure – Gesellschaft Systementwicklung und Projektgestaltung (VDI-GSP) sowie der Deutschen Gesellschaft für Qualität (DGQ). Weitere Träger sind die Spitzenverbände der deutschen Wirtschaft: Bundesvereinigung der Deutschen Arbeitgeberverbände (BDA), Bundesverband der Deutschen Industrie (BDI), Bundesverband des Deutschen Groß- und Außenhandels (BGA), Deutscher

Industrie- und Handelstag (DIHT), Hauptverband des Deutschen Einzelhandels (HDE) und Zentralverband des Deutschen Handwerks (ZDH). Die Geschäftsführung der Initiativgemeinschaft Ludwig-Erhard-Preis teilen sich VDI-GSP (ungerade Jahre) und DGQ (gerade Jahre).

Mit dem Ludwig-Erhard-Preis werden vorbildliche Unternehmen und Institutionen in Deutschland ausgezeichnet, die durch hervorragende Leistungen nachweislich Spitzenpositionen im internationalen Wettbewerb erzielt haben. Damit sollen Organisationen angeregt werden, sich mit den Besten zu messen, um ihre Wettbewerbs- und Innovationsfähigkeit langfristig zu sichern. Mit dieser Zielsetzung fördert der Ludwig-Erhard-Preis die Auseinandersetzung mit den Ideen des umfassenden Qualitätsmanagements im Sinne von Total Quality Management (TQM) als ganzheitlichem Ansatz der Unternehmensführung (vgl. **Total Quality Management**). Angesprochen ist damit ein breiter Adressatenkreis, zu dem nicht nur Unternehmen aller Branchen und Größen gehören, sondern beispielsweise auch Behörden, Gesundheits- und Bildungseinrichtungen. Die Bewerbungsabsicht zum Ludwig-Erhard-Preis ist mit einem Bewerbungsformular zu erklären, das in der jeweils aktuellen Bewerbungsbroschüre enthalten ist. Die Bewerbungsunterlagen müssen in deutscher Sprache abgefasst sein und dürfen nicht mehr als 75 Seiten umfassen.

Alle Bewerber unterziehen sich dem gleichen Bewertungsverfahren, das auf dem Modell zum Ludwig-Erhard-Preis basiert. Dieses Modell hat inhaltlich das Umsetzungsmodell für Total Quality Management der European Foundation for Quality Management (EFQM) übernommen, das auch der Bewertung für den Europäischen Qualitätspreis (EFQM Excellence Award) zugrunde liegt (vgl. **EFQM Excellence Award**). Unterschiede beschränken sich auf kleinere formale Abweichungen wie die Bezeichnung der Elemente (Hauptkriterien) und die Beschreibung der Unterkriterien [Zink 98].

Das Bewertungsverfahren selbst ist in mehrere Schritte unterteilt. Dabei wird zunächst vom Bewerber eine Selbstbewertung (Self-Assessment) auf der Basis des Kriterienmodells zum Ludwig-Erhard-Preis durchgeführt (vgl. **Selbstbewertung**). Auf dieser Basis wählt eine unabhängige Jury die besten Bewerber als Finalteilnehmer aus. Diese werden dann einer zusätzlichen Vor-Ort-Bewertung durch unabhängige, speziell ausgebildete Assessorenteams unterzogen. Die von den Assessoren erstellten, abschließenden Bewertungsberichte dienen einer Jury zur Festlegung des Gewinners des Ludwig-Erhard-Preises. Weitere überdurchschnittlich erfolgreiche Bewerber werden ebenfalls ausgezeichnet. In der unabhängigen Jury zur Preisvergabe sind neun Führungskräfte aus Groß- und mittelständischen Unternehmen, Banken, Universitäten sowie der Ludwig-Erhard-Stiftung vertreten.

Die Preisverleihung findet jährlich im November in Berlin statt und ist eingebettet in eine Forumsveranstaltung, auf der das Bewertungsmodell des Ludwig-Erhard-Preises sowie die Konzepte erfolgreicher Unternehmen einer breiten Fachöffentlichkeit vorgestellt werden.

Literaturhinweise zur Vertiefung

JUSE - Japanese Union of Scientists and Engineers (Hrsg.):
The Deming Prize Guide for Overseas Companies.
Tokyo/Japan: JUSE Press.

United States Department of Commerce; NIST - National Institute of Standards and Technology (Hrsg.):
Malcolm Baldrige National Quality Award - Award Criteria.
Gaithersburg/MD/USA.

EFQM - European Foundation for Quality Management (Hrsg.):
The EFQM Excellence Award Application Form.
Eindhoven/Niederlande.

DGQ - Deutsche Gesellschaft für Qualität; VDI - Verein Deutscher Ingenieure (Hrsg.):
Bewerbungsbroschüre Ludwig-Erhard-Preis.
Frankfurt/Main und Düsseldorf.

■ Qualitätsbezogene Kosten

Das sogenannte magische Dreieck von Kosten, Zeit und Qualität drückt aus, dass höhere Qualität nur mit höheren Kosten zu erkaufen ist oder eine kürzere Durchlaufzeit schlechtere Qualität bedeuten muss (vgl. Bild 2.51). Das zugrunde liegende Konzept ging von mehr Fehlerverhütung, organisiert von einem verstärkten Qualitätswesen, und dafür weniger Ausschuss und Nacharbeit aus. Damit sollten in erster Linie die „Kosten der Qualität" des Unternehmens auf ein Optimum gebracht und sollte die Aussage untermauert werden, dass ein höherer Aufwand an qualitätssichernden Maßnahmen bis zu einer bestimmten Höhe überproportional Fehlerkosten einsparen kann.

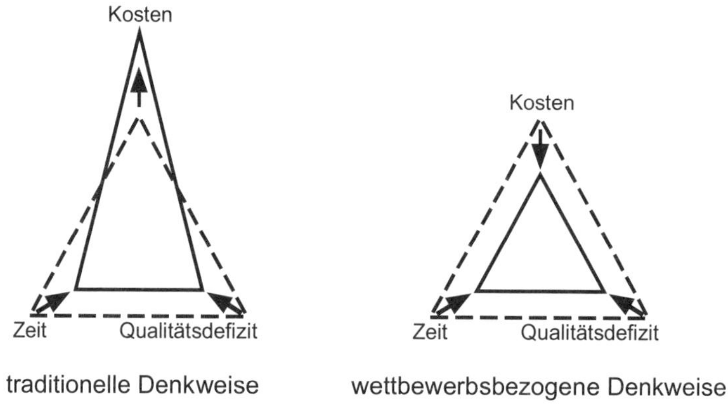

Bild 2.51 Das magische Dreieck von Kosten, Zeit und Qualität

In den folgenden Jahrzehnten verselbstständigte sich der Begriff der „Qualitätskosten“ [Crosby 79, Feigenbaum 83]. In den westlichen Industriestaaten herrschte das Grundverständnis vor, dass Fehler unvermeidbar waren und man sich diese auch leisten konnte – im Gegenteil: Fehler müssten sogar sein, um ein Unternehmen wirtschaftlich führen zu können. Dies bewies die sogenannte Qualitätskostenrechnung, die ihr Minimum, die optimale Qualitätskostenlage, nicht etwa bei „Null-Fehler“ hat (vgl. Bild 2.52).

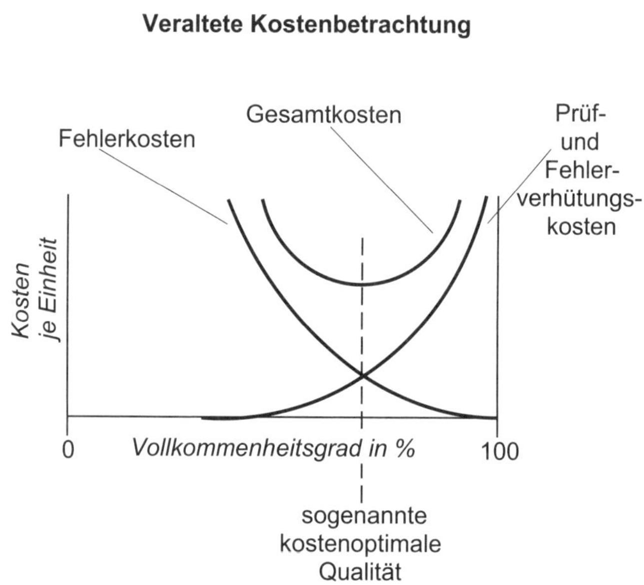

Bild 2.52 Das Konzept der sogenannten Qualitätskosten

Unter dem zunehmenden Wettbewerbsdruck aus Japan, basierend auf einem schlanken Produktionsmanagement (Lean Production), erfolgte eine Abkehr von der Fokussierung auf die optimale Qualitätskostenlage. Vor dem Hintergrund der MIT-Studie, die u. a. das Toyota Production System (TPS) als Referenzmodell einer exzellenten Betriebsführung aufzeigte, setzte sich die Null-Fehler-Theorie von Crosby immer stärker durch (vgl. **Crosby**, **Null-Fehler-Programm**, **Toyota Production System**). Damit hatte auch die klassische „Qualitätskostenrechnung" ausgedient, die von der Betriebswirtschaftslehre ohnehin nie wirklich angenommen worden war. Realistischerweise wurde nun jeder einzelne Mitarbeiter im Unternehmen für Qualität zuständig und verantwortlich gemacht. Diese neue Denkweise trifft mittlerweile auf einen breiten Konsens.

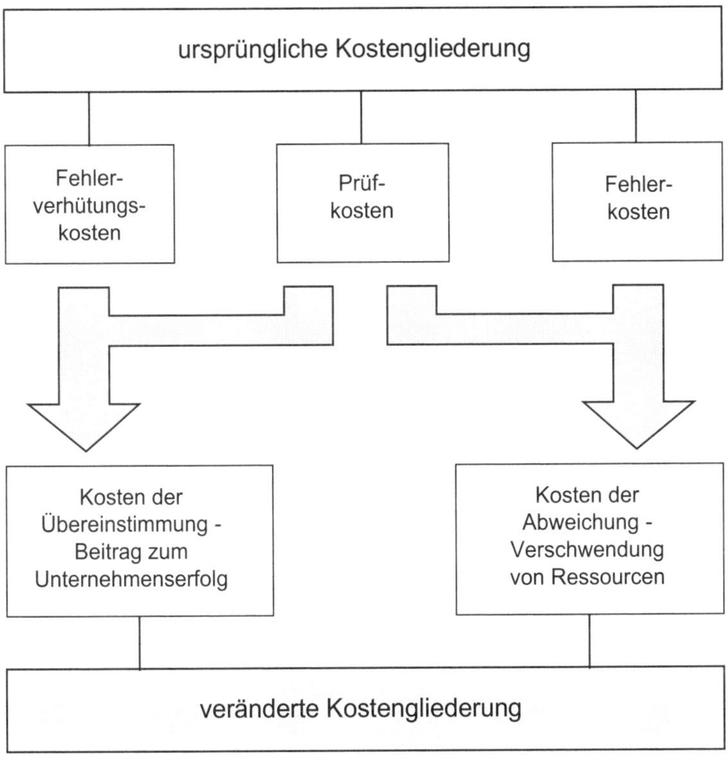

Bild 2.53 Ansatz einer Neugliederung qualitätsbezogener Kosten

Die betriebswirtschaftliche Kostenrechnung sucht noch immer nach neuen Wegen bei der Betrachtung von Qualität und Kosten. Eine erste Konkretisierung war die Auflösung der ursprünglichen Dreiteilung (Fehlerverhütungs-, Prüf- und Fehlerkosten) mit einer neuen Zusammenführung zu den erwünschten und geplanten Kosten der Übereinstimmung sowie den ungewollten und ungeplanten Kosten der Abweichung (vgl. Bild 2.53) [Wildemann 92]. Dadurch erweitert sich jedoch der Umfang der Kostenerfassung nicht in der erforderlichen Weise, sodass die Wertschöpfungskette auch nicht in ihrer Gesamtheit darstellbar ist. Dies lässt sich erreichen, indem die Erwartungen des Kunden auf das Geschehen im Unternehmen projiziert werden. Dafür genügt jedoch eine reine Kostenbetrachtung nicht mehr, sondern sie sollte überlagert werden von dem damit erzielbaren Wert bzw. Nutzen für den Kunden.

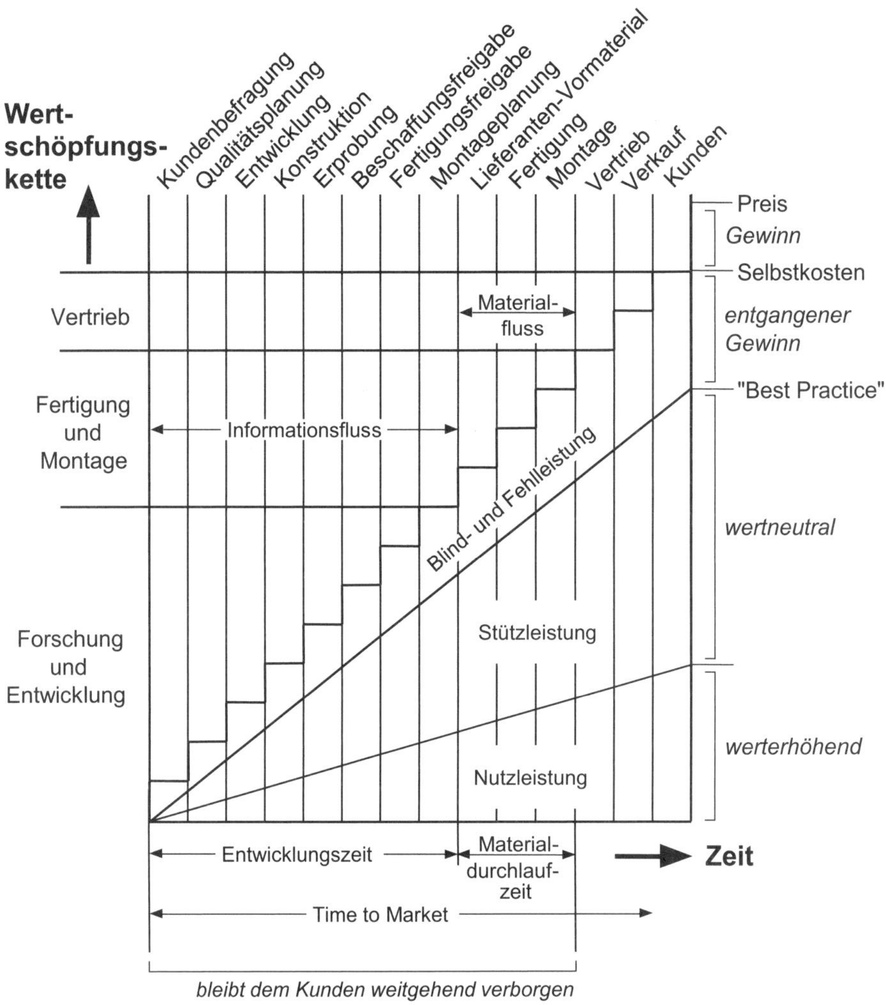

Bild 2.54 Wertschöpfungskette

Eine zweckmäßige Unterteilung der Leistung des Unternehmens, z. B. in Nutz-, Stütz-, Blind- und Fehlleistung, macht hier klar, welche Geschäftsprozesse aus Kundensicht tatsächlich wertschöpfender Art sind (vgl. **Fehlleistungsaufwand**). Dabei lassen sich die einzelnen Leistungsarten in der Wertschöpfungskette wie folgt erläutern [Tomys 94]:

- Nutzleistung: geplant, werterhöhend (z. B. Bearbeitungsoperationen, Veredelungsprozesse, Montagevorgänge);
- Stützleistung: geplant, nicht werterhöhend (z. B. Arbeitsvorbereitung, Rüstvorgänge, Einlege- und Entnahmetätigkeiten, Prüfungen zur Qualitätsregelung, Werkzeugwechsel);
- Blindleistung: nicht geplant, nicht werterhöhend (z. B. auf fehlendes Material oder Werkzeug wartende Mitarbeiter, Maschinenstörung, Überproduktion, Sortierprüfungen);
- Fehlleistung: nicht geplant, wertmindernd (führt zu Nacharbeit) oder wertvernichtend (führt zu Ausschuss).

Auf diese Weise lässt sich die Wertschöpfungskette im gesamten Unternehmen charakterisieren (vgl. Bild 2.54). Auch lassen sich die zu Verlusten führenden Verschwendungen erkennen, sodass vorbeugende, fehler- und kostenvermeidende Maßnahmen getroffen werden können.

Somit schließt sich der Kreis: Qualität der Arbeit jedes einzelnen Mitarbeiters, Qualität der Prozesse und schließlich des gesamten Unternehmens ergeben wie selbstverständlich Erzeugnisse hoher Qualität zu angemessenen Kosten, die nun mit Recht als qualitätsbezogen bezeichnet werden können. Maßnahmen, die eine Ständige Verbesserung bewirken – die sogenannten Qualitätstreiber – sorgen für eine hohe Kapitalrentabilität, den Return on Investment (RoI) (vgl. **Qualitätstreiber**). Ähnliches hat bereits W. Edwards Deming in seiner Reaktionskette zum Ausdruck gebracht (vgl. **Demingsche Reaktionskette**). Im übertragenen Sinne, aber auch zur Verdeutlichung der ursprünglichen Zusammenhänge ist dies der Qualitätsrentabilität, dem Return on Quality (RoQ) , gleichzusetzen. Vor diesem Hintergrund existieren qualitätsbezogene Kosten nicht etwa nur am Rande der eigentlichen Kostenrechnung, sondern repräsentieren die Aufwände entlang der Wertschöpfungskette, die bei qualitätsorientierter Unternehmensführung entstehen [Kamiske 07].

Literaturhinweise zur Vertiefung

Kamiske, G. F.:
Qualitätswissenschaft für Manager.
2. Aufl., Norderstedt: BoD Verlag 2006.

Geiger, W.; Kotte, W.:
Handbuch Qualität.
5. Aufl., Wiesbaden: Vieweg Verlag 2008.

Jochem, R.:
Was kostet Qualität? Wirtschaftlichkeit von Qualität ermitteln.
München: Carl Hanser Verlag 2010.

Qualitätscontrolling

Ohne Inhalt und Umfang des Controllingbegriffs in betriebswirtschaftlichem Sinne zu diskutieren, ist zunächst festzuhalten, dass Qualität endgültig als wettbewerbsentscheidender Erfolgsfaktor erkannt wurde. Infolgedessen entwickelte sich in jüngerer Zeit neben verschiedenen bereits bestehenden Controllingansätzen zu einzelnen Teilaspekten des Unternehmens das Qualitätscontrolling [Wildemann 96, Horváth 97].

Abgeleitet aus den beiden Bestandteilen des Begriffs lässt sich Qualitätscontrolling gleichzeitig als Teil des Controllingsystems wie auch des Qualitätsmanagements in einem Unternehmen verstehen. Die generellen Aufgaben des Qualitätscontrollings bestehen in der Unterstützung der Unternehmensleitung bei der Entscheidungsfindung im Hinblick auf kunden- und wettbewerbsgerechte Qualität sowie in der Erweiterung des eher technisch geprägten Qualitätsmanagements um wirtschaftliche Aspekte. Hinzu kommt die gezielte Informationsversorgung von Geschäftsprozessen sowie eine entsprechende Planung und Überwachung zur Sicherstellung von Wirksamkeit (Effektivität) und Wirtschaftlichkeit (Effizienz) der Maßnahmen des Qualitätsmanagements. Ziel des Qualitätscontrollings ist es also, unternehmensweit qualitätsrelevante Prozesse so zu koordinieren, dass hohe Qualität bei gleichzeitig wettbewerbsfähigen Kosten erreicht und Veränderungen, möglichst Verbesserungen, der Prozesse gemessen und bewertet werden können. Vor diesem Hintergrund ergibt sich für das Qualitätscontrolling – wie auch für das Qualitätsmanagement – eine Einordnung als Querschnittsfunktion im Unternehmen, wobei sich nach der Reichweite in strategisches bzw. operatives Qualitätscontrolling unterscheiden lässt.

Das strategische Qualitätscontrolling ist auf die langfristige Sicherung des Unternehmens in einer sich schnell verändernden Umwelt ausgerichtet. Es werden langfristig wirkende Qualitätsziele vorgegeben, die auf umfassenden Untersuchungen des Marktes, der Wettbewerber und des eigenen Unternehmens mit seinen Stärken und Schwächen basieren. Dazu müssen die zukünftigen Anforderungen der potenziellen Kunden und die Stärken der Wettbewerber richtig eingeschätzt werden, um Ziele und Potenziale der Qualität für das eigene Unternehmen in einer geeigneten Qualitätsstrategie zum Ausdruck bringen zu können. Die nicht monetären Kennzahlen bilden dabei die Grundlage für entsprechende monetäre Zielgrößen.

Das operative Qualitätscontrolling zielt auf die möglichst wirtschaftliche Umsetzung der Qualitätsstrategie, wie sie im Rahmen des strategischen Qualitätscontrollings entwickelt wurde. Zielgrößen sind z. B. Gewinn, Wirtschaftlichkeit und Rentabilität, betrachtet unter Qualitätsaspekten. Es beschäftigt sich vornehmlich mit unternehmensinternen, qualitätsorientierten Prozessen und deren Kennzahlen, um Aussagen über deren erzielte Wertschöpfung zu erhalten [Eversheim et al. 98]. Qualitätskennzahlen im Sinne des operativen Qualitätscontrollings beziehen sich vor allem auf monetäre Größen und dienen dazu, die Wertschöpfungskette transparent zu machen und die nicht werterhöhenden Bestandteile zu identifizieren (vgl. **Fehlleistungsaufwand**). Dies geschieht zunächst auf der Grundlage von Qualitätsmerkmalen, die basierend auf Kundenanforderungen und Wettbewerbsbedingungen festzulegen sind. Die Qualitätsmerkmale für Produkte und Prozesse müssen dabei in ausreichendem Maße operationalisierbar sein, um sich als Beurteilungsmaßstab für erzielte Ergebnisse zu eignen und die Bildung entsprechender Qualitätskennzahlen zu ermöglichen. Damit ist das Qualitätscontrolling nicht nur auf eine vorausschauende Fehlervermeidung, sondern auch auf eine frühzeitige Fehlerkennung ausgerichtet [Wolter 97].

Um die auch im Rahmen des Qualitätscontrollings notwendige interdisziplinäre Zusammenarbeit zwischen den verschiedenen, an Planung und Entwicklung beteiligten Bereichen des Unternehmens zu gewährleisten, lassen sich entsprechende Methoden des Quality Engineering anwenden, wie beispielsweise Simultaneous Engineering, Fehlermöglichkeits- und -einflussanalyse, Quality Function Deployment und Benchmarking (vgl. **Benchmarking**, **Fehlermöglichkeits- und -einflussanalyse**, **Quality Function Deployment**, **Simultaneous Engineering und Quality Engineering**). In diesem Zusammenhang wird nicht mehr nach einzelnen Aktivitäten unterschieden, die von getrennten Abteilungen wahrzunehmen sind. Vielmehr setzt sich immer stärker eine prozessorientierte Sichtweise durch, die zusammenhängende Tätigkeiten auch als Wertschöpfungskette im Sinne von Geschäftsprozessen betrachtet (vgl. **Prozessorientierung**).

Zusammenfassend ist festzuhalten, dass die wichtigste Aufgabe des Qualitätscontrollings in der Bereitstellung von Kennzahlen besteht, die das Qualitätsgeschehen mit der Kostenseite in Verbindung bringen sowie den Fortschritt auf dem Weg zu

Total Quality Management messen (vgl. **Total Quality Management**). Diese Aufgabe kann von herkömmlichen Kostenrechnungs- und Kennzahlensystemen in der Regel nicht ausreichend abgebildet bzw. gelöst werden, da sich diese nicht an den Erfordernissen des Qualitätsmanagements orientieren.

Es stehen jedoch mehrere geeignete Verfahren zur Verfügung, mit deren Hilfe Aussagen über qualitätsorientierte Prozesse und deren erzielte Wertschöpfung getroffen werden können. Beispielhaft werden einige dieser teilweise sehr neuen Verfahren nachfolgend kurz skizziert. Dabei hat sich erst allmählich die Erkenntnis durchgesetzt, dass zur Steuerung von Unternehmen noch andere als monetäre Kennzahlen von Bedeutung sind, die sich schließlich auch in der Bilanz auswirken.

Wenige kennen den weisen Vortrag von Dr. Deming vor Studenten der Betriebswirtschaft an der Utah State University von 1983:

„Unter Ihnen sind Studenten mit dem Hauptfach Finanzwissenschaft. ... Nun, in zehn bis 15 Jahren werden Sie es wissen, dass die wichtigsten Zahlen die Zahlen sind, die unbekannt oder unerkennbar bleiben. Wie ermittelt man die Multiplikatorwirkung eines zufriedenen Kunden? Ist er in Ihren Zahlen repräsentiert? Haben Sie das während Ihres Studiums gelernt? Wie steht es um die Multiplikatorwirkung des Einsatzes von besseren Materialien in der Produktion? Wie steht es um die Multiplikatorwirkung, die sich am Fließband erzielen lässt? Kennen Sie die? Sie kennen sie nicht. Wie steht es um den Multiplikatoreffekt des Konzeptes insgesamt, überall bessere Arbeit zu leisten? Wenn Sie sich anschicken, ein Unternehmen ohne diese Zahlen zu leiten, werden Sie bald kein Unternehmen mehr zu leiten haben.“

Balanced Scorecard (BSC)

Die Balanced Scorecard (deutsch: ausgewogener Berichtsbogen) ist ein Konzept zur Entwicklung eines unternehmensindividuellen Kennzahlensystems, entstanden in der ersten Hälfte der 1990er-Jahre.

Generell lässt sich unter einem Kennzahlensystem eine Zusammenstellung von quantitativen Variablen verstehen, wodurch ein Soll-Ist-Vergleich zwischen geplanten und erreichten Werten bzw. Ergebnissen möglich wird.

Ziel der Balanced Scorecard ist es, das Umsetzen der Unternehmensstrategie anhand eines Kennzahlensystems mit den vier Grundperspektiven Finanzen, Kunden, Prozesse sowie Mitarbeiter umfassend und ausgewogen beurteilen zu können [Kaplan/Norton 96]. Anhand der Kennzahlen aus der Finanzperspektive können die Unternehmensleitung und die Anteilseigner beurteilen, ob die Unternehmensaktivitäten zu einer Ergebnisverbesserung geführt haben. Dazu werden betriebswirtschaftliche Kennzahlen wie Eigenkapitalrendite, Umsatzwachstum und Cash-flow verwendet. Die Kundenperspektive zeigt, wie der externe Kunde die Unternehmensleistung beurteilt. Typische Kennzahlen sind hier die aus der Sicht des Kunden bewertete Lieferpünktlichkeit und der Kundenzufriedenheitsindex. Kennzahlen aus der Prozessperspektive zeigen, wie effizient die Unternehmensprozesse ablaufen. Verwendet werden insbesondere Produktivitäts- und Durchlaufkennzahlen sowie Kennzahlen für die Qualität. Die Mitarbeiterperspektive informiert über die technischen Kernkompetenzen des Unternehmens sowie über Fachwissen und Innovationspotenziale seiner Mitarbeiter. Wesentliche Kennzahlen sind die Bearbeitungszeit bis zur Produktreife, der Umsatzanteil der Neuprodukte oder die Anzahl der in den Verbesserungsprojekten beteiligten Mitarbeiter.

Insgesamt ist die Beurteilung der Unternehmensergebnisse anhand verschiedener Perspektiven unter deutlicher Einbeziehung nicht monetärer Faktoren in der Balanced Scorecard ein neuer Aspekt im Bereich des Qualitätscontrollings. Damit wird bereits eine Annäherung an das Grundverständnis des Total Quality Management und die Kriterien des EFQM-Modells erzielt (vgl. **Qualitätsauszeichnungen**, **Total Quality Management**, **TQM-Scorecard**).

Prozesskostenrechnung

Der Grundgedanke der Prozesskostenrechnung ist es, den Block der Gemeinkosten im indirekten Bereich (Verwaltung) verursachungsgerecht anstelle der Zuschlagskalkulation auf die Leistungen zu verrechnen und so leistungswirtschaftliche Beziehungen zwischen Ressourcen und Produkten aufzudecken. Daraus ergeben sich als Hauptzielsetzungen der Prozesskostenrechnung die Erhöhung der Kostentransparenz in den indirekten Leistungsbereichen, die Verbesserung der Produktkalkulation, die verursachungsgerechte Zuordnung der Gemeinkosten sowie die Aufdeckung von Potenzialen zum effizienteren Ressourceneinsatz [Horváth 97].

Der Ansatz der Prozesskostenrechnung existiert seit den 1980er-Jahren und wird auch aktivitätsorientierte Kostenrechnung genannt. Entsprechend ist im angloamerikanischen Sprachraum die Bezeichnung Activity-Based Costing verbreitet, obwohl es sich hierbei eigentlich um eine Variante handelt [Cooper/Kaplan 93].

Wesentlicher Unterschied der Prozesskostenrechnung gegenüber traditionellen Kostenrechnungssystemen ist die Verwendung direkter Bezugsgrößen (Maßgrößen). Die Bezugsgrößen entsprechen in der Regel den sogenannten Kostentreibern (Cost Driver). Dies sind Faktoren, die den größten Einfluss auf die Kosten eines Prozesses haben (kostenverursachende Größen). Ein Prozess kann dabei die Herstellung eines Produktes oder auch die Erbringung einer Dienstleistung zum Ziel haben. Grundsätzlich wird bei der Prozesskostenrechnung das Unternehmen als Summe vieler Aktivitäten bzw. Prozesse angesehen, deren Kosten und Leistungen sich auf direkte

Bezugsgrößen zurückführen lassen. Somit ergeben sich die Kosten eines Produktes (oder einer Leistung) aus der Summe der Kosten aller Prozesse, die bei der Produktion dieses Produktes entstanden sind.

Vor diesem Hintergrund läuft die Prozesskostenrechnung in der Regel nach einem aus vier Schritten bestehenden Schema ab: Analysieren der Tätigkeiten bzw. Prozesse, Identifizieren von Kostentreibern, Ermitteln von Prozessmengen und Kalkulieren der Prozesskosten [Coenenberg/Fischer 91, Horváth 97].

Bei dieser Vorgehensweise ist die Analyse der Prozesse (Tätigkeitsanalyse) der aufwendigste Schritt und wird auch als Dekomposition bezeichnet (vgl. **Prozessorientierung**). Ausgangspunkt ist dabei die genaue Darstellung der Tätigkeiten in den Gemeinkostenbereichen und ihre Zerlegung in Hauptprozesse, die dann weiter in Teilprozesse und einzelne Aktivitäten bzw. Arbeitsgänge (vergleichbar mit Kostenstellen in den Produktionsbereichen) aufgeschlüsselt werden. Hierbei können möglicherweise vorliegende Ergebnisse einer Gemeinkostenwertanalyse oder eines Zero-Base-Budgeting wertvolle Unterstützung bieten.

Im Rahmen des Qualitätscontrollings stellt die Prozesskostenrechnung ein wichtiges Instrument zur Analyse und Steuerung der Gemeinkosten dar. Weiterhin dient sie als Hilfsmittel, um neben dem werterhöhenden Anteil der Nutzleistung den Anteil von Stütz-, Blind- und Fehlleistung zu erkennen [Tomys 94] (vgl. **Fehlleistungsaufwand**).

Target Costing/Zielkostenrechnung

Target Costing lässt sich prinzipiell als Kostenplanungssystem beschreiben, bei dem die Planwerte für die Produktkosten (Zielkosten/Target Costs) nicht vergangenheitsbezogen ermittelt (herstellerorientierter Ansatz), sondern aus dem am Markt voraussichtlich erzielbaren Preis in einem systematischen Prozess abgeleitet werden (wettbewerbsorientierter Ansatz).

Herstellerorientierter Ansatz:

Preis = Kosten + Gewinn

Wettbewerbsorientierter Ansatz:

Preis - Plangewinn = Zielkosten

Ausgehend von den Kundenerwartungen und einer vom Unternehmen gewünschten Zielrendite werden beim Target Costing die erlaubten Kosten auf die einzelnen Produktkomponenten heruntergebrochen und den entsprechenden Stufen im Entwicklungsprozess zugeordnet. Dadurch wird schon sehr früh im Entwurfsstadium ersichtlich, ob ein Produkt mit seinen Qualitätsforderungen zu einem konkurrenzfähigen Preis am Markt angeboten werden kann. Hierbei können die Zielkosten entweder unmittelbar und pragmatisch aus der Fortschreibung der Produktstruktur abgeleitet oder in einem stärker auf die Kundenanforderungen ausgerichteten Verfahren ermittelt werden. Dabei kommen dann Instrumente der Marktforschung, wie beispielsweise Conjoint Measurement, zum Einsatz, sodass die Kostenstrukturen des zu entwickelnden Produkts entsprechend der Kundenpräferenz bestimmt werden. Die so ermittelten Daten können im weiteren Entwicklungsverlauf Eingang in die Qualitätsplanung mittels Quality Function Deployment finden (vgl. **Quality Function Deployment**).

TQM-Scorecard

Die TQM-Scorecard ist ein Konzept zum Entwurf eines qualitätsorientierten, ausgewogenen Kennzahlensystems, das die Ziele in den verschiedenen Unternehmensbereichen messbar und die verfolgte Strategie für alle Mitarbeiter auf den verschiedenen Hierarchieebenen verständlich macht. Grundlage der Ziele sind die Kriterien des EFQM-Modells (vgl. **Qualitätsauszeichnungen**). Durch den zweiteiligen Aufbau der TQM-Scorecard mit einer Führungs-Scorecard für die Unternehmensleitung und einer Systementfaltung als Vorgehen zur Definition von Scorecards durch die Mitarbeiter werden finanzielle und nicht finanzielle Kennzahlen verbunden. Leicht zeitverschoben zum Konzept der Balanced Scorecard wurde die TQM-Scorecard an der Technischen Universität Berlin entwickelt [Wolter 02]. Sie ist in das Berliner TQM-Umsetzungsmodell eingebettet (vgl. **Balanced Scorecard, Berliner TQM-Umsetzungsmodell**).

Hauptzielsetzung der TQM-Scorecard ist die Verbesserung des langfristigen Geschäftserfolges. Auf der darunter liegenden ersten Zielstufe der Führungs-Scorecard stehen die drei Ziele Kundenzufriedenheit, Mitarbeiterzufriedenheit und Image, die aus der jeweiligen Sicht anhand bestimmter Merkmale erfasst werden können. Beispielsweise wird die Kundenzufriedenheit u. a. durch Merkmale des Produktes und der Serviceleistung bestimmt. Diese Merkmale sind die Unterziele der Zufriedenheitsziele und werden durch die Hauptprozesse des Unternehmens erreicht, die auf der zweiten Zielstufe des TQM-Zielsystems stehen. Entlang der Wertschöpfungskette Marketing, Forschung und Entwicklung, Fertigung sowie Vertrieb lassen sich diese Hauptprozesse weiter unterteilen in jeweils ihnen zugeordnete Unterprozesse auf der dritten Zielstufe. Diese lassen sich wiederum in einzelne Teilprozesse bis zu individuellen Tätigkeiten untergliedern und bilden damit die vierte Stufe. Für jeden einzelnen Prozess müssen vom Unternehmen Ziele für Prozessqualität, Durchlaufzeit und Prozesskosten definiert werden. Diese Vorgaben sind zeitlich veränderlich, sodass hier die Fähigkeit zur Prozessverbesserung als strategische Forderung berücksichtigt ist (vgl. **Ständige Verbesserung**).

Die Systementfaltung als zweiter Bestandteil der TQM-Scorecard erfolgt einerseits ausgehend von den strategischen Hauptzielen auf der Leitungsebene des Unternehmens bis zu den einzelnen Tätigkeitszielen auf der operativen Ebene. Andererseits müssen die verschiedenen Ziele auf einer Ebene zur Erreichung des übergeordneten Ziels aufeinander abgestimmt werden. Dies ist insbesondere dann erforderlich, wenn sich zwei Ziele gegenseitig behindern, was in der betrieblichen Praxis häufig in Form konkurrierender Abteilungsziele auftritt.

Insgesamt wird das Konzept der TQM-Scorecard durch seine klare Ausrichtung an den Kriterien des EFQM Excellence Award, dem von europäischen Unternehmen anerkannten „EFQM Excellence Model" (EFQM-Modell), zu einem Instrument für Planung, Steuerung und Messung des Erfolges von Total Quality Management (vgl. **Qualitätsauszeichnungen**, **Total Quality Management**).

Wertanalyse (WA)/Value Engineering (VE)

Die Wertanalyse kann als eine vom Produkt unabhängige, systematische Methode zur Problemerkennung und -lösung betrachtet werden, um den vom Kunden bzw. Anwender gewünschten Nutzen mit den geringstmöglichen Kosten zu realisieren, ohne dabei Qualität, Zuverlässigkeit und Marktfähigkeit negativ zu beeinflussen. In den 1940er- und 1950er-Jahren in den USA zur Senkung der Kosten entwickelt, ist die Wertanalyse heute auch in Deutschland weit verbreitet. Die im angloamerikanischen Sprachgebrauch verwendeten Bezeichnungen Value Engineering/Analysis/Assurance/Control und Value Improvement lassen sich zwar nuancenhaft unterscheiden, werden aber in allgemeiner Übereinstimmung unter dem Oberbegriff Value Engineering zusammengefasst, der direkt dem Ausdruck Wertanalyse entspricht [Hoffmann 93].

Die Wertanalyse war ursprünglich auf die Massenfertigung als Anwendungsgebiet ausgerichtet. Der Produktionsbereich einschließlich Kleinserien- und Einzelfertigung ist bis heute ein Schwerpunkt geblieben, jedoch wird die Wertanalyse auch erfolgreich in anderen Gebieten wie beispielsweise Qualität, Verkauf oder Marktforschung angewendet. Als Sonderform wird im Rahmen der Gemeinkostenwertanalyse (GWA) auch speziell der administrative Bereich (Verwaltung) betrachtet.

Der beste Zeitpunkt für den Einsatz der Wertanalyse liegt möglichst früh im Produktentstehungsprozess, also in der Entwurfs- und Planungsphase, da hier die größte Kostenbeeinflussung möglich ist. Unnötige Kosten, also Fehlleistungen bzw. Verschwendung, sollen erkannt und vermieden werden.

Dazu dient eine systematische Vorgehensweise in fünf Phasen, der Wertanalyse-Arbeitsplan. Er wird von den etwa fünf bis sechs Mitgliedern eines interdisziplinär besetzten Wertanalyse-Teams abgearbeitet. In der Informationsphase geht es zunächst um die Beschaffung von Grundlageninformationen über die wichtigen Funktionen und ihre Bewertung mit Kosten. In der anschließenden schöpferischen Phase werden unter Anwendung von Kreativitätstechniken wie beispielsweise Brainstorming möglichst viele Ideen hervorgebracht und Alternativen zur Erfüllung der geforderten Funktionen entwickelt (vgl. **Brainstorming**). Die genaue Untersuchung der Alternativen sowie ihre technische und kostenmäßige Überprüfung werden in der Bewertungsphase vorgenommen. Alle in Betracht gezogenen Alternativen werden in der Planungsphase insbesondere unter Berücksichtigung des eventuell notwendigen zusätzlichen Zeitbedarfs detailliert. In der abschließenden Vorschlagsphase wird eine Alternative ausgewählt und einschließlich genauer Kalkulationen der Entwicklungskosten sowie der erwarteten Einsparungen präsentiert.

Als messbare Ergebnisse der Wertanalyse werden allgemein Einsparungen von 10 % oder mehr angegeben [Hoffmann 93]. Hinzu kommen nur schwer quantifizierbare positive Auswirkungen, beispielsweise bessere Zusammenarbeit zwischen einzelnen Bereichen bzw. Abteilungen, gestiegenes Kostenbewusstsein sowie Transparenz der Abläufe und offener Informationsfluss im Unternehmen.

Insgesamt kann die Wertanalyse als gut strukturiertes, transparentes Verfahren bezeichnet werden, das auf kurze und mittelfristige Kostensenkung ausgerichtet ist. Auch zur Lösung krisenhafter Situationen durch strenge Kosteneinsparungsziele einsetzbar, nimmt es aber keine strategiegerichtete Neuverteilung der Mittel vor, wie es beispielsweise beim Zero-Base-Budgeting der Fall ist (vgl. **Zero-Base-Budgeting**).

Zero-Base-Budgeting (ZBB)

Das Hauptziel des in den 1960er-Jahren entwickelten Verfahrens des Zero-Base-Budgeting ist der rationelle Einsatz verfügbarer Mittel im Hinblick auf das Unternehmensziel. Dies wird nicht durch eine Gemeinkostensenkung im operativen Bereich unter Beibehaltung bestehender Strukturen erreicht, sondern durch eine Umverteilung der finanziellen Ressourcen von weniger wichtigen auf wichtigere Aufgaben. Dazu sind sämtliche Aktivitäten bzw. Prozesse in einem Unternehmen neu zu gestalten, als ob das Unternehmen selbst neu errichtet würde. Das bisher vorhandene Kosten-Mengen-Gerüst wird im Gegensatz zu anderen Verfahren als durchaus veränderlich angesehen. In jedem Bereich des Unternehmens wird in einer neun Schritte umfassenden Analyse geprüft, ob und in welcher Qualität die Leistungen am kostengünstigsten erbracht werden können. Damit stellt sich Zero-Base-Budgeting als eher komplexes Verfahren dar, das einen hohen Zeitaufwand erfordert und deshalb für mittel- bis langfristige Kosteneinsparungen anzuwenden ist. Vorteilhaft sind vor allem die gute Strukturierung und Transparenz sowie die Unterstützungsfunktion im Hinblick auf strategische Ziele [Horváth/Reichmann 93].

Literaturhinweise zur Vertiefung

Horváth & Partner (Hrsg.):
Qualitätscontrolling.
2. Aufl., Stuttgart: Schäffer-Poeschel Verlag 1997.

Horváth, P. (Hrsg.):
Target Costing.
Stuttgart: C. E. Poeschel Verlag 1993.

Olshagen, Chr.:
Prozesskostenrechnung: Aufbau und Einsatz.
Wiesbaden: Gabler Verlag 1991.

Hoffmann, H. J.:
Wertanalyse.
München: Wirtschaftsverlag Langen-Müller/Herbig 1993.

Kamiske, G. F. (Hrsg.):
Rentabel durch TQM.
Berlin: Springer-Verlag 1996.

Wildemann, H. (Hrsg.):
Controlling im TQM.
Berlin: Springer-Verlag 1996.

Eversheim, W. (Hrsg.):
Prozessorientiertes Qualitätscontrolling – Qualität messbar machen.
Berlin: Springer Verlag 1997.

Bruhn, M:
Wirtschaftlichkeit des Qualitätsmanagements – Qualitätscontrolling für Dienstleistungen.
Berlin: Springer Verlag 1998.

Wilmes, D.; Ratke, Ph.; Aurich, M.:
TQM-gerechtes Controlling.
In: Kamiske, G. F. (Hrsg.): Reihe Pocket Power.
2. Aufl., München: Carl Hanser Verlag 2000.

Wolter, O.:
TQM-Scorecard.
In: Kamiske, G. F. (Hrsg.): Reihe Pocket Power.
2. Aufl., München: Carl Hanser Verlag 2002.

Qualitätsmanagement und Qualitätssicherung

Qualitätsmanagement ersetzte nach DIN EN ISO 8402, ab der Ausgabe März 1992, den bisherigen Oberbegriff Qualitätssicherung [ISO 95]. Seit Dezember 2000 stellt nun die internationale Norm DIN EN ISO 9000 in ihrer jeweils neuesten Ausgabe die gültige Verständigungsnorm dar, um die Terminologie im Bereich des Qualitätsmanagements zu klären (vgl. **DIN EN ISO 9000:2005**). Entfallen sind damit auch die bisher zu Begrifflichkeiten im Bereich des Qualitätsmanagements gültigen, aufeinander abgestimmten Normen DIN 55 350, Teil 11, und DIN EN ISO 8402 [DIN 95].

In der grundlegenden internationalen Norm DIN EN ISO 9000:2005 wird Qualitätsmanagement definiert als „aufeinander abgestimmte Tätigkeiten zum Leiten und Lenken einer Organisation bezüglich Qualität. Anmerkung: Leiten und Lenken bezüglich Qualität umfassen üblicherweise das Festlegen der Qualitätspolitik und der Qualitätsziele, die Qualitätsplanung, die Qualitätslenkung, die Qualitätssicherung und die Qualitätsverbesserung“ [ISO 05].

Dabei sind im Rahmen des Qualitätsmanagements (vgl. Bild 2.55) vielfältige Einflussfaktoren zu berücksichtigen, insbesondere Aspekte der Wirtschaftlichkeit, der Gesetzgebung und der Umwelt/Nachhaltigkeit. Vorrangig sind hier die Wünsche und Anforderungen der Kunden. Die Unternehmensleitung trägt eine nicht delegierbare Verantwortung für das Qualitätsmanagement und muss darüber hinaus auch aktiv für die konsequente Umsetzung auf allen Hierarchieebenen sorgen. Einbeziehung der Mitarbeiter, Delegation von Teilverantwortung und vertrauensvolle Kommunikation gehören ebenfalls zum Qualitätsmanagement.

Umfang und Inhalte des Qualitätsmanagements werden oft in einem Qualitätsmanagementhandbuch schriftlich niedergelegt und im Rahmen eines Qualitätsmanagementsystems angewendet (vgl. **Qualitätsmanagementsystem**, **Qualitätsmanagementhandbuch**).

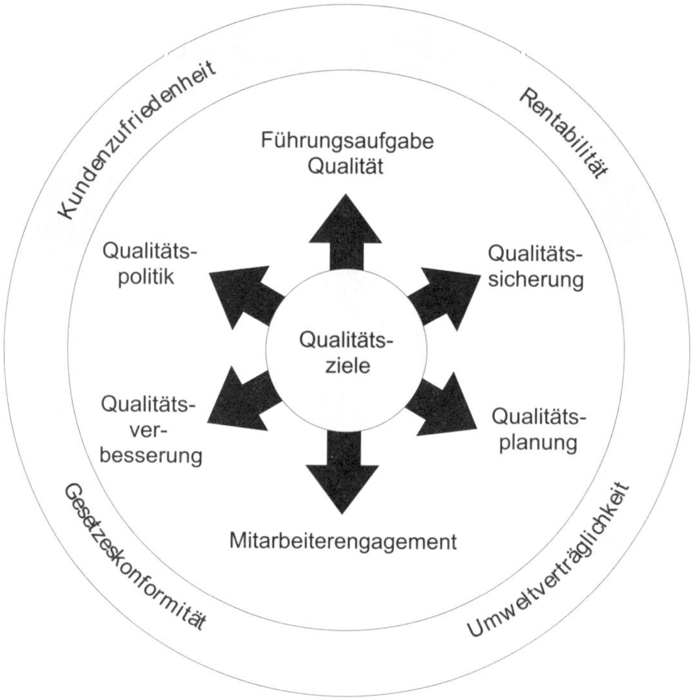

Bild 2.55 Ziele und Mittel des Qualitätsmanagements

Als Teil des Qualitätsmanagements stellt die Qualitätspolitik, die Ziele und Absichten der obersten Unternehmensleitung sowie Verantwortungen in Bezug auf Qualität ausdrückt, einen wichtigen Bestandteil der Unternehmensziele bzw. -politik dar. Die Festlegungen der Qualitätspolitik werden zur Ausführung gebracht durch:

- Qualitätsplanung,
- Qualitätslenkung,
- Qualitätssicherung und
- Qualitätsverbesserung.

Von der Qualitätsplanung werden zunächst die einzelnen Tätigkeiten vorausschauend festgelegt. Die entsprechende Detaillierung und Umsetzung der Anforderungen sowie die notwendigen Arbeitstechniken werden dabei von der Qualitätslenkung bereitgestellt. Die Einbindung der qualitätsbezogenen Aktivitäten in die bestehende Aufbau- und Ablauforganisation des Unternehmens ist Aufgabe der Qualitätssicherung, die alle geplanten Tätigkeiten strukturiert und systematisch umsetzt. Diese Einbindung in die Organisationsstruktur findet ihren Niederschlag in der Regel im Aufbau eines unternehmensweiten Qualitätsmanagementsystems mit teilweise engen Wechselbeziehungen zur Qualitätslenkung. Als übergeordneter Bestandteil des Qualitätsmanagements ist die Qualitätsverbesserung zu sehen. Dazu zählen sämtliche Maßnahmen zur Steigerung von Wirksamkeit und Wirtschaftlichkeit der Prozesse innerhalb des Unternehmens, um einen entsprechend höheren Nutzen zu erzielen – sowohl für das Unternehmen selbst als auch für die Kunden.

Bei einer Einbeziehung des gesamten Unternehmens und umfassender Ausrichtung auf die in der Qualitätspolitik formulierten Zielsetzungen kann eine erste Annäherung von Qualitätsmanagement an die übergeordnete Strategie des Total Quality Management (TQM) erreicht werden (vgl. **Total Quality Management**).

Literaturhinweise zur Vertiefung

Schmitt, R.; Pfeifer, T.:
Qualitätsmanagement.
4. Aufl., München: Carl Hanser Verlag 2010.

Pfeifer, T.:
Praxishandbuch Qualitätsmanagement.
2. Aufl., München: Carl Hanser Verlag 2001.

Linß, G.:
Qualitätsmanagement für Ingenieure.
3. Aufl., Leipzig: Fachbuchverlag 2011.

Qualitätsmanagementhandbuch

Das Qualitätsmanagementhandbuch ist die Dokumentation eines Qualitätsmanagementsystems und gibt gleichzeitig die grundsätzliche Einstellung des Managements sowie ihre Absichten und Maßnahmen zur Sicherung und Verbesserung der Qualität im Unternehmen wieder (vgl. **Qualitätsmanagementsystem**).

Dabei kann sich das Qualitätsmanagementhandbuch auf das gesamte Unternehmen oder nur auf einzelne Teilbereiche beziehen. Es beinhaltet grundsätzliche Aussagen über die Qualitätspolitik des Unternehmens und Regelungen über Verantwortung und Zuständigkeiten sowie Einbeziehung der Mitarbeiter. Hinzu kommen Festlegungen der organisatorischen Ausgestaltung einer wirksamen Planung, Durchführung und Lenkung der Prozesse sowie einige speziell geforderte Verfahren zur Umsetzung einzelner Maßnahmen im Rahmen des Qualitätsmanagementsystems [ISO 08]. Diese Inhalte müssen nicht alle Prozesse im Unternehmen vollständig abdecken, im Qualitätsmanagementhandbuch genügt auch oft eine Beschreibung der Wechselwirkungen dieser Prozesse. Es kann auch einen Anhang enthalten, in dem die wichtigsten verwendeten Formblätter beigefügt werden.

Das Qualitätsmanagementhandbuch sollte sich sinnvollerweise in Aufbau und Inhalt an der einschlägigen Norm, also der DIN EN ISO 9001:2008, orientieren (vgl. **DIN EN ISO 9000:2005**, **Zertifizierung**). Die Herausgabe erfolgt stets von der Unternehmensleitung, und zwar in zwei Ausgaben. Zum internen Gebrauch muss das Qualitätsmanagementhandbuch ständig aktualisiert werden, insbesondere die mitgeltenden Verfahrens-, Arbeits- und Prüfanweisungen. Es sollte jedem Mitarbeiter ständig zur Verfügung stehen. Dabei ist die Art der Dokumentation nicht vorgeschrieben – es kommt also neben der Papierform auch die elektronische Darstellung z. B. im Intranet eines Unternehmens in Betracht, was insbesondere den Pflegeaufwand erheblich erleichtert und gleichzeitig die Verfügbarkeit bei den Mitarbeitern sicherstellt. Die zweite, für externe Zwecke bestimmte Ausgabe dient der Selbstdarstellung des Unternehmens nach außen sowie zur Kundeninformation und als Werbung. Dabei ist besonders darauf zu achten, dass unternehmensspezifisches Wissen und Firmengeheimnisse auf keinen Fall veröffentlicht werden.

Darüber hinaus dient das Qualitätsmanagementhandbuch oft als Vertragsgrundlage zwischen Kunden und Lieferanten sowie als Nachweis über ein bestehendes Qualitätsmanagementsystem einschließlich Art und Inhalt der getroffenen Maßnahmen (vgl. **Qualitätsmanagementsystem**).

Qualitätsmanagementsystem

Unter einem Qualitätsmanagementsystem versteht man ein „System für die Festlegung der Qualitätspolitik und von Qualitätszielen sowie zum Erreichen dieser Ziele“ [ISO 05]. Dies ist die Gesamtheit der aufbau- und ablauforganisatorischen Gestaltung, sowohl zur Verknüpfung der qualitätsbezogenen Aktivitäten untereinander wie auch im Hinblick auf eine einheitliche, gezielte Planung, Umsetzung und Steuerung der Maßnahmen des Qualitätsmanagements im Unternehmen (vgl. **Qualitätsmanagement**). Dabei wird nicht nur die Produktion mit ihren vor- und nachgelagerten Bereichen einbezogen, sondern das gesamte Unternehmen einschließlich der Beziehungen zu seinem Umfeld. Es entsteht ein System vernetzter Regelkreise auf allen betrieblichen Ebenen, wodurch Ziele, Struktur, Verantwortlichkeiten, Verfahren, Prozesse und die zur Durchführung erforderlichen Mittel festgelegt werden. Das Qualitätsmanagementsystem dient somit der Strukturierung und der systematischen Umsetzung von Qualitätsaufgaben im Unternehmen.

Aufbau und Umfang eines Qualitätsmanagementsystems hängen von den individuellen Zielsetzungen des jeweiligen Unternehmens ab. Hinzu kommen interne und externe Einflüsse und Festlegungen, unterschiedliche Produkte, spezifische organisatorische Abläufe sowie unterschiedliche Größen der Organisation. Aus diesen Gründen kann es kein einheitliches Qualitätsmanagementsystem geben.

Eine weltweit anerkannte Rahmenempfehlung für die Ausgestaltung eines Qualitätsmanagementsystems wird in der branchenneutralen Normenreihe DIN EN ISO 9000:2005 mit den Einzelnormen DIN EN ISO 9000:2005, 9001:2008 und 9004:2009 gegeben (vgl. **DIN EN ISO 9000:2005**). Von zentraler Bedeutung ist hier die Norm DIN EN ISO 9001:2008. Sie legt die Forderungen an ein Qualitätsmanagementsystem fest und liefert konkrete Hinweise und Forderungen, wie es normkonform aufzubauen und – im Sinne der Ständigen Verbesserung – weiterzuentwickeln ist (vgl. **Ständige Verbesserung**). Außerdem erläutert sie Möglichkeiten, gewisse Normforderungen auszuschließen, falls diese nicht die Qualität des im anwendenden Unternehmen erzeugten Produktes betreffen. Die Norm DIN EN ISO 9000:2005 ist als Einführung in das Gebiet des Qualitätsmanagements zu verstehen. Sie beschreibt Grundlagen für Qualitätsmanagementsysteme und erläutert die Begriffe zum Thema Qualität und Qualitätsmanagement (vgl. **Qualitätsmanagement**). Die Norm DIN EN ISO 9004:2009 stellt einen Leitfaden bereit, der sowohl die Wirksamkeit als auch die Wirtschaftlichkeit des Qualitätsmanagementsystems betrachtet. Sie ist zusammen mit der DIN EN ISO 9001:2008 als konsistentes Paar entwickelt worden, obwohl beide unterschiedliche Anwendungsbereiche haben.

Zur Beurteilung eines Unternehmens im Hinblick auf einzelne Elemente bzw. das gesamte Qualitätsmanagementsystem kann ein Systemaudit durchgeführt werden (vgl. **Systemaudit**). Für die Vorbereitung und Durchführung eines solchen Audits lässt sich die Norm DIN EN ISO 19 011:2002 (Leitfaden für Audits von Qualitätsmanagement- und/oder Umweltmanagementsystemen) heranziehen. Nach erfolgreichem Abschluss des Systemaudits erhält das auditierte Unternehmen ein Zertifikat, womit Existenz, Wirksamkeit und Anwendung des Qualitätsmanagementsystems entsprechend der DIN EN ISO 9001:2008 bescheinigt werden (vgl. **Zertifizierung**). Das in einem Unternehmen bestehende Qualitätsmanagementsystem wird in der Regel mithilfe eines Qualitätsmanagementhandbuches dokumentiert und kann auch bei Fragen der Produkthaftung von Nutzen sein (vgl. **Qualitätsmanagementhandbuch**, **Produkthaftung**).

Um den sich stets verändernden Anforderungen der Praxis Rechnung zu tragen, wird die Normenreihe DIN EN ISO 9000:2005 ständig weiterentwickelt und aktualisiert. Trotzdem bestehen daneben vereinzelt unternehmensinterne Regelungen über ein Qualitätsmanagementsystem, wie seinerzeit z. B. die Q 101 der Ford Motor Company, die ebenfalls Vertragsbestandteil werden können. Eine weltweite Harmonisierung der branchenspezifischen Forderungen der internationalen Automobilindustrie – Hersteller und Verbände – an ein Qualitätsmanagementsystem ist mit der ISO/TS 16 949:2009 gelungen, die gleichermaßen für die Automobilhersteller (OEM – Original Equipment Manufacturer, Erstausrüster) und ihre Lieferanten gilt. Dabei behalten die Qualitätsmanagementsysteme nach DIN EN ISO 9001:2008, VDA 6.1 oder QS-9000 und ihre Zertifizierungen jeweils ihre Gültigkeit bei, da sie eine gute Grundlage für die erweiterten Forderungen der Automobilindustrie nach ISO/TS 16 949 bilden (vgl. **DIN EN ISO 9000:2005**, **ISO/TS 16 949:2009**, **QS-9000**, **VDA 6.1**).

Die wesentlichen Leistungen eines Qualitätsmanagementsystems bestehen in der Sicherstellung einer kundengerechten Entwicklung und Produktion, in der Optimierung der Übereinstimmung von Kundenanforderungen und Prozessmerkmalen unter wirtschaftlichen Gesichtspunkten sowie in der Schaffung qualitätsfähiger Prozesse im gesamten Unternehmen. Weiterhin stellt ein (zertifiziertes) Qualitätsmanagementsystem eine gute Basis für die Einführung eines umfassenden Qualitäts- und Führungskonzeptes im Sinne von Total Quality Management dar (vgl. **Total Quality Management**).

Literaturhinweise zur Vertiefung

DGQ – Deutsche Gesellschaft für Qualität (Hrsg.):
DGQ-Schrift 12-01: Schlanke Prozesse im Unternehmen.
Berlin: Beuth Verlag 2001.

Noé, M.:
Vom Qualitätsmanager zum internen Managementberater.
München: Carl Hanser Verlag 2010.

Masing, W.; Ketting, M.; König, W.; Wessel, K.-F. (Hrsg.):
Qualitätsmanagement - Tradition und Zukunft.
München: Carl Hanser Verlag 2003.

Qualitätsschattenpreis

Der monetäre Qualitätsschattenpreis ist eine ökonomische Maßgröße für die Qualität eines Produktes. Er enthält neben dem Kaufpreis im Wesentlichen die Versicherungs- und Betriebsmittelkosten sowie die recyclingbezogenen Kosten. Es handelt sich also um die Summe derjenigen Kosten, deren Höhe in direktem Zusammenhang mit technischen Qualitätsmerkmalen des betrachteten Produktes steht. Die unterschiedliche Erfüllung von Qualitätsanforderungen führt also zu einem Vergleichsmaßstab, der mehrere Faktoren ins Kalkül zieht und dadurch wesentlich aussagefähiger ist als z. B. ein Vergleich auf der Basis der Anschaffungspreise alleine.

Auf diese Weise kann Qualität bei gleichen oder ähnlichen Produkten als Differenzierungsmerkmal angegeben werden. Problematisch ist dabei, dass der Qualitätsschattenpreis exakt erst nach einer längeren Benutzung der Produkte ermittelt werden kann [Genth 81]. Hier besteht eine große Ähnlichkeit zu den sogenannten Life Cycle Costs. Im Entwicklungsstadium ist man auf Hochrechnungen auf Basis von Vorgängermodellen angewiesen. Auch die Verwandtschaft zu den Überlegungen von Taguchi ist unübersehbar (vgl. **Taguchi**).

Qualitätstechniken

Der Begriff der Qualitätstechniken wird weder in der internationalen Begriffsnorm DIN EN ISO 9000:2005 definiert noch in der Literatur einheitlich benutzt. Aus der Anwendung in der betrieblichen Praxis lassen sich jedoch unter Qualitätstechniken diejenigen Instrumente und Methoden des Qualitätsmanagements verstehen, die zum Lösen spezifischer Probleme auf verschiedenen Ebenen im Unternehmen eingesetzt werden können [Gogoll/Theden 94].

Qualitätstechniken zeichnen sich durch strukturiertes, systematisches Vorgehen zur Verringerung der Komplexität aus und unterstützen die operative Umsetzung des Qualitätsmanagements (vgl. **Qualitätsmanagement**). Dabei sind hinsichtlich des Begriffsinhalts zwei Aspekte zu unterscheiden:

- Auf der prozeduralen Ebene erfolgt die Betrachtung der angewendeten Vorgehensweise, also der Methoden (Untersuchungsmethode, planmäßiges Vorgehen) bzw. Verfahren (bestimmte Herangehensweise, Prozess).
- Auf der instrumentalen Ebene stehen die eingesetzten Mittel, also die Instrumente (Mittel, Geräte) bzw. Werkzeuge (handwerkliche Geräte) im Vordergrund.

Somit sind Qualitätstechniken ein Oberbegriff für die Gesamtheit der Methoden (= Verfahren) und Instrumente (= Werkzeuge), die auf dem Gebiet des Qualitätsmanagements eingesetzt werden. Eine eindeutige Trennung von Methoden und Instrumenten erscheint jedoch nicht immer möglich, gelegentlich werden diese beiden Begriffe auch synonym verwendet.

Bild 2.56 Abgrenzung von Qualitätstechniken

Die praktische Anwendung in Unternehmen bezieht sich häufig nicht nur auf die eigentlichen Qualitätstechniken, sondern auch auf organisatorische Maßnahmen, z. B. Qualitätszirkel, oder Techniken, die nicht speziell für das Qualitätsmanagement entwickelt wurden, beispielsweise Wertanalyse (vgl. **Qualitätszirkel, Wertanalyse**). Zur genaueren Abgrenzung lassen sich qualitätsunterstützende Tätigkeiten, Qualitätstechniken im engeren Sinne sowie Qualitätstechniken im weiteren Sinne (Hilfstechniken) unterscheiden (vgl. Bild 2.56).

Bei den Qualitätstechniken im engeren Sinne handelt es sich um unterschiedlich komplexe Methoden. Ihre Durchführung setzt intensive Schulungen des ausführenden Personals voraus und verlangt teilweise spezielle Kenntnisse aus anderen Bereichen, z. B. der Statistik. Qualitätstechniken im engeren Sinne sind:

- Quality Function Deployment (vgl. **Quality Function Deployment**),
- Fehlermöglichkeits- und -einflussanalyse/Failure-Mode-and-Effects Analysis (vgl. **Fehlermöglichkeits- und -einflussanalyse**),
- Versuchsplanung nach Taguchi und Shainin/Design of Experiments (vgl. **Versuchsplanung**),
- Statistische Prozessregelung/Statistical Process Control (vgl. **Statistische Prozessregelung**),
- elementare Qualitätswerkzeuge/Tools of Quality (vgl. **Qualitätswerkzeuge**),
- Managementwerkzeuge (vgl. **Managementwerkzeuge**).

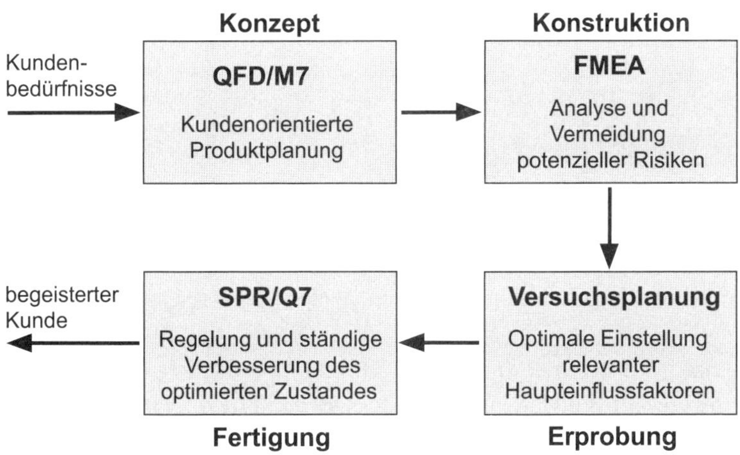

Bild 2.57 Einsatzfolge der Qualitätstechniken

Die einzelnen Qualitätstechniken wurden zum Lösen spezieller Aufgaben in bestimmten Phasen des Produktentstehungsprozesses entwickelt (vgl. **Simultaneous Engineering und Quality Engineering**). Obwohl ihr Einsatzgebiet nicht auf diese jeweiligen Phasen beschränkt ist, werden einzelne Abschnitte der Produktentstehung doch besonders wirkungsvoll unterstützt. Unter Zugrundelegung ihrer jeweils typischen Anwendungsgebiete kann eine aufeinander aufbauende Einsatzfolge der Qualitätstechniken im engeren Sinne abgeleitet werden (vgl. Bild 2.57) [Theden 97].

Der Einsatz von Qualitätstechniken führt zu einer verbesserten Gestaltung von Abläufen und unterstützt die gezielte Problemlösung in allen betrieblichen Bereichen. Dabei beschränkt sich das Einsatzgebiet von Qualitätstechniken nicht auf eine spezielle Branche, sondern es werden sowohl produzierenden Unternehmen als auch Dienstleistern erhebliche Nutzenpotenziale eröffnet. Ebenso lassen sich Qualitätstechniken in angepasster Form im Rahmen des Umweltmanagements anwenden (vgl. **Umweltmanagement**).

Literaturhinweise zur Vertiefung

Theden, P.; Colsman, H.:
Qualitätstechniken.
In: Kamiske, G. F. (Hrsg.): Reihe Pocket Power.
4. Aufl., München: Carl Hanser Verlag 2005.

Kamiske, G. F. (Hrsg.):
Qualitätstechniken für Ingenieure.
2. Aufl., Düsseldorf: Symposion Publishing 2009.

Qualitätstreiber

Qualitätstreiber sind alle Maßnahmen und Aktivitäten zur Verbesserung der Produkt-, Prozess- und Unternehmensqualität [Wolter 97]. Das Spektrum der zu implementierenden Qualitätstreiber ist demnach sehr weit und umfasst beispielsweise Verbesserungen durch die Mitarbeiter während ihrer täglichen Arbeit. Ebenso gehören Projekte mit Zulieferern zur Verbesserung der Prozessqualität sowie Maßnahmen der Öffentlichkeitsarbeit zur Darstellung der Unternehmensqualität dazu.

Das gemeinsame Ziel aller Qualitätstreiber ist letztlich das Erhöhen der Rentabilität über das Zusammenwirken verschiedenster Maßnahmen des Total Quality Management zur Steuerung der kritischen Erfolgsfaktoren des Unternehmens (vgl. **Total Quality Management**). Die Qualitätstreiber setzen direkt an den kritischen Erfolgsfaktoren an, d. h. an den direkt beeinflussbaren Parametern. Deren erfolgreiche Steuerung schlägt sich wiederum in den Ergebnisgrößen nieder. Eine Beurteilung nicht nur der Ergebnisgrößen, sondern auch der Wirkungen von Qualitätstreibern ist mit nicht finanziellen und finanziellen Kennzahlen möglich. Dabei zeigen die nicht finanziellen Qualitätskennzahlen die Wirkungen von Qualitätstreibern schon frühzeitig an, weil sie den finanziellen Kennzahlen der Werteebene vorgelagert sind (vgl. Bild 2.58) [Wolter 02]. Somit lässt sich eine Wirkungskette von den einzelnen Qualitätstreibern bis hin zur Rentabilität darstellen.

Einen umfassenden und strukturierten Überblick über mögliche Qualitätstreiber gibt das Berliner TQM-Umsetzungsmodell mit seinen Modulen und Arbeitspaketen [Radtke 10] (vgl. **Berliner TQM-Umsetzungsmodell**). Entscheidend für die richtige Auswahl der dort aufgeführten Qualitätstreiber ist neben der Ausrichtung an den individuellen strategischen Erfolgsfaktoren der von Unternehmen bereits erreichte Entwicklungsstand auf dem Weg zu TQM [Malorny 99].

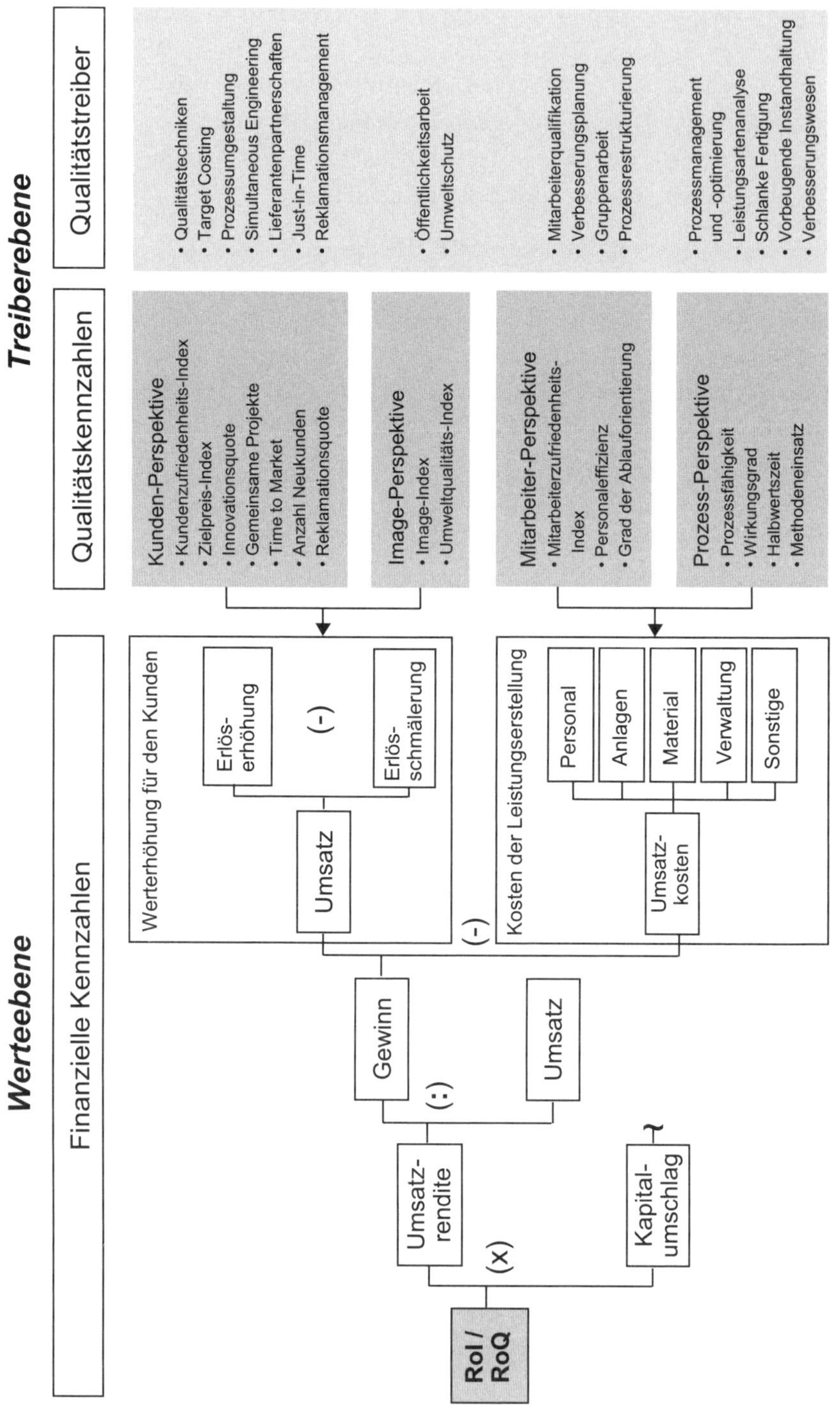

Bild 2.58 Qualitätstreiber und -kennzahlen

Qualitätstrilogie/Juran-Trilogie

Die Qualitätstrilogie ist ein systematischer, kontinuierlicher Prozess zur Qualitätsverbesserung, der in drei Stufen erfolgt und sich ständig wiederholt. Diese Vorgehensweise wurde von dem Amerikaner Juran im Hinblick auf sein Ziel „Managing for Quality" entwickelt und kann als management-orientierte Unternehmensphilosophie betrachtet werden (vgl. **Juran**). Sie wird auch als Juran-Trilogie (Juran Trilogy) bezeichnet.

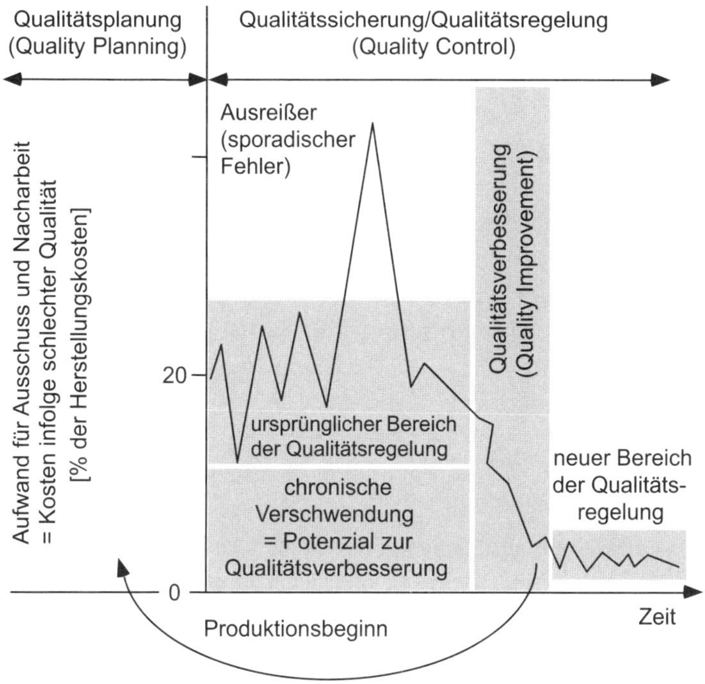

Bild 2.59 Qualitätstrilogie nach Juran

Die drei Schritte (Einzelprozesse) der Trilogie werden von Juran als Managementprozesse angesehen. Sie bestehen aus der Qualitätsplanung, der Qualitätsregelung (Implementierung und Absicherung) sowie der eigentlichen Qualitätsverbesserung (vgl. Bild 2.59) [Juran 64, Juran 92]. Ein Vergleich mit Demings Prinzip der Ständigen Verbesserung drängt sich hier geradezu auf, zumal Juran und Deming mit ihren Unternehmensphilosophien beide zu fast den gleichen Schlussfolgerungen gelangen (vgl. **Deming**, **Ständige Verbesserung**).

Die Qualitätstrilogie ist ähnlich dem Deming-Zyklus in einer mehrstufigen Vorgehensweise angelegt (vgl. **Deming-Zyklus**). Auch hier tauchen die Schritte Planung und Aktivität (im Sinne einer Verbesserung) auf. Die Anwendung erfolgt jeweils bezogen auf einzelne Projekte bzw. Prozesse, wird Projekt für Projekt wiederholt und mündet schließlich in einer Prozessverbesserung (Breakthrough). Dieses Schema einer sich wiederholenden Vorgehensweise und Verbesserung ist nach Juran ein Grundbaustein der Umsetzung seiner Philosophie. Besonders betont wird dabei die Rolle der Qualitätsplanung, die als grundlegende Aufgabe die Entwicklung von Produkten und Prozessen zur Erfüllung der Kundenwünsche beinhaltet. Sie nimmt somit maßgeblichen Einfluss auf die Festlegung und spätere Erreichung von Qualitätszielen, die vorausschauende Vermeidung von Fehlern schon im Planungsstadium und damit die Senkung von Kosten durch Vermeidung von Verschwendung [Juran 93].

Ein Fertigungsprozess beginnt nach Juran in der Regel mit der Ausnutzung oder Überschreitung einer Toleranz bzw. mit einer Fehlerquote. Diese Anfangsfehlerquote wird als eingeplant angesehen, da sie in der Fertigungsplanung nicht ausdrücklich vorhergesehen und vermieden wurde. Damit wurden aber auch automatisch alle Folgen aus dieser Anfangsfehlerquote mit eingeplant, wie z. B. höhere Fertigungskapazitäten sowie höherer Aufwand für Nacharbeit und Prüfung. Dieser zusätzliche Aufwand wird von Juran als chronische Verschwendung (Chronic Waste) bezeichnet und fällt oft in einer Größenordnung von 20 % an. Dies stellt aber gleichzeitig das Verbesserungspotenzial dar, welches ausgeschöpft werden kann. Dafür ist der zusätzlich betriebene Aufwand durch Managementmaßnahmen zu verringern, indem die Anlaufkurve des Fertigungsprozesses stabilisiert, also von Toleranzüberschreitungen und überhöhten Fehlerquoten befreit wird. Ziel ist hierbei ein vorhersehbarer Anlauf der Fertigung bei gleichzeitiger Vermeidung der chronischen Verschwendung. Ist dies erreicht, treten lediglich noch sporadische Fehler auf.

Damit ist jedoch noch keine Verbesserung im Sinne Jurans erreicht, sondern erst die Fertigung von einer unnötigerweise eingeplanten Fehlerquote befreit. Im eigentlichen Vorgang der Qualitätsverbesserung, der dritten Stufe der Trilogie, sind dann natürlich auch noch die sporadisch auftretenden Fehler zu beseitigen. Dies geschieht durch die Änderung der Prozessparameter im Rahmen einer methodischen Versuchsplanung (Design of Experiments, DoE) und wird im Rahmen der Statistischen Prozessregelung (SPR, Statistical Process Control, SPC) mithilfe von Prozessfähigkeitsindizes bzw. Fehlerraten beschrieben [Juran 64, Juran 92] (vgl. **Statistische Prozessregelung, Versuchsplanung**).

Literaturhinweise zur Vertiefung

Juran, J. M.:
Managerial Breakthrough.
New York/NY/USA: McGraw-Hill Book Company 1964.

Juran, J. M.:
Upper Management and Quality.
New York/NY/USA: McGraw-Hill Book Company 1982.

Juran, J. M.:
Quality Control Handbook.
4. Aufl., New York/NY/USA: McGraw-Hill Book Company 1988.

Juran, J. M.:
Juran on Planning for Quality.
New York/NY/USA: The Free Press 1988.

Juran, J. M.; Gryna, F. M.:
Quality-Planning and Analysis.
2. Aufl., New York/NY/USA: McGraw-Hill Book Company 1980.

Juran, J. M.:
Juran on Quality by Design.
New York/NY/USA: The Free Press 1992.

Qualitätsverlustfunktion/Quality Loss Function (QLF)

Die Qualitätsverlustfunktion ist mathematische Darstellung und theoretische Grundlage der Qualitätsphilosophie des Japaners Taguchi, wie er sie in seinen Arbeiten über Design of Experiments (DoE, Versuchsplanung) beschreibt (vgl. **Taguchi, Versuchsplanung**). Danach wird derjenige volkswirtschaftliche Verlust (Verlust für die Gesellschaft), der entsteht, wenn ein ausgeliefertes Produkt seine Funktion nicht wie vom Kunden gewünscht erfüllt und bei der Benutzung schädliche Nebeneffekte auftreten, als Maß für die Qualität angesehen (vgl. **Qualitätsbegriff**). Damit sind z. B. Probleme bei der Fertigung, unzufriedene Kunden, erhöhte Wartungskosten oder größerer Verschleiß gemeint.

Dieser sogenannte Qualitätsverlust wird in seiner gesamtwirtschaftlich-gesellschaftsbezogenen Sichtweise durch die von Taguchi definierte Qualitätsverlustfunktion beschrieben. Deren beste Approximation ist eine stetige quadratische, also parabolische Funktion eines qualitätsbestimmenden Merkmals, die ihr Minimum im Zielwert erreicht. Sie stellt die Abweichung des charakteristischen Qualitätsmerkmals von ihrem Zielwert dar. Diese Abweichung wird außerdem in eine einfache Kostenrechnung transformiert [Taguchi/Clausing 90]. Dabei ist $L(y)$ der monetär gemessene Qualitätsverlust und k der Koeffizient für diejenigen Kosten, die bei zielgenauer Fertigung anfallen würden. Die Abweichung wird durch das Quadrat der Differenz aus dem Qualitätsmerkmal y und dem Zielwert T angegeben.

Qualitätsverlust $L(y) = k(y - T)^2$

Entsprechend dieser Funktion ist der Qualitätsverlust, also die mit Kosten bewertete Abweichung vom Zielwert, nur dann null, wenn der Istwert des Qualitätsmerkmals mit dem Sollwert übereinstimmt. Je weiter Istwert und Sollwert auseinanderliegen, desto größer wird der Qualitätsverlust.

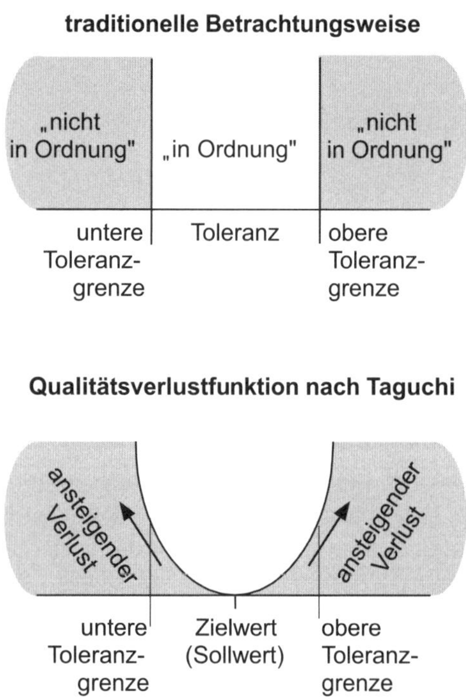

Bild 2.60 Qualitätsverlustfunktion nach Taguchi

Diese Sichtweise drückt eine völlige Abkehr von der normalerweise vorherrschenden Denkweise in Toleranzbereichen aus. Nach traditioneller Ansicht sind alle Ergebnisse (Istwerte), die innerhalb eines vorgegebenen Toleranzfeldes liegen, qualitativ gleichwertig und damit ohne Unterschied als gut anzusehen. Nach Taguchi und der Qualitätsverlustfunktion ist hingegen jede Abweichung vom Zielwert bereits ein Verlust, selbst wenn diese Abweichung noch innerhalb der Toleranz liegt (vgl. Bild 2.60).

Taguchi unterscheidet insgesamt vier Typen von charakteristischen Qualitätsmerkmalen mit den dazugehörigen quadratischen Verlustfunktionen. Die in der Produktion wohl am häufigsten anzuwendende ist in Bild 2.60 wiedergegeben und beschreibt den Sollwert als Bestwert. Darüber hinaus kann auch null als Bestwert anzusehen sein (z. B. bei Wärmeausdehnung) oder auch der kleinste (z. B. Antwortzeit eines Computers) bzw. der größte Wert (z. B. Lebensdauer).

Qualität entsteht also nach Taguchi nicht allein schon durch die Einhaltung von Toleranzen. Vielmehr ist die Übereinstimmung des Mittelwertes aller Werte eines funktionsbestimmenden Qualitätsmerkmals mit dem Sollwert bei gleichzeitig minimaler Streuung erforderlich. Als Qualitätsmaßstab führte Taguchi das sogenannte Signal-Rausch-Verhältnis (Signal-to-Noise Ratio, S/N) ein, das aus dem durchschnittlichen Qualitätsverlust Q abgeleitet wird. Dabei ist Q der Mittelwert aller einzelnen Qualitätsverluste $L(y)$ der Teile eines Fertigungsloses, die wiederum mit der quadratischen Qualitätsverlustfunktion ermittelt werden (vgl. **Versuchsplanung nach Taguchi**).

Um höchste Qualität zu erzielen, also den Qualitätsverlust als Abweichung vom Zielwert m zu minimieren, ist nach Taguchi ein beherrschter und optimierter Produktionsprozess (Robust Design) nötig, der unempfindlich ist gegenüber den qualitätsmindernden Störeinflüssen der Umwelt. Ausgangspunkt dafür ist der nicht lineare Zusammenhang (Prozesscharakteristik) zwischen dem Qualitätsmerkmal y des betrachteten Prozesses sowie den Prozessparametern (Steuergröße z und Störgrößen). Diese Nichtlinearität wird ausgenutzt, um die Werte der Steuergröße z so einzustellen, dass die Störgrößen nur eine minimale Abweichung des Qualitätsmerkmals y von seinem Zielwert m verursachen.

Diese Einstellung erfolgt in der Regel in zwei Schritten (vgl. Bild 2.61). Zunächst wird im 1. Schritt von einem Qualitätsmerkmal y_1 ausgegangen, welches mit dem Zielwert m übereinstimmt, aber bei der bestehenden Einstellung der Steuergröße z_1 hohen Schwankungen unterworfen ist (Δy_{11}). Mithilfe der Prozesscharakteristik nun wird eine Einstellung der Steuergröße z_2 ermittelt, die bei hohen möglichen Schwankungen nur geringe Abweichungen des Qualitätsmerkmals zulässt. Die veränderte Einstellung der Steuergröße führt zu einer neuen Ausprägung des Qualitätsmerkmals (y_2). Deshalb wird nun in einem 2. Schritt die gefundene Einstellung durch eine Transformation der Prozesscharakteristik auf das ursprüngliche Qualitätsmerkmal y_1 (= Zielwert m) übertragen. Dieses unterliegt jetzt nur noch einer Schwankung von Δy_{12} (= Δm). Damit ist das Qualitätsmerkmal y robust gegenüber Störgrößen, was nach Taguchi als gleichbedeutend mit hoher Qualität anzusehen ist.

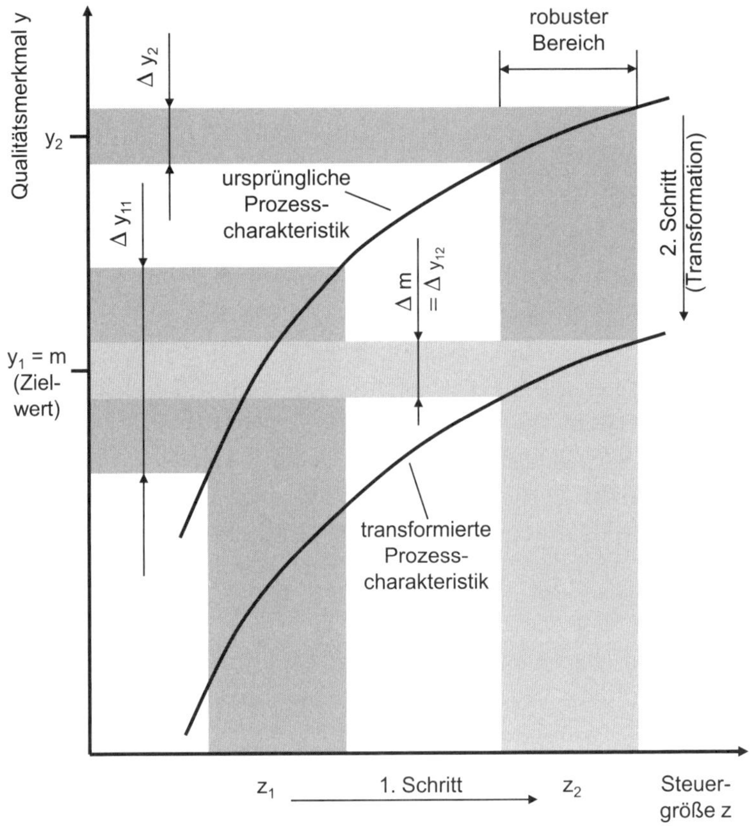

Bild 2.61 Robust Design

Ein robuster Prozess wird erreicht über die Schritte System Design, Parameter Design und Tolerance Design mithilfe der Versuchsplanung nach Taguchi, wobei Parameter Design das Kernstück darstellt (vgl. **Versuchsplanung nach Taguchi**). Diese drei Schritte werden von Taguchi auch als Off-Line Quality Control bezeichnet und sind im Gegensatz zur On-Line Quality Control bereits vor Produktionsbeginn einzusetzen.

Qualitätssichernde Maßnahmen sind am schnellsten, wirkungsvollsten und damit auch am kostengünstigsten während der Konstruktion bzw. Produktentwicklung und der Prozessplanung zu treffen, da in dieser Phase die erste und einflussreichste Festlegung von Qualitätsmerkmalen erfolgt. Somit liegt hier auch im Sinne einer vorausschauenden Fehlervermeidung das größte Potenzial, um Produkte und Prozesse robust zu gestalten und damit die Qualität zu verbessern sowie die Kosten zu senken (vgl. **Simultaneous Engineering und Quality Engineering**). Qualitätsverbesserung und gleichzeitige Kostensenkung sind die ausdrücklichen Ziele von Taguchis Qualitätsphilosophie.

Literaturhinweise zur Vertiefung

Taguchi, G.:
System of Experimental Design, Vol. I und II.
Dearborn/Mich./USA: American Supplier Institute Press 1987.

Taguchi, G.; Wu, Y.:
Introduction to Off-Line Quality Control.
Nagaya/Japan: Central Japan Quality Control Association 1985.

Taguchi, G.:
Introduction to Quality Engineering.
Tokyo/Japan: Asian Productivity Organization 1986.

Phadke, M. S.:
Quality Engineering using Robust Design.
Englewood Cliffs/NJ/USA: Prentice Hall 1989.

Wu, Y.; Moore, W. H.:
Quality Engineering, Product and Process Optimisation.
Dearborn/Mich./USA: American Supplier Institute Press 1986.

Qualitätswerkzeuge/Tools of Quality (Q7)

Die Qualitätswerkzeuge (Tools of Quality) werden oft auch als „Elementare Werkzeuge der Qualitätssicherung“ oder als „Sieben Qualitätswerkzeuge“, kurz „Q7“, bezeichnet. Sie wurden von dem Japaner Ishikawa, der auch das Ursache-Wirkungs-Diagramm als eines dieser Werkzeuge entwickelte, ursprünglich zur Anwendung in den Qualitätszirkeln zusammengestellt (vgl. **Ishikawa**, **Qualitätszirkel**).

Die sieben elementaren Qualitätswerkzeuge

Fehlersammelliste
Histogramm (Säulendiagramm)
Qualitätsregelkarte
Pareto-Diagramm
Korrelationsdiagramm (Streudiagramm)
Brainstorming
Ursache-Wirkungs-Diagramm (Ishikawa-Diagramm)

Die Qualitätswerkzeuge sind visuelle Hilfsmittel, um Probleme zu erkennen, zu verstehen und zu lösen. Sie basieren meist auf mathematisch-statistischen Grundlagen, die speziell für die Anwendung im Werkstattbereich aufbereitet wurden, ohne die Regeln der Statistik zu verletzen. Ihre Anwendung ist besonders wirkungsvoll, da sie schon mit einfachen Methoden viele auftretende Probleme lösen können.

Als die grundlegenden Funktionen der Qualitätswerkzeuge können angesehen werden (Bild 2.62) [Theden/Colsman 05]:

- Feststellen von Problemen (Fehlererfassung).
- Eingrenzen von Problemgebieten.
- Bewerten von Faktoren, die die Ursache des Problems zu sein scheinen (Fehleranalyse).
- Feststellen, ob die angenommenen Fehlerursachen zutreffen oder nicht.
- Verhindern von Fehlern, die durch Versäumnis, Hast oder Unachtsamkeit entstehen.
- Bestätigen der Wirkung von Verbesserungen.
- Feststellen von Ausreißern.

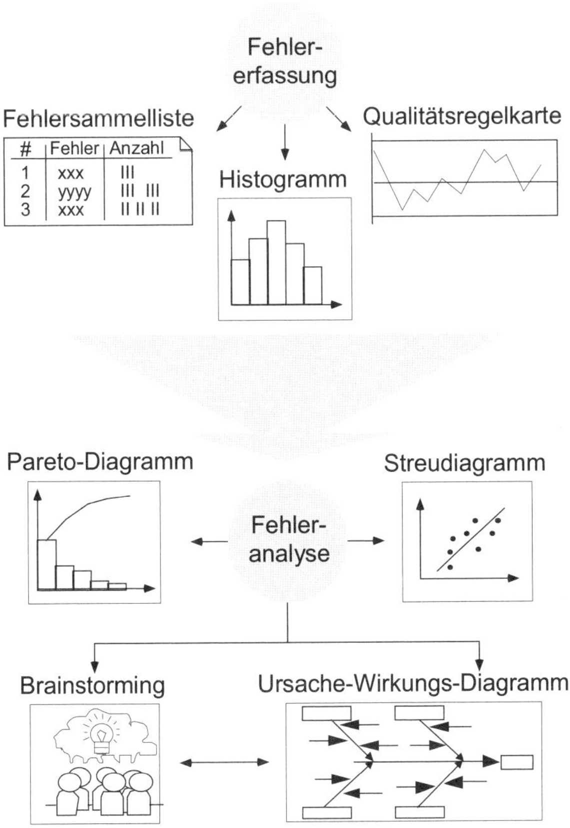

Bild 2.62 Zusammenwirken der Qualitätswerkzeuge

Unverzichtbare Voraussetzung zur effektiven Anwendung der Qualitätswerkzeuge ist allerdings eine geplante Vorgehensweise. Sie trägt in wesentlichem Maße zum Erfolg des schließlich eingesetzten Werkzeuges bei und kann auch als allgemeiner Ablauf einer Problemlösung angesehen werden (vgl. Bild 2.63). Die Anwendung der elementaren Werkzeuge erlaubt den Mitgliedern der Qualitätszirkel auch dann eine systematische Vorgehensweise, wenn sie sich aus Werkern und Werkerinnen zusammensetzen, die seit vielen Jahren ein schulungsmäßiges Vorgehen nicht mehr geübt haben.

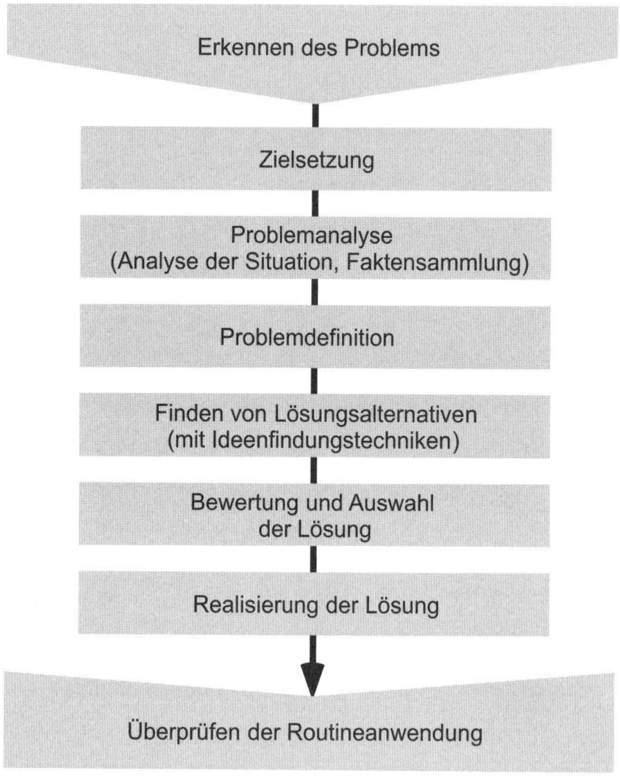

Bild 2.63 Allgemeiner Ablauf einer Problemlösung

Im Folgenden werden die oben in der Übersicht genannten Qualitätswerkzeuge einzeln vorgestellt.

Fehlersammelliste

Die Fehlersammelliste (Check Sheet) ist eine einfache Methode zur rationellen Erfassung und übersichtlichen Darstellung attributiver Daten (Fehler) nach Art und Anzahl. Zur weiteren Auswertung der Daten stehen verschiedene Möglichkeiten zur Verfügung, beispielsweise das Pareto-Diagramm, welches auf der Basis von Fehlersammellisten erstellt wird (vgl. **Pareto-Diagramm**).

Nr.	Fehlerart	Anzahl
1	Kratzer	III
2	Beule	IIII
3	Korrosion	~~IIII~~ IIII
4	fehlendes Teil	IIII
5	Montagefehler	III
6	Lackfehler	~~IIII~~ IIII
7	sonstiges	II

Bild 2.64 Beispiel für eine Fehlersammelliste

Die zu erfassenden Fehler bzw. Fehlerarten (Kategorien) sollten vorher überwiegend bekannt sein und in einer Tabelle oder einem Zählblatt aufgeführt werden, wobei zusätzlich noch eine Zeile für unvorhergesehene Fehler (z. B. „Sonstiges") einzufügen ist, um die Erfassung neu aufgetretener Fehler zu erleichtern. Um die Übersichtlichkeit zu wahren, sollten nicht zu viele Kategorien erfasst werden, verwandte Fehlerarten können in einer Kategorie gemeinsam aufgeführt werden. Aus dem gleichen Grunde werden Häufigkeiten mit einem Wert kleiner als zwei der Kategorie „Sonstiges" zugeschlagen (vgl. Bild 2.64). Bei der Anwendung von Fehlersammellisten kann allerdings weder die zeitliche Abfolge der Daten noch die Ursache der Entstehung miterfasst werden. Auch eine Rückmeldung der Ergebnisse an die verursachende Stelle ist in der Regel nicht vorgesehen.

Präzise Informationen (Antworten auf Fragen) und gesicherte Daten (Fakten) stellen die Grundlage jeder weiteren Analyse dar. Sie sind Voraussetzung für die erfolgreiche Durchführung daraus abgeleiteter Maßnahmen. Der Datengewinnung kommt deshalb eine entscheidende Bedeutung zu. Sie muss als wichtiger Prozess betrachtet, verstanden und entsprechend verbessert werden. Bei der Datensammlung sind einige wichtige Punkte zu beachten:

- Exakte Formulierung von Fragen.
- Sammlung der tatsächlich benötigten Daten.
- Einrichtung umfassender Datensammlungspunkte an Stellen, wo der Arbeitsablauf möglichst wenig beeinträchtigt wird, aber dennoch aussagekräftige und verlässliche Daten verfügbar sind.
- Unvoreingenommene Erhebung mit leichtem Zugang zu den benötigten Fakten.
- Verständnis für das Erhebungspersonal und seine Situation.
- Unkomplizierte Erhebungsunterlagen.

- Gebrauchsanweisungen für die Erhebungsformulare.
- Überprüfung der Erhebungsformulare und der Gebrauchsanweisungen vor dem Einsatz.
- Schulung des Erhebungspersonals unter Hinweis auf die Bedeutung von vollständigem und unvoreingenommenem Datenmaterial.
- Überwachung des Datensammlungsprozesses und Bewertung der Ergebnisse.

Histogramm/Säulendiagramm

Das Histogramm ist ein Säulendiagramm (Treppenpolygon), das auch in der Statistik benutzt wird, um die Häufigkeitsverteilung klassierter Daten grafisch darzustellen. Es besteht aus Rechtecken (Säulen), die über den einzelnen Klassen (Intervallen) so errichtet werden, dass die Säulenfläche proportional zur jeweiligen Klassenhäufigkeit ist. Es gilt das Prinzip der Flächentreue und die Annahme der Gleichverteilung innerhalb der Klassen. Eine Proportionalität der Klassenhäufigkeit zur Länge der Säulen liegt nur bei gleicher Klassenbreite vor.

Zweckmäßigerweise werden bei der Darstellung der absoluten Klassenhäufigkeiten h_j aus dem Stichprobenumfang n im Histogramm die Empfehlungen aus DIN 55 302 berücksichtigt, die zehn Klassen bei $n = 100$, 13 Klassen bei $n = 1.000$ und 16 Klassen bei $n = 10.000$ vorschlägt. Die folgenden Formeln sind als Näherung zu betrachten:

Anzahl der Klassen k: $\approx \sqrt{n}$ *bei* $n \leq 250$

Anzahl der Klassen k: $\approx 10 \log n$ *bei* $n > 250$

Die Anzahl der Klassen k sollte mindestens fünf, höchstens aber 25 betragen. Dabei ist zu beachten, dass zu wenige Klassen nur ein grobes, zu viele Klassen hingegen ein breites und unübersichtliches Verteilungsbild ergeben. Die Klassenbreite b_j ergibt sich aus der Spannweite R und der Anzahl der Klassen k:

Spannweite R = $x_{max} - x_{min}$

Klassenbreite $b_j = R/k$

Das Ergebnis dient jedoch nur als Anhaltswert. Es sind stets glatte Klasseneinteilungen anzustreben, leere Klassen sind zu vermeiden.

Das eigentliche Histogramm entsteht, indem auf der Abszisse die Merkmalswerte in ihrer berechneten Klassenbreite und auf der Ordinate die zugehörigen absoluten

Klassenhäufigkeiten abgetragen werden (vgl. Bild 2.65). Anschließend wird über jeder Klasse ein Rechteck in Höhe der Häufigkeitswerte erstellt. Bei Bedarf können nun auch Zielwert sowie obere und untere Toleranzgrenze eingetragen werden. Anhand des fertigen Histogramms lässt sich erkennen, ob sich die gemessenen Werte innerhalb der Toleranzgrenzen befinden und in welchem Bereich bzw. welcher Klasse die meisten Messwerte liegen.

Stichprobe n = 100 Messwerte

Spannweite $R = x_{max} - x_{min} = 53 - 48 = 5$

Anzahl der Klassen $k = \sqrt{n} = \sqrt{100} = 10$

Klassenbreite $b = \frac{R}{k} = \frac{5}{10} = 0{,}5$

Klasse von ... bis unter ...	Klassenhäufigkeit
48,0 - 48,5	2
48,5 - 49,0	6
49,0 - 49,5	8
49,5 - 50,0	10
50,0 - 50,5	16
50,5 - 51,0	22
51,0 - 51,5	14
51,5 - 52,0	10
52,0 - 52,5	8
52,5 - 53,0	4

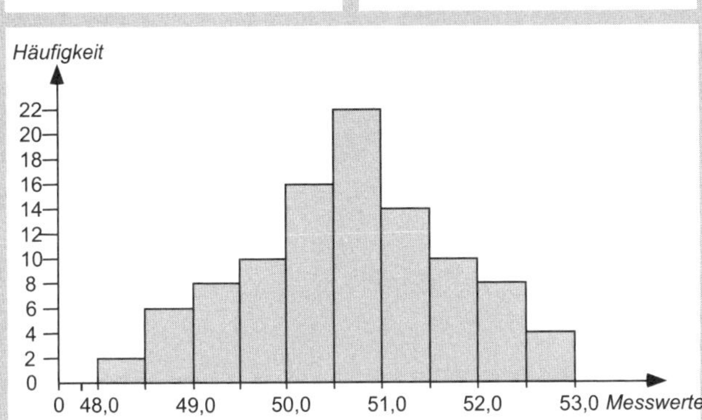

Bild 2.65 Beispiel für ein Histogramm

Qualitätsregelkarte

Die Qualitätsregelkarte (Control Chart) stellt allgemein eine Methode zur Überwachung von Fertigungsprozessen auf statistischer Basis dar und findet Anwendung im Rahmen der Statistischen Prozessregelung (SPR, Statistical Process Control, SPC) (vgl. **Statistische Prozessregelung**). Dazu werden Daten, die bei der Prüfung von Stichproben aus einem Fertigungsprozess ermittelt wurden, in ein Formblatt mit Koordinatensystem eingetragen (vgl. **Stichprobenprüfung**). Bei den Daten handelt es sich um Messwerte oder daraus errechnete Kennzahlen, die in Verbindung mit vorher eingezeichnetem Mittelwert sowie Warn-, Eingriffs- und Toleranzgrenzen zur Untersuchung und zur Steuerung des betrachteten Prozesses dienen [Kirschling 94].

In Abhängigkeit von den zu untersuchenden Merkmalen (variablen oder attributiven) stehen verschiedene Arten von Qualitätsregelkarten zur Verfügung, die hier jedoch nicht detailliert beschrieben werden. Zur Untersuchung von variablen Merkmalen, die in Form von konkreten Messwerten vorliegen, sind Qualitätsregelkarten für Urwert, für Mittelwert und Standardabweichung ($\bar{x}$-s-Karte), für Mittelwert und Spannweite ($\bar{x}$-R-Karte) sowie für Median und Spannweite ($\tilde{x}$-R-Karte) gebräuchlich. Der Median $\tilde{x}$ dient hier als Näherung an den wahren Prozessmittelwert.

Bei attributiven Merkmalen kann lediglich zwischen zwei gegensätzlichen Ausprägungen unterschieden werden (gut/schlecht, vorhanden/nicht vorhanden). Es werden Qualitätsregelkarten für den Anteil fehlerhafter Einheiten (p-Karte), für die Anzahl fehlerhafter Einheiten (np-Karte), für die Fehlerzahl (c-Karte) und für die Fehlerzahl pro Einheit (u-Karte) verwendet.

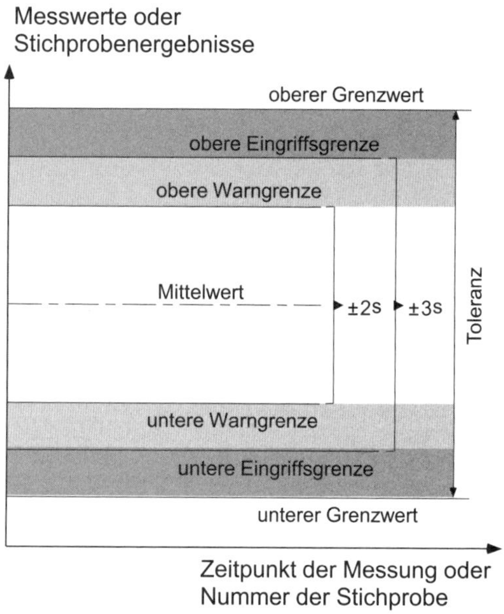

Bild 2.66 Schematische Darstellung einer Qualitätsregelkarte

Es sei noch kurz erwähnt, dass sich der Mittelwert aus einem Vorlauf langfristiger Beobachtungen des Prozesses ergibt. Die oberen und unteren Warn- und Eingriffsgrenzen können berechnet, grafisch ermittelt oder Verteilungstabellen entnommen werden. Sie stellen Zufallsstreubereiche des betrachteten Prozesses dar, also den Betrag, um den die Mittelwerte und die Standardabweichungen der Stichproben streuen würden, wenn ausschließlich zufällig bedingte Streuungen vorhanden wären. Sie sind keine Toleranzen, sondern geben nur Grenzwerte der natürlichen Prozessstreuung wieder. Messwerte außerhalb der Eingriffsgrenzen sind von systematischen Einflüssen verursacht. Üblicherweise werden obere (OWG) und untere (UWG) Warngrenze als Grenzen des 95%-Zufallsstreubereiches (±2σ), obere (OEG) und untere (UEG) Eingriffsgrenze als Grenzen des 99,73%-Zufallsstreubereiches (±3σ) gewählt (vgl. Bild 2.66). Die sich daraus ergebende statistische Aussage lautet, dass mit einer Wahrscheinlichkeit von 99,73 % erwartet werden kann, dass der Stichprobenwert innerhalb dieses Zufallsstreubereiches liegt.

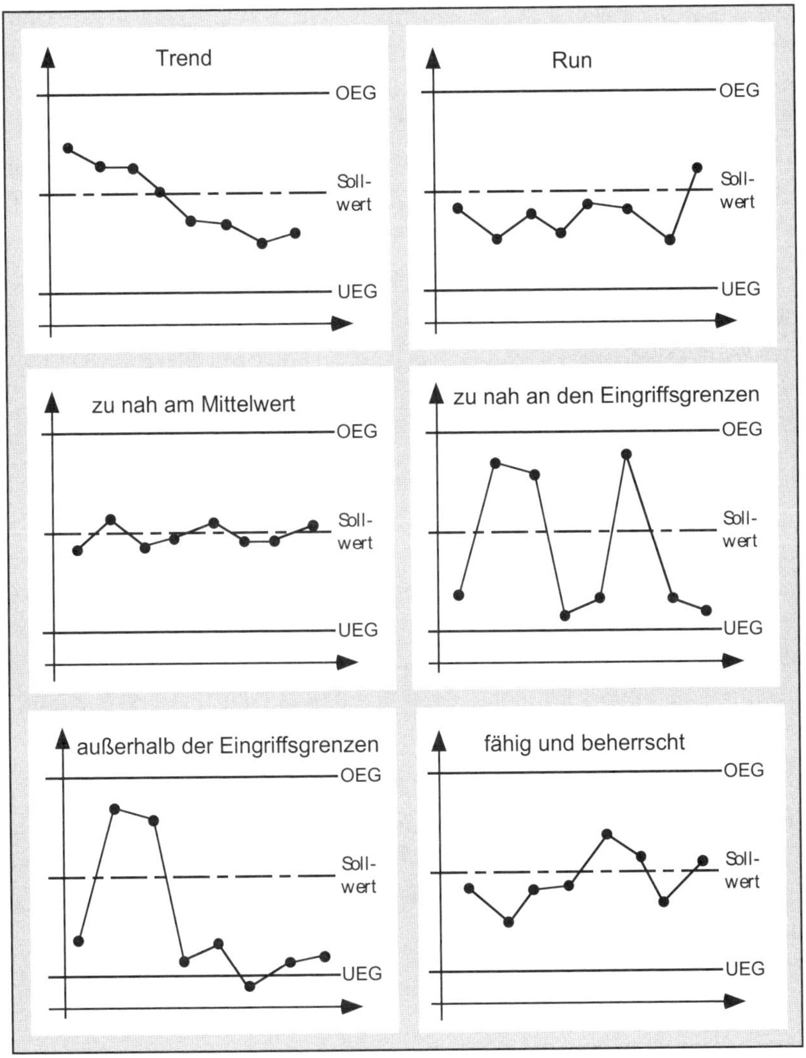

Bild 2.67 Interpretation der Qualitätsregelkarte

Diese Wahrscheinlichkeit erübrigt jedoch keinesfalls die richtige Interpretation der Darstellung der zeitlichen Veränderungen des Prozesses auf der Qualitätsregelkarte. Dies geschieht mithilfe von vorgegebenen Entscheidungsmustern (vgl. Bild 2.67)

[Gogoll/Theden 94]. Aufgrund der geringen Wahrscheinlichkeit für eine einseitige Häufung lässt sich statistisch nachweisen, dass eine Folge von sieben Werten unterhalb bzw. oberhalb des Mittelwertes (Run) einem systematischen Einfluss unterliegen muss. Ebenso verhält es sich bei sieben Werten, die in die gleiche Richtung laufen (Trend). Bei einer Häufung von Werten nahe dem Mittelwert muss man davon ausgehen, dass die Eingriffsgrenzen falsch berechnet wurden.

Liegen die Eintragungen hingegen außerhalb einer Warngrenze, so ist der Prozess mit erhöhter Aufmerksamkeit zu beobachten, insbesondere wenn sich die Werte weiter in Richtung auf eine Eingriffsgrenze bewegen. Ein sofortiges Eingreifen ist erforderlich, wenn auch nur eine Eintragung außerhalb der Eingriffsgrenzen liegt, denn dann ist der Prozess nicht mehr beherrscht. Die systematischen Streuungseinflüsse sind abzustellen, die Eingriffsgrenzen sind neu festzulegen. Auf diese Weise werden vorbeugend-fehlerverhütende Maßnahmen ermöglicht.

Dieses rechtzeitige Erkennen von Abweichungen und die dadurch erreichte Verminderung von Ausschussproduktion sowie die Darstellung zeitlicher Veränderungen des Prozesses zählen zu den Vorzügen der Qualitätsregelkarte. Von besonderer Bedeutung sind auch die oben bereits erwähnten Möglichkeiten der Untersuchung und der Steuerung des betrachteten Prozesses.

Untersuchungen von Prozessen werden im Hinblick auf einen beherrschten Ablauf vorgenommen. Ein beherrschter Prozess weist lediglich eine zufällige und keine systematische Streuung auf, er läuft also langfristig innerhalb der vorgegebenen Grenzen ab. Ein beherrschter Prozess wird im Rahmen der Statistischen Prozessregelung (SPR, Statistical Process Control, SPC) mit Kennzahlen, den Prozessfähigkeitsindizes, bewertet, und dann als qualitätsfähig bezeichnet, wenn bestimmte Werte (c_p und $c_{pk} \geq 1{,}33$) erreicht werden (vgl. **Statistische Prozessregelung**). Ein beherrschter Prozess ist Voraussetzung, um die Qualitätsregelkarte sinnvoll zur Qualitätssteuerung in der Fertigung einzusetzen.

Als Instrument zur Ursachenanalyse für Prozesszustand oder Abweichungen ist die Qualitätsregelkarte nicht geeignet. Die genaue Ermittlung der Abweichungsursache und das Wiederherstellen der Qualitätsfähigkeit des Prozesses sind jedoch unbedingt notwendig.

Pareto-Diagramm

Das Pareto-Diagramm (Pareto Chart) ist ein Säulendiagramm zur grafischen Darstellung der Ursachen von Problemen in der Reihenfolge der Bedeutung ihrer Auswirkungen.

Auftretende Probleme sind oft so zahlreich, dass es nicht klar ist, in welcher Reihenfolge sie behandelt werden sollen. Das Pareto-Diagramm gibt hierbei eine wirkungsvolle Entscheidungshilfe [Burr 90a], indem es diejenigen Ursachen klar herausstellt, die den größten Einfluss ausüben oder z. B. die meisten Kosten verursachen. Auf diese Weise wird auch der Einsatz von Ressourcen auf die tatsächliche Ursache des Problems konzentriert und setzt dort an, wo die größten Erfolge zu erwarten sind [Relyea 89].

Das Pareto-Diagramm basiert auf der empirisch festgestellten Tatsache, dass nur 20–30 % der Fehlerarten für 70–80 % aller Fehler verantwortlich sind. Hierfür prägte Juran den Ausdruck „vital few, useful many", der eine Anwendung des Pareto-Prinzips auf die Qualitätssicherung wiedergibt und auch als 80-20-Regel bezeichnet wird (vgl. **Juran**). Dieses Prinzip, benannt nach dem italienischen Nationalökonomen und Soziologen Vilfredo Pareto, drückt aus, dass die meisten Auswirkungen auf eine relativ kleine Zahl von Ursachen zurückzuführen sind. Quantitativ dargestellt resultieren 80 % der Wirkungen aus 20 % der möglichen Ursachen bzw. Einflussgrößen. Diese 20 % der möglichen Ursachen bezeichnet Juran als die „vital few" (entscheidende wenige), die übrigen möglichen Ursachen als die „useful many" (nützliche viele) [Juran 88].

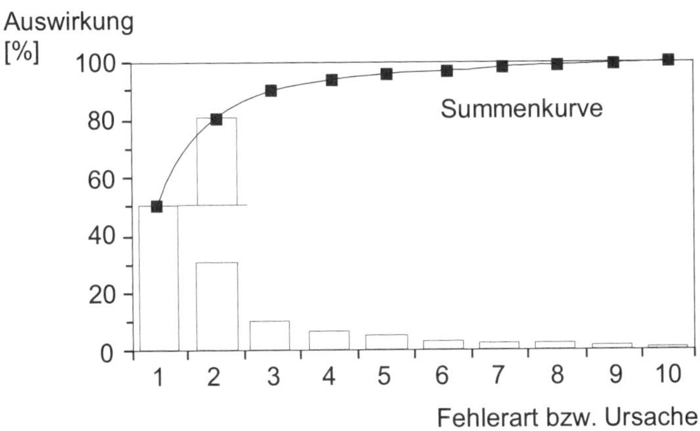

Bild 2.68 Beispiel für ein Pareto-Diagramm mit Summenkurve

Um ein Pareto-Diagramm zu erstellen, müssen zunächst die relevanten Daten gesammelt werden. Dies kann z. B. mithilfe einer Fehlersammelliste erfolgen (vgl. **Fehlersammelliste**). Die aufgelisteten Fehlerarten werden nach absteigender Fehleranzahl sortiert, kumuliert (aufsummiert) und in ein Pareto-Diagramm eingetragen. Hierbei werden die Fehlerarten in absteigender Folge von links nach rechts auf der Abszisse abgetragen. Auf der Ordinate können die Auswirkungen abgelesen werden, z. B. die Fehlerzahl oder auch Kostengrößen. Zur Verdeutlichung können die kumulierten Auswirkungen zusätzlich durch eine Summenkurve visualisiert werden (vgl. Bild 2.68). Erfolgt auch die Darstellung der Fehlerarten (Ursache) in kumulierter Form, so wird in diesem Fall die Summenkurve als Lorenz-Kurve bezeichnet.

Eine besondere Anwendung des Pareto-Prinzips in Verbindung mit einer Kostenbetrachtung ist die ABC-Analyse, die im Bereich der Materialwirtschaft eingesetzt wird, oft z. B. im Rahmen von Lagerbestands- oder Bestellmengenoptimierungen. Hierbei erfolgt eine Klassifizierung der Materialien nach ihrem jeweiligen Anteil am Gesamtwert [Blohm et al. 87]. Die Materialien, die ca. 70 % des kumulierten Verbrauchswertes darstellen, gehören zur Gruppe A (A-Teile), die nächsten ca. 20 % sind B-Teile und die letzten 10 % mit dem geringsten Verbrauchswert sind C-Teile.

Pareto-Diagramme werden, wie oben bereits erwähnt, als Entscheidungshilfe zur Festlegung der Reihenfolge der Problemlösung herangezogen. Sie werden weiterhin eingesetzt, um das Ausmaß eines Problems darzustellen, den erfolgversprechendsten Ansatzpunkt zur Lösung aufzuzeigen und auch, um den Kommunikationsprozess im Unternehmen zu verbessern, insbesondere zwischen der ausführenden Ebene und dem Management [Relyea 89]. Ein direkter Unterschied zwischen zwei betrachteten Objekten, z. B. zwei Produkten, oder ein Vergleich von Daten vor und nach einem bestimmten Ereignis, z. B. einer Veränderung des Fertigungsprozesses, kann mithilfe eines doppelten Pareto-Diagramms verdeutlicht werden. Dazu wird die Abszisse in negativer Richtung über den Ursprung hinaus verlängert, sodass die ersten beiden Quadranten eines Koordinatensystems aufgespannt werden. Der positive Teil der Abszisse wird also an der Ordinate gespiegelt. Nun können in dem einen Quadranten z. B. Fehlerarten eines Fertigungsprozesses und deren Auswirkungen vor einer Prozessveränderung dargestellt werden, im anderen Quadranten die gleichen Daten nach der Prozessveränderung [Burr 90a].

Korrelationsdiagramm/Streudiagramm

Das Korrelationsdiagramm (Scatter Diagram) ist eine grafische Darstellung der Beziehung zwischen zwei veränderlichen Faktoren. Es wird auch in der Statistik benutzt, um Intensität (Stärke) und Richtung (Vorzeichen) eines linearen Zusammenhanges zwischen zwei zufallsfehlerbehafteten Variablen darzustellen. Kausale Zusammenhänge können aus dem Korrelationsdiagramm jedoch nicht abgeleitet werden, sodass vor einer Fehlinterpretation in dieser Richtung gewarnt werden muss [Burr 90].

Zur Erstellung eines Korrelationsdiagramms ist eine Reihe von Merkmalspaaren (zweidimensionales Datenmaterial) notwendig, zwischen denen eine Beziehung in Form von einseitigen oder wechselseitigen Abhängigkeiten vermutet wird. Trägt man die Merkmalspaare in ein xy-Koordinatensystem ein, so erhält man eine als Korrelationsdiagramm oder auch als Streudiagramm bezeichnete Punktwolke, deren

Form weitere Rückschlüsse auf die vermutete Beziehung erlaubt. Kann durch alle eingetragenen Punkte eine Gerade gelegt werden, so korrelieren die Merkmale in positiver oder negativer Richtung, es liegen also Zusammenhänge vor (vgl. Bild 2.69).

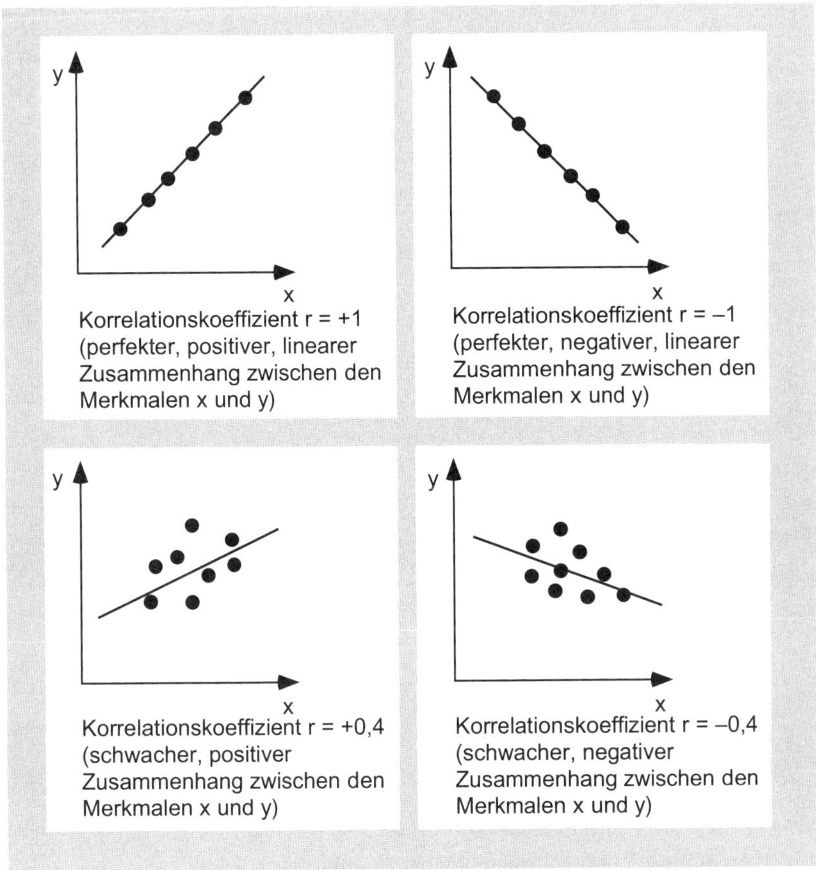

Bild 2.69 Beispiele für korrelierte Merkmale im Streudiagramm

Als Maßgröße für mögliche Zusammenhänge bei kardinalskalierten Merkmalspaaren dient der Bravais-Pearson-Korrelationskoeffizient *r*. Er berechnet sich aus der Kovarianz der Merkmalspaare und den Standardabweichungen der Einzelmerkmale:

$$\text{Korrelationskoeffizient } r_{xy} = \frac{\sum_{i=1}^{n} (x_i - \bar{x})(y_i - \bar{y})}{\sqrt{\sum_{i=1}^{n} (x_i - \bar{x})^2 \sum_{i=1}^{n} (y_i - \bar{y})^2}}$$

Der Korrelationskoeffizient nimmt bei positiven Zusammenhängen Werte von größer null bis +1 an, bei negativen Zusammenhängen Werte von kleiner null bis -1.

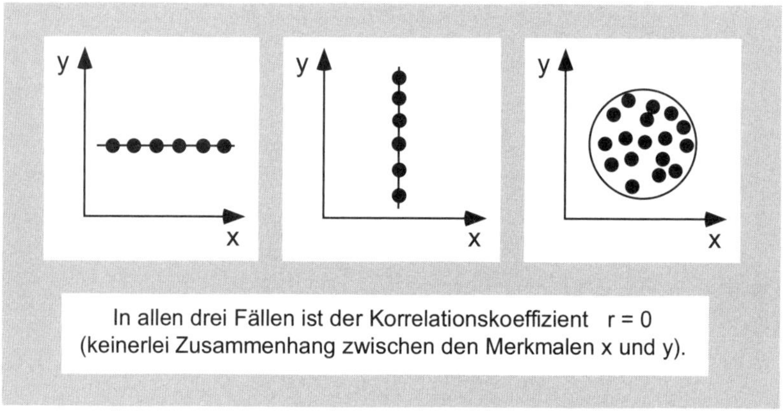

Bild 2.70 Beispiele für unkorrelierte Merkmale im Streudiagramm

Grundsätzlich sind bei der Korrelationsrechnung beide Merkmale gleichberechtigt (symmetrisch), sie wird deshalb auch als Interdependenzanalyse bezeichnet. Dagegen werden bei der Regressionsanalyse abhängige und unabhängige Variablen unterschieden (Dependenzanalyse). Hierbei werden funktionale, also kausale Beziehungen zwischen den Variablen untersucht.

Nimmt der Korrelationskoeffizient r den Wert null an, so bestehen keinerlei Zusammenhänge zwischen den betrachteten Merkmalen (vgl. Bild 2.70).

Brainstorming

Das Brainstorming ist eine typische, gruppenorientierte Kreativitätstechnik oder Ideenfindungsmethode, die in zwei Schritten abläuft und durch Verlassen der gewöhnlich vorherrschenden Denkschemata neue Vorschläge und innovative Lösungsansätze anstrebt [Zink/Schick 87].

Im ersten Schritt, der sogenannten kreativen Phase, werden innerhalb einer Gruppe zu einer vorgegebenen Fragestellung oder einem bestimmten Problem die Äußerung von Gedanken, Ideen oder Assoziationen seitens der Gruppenmitglieder erwartet. Dabei kommt es in erster Linie auf eine möglichst große Anzahl von Lösungsvorschlägen an, die Qualität dieser Vorschläge wird zunächst nicht betrachtet. Jede Kritik an einem geäußerten Vorschlag ist während der kreativen Phase verboten. In einem zweiten Schritt, der Bewertungsphase, werden die gesammelten Ideen dann strukturiert und bewertet.

Zur Durchführung erfolgreicher Brainstorming-Sitzungen sollten die nachfolgend aufgeführten Regeln unbedingt eingehalten werden:

- Exakte Formulierung der Fragestellung.
- Absolutes Kritikverbot während der kreativen Phase.
- Vorschläge stellen Anregungen dar und sind weiterzuentwickeln.
- Schriftliche Fixierung der geäußerten Ideen.
- Stimulation der Ideensammlung durch den Moderator.
- Hervorbringung möglichst vieler Ideen.
- Keinerlei Zeitdruck während der kreativen Phase.

Die Brainstorming-Technik erscheint auf den ersten Blick als leicht anwendbare Methode zur Problemlösung. Eine gewisse Einschränkung des Anwendungsbereiches ergibt sich zum einen aus der Tatsache, dass die Ad-hoc-Vorschläge der Gruppenmitglieder nicht immer zu einer erfolgreichen Lösung des Problems führen müssen. Brainstorming eignet sich also in erster Linie für die Anwendung bei relativ einfachen Problemen. Andererseits können Verstöße in Form von destruktiven Kommentaren („Killerphrasen") gegen das nur schwer einzuhaltende Kritikverbot den Ideenfluss leicht unterbrechen. Dies kann dann zu Hemmungen bei der spontanen Äußerung von Ideen führen, was eine Vorwegnahme der Bewertungsphase bedeuten und damit den Kreativitätsprozess infrage stellen kann.

Trotz der genannten Einschränkungen trifft der Gedanke Ishikawas, in Qualitätszirkeln mit relativ einfachen Methoden gute Ergebnisse erzielen zu können, auch auf das Brainstorming zu, insbesondere wenn die Regeln entsprechend berücksichtigt werden (vgl. **Qualitätszirkel**).

Ursache-Wirkungs-Diagramm/Ishikawa-Diagramm

Das Ursache-Wirkungs-Diagramm (Cause-and-Effect Diagram) ist eine einfache Technik zur Problemanalyse, bei der Ursache und Wirkung voneinander getrennt werden. Die möglichen und bekannten Ursachen (Einflüsse), die zu einer bestimmten Wirkung (Problem) führen, werden in Haupt- und Nebenursachen zerlegt und in einer übersichtlichen Gesamtbetrachtung grafisch strukturiert. Auf diese Weise können sowohl negative als auch positive Einflussgrößen identifiziert und mithilfe des Diagramms ihre Abhängigkeiten zur Zielgröße dargestellt werden.

Der Japaner Ishikawa entwickelte das Ursache-Wirkungs-Diagramm speziell zur Anwendung in Qualitätszirkeln (Quality Circle) (vgl. **Ishikawa**, **Qualitätszirkel**). Es wird nach seinem Erfinder auch oft als Ishikawa-Diagramm bezeichnet oder nach seinem Aussehen als Fischgräten-Diagramm (Fishbone Diagram).

Bei der Anwendung des Ursache-Wirkungs-Diagramms können in einer speziellen Arbeitstechnik auch Karten benutzt werden. Um diese Methode besonders zu kennzeichnen, wird gelegentlich die Bezeichnung Ursache-Wirkungs-Diagramm unter Einsatz von Karten (Cause-and-Effect Diagram with Addition of Cards, CEDAC) verwendet.

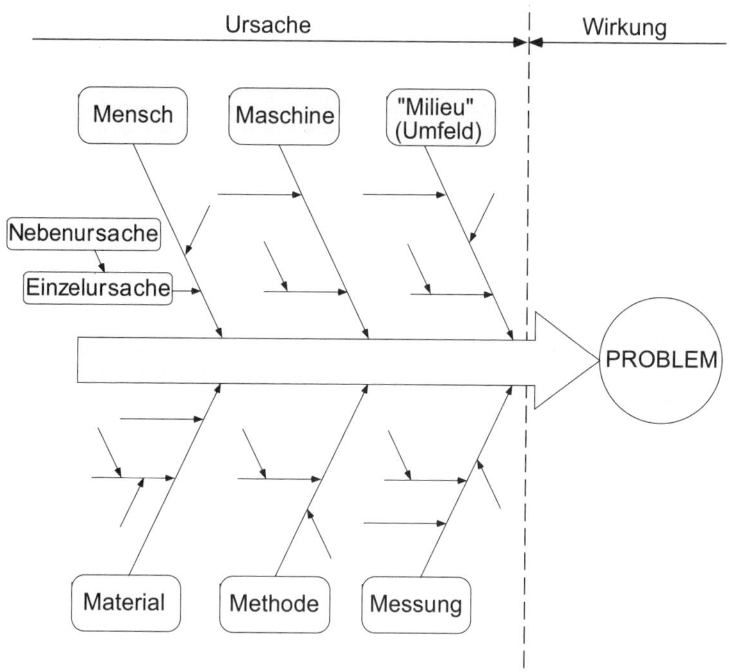

Bild 2.71 Schema des Ursache-Wirkungs-Diagramms

Die Vorgehensweise zur Erstellung eines Ursache-Wirkungs-Diagramms besteht in der Regel aus sechs aufeinanderfolgenden Schritten, denen eine genaue Beschreibung des zu untersuchenden Problems vorausgehen sollte:

1. Festlegen der möglichen Ursachen erster Ordnung (Ursachengruppen)

   Es wird häufig mit der 5-M-Methode begonnen, die als grundsätzliche Ursachen die Felder Mensch, Maschine, Methode, Material und „Milieu“ (Umfeld) vorsieht. Ein Zwang zur Anwendung dieser Methode besteht jedoch nicht. In Erweiterung der 5-M-Methode wird auch die 6-M-Methode angewendet, die als zusätzliche Ursachengruppe das Feld Messung einführt. Die Ursachen erster Ordnung werden im Diagramm an einem Grundpfeil, der auf das Problem zielt, eingezeichnet.

2. Erfassen von Ursachen weiterer Ordnung (Einzelursachen und Nebenursachen)

   Mithilfe eines Brainstormings werden weitere Ursachen gesucht und in das Diagramm eingetragen, die die Ursachengruppen verzweigen (vgl. Bild 2.71). Hierfür bieten sich die 6 W an: Was, Wann, Wo, Warum, Wer, Wie.

3. Auswahl der wahrscheinlichsten Ursache

   Nach Betrachtung der möglichen Ursachen werden diese mit verschiedenen Symbolen durch die Gruppenmitglieder bzw. Fachleute im Diagramm gewichtet. Die Symbole kennzeichnen Bedeutung und mögliche Einflussnahme. Anschließend wird die wahrscheinlichste Ursache bestimmt. Eine andere Vorgehensweise ist die Versuchsplanung nach Shainin, die weniger von der Meinung der Fachleute abhängt und die Fakten sprechen lässt (vgl. **Versuchsplanung nach Shainin**).

4. Überprüfung der wahrscheinlichsten Ursache auf Richtigkeit

   In einer genauen Untersuchung, ggf. mit Rückgriff auf Kenntnisse und Erfahrungen von Fachleuten, wird geprüft, ob auch tatsächlich die richtige Ursache für das Problem gefunden wurde.

5. Entwicklung von Lösungsalternativen und Entscheidung für die optimale Lösung

   Um das Problem zu lösen, werden verschiedene Möglichkeiten ausgearbeitet und nach Qualität, Kosten und Einführungsdauer bewertet. Anschließend wird daraus eine optimale Lösung gewählt.

6. Realisierung des Lösungsvorschlages

   Die als optimal bewertete Lösung wird in die Praxis umgesetzt.

Neben der oben erwähnten Bestimmung von Einflussgrößen lassen sich aus dem Ursache-Wirkungs-Diagramm noch weitere wichtige Erkenntnisse ableiten. Es wird offenbar, welche Grundkenntnisse über das Problem vorliegen und in welchem Umfang der betrachtete, dem Problem zugrunde liegende Prozess technisch beherrscht wird (vgl. **Statistische Prozessregelung**). Außerdem wird durch die Gewichtung der Ursachen (Schritt 3) deutlich, wo eine schnelle und erfolgversprechende Einflussnahme möglich erscheint bzw. wo noch nicht genügend Wissen über die vorliegenden Zusammenhänge verfügbar ist.

Literaturhinweise zur Vertiefung

DGQ – Deutsche Gesellschaft für Qualität (Hrsg.):
DGQ-Schrift 16-32: SPC 2 – Qualitätsregelkartentechnik.
5. Aufl., Berlin: Beuth Verlag 1995.

Ishikawa, K.:
Guide to Quality Control.
Tokyo/Japan: Asian Productivity Organization 1980.

Qualitätswissenschaft

Der Begriff Qualitätswissenschaft setzt sich aus zwei Bestandteilen zusammen, die zunächst getrennt zu betrachten sind, bevor sie zusammengeführt werden.

Der Wissenschaftsbegriff ist außerordentlich vielschichtig und lässt sich aus verschiedenen Blickrichtungen definieren. Allgemein lässt sich Wissenschaft beschreiben als das durch methodische Forschung gebildete, geordnete und begründete, für gesichert erachtete Wissen seiner Zeit. Ihr Hauptziel ist die rational nachvollziehbare Erkenntnis der Zusammenhänge, Abläufe, Ursachen und Gesetzmäßigkeiten in der Wirklichkeit. Wissenschaft strebt methodisch nach Erweiterung; die Lehre vermittelt das Wissen.

Der Ursprung der Wissenschaft ist in der Philosophie des Altertums und des Mittelalters zu finden. Die philosophischen Vertreter dieser Epochen unternahmen die ersten Schritte in Richtung einer wissenschaftlichen Denkweise. So eröffnete Platon (427-347 v. Chr.) eine philosophische Schule, die den Namen des griechischen Sagenhelden Akademos trug. Die daraus abgeleitete Bezeichnung Akademie hat bis heute Bestand.

Der Begriff Qualität ist seit dem Altertum bekannt und leitet sich aus dem lateinischen Wort *qualitas* (Beschaffenheit, Eigenschaft) her. Die inhaltlichen Grundlagen können bis auf Aristoteles (384-322 v. Chr.) zurückverfolgt werden, der Substanz, Relation, Quantität und Qualität in seiner Schrift „Metaphysik" als die grundlegenden Kategorien zur Beschreibung des Wesens der Dinge nennt. Eine ausführliche Darstellung von Definitionsansätzen, Inhalt und Ursprung des Qualitätsbegriffes wurde bereits an anderer Stelle vorgenommen (vgl. **Qualität/Qualitätsbegriff**).

In technischen Zusammenhängen definiert heute die internationale Norm DIN EN ISO 9000:2005 Qualität als „Vermögen einer Gesamtheit inhärenter Merkmale eines Produktes, Systems oder Prozesses zur Erfüllung von Forderungen von Kunden und anderen interessierten Parteien" [ISO 05]. Qualität ist jedoch nicht eine rein technische Größe, sondern lebt vor allen Dingen von der Einstellung der Menschen zu ihr. Auf dieser grundlegenden Sichtweise basiert auch der Ansatz Qualität = Technik + Geisteshaltung. Er besagt insbesondere, wie Qualität entsteht, nämlich mithilfe der Technik auf der Basis einer entsprechenden Geisteshaltung [Kamiske 90].

Bild 2.72 Qualitätswissenschaft als interdisziplinäres Fachgebiet

Mit der Technik als einem wesentlichen Bestandteil stellt die Qualitätswissenschaft eine Querschnittsverbindung zu weiteren industriellen Wissenschaftsdisziplinen dar (vgl. Bild 2.72): Die Ingenieurwissenschaften repräsentieren den technischen Anteil, die Sozialwissenschaften den humanen, die Umweltwissenschaften den ökologischen und die Wirtschaftswissenschaften den ökonomischen Aspekt. Verbindendes Element ist die Erforschung des Einflusses und der Auswirkung von Qualität in ihrer vielschichtigen Bedeutung.

Dabei erfolgt eine systematische wissenschaftliche Beschäftigung mit dem Thema Qualität im Vergleich zu anderen, schon traditionellen Disziplinen erst seit Anfang bis Mitte der 1980er-Jahre. Seit dieser Zeit jedoch hat sich Qualität als eigenständiges Wissenschaftsgebiet etabliert. Dies belegt der Vergleich allgemeingültiger Kriterien zur Beschreibung einer Wissenschaft mit den Inhalten des Fachgebietes Qualität, sodass auch aus wissenschaftstheoretischer Sicht von einer eigenständigen wissenschaftlichen Disziplin, der Qualitätswissenschaft, gesprochen werden kann:

- Es besteht das Bestreben, neue Erkenntnisse zu gewinnen und praktisch umzusetzen. Die Resultate werden im Rahmen der sich ständig erweiternden Inhalte der Qualitätswissenschaft deutlich.

- Rund um das Erkenntnisobjekt Qualität werden bestimmte Erkenntnisziele verfolgt, die sich in Normen, Definitionen, Publikationen, Theorien, Problemlösungen und Entscheidungsmodellen ausdrücken.
- Beim Erkenntnisstreben werden verschiedene Forschungsmethoden angewendet, beispielsweise die klassischen Methoden der Systematisierung, aber insbesondere auch mathematisch-statistische Methoden und Analysen.
- Die gewonnenen Erkenntnisse werden in ihrer Wahrheit mittels theoretischer Nachweise sowie praktischer Versuche und Umsetzungen in Unternehmen gesichert. Dabei wird die systematische Ordnung des Qualitätswissens angestrebt, was z. B. in Form von Regelwerken, Fachliteratur oder auch Übersichten über das gesamte Spektrum von Qualitätserkenntnissen erfolgt.

Literaturhinweis zur Vertiefung

Kamiske, G. F.:
Qualitäts-Wissenschaft für Manager.
2. Aufl., Norderstedt: BoD Verlag 2006.

Kamiske, G. F.:
Als TQM nach Deutschland kam ...
Berlin: Lehmanns Media 2010.

Qualitätszirkel

Ein Qualitätszirkel (Quality Circle) ist eine kleine, institutionalisierte Gruppe von ca. fünf bis zwölf Mitarbeitern, die regelmäßig zusammentreffen, um in ihrem Arbeitsbereich auftretende Probleme freiwillig und selbstständig zu bearbeiten. Die Sitzungen werden meist von einem Kollegen geleitet bzw. moderiert, dauern etwa eine bis zwei Stunden und finden in der Regel wöchentlich während der Arbeitszeit statt. Von den Gruppenmitgliedern selbst ausgewählte, arbeitsbezogene Schwachstellen oder Probleme werden diskutiert und systematisch untersucht. Die Umsetzung von Lösungen bzw. Verbesserungsvorschlägen erfolgt eigenverantwortlich durch die Gruppe, sofern sie nicht externe Unterstützung benötigt. Auch der bei der Umsetzung erzielte Erfolg wird durch die Gruppe selbst kontrolliert. Im Gegensatz dazu werden Werkstattkreise von einem Vorgesetzten gezielt auf ein bestimmtes Problem angesetzt. Auch die Durchführung von Lösungsmaßnahmen erfolgt erst nach Genehmigung des Entscheidungsträgers.

Die ersten Ansätze und Grundlagen des Qualitätszirkel-Konzeptes waren gruppenorientierte Aktivitäten in den USA und stammen aus den 1920er- und 1930er-Jahren. Etwas später wendeten die Amerikaner Deming und Juran diese Idee auf die Qualitätssicherung an [Bocker/Evard 82] (vgl. **Deming, Juran**). Der Japaner Ishikawa übertrug in den frühen 1950er-Jahren dieses gruppenarbeitsorientierte Konzept auf japanische Verhältnisse und führte dessen breite Anwendung ein (vgl. **Ishikawa**). 1962 wurde es offiziell Qualitätssicherungszirkel (Quality Control Circles) genannt und ist seitdem unter der Bezeichnung Qualitätszirkel weltweit bekannt und verbreitet.

Ishikawa hat den Qualitätszirkeln eine neue und entscheidende Richtung gegeben, indem er Freiwilligkeit, Respekt vor dem Menschen und Mitarbeiterorientierung als wichtige Elemente betonte [Ishikawa 82]. Ursprünglich waren Qualitätszirkel für die Anwendung innerhalb der ausführenden Ebene (Werkstattebene, Fertigung) vorgesehen. Für diese Zielgruppe stellte Ishikawa auch die elementaren Qualitätswerkzeuge (Q7, Tools of Quality) als einfache, aber wirkungsvolle Hilfsmittel zusammen (vgl. **Qualitätswerkzeuge**). Sie basieren meist auf mathematisch-statistischen Grundlagen und sind speziell für den Werkstattbereich aufbereitet, wo sie dem Erkennen, Verstehen und Lösen von Problemen dienen. Das Ursache-Wirkungs-Diagramm als eines dieser Werkzeuge wurde von Ishikawa selbst entwickelt (vgl. **Ursache-Wirkungs-Diagramm**). Es wird deshalb auch als Ishikawa-Diagramm bezeichnet.

Weiterhin hat Ishikawa als Erster die Einführung und konsequente Anwendung von Qualitätszirkeln auf allen Ebenen der Unternehmenshierarchie gefordert und sie als wichtigen Bestandteil in sein Company-Wide Quality Control-Konzept (CWQC) aufgenommen (vgl. **Company-Wide Quality Control**). Damit erkannte er die besondere Bedeutung der Gruppe und der Gruppenarbeit für das Individuum, also den einzelnen Mitarbeiter. Dies trifft zwar speziell auf Japan zu, kann aber wohl aufgrund der inzwischen weltweiten und erfolgreichen Verbreitung der Qualitätszirkel mit geringen Einschränkungen und unter Berücksichtigung der jeweiligen Gegebenheiten als allgemeingültig angesehen werden.

Eine unternehmensweite Einführung von Qualitätszirkeln beinhaltet natürlich auch die Verwaltungsbereiche (sogar reine Dienstleistungsbetriebe wie z. B. Banken, Versicherungen, Speditionen) sowie die Managementebene. Diese Tendenz ist inzwischen auch in der praktischen Umsetzung zu beobachten [Marciniak 94]. Dabei muss besonders herausgestellt werden, dass für den sinnvollen Einsatz der Qualitätszirkel als Problemlösungsgruppen die Aufgabe des Topmanagements nicht nur in der Übernahme der Verantwortung bestehen darf. Vielmehr ist auch die volle und tatkräftige Unterstützung sowie die eigene Beteiligung der obersten Unternehmensleitung im Rahmen eines umfassenden Programms zur Qualitätsverbesserung, etwa im Sinne von Total Quality Management (TQM), unbedingt erforderlich (vgl. **Total Quality Management**). Ebenso notwendig sind die Zustimmung und aktive Beteiligung der Arbeitnehmervertretung.

Die Qualitätszirkel waren zunächst lediglich auf die Erhaltung und Verbesserung der Produktqualität ausgerichtet. Mit der Ausdehnung dieses Konzeptes und aufgrund positiver Erfahrungen sind inzwischen weitere Zielrichtungen hinzugekommen, sodass sich die folgende Einteilung anbietet:

- Qualitätsorientierte Zielsetzungen

  Ständige Verbesserung der Qualität, aktive und vorausschauende Fehlervermeidung, Erhöhung der Zufriedenheit von internen und externen Kunden, Senkung der Reklamationen, Steigerung der Chancen im Wettbewerb.

- Produktivitätsorientierte Zielsetzungen

  Steigerung der Produktivität, Kostensenkung, Berücksichtigung der Auswirkungen auf vor- und nachgelagerte Bereiche, Verbesserung von Koordination und Kommunikation, schnelles Erkennen und Beseitigen von innerbetrieblichen Störungen, Senkung der Anzahl fehlerhafter Teile.

- Mitarbeiterorientierte Zielsetzungen

  Steigerung der Arbeitsmotivation, Entfaltung der persönlichen Fähigkeiten und Bedürfnisse, Nutzung von Kreativität und geistigem Potenzial, Steigerung von Arbeitszufriedenheit und Selbstbewusstsein, Verbesserung der sozialen Beziehungen, Aus- und Weiterbildung, Erlernung von Werkzeugen und Methoden der Qualitätssicherung.

Damit sind Qualitätszirkel auch als ein wesentlicher Baustein des Total Quality Management-Führungsmodells (TQM) anzusehen (vgl. **Ständige Verbesserung**, **Total Quality Management**). Bei der Einführung von Qualitätszirkeln dürfen jedoch keine allzu schnellen und quantifizierbaren Erfolge erwartet werden. Oft sind zunächst nur qualitative Verbesserungen im Bereich der mitarbeiterorientierten Ziele zu bemerken. Diese sind jedoch von höchster Wichtigkeit und dürfen keinesfalls als belanglos abgetan werden. Sie bilden die Grundlage für eine aussichtsreiche Arbeit der Qualitätszirkel. Eine weitere wichtige Voraussetzung für den Erfolg eines Qualitätszirkel-Programms ist die vollständige organisatorische Einbindung in die vorhandene Unternehmensstruktur. Darüber hinaus müssen Interesse und Unterstützung des Managements für alle Mitarbeiter sichtbar gemacht und durch aktive Teilnahme unterstrichen werden [Zink 82].

Organisatorische Elemente eines Qualitätszirkel-Programms sind neben der eigentlichen Zirkelgruppe eine Koordinations- und Betreuungsstelle sowie der Qualitätszirkelleiter bzw. Moderator. Die Koordinationsstelle, auch als Steuergruppe bezeichnet, ist für die Initiierung, Planung, Organisation und Umsetzung sowie die Betreuung und Steuerung der Qualitätszirkel-Aktivitäten zuständig. Sie beurteilt und genehmigt Lösungsvorschläge, stellt dic Kommunikation zwischen den Zirkelgruppen untereinander sowie mit den Fachabteilungen sicher und kontrolliert die Ergebnisse. Der Moderator ist meist ein Kollege der Zirkelmitglieder. Er hat die Aufgabe, den Diskussionsablauf innerhalb der Gruppe zu steuern und die Gruppenmitglieder im Gebrauch der benötigten Methoden und Qualitätswerkzeuge auszubilden. Entsprechend den Anforderungen muss der Moderator unbedingt an einer gründlichen Schulung teilgenommen haben, um die Anwendung der Moderationstechniken sowie der Qualitätswerkzeuge zu erlernen. Häufig werden Qualitätszirkel gleichzeitig von zwei Moderatoren geleitet, die sich gegenseitig ergänzen und unterstützen.

Aufgaben und Arbeitsweise der Qualitätszirkel lassen sich prinzipiell in vier Bereiche unterteilen. Da sich die Vorgehensweise nicht wesentlich von einem allgemeinen Problemlösungsprozess unterscheidet, werden hier nur kurz einige Besonderheiten aufgezählt (vgl. **Qualitätswerkzeuge**):

- Problemidentifikation und -auswahl

  Eigene Auswahl der zu untersuchenden Probleme, intensive Betrachtung des eigenen Arbeitsbereiches, Vorschlagen möglicher Projekte, Einsatz von Qualitätstechniken in Verbindung mit hervorragenden Fachkenntnissen bezüglich Produkt, Material und Prozess zur Identifikation und Analyse von Schwachstellen, Erstellung einer Rangfolge (Priorität) nach Bedeutung, Dringlichkeit und Lösungswahrscheinlichkeit nach dem Pareto-Prinzip (ABC-Analyse) (vgl. **Pareto-Diagramm**).

- Problembearbeitung

  Genehmigung des ausgewählten und zu bearbeitenden Problems durch die Entscheidungsstelle (Steuergruppe), ggf. Abstimmung mit anderen Qualitätszirkeln, Trennung von Haupt- und Nebenursachen bzw. -einflussgrößen mithilfe des Ursache-Wirkungs-Diagramms (vgl. **Ursache-Wirkungs-Diagramm**), Erstellung konkreter Zielsetzungen, Entwicklung zeitlicher Durchführungspläne, Suche nach Lösungsmöglichkeiten mithilfe der Brainstorming-Technik (vgl. **Brainstorming**), Bewertung der Alternativen und Auswahl der geeignetsten Lösung.

- Präsentation des Ergebnisses

  Die ausgewählte Lösung wird dem Vorgesetzten (Machtpromotor) sowie der Steuergruppe präsentiert und zur Umsetzung vorgeschlagen, wenn sie die Befugnisse der Gruppe überschreitet.

- Lösungseinführung und Erfolgsüberwachung

  Nach Genehmigung durch die Steuergruppe eigenständige Einführung der gefundenen Lösung, Dokumentation von Problem, Lösungsweg und Ergebnis, Erfolgsüberwachung, nach Möglichkeit quantifizierbare Verbesserungen, Vorher-nachher-Vergleich, Übertragbarkeit der Lösung auf andere Bereiche.

Die Auszeichnung positiver Qualitätszirkelergebnisse erfolgt entweder durch immaterielle Anerkennung oder durch Teilnahme am Vorschlagswesen über einen Gruppenantrag.

Literaturhinweise zur Vertiefung

Ishikawa, K.:
Guide to Quality Control.
Tokyo/Japan: Asian Productivity Organization 1980.

Ishikawa, K.:
How to operate QC Circle Activities.
Tokyo/Japan: Japanese Union of Scientists and Engineers Press 1985.

Ishikawa, K.:
QC Circle Koryo.
Tokyo/Japan: Japanese Union of Scientists and Engineers Press 1980.

Strombach, M. E.; Johnson, G.:
Qualitätszirkel im Unternehmen – Ein Leitfaden für Praktiker.
Köln: Deutscher Instituts-Verlag 1983.

Engel, P.:
Japanische Organisationsprinzipien – Verbesserung der Produktivität durch Qualitätszirkel.
Zürich: Verlag Moderne Industrie 1981.

Zink, K. J.; Schick, G.:
Quality Circles, Bd. 1 Grundlagen.
2. Aufl., München: Carl Hanser Verlag 1987.

Quality Function Deployment (QFD)

Quality Function Deployment ist eine umfassende Methodik zur Qualitätsplanung. Sie koordiniert und steuert unter Einbeziehung aller Beteiligten den Produktentstehungsprozess kundenorientiert durch die systematische Anwendung aufeinander abgestimmter Hilfsmittel im Hinblick auf Zeit-, Kosten- und Qualitätsziele. Als Werkzeug zur gezielten Umsetzung der Kundenwünsche und Qualitätsanforderungen in technische Spezifikationen dient dabei das House of Quality (HoQ). Dies ist ein auf mehreren Tabellen basierendes Analyse-, Kommunikations- und Planungsinstrument, das in jeder Phase der Produktentstehung die Systematik und den Zusammenhang der Vorgehensweise visualisiert.

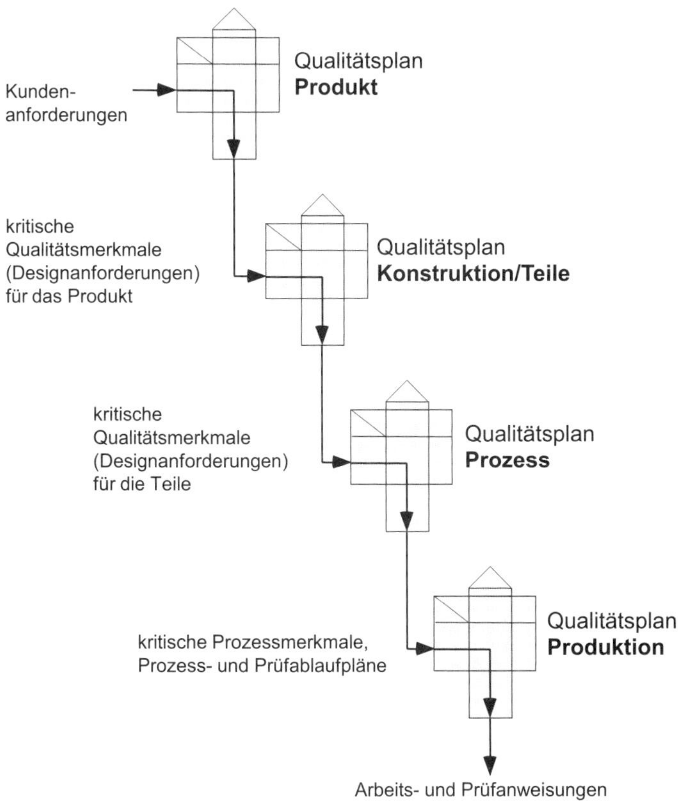

Bild 2.73 Die vier Phasen des Quality Function Deployment

Erstmals wurde Quality Function Deployment Ende der 1960er-Jahre auf der Schiffswerft Mitsubishi Heavy Industries in Kobe (Japan) eingesetzt. Dabei wurde eine Matrix benutzt, in der die Kundenwünsche auf der vertikalen und die Methoden oder Zielsetzungen, wie diese Wünsche zu erfüllen sind, auf der horizontalen Achse abgetragen wurden. Nachdem die Toyota Motor Company, Ltd. Anfang der 1970er-Jahre diese Idee übernommen und weiterentwickelt hatte, verbreitete sich Quality Function Deployment zunächst in Japan, später dann in den USA und inzwischen auch in Europa [Clausing/Hauser 88].

Die gesamte Quality Function Deployment-Methodik besteht aus einer Reihe von aufeinander aufbauenden Planungsschritten, die sich in vier Entwicklungsphasen einteilen lassen (vgl. Bild 2.73). Dabei wird für jede dieser Phasen ein eigenes House of Quality erstellt.

Der Ablauf der vier Phasen ist unter Berücksichtigung der jeweils spezifischen Zielsetzung ähnlich [Bläsing 89, ASI 88]:

I: Qualitätsplan Produkt

Die oft vage und emotional geäußerten Kundenwünsche (Sprache des Kunden) werden in messbare Qualitätsmerkmale des Produktes (Sprache des Ingenieurs) umgesetzt. Die kritischen Qualitätsmerkmale werden identifiziert.

II: Qualitätsplan Konstruktion/Teile

Die kritischen Qualitätsmerkmale des Produktes fließen in die Entwicklung der Baugruppen, Unterbaugruppen und Teile ein, bei denen erneut die kritischen Qualitätsmerkmale herausgestellt werden.

III: Qualitätsplan Prozess (Prozess- und Prüfablaufpläne)

Auf der Basis der kritischen Qualitätsmerkmale für die Teile werden die Prozess- und Prüfablaufpläne erstellt, die sowohl die Produkt- und Prozessparameter als auch die einzelnen Prüf- und Testpunkte beinhalten. Darüber hinaus werden die kritischen Prozessmerkmale ermittelt.

IV: Qualitätsplan Produktion (Arbeits- und Prüfanweisungen)

Aus den kritischen Prozessmerkmalen und den Prozess- und Prüfablaufplänen werden die Arbeits- und Prüfanweisungen abgeleitet, die die Ablaufpläne ergänzen. Sie bestimmen die Arbeitsvorgänge des Werkstattpersonals mit dem Ziel, die aus den Kundenwünschen abgeleiteten Qualitätsmerkmale zu verdeutlichen und auch auf der Produktionsebene sicher zu erreichen.

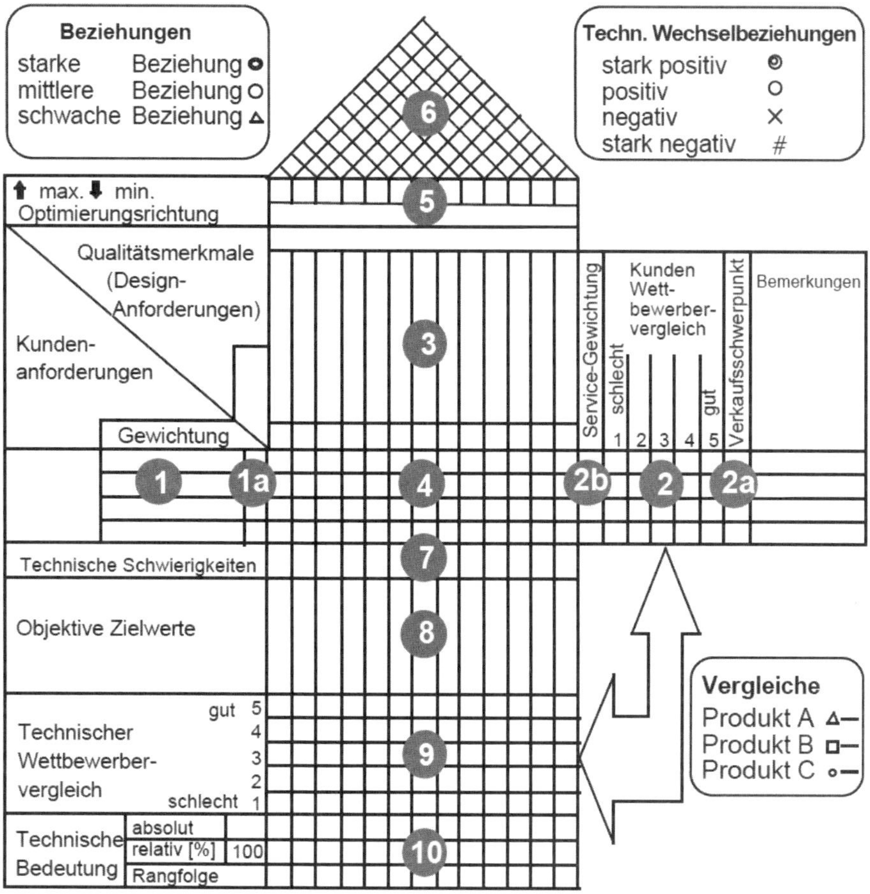

Bild 2.74 House of Quality

Im Folgenden wird die Vorgehensweise der Quality Function Deployment-Methodik anhand des Ablaufes einer House of Quality-Analyse kurz dargestellt (vgl. Bild 2.74) [ASI 88]. Dabei werden beispielhaft die zehn Schritte der Phase I (Qualitätsplan Produkt) betrachtet. Die anderen Phasen laufen, wie bereits erwähnt, in ähnlicher Weise ab. In der Literatur wird die Bezeichnung House of Quality gelegentlich auch allein für die Phase I verwendet. Trotzdem lässt sich die für die Namensgebung entscheidende Visualisierung in allen Phasen vornehmen.

1. Festlegung der Kundenanforderungen

   Die insbesondere in den Bereichen Marketing und Verkauf sowie aus anderen Quellen ermittelten Kundenwünsche werden aufgelistet (1). Dabei empfiehlt es sich, diese nach geeigneten Merkmalen bzw. Oberbegriffen zu ordnen, dann klassenweise zusammenzufassen und anschließend zu gewichten (1a).

2. Kritischer Wettbewerbervergleich aus Kundensicht

   Auf der Basis der Kundenanforderungen wird das eigene Produkt in einer kritischen Bewertung mit den Produkten der Wettbewerber verglichen ②. Dieser Vergleich sollte unbedingt aus Kundensicht erfolgen und daher auch durch die Kunden selbst vorgenommen werden. Ist dies nicht möglich, können entsprechende Daten von der Marktforschung ermittelt oder von spezialisierten Institutionen erhoben werden. Eine Durchführung dieses Vergleichs von Ingenieuren ist nicht sinnvoll, da ihr technisches Wissen das Urteil beeinflussen und somit ein verzerrtes Bild entstehen kann. Das Ergebnis des kritischen Wettbewerbervergleichs ist der Grad der Erfüllung der Kundenanforderungen des eigenen Produktes im Verhältnis zu dem der Wettbewerbsprodukte. Daraus können anschließend die zukünftigen Verkaufsschwerpunkte (2a) abgeleitet werden. Weiterhin lässt sich eine Servicegewichtung (2b) vornehmen, die Informationen über Verbraucherprobleme, Gewährleistungsdaten, Kundenbeschwerden und -reklamationen sowie Aktivitäten der Wettbewerber in dieser Richtung enthält.

3. Festlegung der Qualitätsmerkmale (Designanforderungen)

   Die Kundenanforderungen ① werden in technisch orientierte bzw. real durchführbare Anforderungen (Designanforderungen) übersetzt ③, wodurch sie zugleich in produktorientierte Qualitätsmerkmale überführt werden, die nach Möglichkeit messbare Größen am fertigen Produkt darstellen sollten. Diese Qualitätsmerkmale werden auch als kritische oder signifikante Merkmale bezeichnet.

4. Beziehungen zwischen Kundenanforderungen und Qualitätsmerkmalen

   Die Interdependenzen, die zwischen Kundenanforderungen ① und Qualitätsmerkmalen ③ (Designanforderungen) bestehen, werden in der Korrelationsmatrix ④, die von diesen beiden Listen eingeschlossen wird, jeweils an den betreffenden Schnittpunkten durch Symbole dargestellt und bewertet. Dabei drückt ein Dreieck eine schwache Beziehung aus, ein Kreis eine mittlere und ein Doppelkreis eine starke Beziehung. Dadurch wird es möglich, die häufig sehr komplexen Relationen zwischen den Wünschen der Kunden und den technischen Qualitätsmerkmalen zu visualisieren und eventuell bestehende Zielkonflikte zu erkennen.

5. Bestimmung der Optimierungsrichtung

   Durch Pfeilsymbole wird für jedes Qualitätsmerkmal (Designanforderung) angegeben, ob eine Verbesserung zu erreichen ist, wenn es vergrößert (Richtungspfeil nach oben) oder verkleinert (Richtungspfeil nach unten) wird. Falls ein Merkmal auf einen konkreten Zielwert eingestellt werden soll, wird dies durch einen Kreis symbolisiert ⑤.

6. Wechselbeziehungen

   In der Wechselbeziehungsmatrix – dem Dach des House of Quality – werden die bestehenden Beziehungen zwischen den einzelnen Qualitätsmerkmalen dargestellt ⑥. Sie verdeutlichen, welche Merkmale sich entsprechend ihrer Optimierungsrichtung unterstützen (gleicher Richtungspfeil) bzw. miteinander in Konflikt stehen (ungleicher Richtungspfeil). Dabei bedeutet ein Doppelkreis sehr gute Unterstützung, ein Kreis gute Unterstützung, ein Kreuz schlechte Unterstützung oder Konflikt und ein Doppelkreuz sehr schlechte Unterstützung oder starker Konflikt. Ist eine Beziehung zwischen den betrachteten Merkmalen nicht feststellbar, erfolgt keine Eintragung.

7. Technische Schwierigkeiten

   Die aufgeführten Qualitätsmerkmale (Designanforderungen) werden im Hinblick auf eventuelle Schwierigkeiten bei der technischen Realisierung von den Ingenieuren numerisch bewertet ⑦.

8. Festlegung der objektiven Zielwerte

   Für jedes Qualitätsmerkmal bzw. jede technische Designanforderung ist ihre Ausprägung als objektiver Zielwert einzutragen ⑧. Darunter sind Einheiten oder Maßgrößen zu verstehen, die das betrachtete Qualitätsmerkmal charakterisieren. Die Erfüllung der Kundenanforderungen, die im 3. Schritt in detaillierte technische Forderungen übersetzt wurden, kann nun durch physikalische Werte oder andere Kenngrößen kontrolliert werden.

9. Kritischer Wettbewerbervergleich aus technischer Sicht

   Wie schon im 2. Schritt die Kundenanforderungen werden nun auch die Designanforderungen (Qualitätsmerkmale) einem kritischen Vergleich gegenüber den Produkten der Wettbewerber unterzogen ⑨. Bei diesem von Ingenieuren auf der Basis objektiver Messungen durchgeführten Vergleich stehen die technischen Spezifikationen im Vordergrund. Als Ergebnis liegt der Grad der Erfüllung der technischen Designanforderungen des eigenen Produktes im Verhältnis zu dem der Wettbewerbsprodukte vor.

10. Bewertung der technischen Bedeutung

   Die Bedeutung der technischen Designanforderungen (Qualitätsmerkmale) lässt sich mithilfe eines einfachen Rechenschemas ermitteln. Dazu wird die Gewichtung der Kundenanforderungen (1a) mit der Bewertung der Beziehungen zwischen Kundenanforderungen und Qualitätsmerkmalen ④ multipliziert und spaltenweise aufaddiert. Hieraus ergibt sich die absolute und relative technische

Bedeutung der kritischen Designanforderungen und damit die Rangfolge der technischen Bedeutung ⑩. Diese ist dann Eingangsgröße für die QFD-Phase II (Qualitätsplan Teile).

Als besonders umfassende Methodik nimmt Quality Function Deployment gegenüber anderen Methoden und Techniken eine übergeordnete Stellung im gesamten Produktentwicklungszyklus ein. Alle vorhandenen Fähigkeiten innerhalb eines Unternehmens werden koordiniert, um Produkte zu entwerfen, zu fertigen und zu vermarkten, die den Kundenwünschen entsprechen. Im Rahmen dieses Prozesses können viele verschiedene Arbeitstechniken angewendet werden, die häufig in engem Zusammenhang bzw. direktem Informationsaustausch zu Quality Function Deployment stehen. Beispielhaft zu nennen sind hier die sieben Qualitätswerkzeuge (Q7, Tools of Quality), Fehlermöglichkeits- und -einflussanalyse (FMEA), Versuchsplanung (Design of Experiments, DoE) sowie Statistische Prozessregelung (SPR, Statistical Process Control, SPC) (vgl. **Qualitätswerkzeuge**, **Fehlermöglichkeits- und -einflussanalyse**, **Versuchsplanung**, **Statistische Prozessregelung**).

Stichwortartig lassen sich die Ziele bzw. Vorteile von Quality Function Deployment wie folgt beschreiben:

- Verbesserung der Qualität

  Durchgängigkeit der Qualitätsforderungen vom Kunden bis zum Werker, bewusstes Planen der Qualität, vorausschauende Vermeidung von Fehlentwicklungen, Basis für Prozess- und Prüfpläne sowie für Arbeits- und Prüfanweisungen.

- Kosten- und Wettbewerbsvorteile

  Weniger und kürzere Entwicklungsschritte bzw. Iterationen, Reduzierung der Entwicklungszeit, minimale Schnittstellenverluste durch Kooperation bzw. Teamarbeit zwischen den einzelnen am Produktentwicklungsprozess Beteiligten aus allen Bereichen, Einbindung in Simultaneous Engineering, bessere Verkaufsergebnisse durch verbesserte Befriedigung der Kundenanforderungen im Sinne einer marktgesteuerten Qualität (Market Driven Quality, MDQ), geringere Entwicklungskosten durch weniger Änderungen am Produktentwurf, geringere Anlaufkosten bei Produktionsbeginn (vgl. **Simultaneous Engineering und Quality Engineering**).

- Führungsinstrument zur Förderung der Unternehmensziele

  Verbesserung der horizontalen und vertikalen Kommunikation, bessere Planung und Managementinformation, leichtere Dokumentation durch übersichtliche Ergebnisse, Datenbankanbindung im Rahmen von Computer Aided Quality Management (CAQ), Einbeziehung der Quality Function Deployment-Methodik in eine übergeordnete Unternehmensstrategie, etwa im Sinne von Total Quality Management (TQM) (vgl. **Computer Aided Quality Management**, **Total Quality Management**).

Dem scheinbar größeren Arbeitsumfang, der bei der Anwendung von Quality Function Deployment zu Beginn des Entwicklungsprozesses anfällt, stehen wesentliche Zeiteinsparungen in der zweiten Entwicklungshälfte gegenüber. Eine ausschließliche Konzentration auf die explizit geäußerten Kundenanforderungen ist jedoch zu vermeiden, denn der Eigeninitiative und Kreativität der Entwicklungsingenieure soll mit der Quality Function Deployment-Methodik kein Stein in den Weg gelegt werden, sofern damit die noch schlummernden Bedürfnisse potenzieller Kunden erfüllt werden.

Literaturhinweise zur Vertiefung

Akao, Y.:
Quality Function Deployment. Integrating Customer Requirements into Product Design.
Cambridge/Mass./USA: Productivity Press 1990.
(Dt. Ausgabe: Landsberg/Lech: Verlag Moderne Industrie 1992.)

King, B.:
Better Designs in Half the Time: Implementing Quality Function Deployment (QFD).
3. Aufl., Methuen/Mass./USA: Verlag Goal/QPC 1989.

Sullivan, L. P.:
Quality Function Deployment.
In: Bläsing, J. P. (Hrsg.): Praxishandbuch Qualitätssicherung, Bd. 4, Baustein B 3.
München: GFMT-Verlag 1988.

ASI - American Supplier Institute (Hrsg.):
Quality Function Deployment - A Collection of Presentations and QFD Case Studies.
Dearborn/Mich./USA: American Supplier Institute Press 1986.

Saatweber, J.:
Kundenorientierung durch Quality Function Deployment.
2. Aufl., München: Carl Hanser Verlag 2002.

DGQ - Deutsche Gesellschaft für Qualität (Hrsg.):
DGQ-Schrift 13-21: QFD - Quality Function Deployment.
1. Aufl., Berlin: Beuth Verlag 2001.

Reengineering

Als Reengineering wird das grundsätzliche Überdenken und die daraus resultierende radikale Neugestaltung (Redesign) von Unternehmen oder wesentlichen Unternehmens- bzw. Geschäftsprozessen bezeichnet. Dabei werden Verbesserungen um Größenordnungen in den Bereichen Kosten, Qualität und Zeit angestrebt [Hammer/ Champy 94].

Reengineering bezeichnet kein geschlossenes Konzept, sondern eher eine skizzierte Vorgehensweise, die jeweils unternehmensspezifisch zu interpretieren und anzuwenden ist. Es handelt sich dabei um einen erst kürzlich in den USA entwickelten Ansatz. Es finden sich auch Bezeichnungen wie Business Reengineering, Process Reengineering oder Business Process Management, die nicht immer eindeutig voneinander abgegrenzt werden. Dennoch lassen sich einige grundlegende Elemente des Reengineerings identifizieren, die diesen Ansatz charakterisieren.

Ausgangspunkt ist zunächst die Erkenntnis, dass sich das Unternehmensumfeld in einer stetigen und schnellen Veränderung befindet, dem durch ein entsprechendes Management des Wandels (Change Management) Rechnung getragen werden muss. Deshalb werden beim Reengineering vorhandene Geschäftsprozesse infrage gestellt, um durch deren grundlegende Neugestaltung die Tätigkeiten prozess- und wertschöpfungsorientiert zu organisieren und so eine Wiederbelebung der Wettbewerbsstärke (Revitalisierung) des Unternehmens zu erreichen (vgl. **Prozessorientierung**).

Ähnlich wie beim Controllingansatz des Zero-Base-Budgeting (ZBB) in Bezug auf die Mittelverteilung, steht beim Reengineering also nicht die Frage nach einer Verbesserung bestehender Prozesse im Mittelpunkt, sondern es wird überlegt, warum der Prozess überhaupt nötig ist und wie er im Idealzustand gestaltet sein müsste. Auf diese Weise werden nicht nur inkrementale Leistungsverbesserungen angestrebt. Reengineering zielt auf Verbesserungen um Größenordnungen (100 % oder mehr), die durch Innovationsschübe erreicht werden sollen (vgl. **Kaizen**, **Ständige Verbesserung**).

Bei der Neugestaltung der Prozesse wird vor allem der innovative Technologieeinsatz als entscheidender Faktor angesehen. Dies bezieht sich nicht nur auf die Fertigungstechnologie, wie beispielsweise CAD/CAM, begleitende organisatorische Maßnahmen wie Simultaneous Engineering oder die Bürokommunikation, sondern vor allem auf die richtige Anwendung der Informationstechnologie (IT) (vgl. **Computer Aided Quality Assurance**, **Simultaneous Engineering und Quality Engineering**).

Schließlich ist auch die Art des Denkens im Sinne der Herangehensweise an den zu gestaltenden Prozess entscheidend. Grundlegende Veränderungen können nur durch induktives Denken erreicht werden. Es sind also zuerst überzeugende Lösungen zu generieren, mit deren Hilfe dann Probleme bewältigt werden können. Auf diese Weise sind auch Probleme lösbar, deren Existenz dem Unternehmen bislang nicht explizit bewusst war. Dieses Denken, von der neuen Lösung zum Prozess hin, steht im Gegensatz zur konventionellen, deduktiven Vorgehensweise. Deduktives Vorgehen heißt, den bestehenden Prozess zu analysieren und daraus das Potenzial für Verbesserungen und den Bedarf an Technologien abzuleiten. Dadurch besteht die Möglichkeit, dass suboptimale Prozesse festgeschrieben und Verbesserungen nur in kleinen Schritten erreicht werden.

Vor dem Hintergrund dieser charakteristischen Elemente lassen sich beim Reengineering vier Phasen erkennen, die nachfolgend kurz beschrieben werden:

- Phase 1: Auswahl eines Geschäftsprozesses

  Bevor ein Prozess zur Neugestaltung durch Reengineering ausgewählt werden kann, sind zunächst die grundlegenden Geschäfts- bzw. Unternehmensprozesse im Sinne von Kernkompetenzen des Unternehmens zu identifizieren. Diese bestimmen sich in der Regel nicht nach Organisationseinheiten, sondern nach Tätigkeiten. Dabei umfasst die Produktentwicklung beispielsweise alle Aktivitäten vom Entwurf bis zum Prototyp bzw. sogar bis zum Serienstart. Bereits bekannte Fehlfunktionen von Prozessen, ihre Bedeutung für das Unternehmen sowie Machbarkeit und Erfolgschancen einer Verbesserung stellen Auswahlkriterien für zum Reengineering geeignete Prozesse dar. Weiterhin ist ein organisatorischer Rahmen für das Reengineering-Projekt zu schaffen. Dazu gehört ein Machtpromotor aus dem oberen Führungskreis, der über Ressourcen verfügen kann und von dem Auftrag und Motivation zum Reengineering ausgehen. Er benennt einen Prozessverantwortlichen für den spezifischen Geschäftsprozess, der wiederum ein Team von fünf bis zehn Mitarbeitern zusammenstellt. Dieses umfasst auch einige Personen, die nicht direkt von dem betrachteten Prozess betroffen und darum weitgehend objektiv und unbefangen sind. Das Reengineering-Team bringt Ideen hervor, stellt Pläne auf und setzt diese in die Praxis um. Dabei steht ihnen ggf. ein Reengineering-Experte zur Seite sowie ein Lenkungsausschuss, der die unternehmensweite Gesamtstrategie des Reengineerings plant.

- Phase 2: Einarbeitung zum Verständnis des Prozesses

  In einer kurzen Einarbeitungsphase wird der bestehende Prozess im Hinblick auf Funktion, Ablauf, Ergebnisse und Leistungskennzeichen untersucht sowie bewertet. Diese Einarbeitung findet jedoch nur so weit statt, wie es nötig ist, um die elementaren Aufgaben des Prozesses sowie die Anforderungen aus der Sicht der Kunden zu verstehen. Eine Detailanalyse wird hier vor dem Hintergrund der angestrebten Neugestaltung nicht vorgenommen. Hierbei kann sich die Anwendung von Benchmarking zur Gewinnung neuer Perspektiven als hilfreich erweisen (vgl. **Benchmarking**).

- Phase 3: Prozessredesign (Neugestaltung)

  Das Prozessredesign stellt den Kern des Reengineerings dar, der Prozess wird neu entworfen. Dabei lassen sich neben den charakteristischen Elementen des Reengineerings (radikale Neugestaltung, innovativer Technologieeinsatz und induktives Denken) einige typische Merkmale neu gestalteter Prozesse erkennen: Der neue Prozess fasst mehrere Aufgaben in ihrer natürlichen Reihenfolge zusammen und sollte aus möglichst wenigen verschiedenen Bearbeitungsschritten bestehen. Wenn möglich, soll die Bearbeitung durch nur eine Person erfolgen, um den Abstimmungsaufwand zu vermindern. Für komplexe Abläufe gibt es mehrere Prozessvarianten, sodass Generalisten die normale Bearbeitung übernehmen und lediglich für Sonderfälle Spezialisten herangezogen werden müssen. Dabei werden den Mitarbeitern auch entsprechende Entscheidungsbefugnisse übertragen (Empowerment).

- Phase 4: Implementierung des neu gestalteten Prozesses

  In der abschließenden Phase wird der neu geplante Prozess im Unternehmen eingeführt. Da dieser eine fundamentale Änderung bedeutet, hat seine Einführung somit Auswirkungen auf nahezu alle Teilbereiche und Aspekte einer Organisation. Dies betrifft organisatorische Einheiten in ihrer Wandlung zu Prozessteams, Arbeitsplätze und deren vielschichtige Anforderungen an die Mitarbeiter, Mitarbeiter selbst und ihre Beziehungen untereinander, Aus- und Weiterbildung, Bewertungs- und Vergütungssysteme in ihrer Konzentration auf Leistungsgrößen und Ergebnisse, Wertevorstellungen im Sinne der Unternehmenskultur sowie Organisationsstrukturen in ihrer Veränderung zu schlanken, flachen Hierarchien. Dabei kann es insgesamt auch zu schmerzhaften Anpassungen kommen, die mit Machtverlust und der Aufgabe alter Gewohnheiten verbunden sind.

Insgesamt lassen sich für das Reengineering einige Faktoren ableiten, die den Erfolg eines solchen Vorhabens maßgeblich beeinflussen [Hammer/Champy 94]:

- Radikales Redesign statt Optimierung eines bestehenden Prozesses.
- Fokussierung auf maßgebliche Geschäfts- bzw. Unternehmensprozesse.i.Unternehmensprozess; im Zusammenhang mit den Kernkompetenzen.

- Berücksichtigung der Auswirkungen ganzheitlicher Veränderungen und deren konsequenter Umsetzung.
- Beachtung der Wertvorstellungen und Überzeugungen der Mitarbeiter.
- Verbesserungen um Größenordnungen durch Innovationsschübe.
- Top-down-Ansatz, Managementauftrag und Bereitstellung entsprechender Ressourcen.

Zusammenfassend lässt sich feststellen, dass Innovation und radikale Neugestaltung von Prozessen sicherlich notwendig sind, um signifikante Verbesserungen zu erreichen, wie es das Reengineering anstrebt.

Literaturhinweise zur Vertiefung

Hammer, M.; Champy, J.:
Business Reengineering.
7. Aufl., Frankfurt/Main: Campus Verlag 2003.

Dold, E.; Gentsch, P. (Hrsg.):
Innovation möglich machen.
2. Aufl., Düsseldorf: Symposion Publishing 2007.

Reklamationsmanagement und 8D-Report

Unter Reklamationsmanagement können generell die Planung, Durchführung und Überwachung aller Maßnahmen verstanden werden, die ein Unternehmen bezüglich Kundenreklamationen ergreift. In Abgrenzung zum Beschwerdemanagement, das sich umfassender verstehen und auch auf Dienstleistungen anwenden lässt, wird hier Reklamationsmanagement auf die Beanstandung von fehlerhaften Produkten in der industriellen Serienfertigung bezogen (vgl. **Beschwerdemanagement**).

Gemeinsames Ziel des Beschwerde- wie auch des Reklamationsmanagements ist es, die Kundenzufriedenheit wiederherzustellen und die negativen Auswirkungen der Unzufriedenheit zu reduzieren (vgl. **Kundenorientierung**). Darüber hinaus kann eine Kundenreklamation auch als Verbesserungspotenzial genutzt werden (vgl. **Ständige Verbesserung**).

VDA QMC

Ausgabe 2003
8D-Report_FORMULAR[1].rtf

Lieferant (Supplier)

Anschrift (Adress/Location)

8 D – REPORT

Beanstandung (Concern Title)	**Beanstand.-Nr.** (Ref. No.)	**Eröffnet am:** (Start Date)

Berichtsdatum (Status Date)	**Teilebezeichnung:** (Part Name) **Zeichnungsnummer/Index:** (Part Number/Index)
1 **Team** **Name, Abt.** (Depmt) **Teamleit.** (Champ.)	2 **Problembeschreibung** (Problem Description) **Fehlercharakter** (Problem Profile Data)

3 **Sofortmaßnahme(n)** (Containment Action(s))	**% Wirkung** (Effect)	**Einführungs-datum** (Implem. date)
4 **Fehlerursache(n)** (Root Cause(s))	**%Beteiligung** (Contribution)	
5 **Geplante Abstellmaßnahme(n)** (Chosen Permanent Corrective Action(s))	**Wirksamkeitsprüfung** (Verification)	
6 **Eingeführte Abstellmaßnahme(n)** (Implemented Permanent Corrective Action(s))	**Ergebniskon-trolle** (Controls)	**Einsatztermin** (Implement. date)
7 **Fehlerwiederholung verhindern** (Action(s) to Prevent Recurrence) Implementation in: ☐ Product FMEA ☐ Process FMEA ☐ Control Plan ☐ Pro-cedure	**verantwortlich** (responsible)	**Einführ.termin** (Implem. date)
8 **Teamerfolg gewürdigt** (Congratulate your Team)	**Abschluss-datum** (Close Date)	**Ersteller** (Rep.by) **Tel., Fax-Nr.**

Bild 2.75 Formular für den 8D-Report nach VDA

In der europäischen Industrie wird die Reklamationsbearbeitung von fehlerhaften Produkten innerhalb der Zulieferkette in weiten Bereichen einheitlich gehandhabt: Das Vorgehen bei der Bearbeitung einer (Produkt-)Reklamation durch das Qualitätsmanagement wird in Form eines 8D-Reports dokumentiert. Dieser wird vom Lieferanten erstellt und vom Kunden eingefordert. Im 8D-Report werden neben der Beanstandung selbst vor allem die Fehlerursache sowie die Maßnahmen und Verantwortlichkeiten zum Beseitigen des Fehlers festgeschrieben. Insbesondere durch den Verband der Automobilindustrie (VDA) ist der 8D-Report gefördert und quasi standardisiert (vgl.Bild 2.75) [VDA 10].

Der 8D-Report war jedoch ursprünglich nur das Arbeits- bzw. Berichtsformular der 8D-Problemlösungsmethode. Diese gewährleistet eine systematische Vorgehensweise und konsequente Dokumentation der einzelnen Lösungsschritte eines Problems. Die 8D-Methode ist faktenorientiert und stellt sicher, dass Produktfehler auf ihre Ursachen zurückgeführt und diese dauerhaft abgestellt werden, anstatt nur Symptome zu überdecken. Heute steht der 8D-Report als Synonym für das gesamte Vorgehen des Reklamationsmanagements mittels 8D-Methode.

Die Bezeichnung „8D“ leitet sich aus dem Englischen her, dabei steht „D“ als Abkürzung für „Disciplines“, was sich in diesem Zusammenhang etwa mit „Aufgabenstellung“ übersetzen lässt. Die Zahl „8“ steht für die acht Schritte der Methode, die sich entsprechend auch im 8D-Report wiederfinden. Im Folgenden sind die einzelnen Schritte kurz beschrieben [VDA 10]:

- D1: Team zusammenstellen

  Die Mitglieder des Teams – meist aus verschiedenen Fachbereichen – sollten über ausreichende Prozess- und Produktkenntnisse verfügen und vor allem über die notwendige zeitliche Kapazität. Weiterhin sollten sie freiwillig zur Mitarbeit bereit sein und mit den notwendigen Kenntnissen und Kompetenzen ausgestattet sein, um das Problem auf seine Ursachen zu analysieren, Korrekturmaßnahmen einzuleiten und ihre Wirksamkeit überwachen zu können. Ein Pate aus dem Management kann hilfreich sein, um ggf. finanzielle Ressourcen zur Verfügung zu stellen und notwendige Veränderungen zu unterstützen.

- D2: Problem beschreiben

  Das Problem muss so genau wie möglich definiert werden. Dabei sollte zunächst der Kern des Problems, z. B. mittels Werkstoffanalyse oder Auswertung statistischer Daten, herausgearbeitet werden. Ebenso ist das Ausmaß des Problems, z. B. Anzahl betroffener Teile oder Chargen, einzugrenzen.

- D3: Sofortmaßnahmen festlegen

  Sofortmaßnahmen dienen der unmittelbaren Schadensbegrenzung und sollen die weitere Ausbreitung des Problems verhindern. Bis zum Einsatz einer dauerhaften Lösung sind beispielsweise Sortierprüfungen oder Sperren der betroffenen Bauteile denkbar, die jedoch ständig auf ihre Wirksamkeit hin beobachtet und überprüft werden müssen.

- D4: Fehlerursache ermitteln

  Alle möglichen Fehlerursachen, die das Auftreten des Problems erklären können, sind in Betracht zu ziehen. Die wahrscheinlichsten Grundursachen müssen durch Experimente, Tests und Vergleiche identifiziert und nachgewiesen werden. Nur das zweifelsfreie Auffinden der tatsächlichen Grundursache stellt den Fehler auch wirksam ab.

- D5: Abstellmaßnahmen festlegen

  Es werden Maßnahmen ermittelt, die die Grundursachen des Problems beseitigen können. Die am besten geeigneten Maßnahmen werden zur Umsetzung ausgewählt. Durch Versuche muss nachgewiesen werden, dass die gewählten Maßnahmen das Problem wirksam und möglichst auch wirtschaftlich lösen und keine unerwünschten Nebenwirkungen entstehen. Bei der Festlegung von Abstellmaßnahmen steht die Fehlervermeidung und nicht die Fehlerentdeckung im Vordergrund.

- D6: Abstellmaßnahmen umsetzen

  Die Einführung der Abstellmaßnahmen sollte geplant erfolgen und ihre Wirksamkeit laufend überprüft werden. Die Abstellmaßnahmen können sich auf Prozessparameter, Produktspezifikationen oder auch auf Prüfmethoden beziehen. Nach erfolgreicher Einführung der Abstellmaßnahmen werden die Sofortmaßnahmen aufgehoben. Bei der regelmäßig vorkommenden Maßnahme „Mitarbeiterschulung“ ist jedoch Vorsicht geboten: Dabei kann es sich nur in seltenen Fällen um die alleinige Maßnahme zur Beseitigung der Grundursache des Problems handeln, bestenfalls um eine Unterstützung.

- D7: Fehlerwiederholung verhindern

  Es muss sichergestellt werden, dass gleiche oder ähnliche Fehler zukünftig ausgeschlossen werden. Die Wirksamkeit der getroffenen Maßnahmen ist über einen angemessenen Zeitraum genau zu überwachen. Hersteller bzw. Zulieferer von Produkten für die Automobil- und Luftfahrtindustrie müssen die neu erkannten Risiken im Entwicklungs- und/oder Herstellprozess in die vorhandene FMEA (Fehlermöglichkeits- und -einflussanalyse) einbringen **(vgl. Fehlermöglich-**

keits- und -einflussanalyse). Auch die Verfahren und Regelungen des Qualitätsmanagementsystems müssen möglicherweise angepasst werden (vgl. **Qualitätsmanagementsystem**).

- D8: Teamerfolg würdigen

  Die gemeinsame Anstrengung des Teams sowie der erzielte Erfolg sollten gewürdigt werden. Ebenso ist es hilfreich, die gemachten Erfahrungen im Sinne der Ständigen Verbesserung in ähnliche Produkte und Prozesse einzubringen (vgl. **Ständige Verbesserung**).

Insgesamt führt die 8D-Methode vor allem dann zum Erfolg, wenn der 8D-Report das Fortschreiten der Problemlösung zeitnah dokumentiert und auch als Arbeitsmittel zur Reklamationsbearbeitung genutzt wird. Sind nur einige der acht Schritte durchgeführt, dient der 8D-Report gleichzeitig auch als Maßnahmenplan.

Risiko- und Krisenmanagement

Risikomanagement befasst sich mit potenziellen Krisen. Diese gilt es zu entdecken, zu bewerten, zu beobachten und wirksam zu reduzieren bzw. auszuschalten. Aufgabe des Krisenmanagements ist es, mit und nach dem Eintreten einer Krise den möglicherweise entstehenden personellen und/oder materiellen Schaden zu bekämpfen, einzudämmen und schließlich die Krise zu beenden.

Der große Einfluss der Medien auf die öffentliche Meinung, aber auch die Verschärfung der Produkthaftung mit der Umkehr der Beweislast hat das „Risiko des Eintritts von Krisen“ erhöht. Ein vorausschauendes und auf Fehlervermeidung ausgerichtetes Qualitätsmanagement im Unternehmen ist hier eine gute Voraussetzung, um Risiken zu verringern, aufgetretene Krisen wirksam zu begrenzen und schließlich zu beherrschen. Auch die Schuldbefreiung (Exkulpation) im Zusammenhang mit dem Produkthaftungsgesetz kann unter Umständen durch den Nachweis des Vorhandenseins eines durchgängig und logisch aufgebauten, zertifizierten Qualitätsmanagementsystems nach DIN EN ISO 9001:2008 erleichtert werden (vgl. **Produkthaftung, Qualitätsmanagementsystem, Zertifizierung**). Ein Arbeitsschutzmanagementsystem, das gemäß dem SCC-System (Safety Certification Contractors, Sicherheits-Zertifizierungs-Kontraktoren) gestaltet ist und Aspekte der Arbeitssicherheit und des Gesundheits- und Umweltschutzes berücksichtigt, kann ebenfalls ein wirksames Risikomanagement darstellen (vgl. **Safety Certification Contractors**).

Vor diesem Hintergrund empfiehlt sich die Aufstellung und konsequente Anwendung eines speziellen Prozessplans für das Risikomanagement. Dort ist das betrachtete Produkt zu spezifizieren, der übergeordnete Fertigungsplan zur Verifizierung der Konstruktion zu hinterlegen und die Zuordnung der Verantwortlichkeiten vorzunehmen. Ebenso sind Kriterien für die Bewertung und die Vertretbarkeit von Risiken vorzugeben. Dieser Prozessplan des Risikomanagements sollte Teil des Qualitätsmanagementhandbuchs sein (vgl. **Qualitätsmanagementhandbuch**). Dabei handelt es sich jedoch zunächst nur um eine Vorgabe. Die im Durchlaufen dieses Prozessplans erzielten Ergebnisse und Entscheidungen bedürfen der sorgfältigen Dokumentation in einem Protokoll bzw. einer speziellen Risikoakte. Diese enthält alle relevanten Aufzeichnungen über den durchgeführten Risikomanagementprozess und kann auch als Nachweis des Risikomanagements bei Schadensfällen herangezogen werden. Der Risikomanagementprozess lässt sich grob in drei Schritte unterteilen, die nachfolgend stichwortartig umrissen sind [ISO 07]:

- Risikoanalyse

  Geplanter Verwendungszweck;

  Erkennen der Gefährdungen;

  Beurteilen der Risiken.

- Risikobewertung

  Ermitteln der Risikoprioritätszahl;

  Entscheiden über die Vertretbarkeit der Risiken bzw. ihre Entschärfung.

- Risikominderung

  Erarbeiten von Optionen;

  Bewerten der Optionen;

  Entscheiden über das Restrisiko.

Wird ein Restrisiko als solches erkannt und akzeptiert, ist dem Kunden gegenüber eine entsprechende Warenkennzeichnung vorzunehmen, sodass je nach Schwere des Risikos ein Vorsichtshinweis, ein Warnhinweis oder ein Gefahrenhinweis gegeben wird. Dieser Hinweis muss klar und unmissverständlich in Wort und Bild erfolgen und kann je nach Sachlage in der Gebrauchsanweisung, über eine besondere Kennzeichnung, durch Bedienungsvorschriften oder in Form von im Produkt integrierten Alarmvorrichtungen vorgenommen werden. Die Adressaten eines solchen Hinweises sind bei Endprodukten die Benutzer sowie das Installations- und Wartungspersonal, bei Komponenten oder Halbzeugen der jeweils nächste Kunde im Prozess (vgl. **Kundenorientierung**).

Unternehmen stehen immer auch in Wechselwirkung mit ihrem Umfeld. Ihre Produkte müssen einerseits gefahrlos nutzbar sein, die Herstellung andererseits darf nicht zur übermäßigen Belastung der Umwelt werden. Dies gilt für Produkte aller Art, z. B. Nahrungsmittel, Medikamente, Maschinen oder auch Energie. Dabei können Gefahrenquellen objektiv vorhanden sein oder aber durch öffentlichkeitswirksames Überzeichnen eines Sachverhaltes hochgespielt werden. In beiden Fällen kann Kaufzurückhaltung oder -verweigerung die Folge sein und Unternehmen bzw. Branchen schädigen oder gar ruinieren.

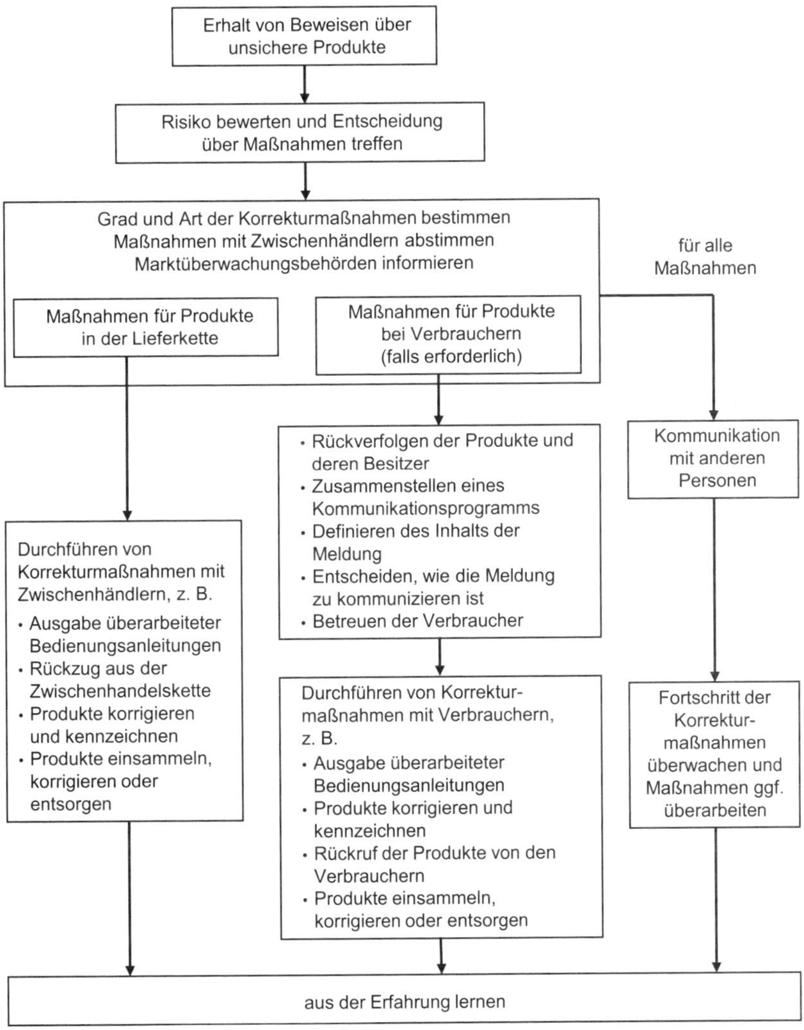

Bild 2.76 Korrekturverfahrensablaufdiagramm

Zur aktiven Bewältigung von Krisen gehört daher schnelles, aber planvolles und entschlossenes Handeln. Dabei ist entsprechend den vorliegenden Umständen eine Vielzahl von Maßnahmen denkbar (vgl. Bild 2.76) [Prosafe 04]. Neben der Kommunikation und der Fortschrittsüberwachung der Korrekturmaßnahmen ist auch das Lernen aus dem aufgetretenen Fehler von besonderer Bedeutung, um eine Wiederholung zukünftig zu vermeiden (vgl. **Ständige Verbesserung**). Generell sind beim Krisenmanagement die folgenden Schritte durchzuführen:

- Beseitigung des „Störfalles“ jeder Art und seiner Ursache;
- Abgrenzung des betroffenen Produktbereiches bzw. der Auswirkungen des gestörten Produktionsverfahrens;
- Information der zuständigen Behörden und der Kunden bzw. der Öffentlichkeit;
- Entscheidung über die Art der Beseitigung der gefährdeten oder gefährlichen Produkte und Durchführung der Aktion.

Damit diese Maßnahmen des Krisenmanagements geordnet und kompetent ablaufen, ist die Bildung eines „Krisenstabes“ erforderlich. Dessen Aufgaben sind:

- Informationen kurzfristig sammeln, verdichten und aufbereiten;
- die Fachebene zur sofortigen Bewertung und Beurteilung der Situation hinzuziehen;
- Lösungsalternativen vorstellen lassen;
- die Krisensitzung einberufen unter Hinzuziehung der Fachebene und der verantwortlichen Entscheidungsträger.

Insbesondere Vorbereitung und Ablauf der Krisensitzung sind von wesentlicher Bedeutung für den gesamten Ablauf der Krise. In dieser Sitzung sollte Transparenz über Ursache und Wirkung vorliegen, sollten die Lösungsalternativen in ihrer technischen und finanziellen Bewertung bekannt sein und sollte die Entscheidung gefällt werden. Da gerade hierzu Know-how und Routine erforderlich sind, haben Unternehmen oft die Stelle eines Krisenmanagers institutionalisiert, wenngleich diese meist anders bezeichnet wird.

Literaturhinweise zur Vertiefung

Prosafe et al. (Hrsg.):
Produktsicherheit in Europa. Ein Leitfaden für Korrekturmaßnahmen einschließlich Rückrufen.
http://ec.europa.eu/consumers/cons_safe, Stand: Juni 2004.

DGQ – Deutsche Gesellschaft für Qualität (Hrsg.):
DGQ-Schrift 12-41: Risikomanagement.
1. Aufl., Berlin: Beuth Verlag 2007.

Kamiske, G. F.:
Technisches Risiko- und Krisenmanagement.
Düsseldorf: Symposion Publishing 2008.

Run at Rate (R@R)

Run at Rate ist eine Methode der Kapazitätsmessung, die einen Fertigungsprozess vor Serienstart darauf hin untersucht, ob die geforderte Stückzahl an Teilen auch tatsächlich produziert werden kann. Der Fokus liegt hier eindeutig auf der Quantität, die Erreichung der vereinbarten oder geforderten Qualität der Teile wird dabei vorausgesetzt.

Der Begriff Run at Rate hat seinen Ursprung bei dem amerikanischen Automobilhersteller General Motors und wurde dort im Qualitätsregelwerk für Zulieferteile beschrieben (General Procedure, GP-9). Später wurde Run at Rate in die QS-9000, die im Jahr 2006 zurückgezogene Qualitätsrichtlinie der drei großen US-Automobilhersteller Chrysler, Ford und General Motors aufgenommen und ist bis heute international bekannt und verbreitet (vgl. **QS-9000**).

Die Kapazitätsmessung Run at Rate wird ausdrücklich in dem die QS-9000 ergänzenden Referenzhandbuch zur Produktqualitätsvorausplanung APQP (Advanced Product Quality Planning) gefordert, wonach ein repräsentativer Probelauf vor dem Produktionsstart des Kunden durchgeführt werden muss (vgl. **QS-9000**, **Advanced Product Quality Planning**). Normalerweise wird ein Run at Rate bei der Herstellung neuer Teile, bei der Erstbelieferung durch neue Lieferanten, bei neuen Produktionsstandorten von bekannten Lieferanten, nach Anlagenumzügen sowie bei Inbetriebnahme von neuen Werkzeugen oder Produktionsanlagen durchgeführt. Voraussetzung ist dabei insbesondere, dass die entsprechenden Serienwerkzeuge und

-produktionsanlagen mit ihren jeweils vollständigen Kapazitäten am Serienproduktionsstandort installiert sind. Dazu gehört auch die volle Verfügbarkeit des notwendigen Personals sowie aller unterstützenden Prozesse, Systeme und Einrichtungen einschließlich der Mess- und Prüfmittel.

Grundsätzlich überprüft der Run at Rate die vertraglich vereinbarten maximalen Lieferstückzahlen. Die Basis dafür stellt die sogenannte Tagesproduktion dar, die auf einen Produktionstag heruntergerechnete Stückzahl. Diese ergibt also den Umfang der zu produzierenden Teile während des Run at Rate. Bereits im Vorfeld wird oft ein Probelauf bzw. eine Simulation gefordert, um schon frühzeitig mögliche Schwachstellen zu erkennen und abzustellen.

Sind alle Voraussetzungen zur Durchführung des Run at Rate erfüllt und können die geforderten Stückzahlen ordnungsgemäß produziert werden, gilt die Kapazitätsprüfung als bestanden. Andernfalls muss nachgebessert und der Run at Rate wiederholt werden.

Neue Ausführungsbestimmungen des Run at Rate fragen beim Lieferanten vermehrt auch Parameter der Produktion und deren Umgebung ab, um alle Aspekte einer kontinuierlichen Teileversorgung zu berücksichtigen:

- Kapazitätsüberprüfung der Unterlieferanten,
- Ausschussrate,
- Logistische An- und Ablieferung,
- Nutzung der Produktionseinrichtungen für andere Kunden,
- Pausen-, Rüst-, Instandsetzungs- und Ausfallzeiten,
- Pufferanzahl und -größe.

Die Sicherstellung der Qualität der produzierten Teile vor dem Run at Rate wird in einem weiteren Referenzhandbuch zur QS-9000 über das Produktionsteil-Abnahmeverfahren PPAP (Production Part Approval Process) beschrieben (vgl. **Production Part Approval Process**). Die dem Run at Rate und dem PPAP der QS-9000 entsprechende Empfehlung des Verbands der Automobilindustrie (VDA) ist die Produktionsprozess- und Produktfreigabe (PPF), wie sie im VDA Band 2 „Sicherung der Qualität von Lieferungen“ beschrieben ist (vgl. **Produktionsprozess- und Produktfreigabe**).

Safety Certification Contractors (SCC)

Das SCC-System (Safety Certification Contractors, deutsch: Sicherheits-Zertifizierungs-Kontraktoren) stellt ein Konzept zur Entwicklung, Gestaltung und Einführung bzw. Integration sowie zur Überprüfung der Wirksamkeit mit anschließender Zertifizierung eines Arbeitsschutzmanagementsystems dar. Dabei werden wesentliche Aspekte der Arbeitssicherheit und des Gesundheits- und Umweltschutzes integriert. SCC ist der erste internationale und branchenübergreifende Standard für Arbeitsschutzmanagementsysteme.

Im Wesentlichen beschreibt das SCC-System ein Verfahren zur Zertifizierung eines Sicherheits-, Gesundheits- und Umweltschutzmanagementsystems. Es handelt sich also nicht um einen Managementsystemansatz im eigentlichen Sinne, sondern eher um einen Fragenkatalog im Rahmen eines Auditierungssystems (vgl. **Audit**, **Umweltmanagement**).

Den Kern des SCC-Systems bildet ein in zehn Elemente gegliederter Fragenkatalog, die sogenannte SCC-Checkliste. Diese umfasst rund 60 Fragen bzw. Anforderungen bezüglich des Arbeits-, Gesundheits- und Umweltmanagementsystems des Unternehmens. Diesen Fragen ist je nach Wertigkeit eine Punktzahl zugeordnet. Für eine Zertifizierung muss eine bestimmte Mindestpunktsumme erreicht, müssen die sogenannten „Kernfragen" zu 100 % positiv beantwortet und muss eine Obergrenze bezüglich der Unfallhäufigkeit unterschritten werden.

Gefordert wird also nicht nur das Errichten und Betreiben eines Arbeitsschutzmanagementsystems, sondern auch das nachweisliche Erzielen eines bestimmten Sicherheitsstandards, der über die Unfallhäufigkeit als Kennzahl ausgedrückt wird.

Grundsätzlich wird zwischen zwei Arten von SCC-Zertifikaten unterschieden: Dem eingeschränkten SCC*-Zertifikat für kleinere Unternehmen mit maximal 35 Mitarbeitern und dem uneingeschränkten SCC**-Zertifikat für Unternehmen mit mehr als 35 Mitarbeitern. Dabei gelten folgende Kriterien:

	SCC*-Zertifikat (eingeschränkt)	SCC**-Zertifikat (uneingeschränkt)
Mitarbeiterzahl	≤ 35	> 35
Pflichtfragen	19	27
Mindestpunktzahl	–	50 %
Unfallhäufigkeit	≤ 50	≤ 50

$$Unfallhäufigkeit = \frac{Anzahl\ der\ Arbeitsunfälle \times 10^6}{geleistete\ Arbeitsstunden}$$

Die Zertifizierung eines Unternehmens nach dem SCC-System darf nur von einem akkreditierten Zertifizierer durchgeführt werden. Sie umfasst eine Prüfung der Unterlagen sowie ein Zertifizierungsaudit. Das SCC-Zertifikat besitzt eine Gültigkeitsdauer von drei Jahren. Während dieser Zeit hat sich der Zertifizierer regelmäßig, mindestens einmal pro Jahr, von der Anwendung des Arbeitsschutzmanagementsystems durch Audits zu überzeugen. Nach Ablauf der Gültigkeit des Zertifikates kann das Unternehmen das Zertifikat durch eine erneute Zertifizierung verlängern lassen (vgl. **Zertifizierung**).

Die Anstrengungen für die Entwicklung, Ausgestaltung und Umsetzung eines SCC-Managementsystems umfassen in der Regel die Einführung bzw. den Ausbau des Führungskonzeptes und der betrieblichen Organisation von Sicherheit und Gesundheitsschutz sowie die Information und Schulung der Mitarbeiter. Erfahrungen aus der Praxis zeigen, dass diese Aktivitäten etwa einen Zeitaufwand von einem halben Jahr erfordern.

Der Ursprung des SCC-Systems liegt in der petrochemischen Industrie. Die Mineralölunternehmen erachten einen durchgängig hohen Standard in Bezug auf Anlagensicherheit, Arbeitssicherheit, Gesundheits- und Umweltschutz nicht nur bei sich selbst, sondern auch bei ihren Unterauftragnehmern als zwingend erforderlich. Bei diesen sogenannten Kontraktoren handelt es sich um beauftragte Fremdunternehmen, die auf dem Werksgelände auch sicherheitsrelevante Arbeiten übernehmen, wie etwa Wartung von Produktionsanlagen, Bauprojekte oder Neu- und Umbauten von Anlagen. Zur Gewährleistung des gewünschten Sicherheitsstandards ist es bei den größeren Mineralölunternehmen seit Jahren üblich, dass diese als Auftraggeber ihre Kontraktoren bezüglich Arbeits- und Anlagensicherheit sowie Gesundheits- und Umweltschutz mittels eigener Checklisten auditieren.

Dieses Vorgehen führte unweigerlich zu Mehrfachauditierungen von Kontraktoren, die für verschiedene Auftraggeber tätig waren. Um diesen unnötigen Aufwand zu vermeiden und um die Auftraggeber zumindest teilweise von den Auditierungen zu entlasten, hat eine Reihe von Mineralöl- und Chemieunternehmen in Zusammenarbeit mit einer Zertifizierungsgesellschaft seit Mitte der 1990er-Jahre einen gemeinsamen „Sicherheitsstandard" mit einem einheitlichen und gegenseitig anerkannten Auditierungssystem entwickelt – das SCC-System. Mittlerweile verlangen auch Unternehmen anderer Industriezweige von ihren Kontraktoren eine entsprechende SCC-Zertifizierung.

Literaturhinweise zur Vertiefung

Ritter, A.; Langhoff, Th.:
Arbeitsschutz-Managementsysteme – Vergleich ausgewählter Standards.
Bremerhaven: Wirtschaftsverlag 1998.

Schmager, B.:
Präventiver Arbeitsschutz.
In: Kamiske, G. F. (Hrsg.): Reihe Pocket Power.
München: Carl Hanser Verlag 1998.

Sechs Sigma/Six Sigma

Sechs Sigma kann in doppelter Bedeutung aufgefasst werden, die jedoch eng miteinander zusammenhängen: In der Statistik wird mit Sigma (σ) die Standardabweichung (Streuung um den Mittelwert μ) eines Prozesses bezeichnet, der einer Normalverteilung folgt (vgl. **Statistische Prozessregelung**, **Qualitätsregelkarte**). Sechs Sigma steht für einen Prozess, der mit einer Wahrscheinlichkeit von 99,99966 % fehlerfrei ist.

Darüber hinaus steht Sechs Sigma als Symbol für hohe Qualitätsfähigkeit von Geschäftsprozessen bzw. als Ziel hierfür, kreiert von der US-amerikanischen Firma Motorola, sowie als Name des gesamten unternehmensweiten Qualitätsförderungsprogramms. Damit ist Sechs Sigma gleichzeitig Synonym für den Total Quality-Ansatz dieses Unternehmens geworden, der ursprünglich 1987 unter der Bezeichnung „Total Customer Satisfaction" gestartet wurde und das Ziel einer Null-Fehler-Produktion verfolgte (vgl. **Null-Fehler-Programm**).

Sechs Sigma wurde bei Motorola zunächst im Zusammenhang mit einem einheitlichen Messsystem für Qualität eingeführt. Dabei bedeutet Sechs-Sigma-Qualität die Entwicklung von Produkten und Prozessen, die ein Minimum an Abweichungen vom Zielwert, also Fehler, ermöglichen. Da die Streuung als besonders wichtige Ursache für Fehler anzusehen ist, ist ihre Messung und Analyse unerlässlich. Maßgröße ist hier die Standardabweichung σ. Die als zulässig angesehene Streuung einer Normalverteilung wird in der Regel mit $\pm 3\sigma$ angegeben. Dies bedeutet, dass bei einem entsprechenden Prozess 99,73 % aller Prozessergebnisse (z. B. gefertigte Teile) in diesen Bereich um den Mittelwert μ fallen. Umgekehrt ergibt sich daraus eine Fehlerrate von 0,27 % oder 2.700 ppm (Parts per Million). Da jedoch die meisten Produkte aus diversen einzelnen Bauteilen bestehen und außerdem in mehreren Prozessen bzw. Prozessschritten gefertigt werden, reicht eine zulässige Streuung von ±3σ nicht aus, um eine nahezu fehlerfreie Produktion sicherzustellen. Es sind also Fertigungsprozesse zu entwickeln, die so robust gegenüber äußeren Einflüssen sind, dass sie eine deutlich größere Streuung zulassen (Robust Design).

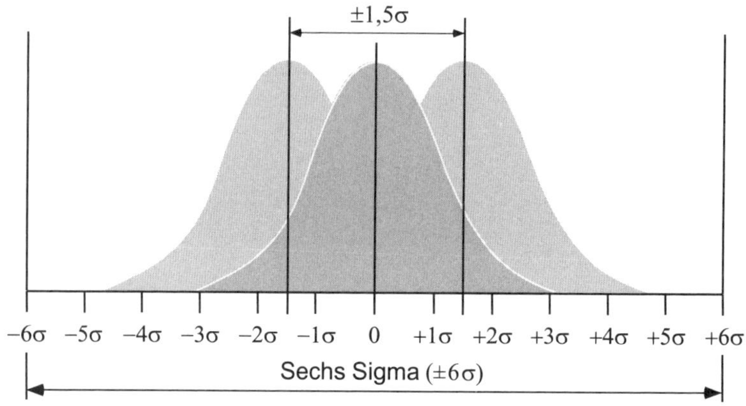

Bild 2.77 Sechs-Sigma-Prozess

Hinzu kommt die Tatsache, dass real ablaufende Prozesse in der Regel nicht exakt auf den Nullpunkt der Verteilung zentriert sind, also der Prozessmittelwert μ ungleich null ist. Es lässt sich jedoch empirisch nachweisen, dass die Verschiebung des Mittelwertes bei realen Prozessen im Durchschnitt innerhalb eines Bereiches von ±1,5σ liegt [Evans 75]. Damit ergibt sich ein Streubereich von ±6σ für den anzustrebenden Prozess: Sechs-Sigma-Qualität. In diesen Bereich fallen 99,99966 % aller Prozessergebnisse, was einer Fehlerrate 0,0000034 % oder 3,4 ppm (Parts per Million) entspricht (vgl. Bild 2.77).

Die statistischen Grundlagen eines Sechs-Sigma-Prozesses sind bei Motorola in ein umfassendes Managementkonzept zur Erreichung von Kundenzufriedenheit (Customer Satisfaction) eingebettet. Dabei wird Qualität im gesamten Unternehmen einschließlich der Verwaltungs- und Servicebereiche betrachtet und mithilfe der folgenden Hauptbestandteile realisiert:

- unternehmensweites Ziel der vollständigen Kundenzufriedenheit (Total Customer Satisfaction);
- allgemeingültige und für das gesamte Unternehmen gleiche Messgröße für Qualität;
- auf der Messgröße für Qualität basierende, identische Verbesserungsziele für alle Unternehmensbereiche;
- zielorientierte Anreizmechanismen für sämtliche Mitarbeiter;

- koordiniertes Training zur Zielerreichung;
- Sechs Sigma für sämtliche Prozesse.

Zur Einführung dieses Managementkonzepts hat Motorola eine standardisierte Implementierungsstrategie entwickelt, die „Sechs Schritte zu Sechs Sigma“. Bei diesen Schritten wird bewusst zwischen Fertigungsbereichen und Verwaltungsbereichen unterschieden und auf diese Weise das gesamte Unternehmen einbezogen [Motorola 93]:

Fertigungsbereiche:

1. Physische und funktionale Kundenwünsche identifizieren.
2. Merkmale der Produkte festlegen.
3. Für jedes Merkmal festlegen, ob es durch Teile, durch den Prozess oder beides bestimmt wird.
4. Maximal zulässigen Toleranzbereich für jedes Merkmal bestimmen.
5. Prozessstreuung für jedes Merkmal festlegen.
6. Fertigungsprozess erst beginnen, wenn ein Prozessfähigkeitsindex von $c_p \geq 1{,}67$ erreicht ist (vgl. **Statistische Prozessregelung**).

Verwaltungsbereiche:

1. Produkt im Sinne des Arbeitsprozesses identifizieren.
2. Kunden identifizieren.
3. Material und Zulieferer für den Arbeitsprozess ermitteln.
4. Prozess visualisieren.
5. Prozess fehlerfrei gestalten und Ausfälle eliminieren.
6. Einführen von Messgrößen für Qualität und Bearbeitungszeit sowie von Verbesserungszielen.

Unter anderem aufgrund dieses unternehmensweiten, mit Sechs Sigma bezeichneten Total Quality Management-Ansatzes gewann Motorola 1988 als erstes Unternehmen überhaupt die US-amerikanische nationale Qualitätsauszeichnung, den Malcolm Baldrige National Quality Award (MBNQA) (vgl. **Qualitätsauszeichnungen**, **Total Quality Management**). 1992 hatte Motorola bereits eine 150-fache Steigerung der Qualität innerhalb von fünf Jahren erreicht und insgesamt über zwei Milliarden US-Dollar weltweit eingespart, zusätzlich zur höheren Kundenzufriedenheit. Der Qualitätsstand in den verschiedenen Werken betrug durchschnittlich 5,4σ, was einer Fehlerrate von 40 ppm (Parts per Million) entspricht.

Das Sechs-Sigma-Konzept kann somit auch als erfolgreiche praktische Anwendung der Demingschen Qualitätsphilosophie angesehen werden. Dies findet seinen Ausdruck vor allem in der Betrachtung jeder Tätigkeit als Prozess und weiterhin in der Erkenntnis, dass eine Ausrichtung des Unternehmens auf Qualität automatisch auch eine Steigerung von Produktivität und Unternehmenserfolg (Return on Investment, RoI) nach sich zieht sowie eine Senkung der Kosten (vgl. **Demings Managementprogramm**, **Demingsche Reaktionskette**).

Etwa zur letzten Jahrhundertwende hat das Sechs-Sigma-Konzept eine gewisse Renaissance erfahren. Ausgelöst durch den Erfolg von General Electric Inc. unter Jack Welch als CEO, in Verbindung gebracht mit der Anwendung von Sechs Sigma, folgten nun auch große Unternehmen in Europa. Diese zweite Welle ist durch ein spezielles Ausbildungsprogramm gut vorbereitet. Für den Qualifikationsstatus gibt es aus dem Sport (Judo) entliehene Symbole, z. B. schwarzer, grüner, weißer Gürtel.

Leicht abweichend von den „Sechs Schritten zu Six Sigma“ von Motorola wird heute der fünfstufige Ansatz Define-Measure-Analyse-Improve-Control (DMAIC) bevorzugt [Magnusson et al. 01]. Dieser stellt, ähnlich dem Plan-Do-Check-Act-Zyklus (PDCA-Zyklus), ein Modell zur systematischen Vorgehensweise für die Lösung von Problemen jeder Art dar (vgl. **Ständige Verbesserung**). Die fünf Stufen beinhalten folgende Aktivitäten:

1. Define: Feststellen des unbefriedigenden Zustandes; Ziel definieren, mit dessen Erreichung die Schwachstelle beseitigt sein würde.

2. Measure: Erkennen der zutreffenden Kennzahl(en) und deren messtechnischer Erfassung als Istzustand.

3. Analyse: Analysieren des Problems zum Zweck der Ursachenfindung.

4. Improve: Beseitigen der Ursachen durch Erarbeiten von Verbesserungen; Lösungen einführen.

5. Control: Umsetzung feststellen, Auswirkung beobachten und Erfolg messen (gemäß Stufe 2).

Literaturhinweise zur Vertiefung

Kroslid, D.; Faber, K.; Magnusson, K.; Bergman, B.:
Six Sigma.
In: Kamiske, G. F. (Hrsg.): Reihe Pocket Power.
München: Carl Hanser Verlag 2003.

Töpfer, A. (Hrsg.):
Six Sigma.
3. Aufl., Berlin: Springer-Verlag 2003.

Gundlach, C.; Jochem, R. (Hrsg.):
Praxishandbuch Six Sigma.
Düsseldorf: Symposion Publishing 2008.

Selbstbewertung/Self-Assessment

Unter Selbstbewertung (Self-Assessment) versteht man die regelmäßige und systematische Analyse der eigenen Stärken und Schwächen eines Unternehmens im Sinne einer Standortbestimmung oder Selbstdiagnose. Dabei geht die Initiative für den Bewertungsprozess von der Organisation selbst aus bzw. die Durchführungsverantwortung liegt dort. Entscheidend bei einer Selbstbewertung ist die Identifizierung von Verbesserungspotenzialen und deren Übernahme in eine gezielte Umsetzungsplanung [Zink 04, Conti 98].

Entwickelt hat sich die Selbstbewertung ursprünglich aus dem Audit, das allgemein die Einhaltung festgelegter Regeln bzw. Kriterien überprüft und sich meist auf materielle oder mit einer gewissen Objektivität messbare Eigenschaften bezieht (vgl. **Audit**). Damit lässt sich ein (System-)Audit eher als Konformitätsbewertung charakterisieren, dessen Ergebnis positiv ist, wenn es mit dem referenzierten Standard übereinstimmt (vgl. **Systemaudit**). Eine Selbstbewertung geht noch darüber hinaus, indem sie nicht nur das gesamte Unternehmen, sondern auch viele immaterielle Eigenschaften einbezieht, die nur schwer zu messen oder zu bewerten sind. Der Inhalt einer solchen Bewertung ist vergleichsweise diagnostischer und betont insbesondere die Prozesse, welche die untersuchten Ergebnisse erzielen. Auf diese Weise wird es dem sich selbst bewertenden Unternehmen möglich, zu lernen, wo korrigierende Eingriffe denkbar und ggf. notwendig sind. Auch der Vergleich mit den Ergebnissen anderer Unternehmen wird unterstützt (vgl. **Benchmarking**, **Prozessorientierung**).

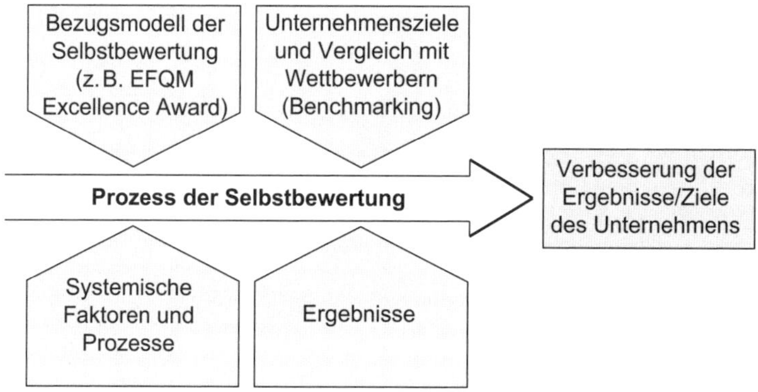

Bild 2.78 Selbstbewertung im Unternehmen

Somit steht die Selbstbewertung am Anfang eines regelmäßigen Planungsprozesses im Unternehmen, um eine kontinuierliche (Qualitäts-)Verbesserung sicherzustellen (vgl. Bild 2.78). Hier wird auch der enge Zusammenhang mit dem Deming-Zyklus der Ständigen Verbesserung (Plan-Do-Check-Act-Zyklus) sichtbar, denn die Selbstbewertung entspricht der Phase der Überprüfung (Check), in der die tatsächliche Erreichung der Verbesserungsziele der vorangegangenen Planung betrachtet wird (vgl. **Deming**, **Ständige Verbesserung**). Dieser Verbesserungsprozess mit dem Ziel, hervorragende Geschäftsergebnisse (Business Excellence) zu erreichen, ist ein wesentliches Element des Total Quality Management und wird auch im Rahmen der Modelle für Qualitätsauszeichnungen, z. B. im EFQM-Modell für den EFQM Excellence Award, gefordert. Diese Modelle bieten in der Regel auch Hilfestellungen in Form von mehr oder weniger detaillierten Checklisten zur Selbstbewertung, die jeweils an die unternehmensspezifischen Ziele anzupassen sind (vgl. **Qualitätsauszeichnungen**, **EFQM Excellence Award**, **Total Quality Management**).

Der Gedanke der Selbstbewertung findet sich auch durchgängig in der Normenreihe DIN EN ISO 9000:2005 zum Aufbau von Qualitätsmanagementsystemen (vgl. **DIN EN ISO 9000:2005**, **Qualitätsmanagementsystem**). In der DIN EN ISO 9001:2008 (Qualitätsmanagementsysteme – Anforderungen) ist die Selbstbewertung der Organisation durch das Management als fester Bestandteil in den strategischen Planungszyklus integriert. Die Einzelnorm DIN EN ISO 9004:2009 (Leiten und Lenken für den nachhaltigen Erfolg einer Organisation – Ein Qualitätsmanagementansatz) versteht sich sogar insgesamt ausdrücklich als Hilfsmittel für die Unternehmensleitung, um auf der Basis von Selbstbewertungen die Wirksamkeit und auch die Wirtschaftlichkeit ständig zu verbessern [ISO 09].

Eine Selbstbewertung sollte sich jedoch nicht ausschließlich auf Aspekte der Qualität beziehen, auch wenn die Qualitätswerkzeuge in diesem Zusammenhang angewendet werden können (vgl. **Qualitätswerkzeuge**). Von besonderer Bedeutung für die erfolgreiche Durchführung einer Selbstbewertung ist vielmehr, dass die Initiative von der obersten Unternehmensleitung ausgeht und die Bewertung sich auch auf die Geschäftsprozesse im gesamten Unternehmen erstreckt.

Literaturhinweise zur Vertiefung

Conti, T.:
Selbstbewertung von Unternehmen.
München: Carl Hanser Verlag 1998.

Zink, K. J.:
TQM als integratives Managementkonzept.
2. Aufl., München: Carl Hanser Verlag 2004.

■ Simultaneous Engineering (SE) und Quality Engineering (QE)

Simultaneous Engineering, auch als Concurrent Engineering bezeichnet, ist die überlappende, also nahezu gleichzeitige (simultane) Bearbeitung von Aufgaben durch interdisziplinäre Arbeitsgruppen. Dabei werden insbesondere im Stadium der Entwicklung, Konstruktion und Fertigungsplanung die einzelnen Ingenieurtätigkeiten durch organisatorische und technologische Maßnahmen parallelisiert.

Die gezielte Umsetzung von Qualitäts-, Produktivitäts-, Kosten- und Zeitzielen wird somit bereits vor Beginn der Serienproduktion sichergestellt, insbesondere wenn dabei auch die eventuell beteiligten Zulieferer einbezogen sind. Diese Arbeitsweise unterstützt bei gleicher Zielsetzung durch die Anwendung der unter der Bezeichnung Quality Engineering zusammengefassten Verfahren die zu planenden Produkte und Prozesse.

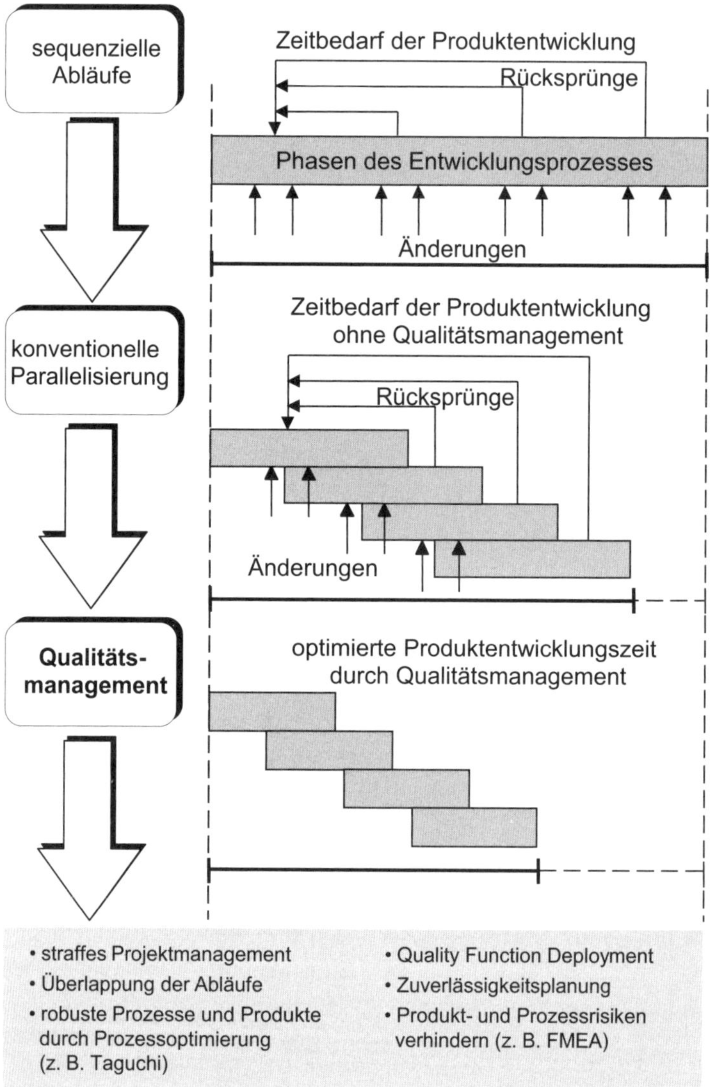

Bild 2.79 Simultaneous Engineering

Der Amerikaner Feigenbaum beschreibt Simultaneous Engineering im Rahmen seines Total Quality Control-Konzeptes [Feigenbaum 83], dessen Einführung in alle Unternehmensbereiche ein ganzheitliches, gleichartiges und paralleles Handeln erfordert (vgl. **Feigenbaum, Total Quality Control**). Die Anwendung der Methoden des Quality Engineering kann in besonderem Maße zur Verkürzung der Produktentwicklungszeit beitragen (vgl. Bild 2.79). Die Anzahl der später vorzunehmenden Änderungen sowie die damit verbundenen Kosten können beträchtlich gesenkt werden [Simon 92]. In der betrieblichen Praxis wird die erzielbare Verkürzung der Entwicklungszeiten mit bis zu 50 % angegeben [Schöffler 89].

Die traditionelle Produktentwicklung erfolgt Schritt für Schritt, also sequenziell, und ist damit eher tayloristisch geprägt im Sinne einer funktionalen Arbeitsteilung. Jeder nachfolgende Einzelschritt wird erst dann begonnen, wenn der vorhergehende positiv abgeschlossen ist. Dies führt in der Regel zu einem langen Entwicklungsprozess. Durch Simultaneous Engineering als Organisationsstrategie zur frühzeitigen Festlegung der wesentlichen Komponenten sowohl des Produktes wie auch des Fertigungsprozesses können gegenüber der herkömmlichen Vorgehensweise erhebliche Einsparungen und damit letztendlich bedeutsame Wettbewerbsvorteile realisiert werden. Weiterhin lässt sich durch eine rechtzeitige Zusammenführung und Auswertung sowie offene Weitergabe der erforderlichen Informationen eine vertrauensvolle, partnerschaftliche Zusammenarbeit aller Beteiligten gestalten. Dies bezieht sich sowohl auf andere Abteilungen innerhalb des eigenen Unternehmens (interne Kunden) wie auch auf (externe) Kunden und Zulieferanten. Als weitere Vorteile und Potenziale des Simultaneous Engineering seien stichwortartig genannt:

- schnellere Auftragsabwicklung;
- transparentere Abläufe mit kurzen Entscheidungswegen;
- geringere Reibungsverluste;
- höhere Qualität;
- Zusammenführung von Fachwissen;
- kürzere Reaktionszeiten auf Markterfordernisse/Kundenwünsche;
- fertigungsorientierte Produktentwicklung: Design for Manufacture (DFM), Design for Assembly (DFA).

Die Zeit bis zur Markteinführung (Time to Market) kann aber wettbewerbsentscheidend sein. Der Einsatz von integrierten Spezialistenteams im Sinne von Simultaneous Engineering, bestehend aus Beteiligten aller Fachgebiete, ausgestattet mit entsprechenden Entscheidungskompetenzen, ermöglicht hingegen die Vermeidung von Informationsverlusten während der einzelnen Entwicklungsschritte und die Minimierung von Wartezeiten auf die Ergebnisse vorgelagerter Prozesse. Auf diese Weise kann eine Verkürzung der Entwicklungsphase bei gleichzeitiger Beherrschung der mit dem Produkt verbundenen Prozesse erreicht werden. In diesem Zusammenhang kann Simultaneous Engineering auch als Anwendung des Prinzips der Ständigen Verbesserung aufgefasst werden (vgl. **Ständige Verbesserung**).

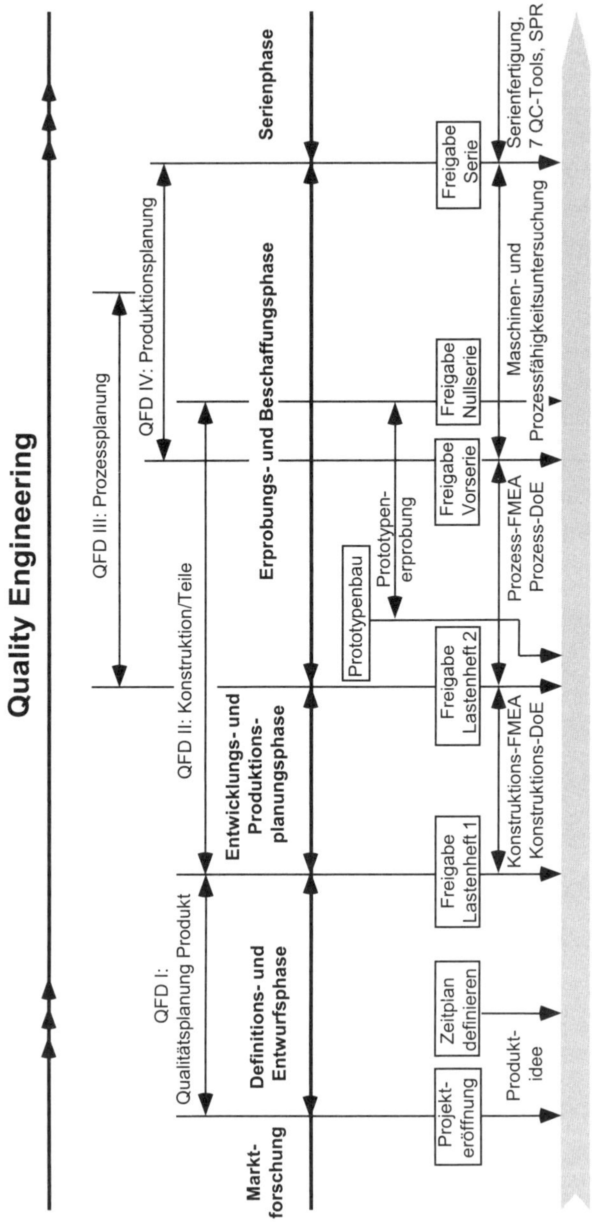

Bild 2.80 Qualitätsaufgaben vor Serienbeginn – Quality Engineering

Dazu trägt in erheblichem Maße der Einsatz von Methoden und Techniken des Quality Engineering bei. Zu nennen sind vor allem die Fehlermöglichkeits- und -einflussanalyse (FMEA), die Versuchsplanung (Design of Experiments, DoE) und Quality Function Deployment (QFD) [Sondermann/Leist 89] (vgl. Bild 2.80) (vgl. **Fehler-**

möglichkeits- und -einflussanalyse, **Quality Function Deployment**, **Versuchsplanung**). Die hohe Effektivität dieser Methoden ist nachgewiesen, dabei wird jedoch eine Durchdringung des gesamten Unternehmens vorausgesetzt, etwa im Sinne von Total Quality Management (TQM) (vgl. **Total Quality Management**).

Literaturhinweise zur Vertiefung

Taguchi, G.:
Introduction to Quality Engineering.
Tokyo/Japan: Asian Productivity Organization 1986.

Wu, Y.; Moore, W. H.:
Quality Engineering, Product and Process Optimisation.
Dearborn/Mich./USA: American Supplier Institute Press 1986.

Kamiske, G. F.:
Prozessoptimierung mit Quality Engineering.
In: Kamiske, G. F. (Hrsg.): Reihe Pocket Power.
München: Carl Hanser Verlag 2004.

Single Minute Exchange of Die (SMED)

Single Minute Exchange of Die ist ein umfassendes System zur erheblichen Verkürzung der Werkzeugwechselzeiten, welches auch die gezielte Entwicklung von speziellen Werkzeugen und Rüsthilfsmitteln beinhaltet und über mehrere Stufen bis zur Mechanisierung des Vorganges führt. Kann die perfekte Durchführung des Werkzeugwechsels schließlich mit einem Handgriff ausgelöst werden, hat das System seine höchste Entwicklungsstufe erreicht, die als One Touch Exchange of Die (OTED) bezeichnet wird. Der Grundgedanke von Single Minute Exchange of Die ist es, alle Arbeiten so weit wie möglich außerhalb der Maschine bzw. während der Maschinenlaufzeit durchzuführen.

Das Single Minute Exchange of Die-System wurde im Rahmen des Toyota Production System (TPS) von dem Japaner Shigeo Shingo entwickelt (vgl. **Toyota Production System**). Dabei stand zunächst der Wechsel von besonders großen, schwer zu handhabenden Pressformen (Die) im Vordergrund. Später wurde es allgemein auf den Werkzeugwechsel angewendet.

Die deutliche Senkung der für das Einrichten und Umrüsten der Maschinen aufzuwendenden Zeit ist als eine wesentliche Voraussetzung für die Erhöhung der Flexibilität in der Produktion anzusehen. Daraus resultieren Vorteile, die einen schnellen Variantenwechsel und die Fertigung kleiner Lose bei gleichzeitiger Senkung der Kosten und der Durchlaufzeiten erlauben. Aus diesem Grunde kann das Single Minute Exchange of Die-System auch als Dreh- und Angelpunkt des Toyota Production System bezeichnet werden [Shingo 81].

Maßnahmen zur Erreichung von kürzeren Rüst- und Einrichtzeiten können produktbezogen, produktionsbezogen oder organisatorischer Art sein und spielen auch im Rahmen der Just-in-Time-Konzeption eine wichtige Rolle (vgl. **Just-in-Time**).

Die Maßnahmen im Rahmen von Single Minute Exchange of Die setzen am Handhabungsprozess (Operation) an, der eine von zwei Betrachtungsebenen des Toyota Production System darstellt und die Verhaltensstrukturen der Menschen und Maschinen im Produktionsfluss untersucht (vgl. **Toyota Production System**). Ziel ist es dabei, den Aufwand für Vorbereitung, Ein- und Umrüstung von Maschinen, der jedem Handhabungsprozess vorausgeht, zu verringern. Die Bestandteile des Single Minute Exchange of Die-Systems werden im Folgenden kurz beschrieben [Shingo 81]:

- Trennung von internem Werkzeugwechsel (Inside Exchange of Die, IED) und externem Werkzeugwechsel (Outside Exchange of Die, OED)

  Die Trennung der Rüst- und Einrichtearbeiten in internen und externen Werkzeugwechsel ist ein wesentliches Element. Soweit irgend möglich, sollte immer ein externer Werkzeugwechsel durchgeführt werden, der bei laufender Maschine erfolgen kann. Ist ein interner Werkzeugwechsel mit Maschinenstillstand unumgänglich, muss dafür gesorgt werden, dass der Maschinenbediener seinen Arbeitsplatz nicht zu verlassen braucht. Alle benötigten Teile müssen bereits justiert und vorbereitet sein. Der interne Werkzeugwechsel darf nur das Entfernen des alten und das Sichern des neuen Werkzeuges beinhalten.

- Inversion (Umkehr) vom internen zum externen Werkzeugwechsel

  Die Umkehr vom internen zum externen Werkzeugwechsel bildet die effektivste Umsetzung von Single Minute Exchange of Die. Dabei wird durch konstruktive Umgestaltung eine Anpassung der unterschiedlichen Werkzeuge aneinander erreicht, sodass der Werkzeugwechsel extern vorgenommen werden kann.

- Einführung von funktionaler Standardisierung

  Eine gezielte Standardisierung von Werkzeugen ermöglicht eine besonders starke Verkürzung der Umrüstzeit und eröffnet damit große Rationalisierungspotenziale. Da derartige Maßnahmen jedoch mit hohen Investitionen einhergehen, sind stets die einfachsten Bauteile zu standardisieren. Die konstruktiv nur mit großem Aufwand umgestaltbaren maschinenseitigen Werkzeugwechseleinrichtungen sollten dabei möglichst nicht geändert werden.

- Einführung funktionaler Spannklemmen

  Werkzeuge werden meist unter Verwendung von Bolzen oder Schrauben eingespannt bzw. befestigt. Diese Hilfsmittel besitzen die Eigenschaft, dass die Spannung beim Festziehen erst mit der letzten Umdrehung eintritt, sich beim Lösen aber schon mit der ersten Umdrehung wieder abbaut. Dennoch müssen insgesamt viele Umdrehungen ausgeführt werden, die eigentlich überflüssig sind. Dies führte zur Entwicklung von speziellen Spannhilfsmitteln unter Anwendung von teilweise bekannten Methoden, wie z. B. T-Nut, U-Nut, Dharma-Loch und Spannklemmen, bei deren Einsatz nur ein Minimum an Umdrehungen notwendig ist. Zusätzlich sind Richtung und Stärke der Kräfte, die beim Werkzeugwechsel auftreten, zu betrachten. Werden die Kraftkomponenten in x-, y- und z-Richtung bei der Anordnung der Klemmen und Schraubenlöcher sowie der Positionierung der Bolzen berücksichtigt, können erhebliche Verkürzungen der Werkzeugwechselzeiten erreicht werden.

- Einführung von mittelnden bzw. zentrierenden Spannvorrichtungen

  Durch die Einführung von speziellen Werkzeugträgern, die mit Spannvorrichtungen ausgestattet sind und das Justieren bzw. Zentrieren von Werkzeugen (und auch Werkstücken) erleichtern, lassen sich die hierfür notwendigen Zeiten erheblich reduzieren. Dabei ist die Bearbeitungszeit der Maschine zu nutzen, um das neue Werkzeug (bzw. Werkstück) auf dem entsprechenden Träger zu montieren. Bei Maschinenstillstand wird lediglich ein Träger gegen den anderen ausgetauscht, der durch Positionierungshilfen innerhalb kürzester Zeit installiert werden kann. Durch die Verwendung mehrerer Träger auch für die verschiedenen Werkstücke kann so die Zeit zum Zentrieren und Sichern im Rahmen des internen Wechsels besonders effektiv verkürzt werden. Diese Methode der Vereinfachung wird als Kassettenprinzip bezeichnet.

- Einführung von parallelen Handhabungen

  Für das an sich unproduktive Wechseln oder Justieren von schwer zu handhabenden Werkzeugen oder Werkstücken, bei dem ein wiederholtes Herumlaufen um die Maschine erforderlich ist, sollte nicht mehr produktiv nutzbare Arbeitszeit aufgewendet werden als unbedingt notwendig. Überflüssiges Bewegen ist eine Art der Verschwendung, die zu eliminieren ist. In diesem Sinne stellt der Einsatz einer zweiten Person zur Unterstützung eine Zeitersparnis dar, die sich positiv auf Produktivität und Kapazitätsauslastung der Maschine auswirken kann. Dabei sind jedoch auch die für die Hilfstätigkeit entstehenden Kosten gegenüber der erzielbaren Produktivitätssteigerung zu betrachten.

- Eliminierung von Justierungsprozessen

  Bei normaler Durchführung des Werkzeugwechsels beanspruchen Justierungsvorgänge den größten Anteil der Zeit. Dieser Zeitaufwand resultiert aus dem entscheidenden Unterschied zwischen einem Nachstellprozess (Justieren) und einem Einstellprozess. Beim Justieren kann immer nur ein unbefriedigendes Ergebnis erzielt werden, denn der entsprechende Parameter muss wegen aufgetretener Abweichungen viele Male nachgestellt werden. Hingegen führt das genaue Einstellen der Parameter auf den korrekten Wert bereits von Anfang an zum gewünschten Resultat. Damit entfällt auch die Wartezeit, die sonst zumindest beim Messen des ersten, mit neuen oder geänderten Parametern bearbeiteten Werkstückes aufgewendet werden muss.

- Mechanisierung des Werkzeugwechsels

  Die Mechanisierung des Werkzeug- und Werkstückwechsels ist die letzte Stufe der Single Minute Exchange of Die-Methode. Unter Berücksichtigung der vorhergehenden Schritte führt deren konsequente Weiterentwicklung dann zu One Touch Exchange of Die (OTED). Durch den Einsatz von Pneumatik und Hydraulik kann damit eine weitere Verkürzung der Werkzeugwechselzeit erreicht werden.

Literaturhinweise zur Vertiefung

Ohno, T.:
Toyota Production System: Beyond Large-Scale Production.
Cambridge/Mass./USA: Productivity Press 1988.

Shingo, S.:
A Revolution in Manufacturing: The SMED System.
Cambridge/Mass./USA: Productivity Press o. J.

Shingo, S.:
Study of ‚Toyota‘ Production System from Industrial Engineering Viewpoint.
Tokyo/Japan: Japan Management Association 1981.

Ständige Verbesserung/Kontinuierlicher Verbesserungsprozess (KVP)

Im Rahmen seiner 14 Punkte gibt Deming konkrete Anweisungen im Sinne eines Managementprogramms für die Implementierung einer neuen, auf die Schaffung von Qualität ausgerichteten Unternehmensphilosophie (vgl. **Deming**, **Demings Managementprogramm**, **Demings 14 Punkte**). Das Prinzip der Ständigen Verbesserung wird in einem dieser Punkte beschrieben [Deming 86]:

> (5.) Suche ständig nach den Ursachen von Problemen, um alle Systeme von Produktion und Dienstleistung sowie alle anderen Aktivitäten im Unternehmen beständig und immer wieder zu verbessern

Dabei ist es besonders wichtig, dass die Ständige Verbesserung nicht nur als Methode betrachtet wird, die ein- oder mehrmals auf ein Problem angewendet wird. Sie ist vielmehr als prozessorientierte Denkweise im Sinne einer Geisteshaltung zu begreifen, die gleichzeitig Ziel und grundlegende Verhaltensweise im täglichen (Arbeits-)Leben darstellt.

Mit gleicher inhaltlicher Bedeutung wird Ständige Verbesserung im anglo-amerikanischen Sprachraum als Continuous Improvement bzw. Continuous Improvement Process (CIP), in Japan als Kaizen bezeichnet (vgl. **Kaizen**, **Qualitätszirkel**).

In Deutschland setzt sich der Begriff Kontinuierlicher Verbesserungsprozess (KVP) in den Unternehmen immer stärker durch. Die Volkswagen AG hatte hier eine besonders intensive und umsetzungsorientierte Variante entwickelt, die KVP^2 genannt wurde (vgl. Bild 2.81) [Wilhelm 94]. Grundlage ist dabei die Erkenntnis, dass eine Effizienzsteigerung zur langfristigen Sicherung des Unternehmenserfolges vor allem durch die Ausschöpfung des Know-how-Potenzials der Mitarbeiter zu erreichen ist.

Die Besonderheit bei KVP^2 liegt im konzentrierten Ablauf in Form von speziellen Workshops. Diese dauern in der Regel eine Woche lang und schließen die Umsetzung von Verbesserungsmaßnahmen (soweit möglich) mit ein. Dazu werden im Vorfeld Ziele einschließlich entsprechender Ergebnismessgrößen vereinbart sowie Prozesse definiert und durch Prozessmessgrößen gesteuert. Ausgerichtet ist KVP^2 nicht nur auf Verbesserungen innerhalb einer organisatorischen Einheit, sondern nach Möglichkeit einer vollständigen Wertschöpfungskette. Demgemäß sollten alle betroffenen Hierarchieebenen sowie der Betriebsrat in die KVP²-Workshops einbezogen werden. Dort werden durch konsensorientierte Teamarbeit Vorschläge entwickelt und sofort umgesetzt, sodass die erreichte Verbesserung unmittelbar erkennbar ist.

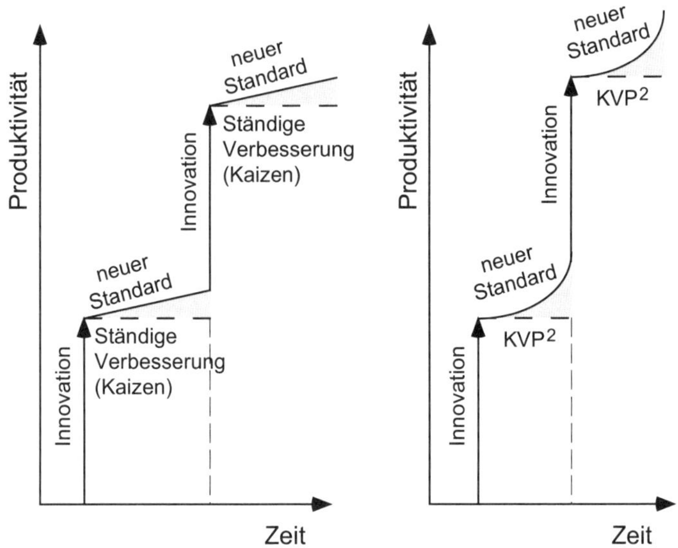

Bild 2.81 Wirkungsweise von KVP²

Darüber hinaus ist das Prinzip der Ständigen Verbesserung aber auch ein eigenständiger Teil der Unternehmensphilosophie von Deming. Es basiert direkt auf den Grundlagen dieses Programms, die als Grundhaltungen bezeichnet werden und als Voraussetzung für eine erfolgreiche Anwendung anzusehen sind. Die Grundhaltungen werden hier noch einmal wiedergegeben:

Jede Aktivität kann als Prozess aufgefasst und entsprechend verbessert werden.

Problemlösungen allein genügen nicht, fundamentale Veränderungen sind erforderlich.

Die oberste Unternehmensleitung muss handeln, die Übernahme von Verantwortung ist nicht ausreichend.

Weiterhin basiert das Prinzip der Ständigen Verbesserung auf dem sogenannten Deming-Zyklus, der zugleich Anwendungs- und Erklärungsmodell ist. Dieser Zyklus wird auch als Plan-Do-Check-Act-Zyklus (PDCA-Zyklus) oder als Deming-Kreis bezeichnet (vgl. Bild 2.82). Deming selber weist jedoch darauf hin, dass dieser Zyklus ursprünglich von seinem Lehrer Shewhart stammt.

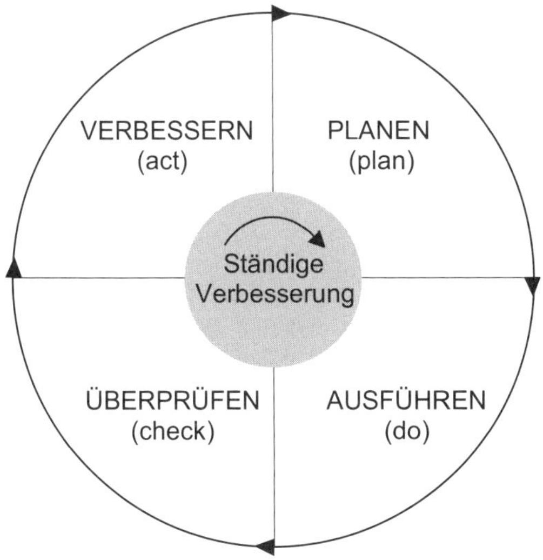

Bild 2.82 Deming-Zyklus der Ständigen Verbesserung

Im Deming-Zyklus wird gemäß den Grundhaltungen von Deming davon ausgegangen, dass jeder Vorgang als Prozess betrachtet und als solcher schrittweise verbessert werden kann. Die Vorgehensweise erfolgt gemäß Bild 2.82 in den folgenden Teilschritten:

Planen (plan) – Ausführen (do) – Überprüfen (check) – Verbessern (act).

Es ist also zunächst ein Plan für eine effektive Verbesserung zu entwickeln (plan), wobei überlegt wird, welches die wichtigsten Ergebnisse und die größten Hindernisse sind, welche Änderungen und neuen Beobachtungen erforderlich werden. Danach ist dieser Plan auszuführen (do), zunächst in kleinerem Maßstab. Alle vorhandenen, relevanten Daten, die Antwort auf die Fragen der Planungsphase geben, sind zu sammeln bzw. die festgelegten Änderungen sind durchzuführen. Anschließend sind die Auswirkungen der Änderungen zu beobachten und die Ergebnisse festzuhalten und zu überprüfen (check). Schließlich werden die Ergebnisse studiert, um zu erkennen, was an dem Vorgang noch zu verbessern (act) und entsprechend als Eingangsgröße in dem nächsten Durchlauf von Bedeutung ist.

Man durchläuft den Zyklus nun ein zweites, ein drittes Mal und so fort. Das wiederholte Durchlaufen ist besonders sinnvoll, da jedes Mal das Problem etwas mehr eingegrenzt wird und außerdem der Wissensinhalt des Anwenders zunimmt, indem die Erfahrungen aus den vorhergehenden Zyklen angewendet werden. Hieraus ist der Begriff der Ständigen Verbesserung entstanden, da der Zyklus immer wieder durchlaufen und bei jedem Durchlauf das Problem kontinuierlich eingegrenzt wird.

Das Prinzip der Ständigen Verbesserung wird praktisch bei den Methoden der Statistischen Prozessregelung angewandt (vgl. **Statistische Prozessregelung**). Es ist außerdem die Basis, auf der Taguchi seine Überlegungen zur Versuchsplanung (Design of Experiments, DoE) und den Ansatz der Qualitätsverlustfunktion (Quality Loss Function) begründet (vgl. **Taguchi**, **Versuchsplanung**, **Qualitätsverlustfunktion**). Trotz der Einteilung in vier Schritte bzw. Phasen bleibt festzuhalten, dass der Deming-Zyklus der Ständigen Verbesserung als Kreis im Sinne eines Prozesses ohne Anfangs- und ohne Endpunkt zu verstehen ist. Jeder leistet einen Beitrag, egal an welcher Stelle. Einen festgelegten Beginn gibt es nicht, die Verbesserungen sind ständig und kontinuierlich anzustreben.

Literaturhinweise zur Vertiefung

Deming, W. Edwards:
Quality, Productivity, and Competitive Position.
Cambridge/Mass./USA: Massachusetts Institute of Technology Press 1982.

Deming, W. Edwards:
Out of the Crisis.
2. Aufl., Cambridge/Mass./USA: Massachusetts Institute of Technology Press 1986.

Scherkenbach, W.:
The Deming Route to Quality and Productivity.
Washington/DC/USA: Cee Press Books 1986.

Mann, N. R.:
The Keys to Excellence.
Los Angeles/Cal./USA: Prestwick Books 1987.

Statistische Prozessregelung (SPR)/ Statistical Process Control (SPC)

Die Statistische Prozessregelung ist ein auf mathematisch-statistischen Grundlagen basierendes Instrument, um einen bereits optimierten Prozess durch kontinuierliche Beobachtung und ggf. Korrekturen auch in diesem optimierten Zustand zu erhalten. Als wichtigste Hilfsmittel dienen dabei verschiedene Arten von Qualitätsregelkarten (vgl. **Qualitätsregelkarte**). Mit dieser Methode kann eine unmittelbare Prozessverbesserung nicht erreicht werden, da die Statistische Prozessregelung in der laufenden Fertigung (Serienfertigung) angewendet wird, also nach Festlegung der Prozessparameter. Damit sind grundlegende Änderungen am Prozess selbst nicht mehr möglich, es können lediglich kleinere Abweichungen ausgeregelt sowie Daten gesammelt und aufbereitet werden, um Ansatzpunkte für eine Verbesserung aufzuzeigen.

Entwickelt wurde die Statistische Prozessregelung Anfang der 1930er-Jahre von dem Amerikaner Shewhart, der die Methoden der Statistik, der Ingenieurwissenschaften und der Wirtschaftswissenschaften zusammenführte und die Qualitätsregelkarte entwickelte. Er beschrieb die grundlegenden Prinzipien dieses Ansatzes in seinem Buch „The Economic Control of Quality of Manufactured Product" [Shewhart 31]. Im Rahmen der Anwendung statistischer Verfahren wird davon ausgegangen, dass sowohl bei der Herstellung als auch bei der anschließenden Vermessung von gefertigten Teilen Unterschiede bezüglich eines betrachteten Merkmals feststellbar sind. Dieses Abweichungsverhalten eines Merkmals von seinem Sollwert wird als Streuung bezeichnet. Als wichtigste Maßgrößen dafür dienen die Standardabweichung *s*, die Spannweite *R* und der Mittelwert $\overline{x}$ einer Stichprobe.

$$\text{Standardabweichung } s = \sqrt{\frac{\sum_{i=1}^{n} (x_i - \bar{x})^2}{n-1}}$$

$$\text{Spannweite } R = x_{max} - x_{min}$$

$$\text{Mittelwert } \bar{x} = \frac{1}{n} \sum_{i=1}^{n} x_i$$

Als Ursache für das Auftreten von Streuungen kommen zufällige und systematische Einflüsse infrage. Zufallseinflüsse stellen die konstante Summe vieler kleiner Einzeleinflüsse dar. Sie sind ständig vorhanden, über die Zeit stabil und somit vorhersagbar. Andererseits sind systematische Einflüsse auf einen oder wenige große Haupteinflüsse zurückzuführen, die unregelmäßig auftreten und den Prozess instabil und damit nicht vorhersagbar machen.

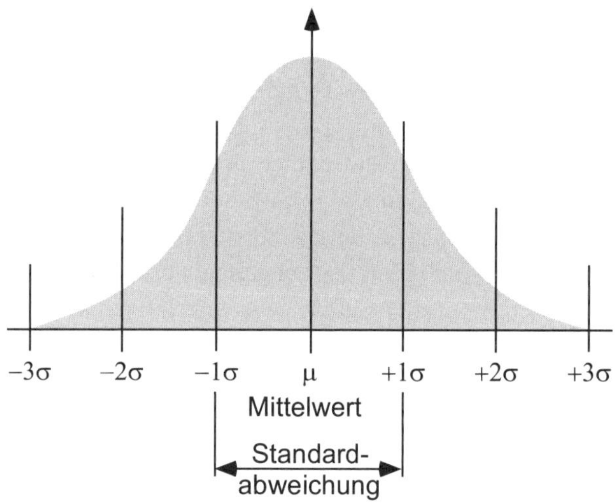

Bild 2.83 Standardisierte Normalverteilung

Die statistische Grundlage für diese Unterscheidung in zufällige und systematische Einflüsse bildet die sogenannte natürliche Streuung, die lediglich auf zufälligen Einflüssen beruht und zu einem kontrollierten und gleichmäßigen Verlauf des betrachteten Prozesses führt. In diesem Fall wirken also auf das zu untersuchende Merkmal ausschließlich viele kleine, voneinander unabhängige Einflüsse (zufällige Einflüsse) und man spricht von einer Normalverteilung. Sie wird nach dem deutschen Mathematiker, Physiker und Astronom auch Gauß-Verteilung genannt und durch eine glockenförmige Kurve im Häufigkeitsschaubild (Gaußsche Glockenkurve) charakterisiert (vgl. Bild 2.83).

Bei normalverteilten Messwerten ist es nun möglich, aufgrund von Stichprobenziehungen den Anteil der Grundgesamtheit, der innerhalb eines bekannten Zufallsstreubereiches liegt, mit hinreichender Genauigkeit vorherzusagen (vgl. **Stichprobenprüfung**). Maßgebend für die Beurteilung einer solchen normalverteilten Stichprobe sind der Mittelwert $\bar{x}$ und die Standardabweichung s. Unter Anwendung von Verfahren der induktiven Statistik ist nun zu untersuchen, ob eine festgestellte Streuung auf zufällige, störungsbedingte Einflüsse zurückzuführen und damit kontrollierbar ist. Andernfalls muss die vorliegende Schwankung als systembedingt (systematisch) angesehen werden.

Es ist jedoch anzumerken, dass sich gegenüber dieser Sichtweise zunehmend Kritik aus der betrieblichen Praxis erhebt. Wohl zu Recht wird bemängelt, dass der klassische Ansatz von Shewhart.; nicht ohne weiteres zutreffend ist, wenn er auf reale Prozesse angewendet wird. Kernpunkt der Kritik ist die fehlende Unterscheidung bzw. unscharfe Trennung zwischen der Kurzzeit- und der Langzeitstreuung eines Prozesses, die zusammen erst die Gesamtstreuung ergeben. Dies betrifft vor allem die Verwendung der Kurzzeitstreuung zur Berechnung der Eingriffsgrenzen von Qualitätsregelkarten, da die Eingriffsgrenzen in Bezug auf die Langzeitstreuung des Prozesses festgelegt werden. Diese Betrachtungsweise der Prozessstreuung findet immer mehr Zustimmung [Ebeling 94].

Die Definition sinnvoller Maßgrößen, die Kurz- und Langzeitverhalten eines Prozesses beschreiben, darf als berechtigte Forderung an die Statistische Prozessregelung gelten. Bis diese Größen jedoch gefunden und in die Praxis eingeführt sind, erscheint es sinnvoll, mit den bisher üblichen Vereinfachungen zu arbeiten, um Statistische Prozessregelung überhaupt anwenden zu können und die derzeit möglichen Potenziale dieses Verfahrens auszuschöpfen.

Als Hauptaufgabe der Statistischen Prozessregelung ergibt sich die kontinuierliche Beobachtung eines Prozesses im Hinblick auf seine Streuung sowie die Unterscheidung zwischen zufällig und systematisch bedingten Streuungen. Dabei beinhaltet die Streuung das gesamte Abweichungsverhalten eines Merkmals von seinem Sollwert, also neben dem Ausmaß auch die Lage zum angestrebten Mittelwert (Mittenlage). Die Durchführung dieser Untersuchungen erfolgt mithilfe von Stichprobenziehungen, deren Ergebnisse in Qualitätsregelkarten eingetragen werden (vgl. **Qualitätsregelkarte**). Außerdem enthalten die Qualitätsregelkarten eingezeichnete Warn- und Eingriffsgrenzen. Diese stellen die Zufallsstreubereiche des betrachteten Prozesses dar, also den Betrag, um den die Mittelwerte und Standardabweichungen der Stichproben streuen würden, wenn sie ausschließlich zufälligen Einflüssen unterliegen würden. Die Warn- und Eingriffsgrenzen sind keine Toleranzen, sondern geben lediglich die Grenzwerte der natürlichen zufälligen Prozessstreuung wieder. Stichprobenergebnisse außerhalb der Eingriffsgrenzen sind auf systematische Einflüsse zurückzuführen und erfordern ein sofortiges Eingreifen (vgl. **Qualitätsregelkarte**).

Die Anwendung von Qualitätsregelkarten zur Statistischen Prozessregelung ist generell für alle Arten von Merkmalen möglich, also sowohl für variable als auch für attributive Daten. Dabei werden für die Untersuchung von variablen Merkmalen, die in Form von konkreten Messwerten vorliegen, Qualitätsregelkarten für Urwert, für Mittelwert und Standardabweichung $\overline{x}$-s-Karte), für Mittelwert und Spannweite $\overline{x}$-R-Karte) sowie für Median und Spannweite $\tilde{x}$-R-Karte) eingesetzt. Der Median $\tilde{x}$

dient hier als mehr oder weniger genaue Näherung an den Prozessmittelwert. Bei attributiven Merkmalen kann lediglich zwischen zwei gegensätzlichen Ausprägungen unterschieden werden (gut/schlecht, vorhanden/nicht vorhanden). Es werden Qualitätsregelkarten für den Anteil fehlerhafter Einheiten (p-Karte), für die Anzahl fehlerhafter Einheiten (np-Karte), für die Fehlerzahl (c-Karte) und für die Fehlerzahl pro Einheit (u-Karte) verwendet.

Für die tatsächliche Anwendung der Statistischen Prozessregelung müssen jedoch zunächst noch einige grundlegende Voraussetzungen erfüllt sein. Diese geben zugleich ein phasenorientiertes Ablaufkonzept für die Einführung der Statistischen Prozessregelung in der betrieblichen Praxis wieder:

- Anforderungen im Vorfeld

  Bevor mit der eigentlichen Einführung der Statistischen Prozessregelung begonnen werden kann, muss die Bereitschaft für eine Abkehr von der vergangenheitsorientierten Methode der Fehlersuche und anschließenden Fehlerkorrektur vorhanden sein. Im Rahmen einer zukunftsorientierten, fehlervermeidenden Vorgehensweise sind die Fertigungsprozesse so zu steuern, dass ständig einwandfreie Produkte erzeugt werden. Ein regelmäßiges Aussortieren von fehlerhaften Teilen nach jeder Bearbeitungsstufe ist unbedingt abzulehnen. Dazu ist oft auch ein tiefgreifender Wandel der Denkweise im Managementbereich erforderlich, der im Idealfall das gesamte Unternehmen umfasst (vgl. **Total Quality Management**). Weiterhin sind die Konstituierung eines mit der Einführung beauftragten Teams sowie dessen Schulung und Einbindung in die Aufbau- und Ablauforganisation notwendig (vgl. **Qualitätsmanagementsystem**).

- Auswahl und Festlegung der charakteristischen Größen

  Unter den charakteristischen Größen werden hier diejenigen Faktoren verstanden, die bei jeder Durchführung der Untersuchung im Vorfeld festzulegen sind. Dazu gehört die Auswahl des Werkstückes (kritisches Maß), des Prüfmittels (Eignung, Überwachung) und der Maschine (repräsentativ, übertragbar).

- Messgerätefähigkeit und Maschinenfähigkeit

  Grundlage der Auswertung von Ergebnissen nach den Methoden der Statistischen Prozessregelung sind Messwerte. Aus diesem Grunde muss durch den Nachweis der Messgerätefähigkeit zunächst sichergestellt werden, dass die verwendeten Geräte in der Lage sind, die Untersuchungen mit der geforderten Genauigkeit, Wiederholbarkeit und Vergleichbarkeit durchzuführen. Für die ausgewählte Maschine gilt dies entsprechend. Dabei versteht man unter Fähigkeit (Capability) grundsätzlich die Güte einer Maschine oder eines Prozesses im Verhältnis zur Spezifikation (Toleranz). Die Maschinenfähigkeit ist ein Maß für die kurzzeitige Merkmalsstreuung, die von der Maschine ausgeht. Es werden also die maschinenbedingten Einflüsse auf den Fertigungsprozess untersucht. Dabei dürfen keine systematischen Einflüsse wirken, Randbedingungen und äußere Einflüsse müssen also konstant gehalten werden. Die Maschinenfähigkeit wird durch die Kennwerte c_m und c_{mk} ausgedrückt (Maschinenfähigkeitsindizes). Dabei berücksichtigt c_m nur die Streuung der Maschine, während c_{mk} zusätzlich noch die Lage des Mittelwertes innerhalb der Toleranz einbezieht und somit die Langzeit-Merkmalsstreuung beschreibt.

$$c_m = \frac{OTG - UTG}{6s}$$

$$c_{mk} = \frac{\min(OTG - \bar{\bar{x}};\ \bar{\bar{x}} - UTG)}{3s}$$

Dabei sind OTG und UTG die obere bzw. untere Toleranzgrenze, s ist die Standardabweichung des Loses als Näherungswert für die Standardabweichung der Grundgesamtheit und $\bar{\bar{x}}$ ist der Prozessmittelwert. Die Mindestanforderung für die Maschinenfähigkeit ist in der Praxis $c_{mk} = 1{,}33$.

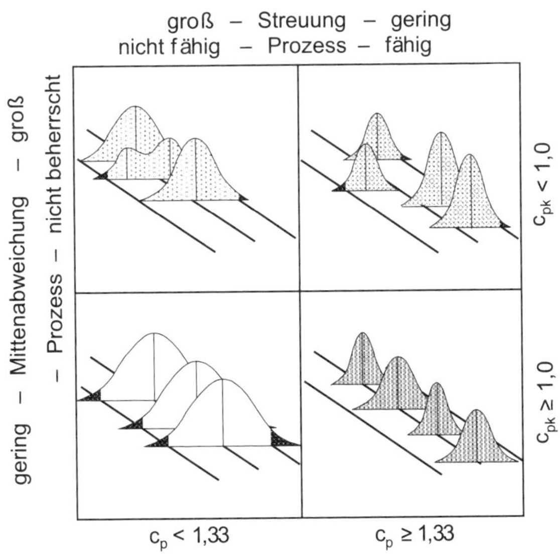

Bild 2.84 Prozessfähigkeit

- Prozessfähigkeit

Die Prozessfähigkeit ist ein Maß für die langfristige Merkmalsstreuung, die von Mensch, Maschine, Material, Methode und Arbeitsumgebung beeinflusst wird.

Dabei soll der Nachweis erbracht werden, dass der betrachtete Fertigungsprozess auch auf längere Sicht in der Lage ist, die an ihn gestellten Qualitätsanforderungen zu erfüllen. Die Prozessfähigkeit wird durch die Kennwerte c_p und c_{pk} ausgedrückt (Prozessfähigkeitsindizes). Berechnung, Aussage und Mindestanforderung gelten analog den Kennwerten für die Maschinenfähigkeit. Eine andere Form der Berechnung ist:

$$c_p = \frac{\textit{Spezifikationsbreite (Toleranzbreite)}}{\textit{Streubreite des Prozesses}}$$

$$c_{pk} = c_p\,(1-k)$$

mit

$$k = \left| \frac{\textit{Prozessverschiebung}}{\textit{Spezifikationsbreite (Toleranzbreite)}\;/2} \right|$$

Ein Prozess mit c_p und $c_{pk} \geq 1{,}33$ wird als qualitätsfähig bezeichnet [Kirstein 87]. Anzustreben sind c_{pk}-Werte $\geq 1{,}67$. Die Prozessfähigkeitsindizes sind nur dann sinnvoll zu berechnen, wenn der Prozess unter statistischer Kontrolle, also beherrscht ist (vgl. Bild 2.84). In diesem Falle treten lediglich zufallsbedingte Streuungen (natürliche, gleichmäßige und normalverteilte Streuungen) auf. Die Prozessfähigkeitsindizes lassen sich auch als Kenngrößen für die Prozessleistung heranziehen, wie in DIN ISO 21 747:2007 (Statische Verfahren – Prozessleistungs- und Prozessfähigkeitskenngrößen für kontinuierliche Qualitätsmerkmale) beschrieben. Das Erreichen von c_{pk}-Werten > 1,67 hat große wirtschaftliche Bedeutung, da Ausschuss und Nacharbeit nicht mehr auftreten und Sortierarbeiten vermieden werden können. Aus diesem Grunde hat das US-amerikanische Unternehmen Motorola als erstes seine Qualitätsanstrengungen unter das Motto „Sechs Sigma (6σ)“ gestellt, um damit alle Mitarbeiter in allen Bereichen des Unternehmens anzuhalten, sich dem Null-Fehler-Leistungsziel zu nähern (vgl. **Sechs Sigma**).

- Prozessregelung

Ziel der eigentlichen Prozessregelung ist es, einen optimierten, statistisch kontrollierten und damit qualitätsfähigen Prozess der laufenden Fertigung in diesem Zustand zu halten. Dazu wird der Prozess kontinuierlich mithilfe der Qualitätsregelkarten beobachtet, durch die Berechnung der Prozessfähigkeitsindizes bewertet und über geeignete Korrekturmaßnahmen im Sinne einer Fehlervermeidung geregelt (vgl. **Qualitätsregelkarte**)

Es ist noch einmal deutlich darauf hinzuweisen, dass es sich bei der Statistischen Prozessregelung nicht um eine Methode der unmittelbaren Prozessverbesserung handelt, da lediglich kleinere Abweichungen ausgeregelt und Ansatzpunkte für eine Verbesserung aufgezeigt werden können. Trotzdem ist die Statistische Prozessregelung wichtiger Bestandteil in einem Kreislauf der Ständigen Verbesserungen mit den Schritten Prozessanalyse (Qualitätszirkel, Qualitätswerkzeuge), Prozessoptimierung (Fehlermöglichkeits- und -einflussanalyse, Versuchsplanung), Prozessfähigkeitsuntersuchung und Prozessregelung (Qualitätsregelkarten, Prozessfähigkeitsindizes) (vgl. **Ständige Verbesserung**, **Qualitätszirkel**, **Qualitätswerkzeuge**, **Qualitätsregelkarte, Fehlermöglichkeits- und -einflussanalyse**, **Versuchsplanung**).

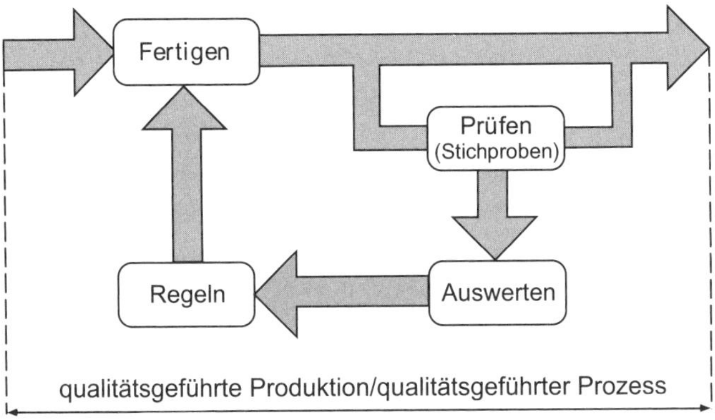

Bild 2.85 Qualitätsgeführte Produktion

Eine Qualitätsverbesserung wird hier durch die Eliminierung von systematischen und die Reduzierung von zufälligen Einflüssen angestrebt. Sie ist jedoch nur durch eine systematische Ursachenanalyse und eine gezielte Veränderung von grundlegenden Prozessparametern zu realisieren. Anschließend wird der betrachtete Prozess im Rahmen der Statistischen Prozessregelung als Regelkreis aufgefasst (vgl. Bild 2.85).

Mit dem Ziel der Fehlervermeidung und der kontinuierlichen Verbesserung kann durch Stichprobenprüfungen, statistische Auswertung der Ergebnisse und anschließende Regelung der Prozessparameter eine qualitätsgeführte Produktion im Sinne einer fertigungsintegrierten Qualitätssicherung erreicht werden (vgl. **Stichprobenprüfung**). Im Gegensatz zu dieser fehlervermeidenden Regelung am Prozess steht die vergangenheitsorientierte Überwachung am Produkt, die sich in erster Linie auf Mess- und Prüfvorgänge zur Fehlerentdeckung am bereits hergestellten Produkt bezieht.

An dieser Stelle sei noch kurz auf ein weiteres Verfahren der Statistischen Prozessregelung hingewiesen, die sogenannte Einfache Prozessregelung (EPR). Dabei handelt es sich ebenfalls um eine Methode, die angewendet werden kann, um eine sichere Produktion aufrechtzuerhalten. Grundgedanke der Einfachen Prozessregelung ist ein Warnmechanismus, der einsetzt, wenn statistisch signifikante Veränderungen an den Prozessparametern auftreten und eine hohe Wahrscheinlichkeit dafür besteht, dass die folgende Einheit außerhalb der vorgegebenen Spezifikationen produziert wird. Dabei wird ohne Einsatz höherer Mathematik und mit nur sehr geringen Stichprobenumfängen auf ein bevorstehendes Verlassen der festgelegten Regelgrenzen hingewiesen. Aus dem Stichprobenergebnis ist weiterhin zu ersehen, ob die Störung von der Maschineneinstellung oder von einer Verbreiterung der Verteilung verursacht wird [Bhote 88].

Die Einfache Prozessregelung wurde 1954 von einigen amerikanischen Statistikern, darunter auch Shainin, entwickelt. Sie ist unter der Bezeichnung Preset Control Limits (Precontrol) bekannt geworden, da hier die Regelgrenzen von vornherein festgelegt sind. Dies ist einer der wichtigsten Unterschiede zur Statistischen Prozessregelung, bei der sich die Regelgrenzen (Warn- und Eingriffsgrenzen) laufend ändern können.

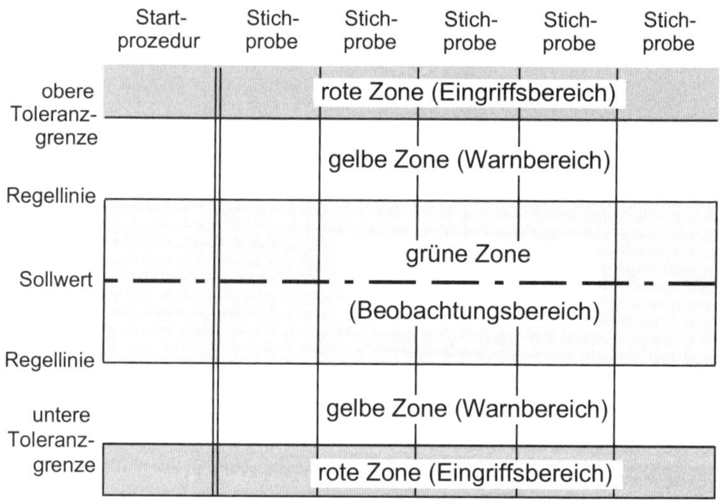

Bild 2.86 Schema der Einfachen Prozessregelung

Zur Erstellung einer EPR-Regelkarte wird der Toleranzbereich bei einem zweiseitig tolerierten Qualitätsmerkmal zunächst in vier gleich große Bereiche aufgeteilt (vgl. Bild 2.86). Die beiden Bereiche oberhalb und unterhalb des Sollwertes bilden den Beobachtungsbereich (grüne Zone). Die sich jeweils nach außen daran anschließenden, noch innerhalb der Toleranzgrenzen liegenden Viertel bilden den Warnbereich (gelbe Zone). Außerhalb der Toleranzgrenzen liegt der Eingriffsbereich (rote Zone).

Nach Anlauf des Prozesses wird eine Stichprobe von fünf aufeinanderfolgenden Teilen entnommen, vermessen und in die Regelkarte eingetragen (Startprozedur). Liegt dabei ein Wert in der gelben oder gar in der roten Zone, muss die Einstellung der Maschinenparameter überprüft und entsprechend geändert werden, bis alle Messwerte in der grünen Zone liegen. Wenn dies dann der Fall ist, wird der Prozess als beherrscht und fähig angenommen. Im Anschluss daran werden in einem festgelegten Abstand Stichproben von jeweils zwei Teilen entnommen und die Messwerte entsprechend in die Regelkarte eingetragen. Nach einer einfachen Vorschrift kann nun entschieden werden, ob in den Prozess eingegriffen wird oder nicht. Danach bedeutet zweimal grün: kein Eingreifen erforderlich, einmal grün und einmal gelb: kein Eingreifen erforderlich, zweimal gelb: Prozess unterbrechen und Störgröße eliminieren, einmal rot: Prozess unterbrechen und Fehlerursache beseitigen.

Damit ist die Einfache Prozessregelung insgesamt eine Methode, die unter korrekter Anwendung der statistischen Grundlagen mit einfachen und anschaulichen Entscheidungsregeln auskommt und schon zu Beginn eines betrachteten Prozesses sinnvoll eingesetzt werden kann. Hinzu kommen, wie oben bereits erwähnt, eine einfachere Handhabung und ein insgesamt geringerer Prüfaufwand, die Ersichtlichkeit der Störungsursache sowie die Verwendung von deutlich kleineren Stichprobenumfängen als bei der Statistischen Prozessregelung. Bei relativ geringem Aufwand werden gute Ergebnisse erzielt. Unbedingte Voraussetzung für die Anwendung der Einfachen Prozessregelung ist jedoch der Nachweis der Qualitätsfähigkeit des Fertigungsprozesses (mindestens: c_p und $c_{pk} \geq 1{,}33$, besser noch: $\geq 1{,}67$).

Literaturhinweise zur Vertiefung

DGQ – Deutsche Gesellschaft für Qualität (Hrsg.):
DGQ-Schrift 16-31: SPC 1 – Statistische Prozesslenkung.
Berlin: Beuth Verlag 1990.

DGQ – Deutsche Gesellschaft für Qualität (Hrsg.):
DGQ-Schrift 16-32: SPC 2 – Qualitätsregelkartentechnik.
5. Aufl., Berlin: Beuth Verlag 1995.

Bhote, K. R.:
World Class Quality.
New York/NY/USA: American Management Association 1988.

Dietrich, E.; Schulze, A.:
Statistische Verfahren zur Maschinen- und Prozessqualifikation.
4. Aufl., München: Carl Hanser Verlag 2002.

Quentin, H.:
Statistische Prozessregelung - SPC.
In: Kamiske, G. F. (Hrsg.): Reihe Pocket Power.
München: Carl Hanser Verlag 2008.

Stichprobenprüfung

Unter Stichprobenprüfung versteht man die Überprüfung eines repräsentativen Anteils von Einheiten aus der betrachteten Grundgesamtheit in Bezug auf die vorgegebenen Prüfmerkmale. Aufgrund des Ergebnisses der Stichprobenprüfung wird auf die qualitative Beschaffenheit der Grundgesamtheit geschlossen.

Eine Grundgesamtheit ist in der Statistik die Menge aller für die vorzunehmende Untersuchung relevanten Merkmalsträger. Hier also die gesamte Anzahl der zur Prüfung vorgestellten Einheiten, meistens ein Fertigungslos, eine Schichtleistung oder eine Liefermenge von Kaufteilen. Die Einheiten der Grundgesamtheit sollten Teile gleicher Art und Zusammensetzung sein, unter gleichen Bedingungen und in einem festgelegten Zeitraum die letzte Fertigungsstufe durchlaufen haben sowie eindeutig identifiziert und abgesondert werden können.

Als Stichprobe bezeichnet man die zufällige oder nach einer anderen Ziehungsvorschrift durchgeführte Entnahme von Einheiten aus einer in der Regel endlichen Grundgesamtheit, an denen die Prüfung vorgenommen wird. Die Anzahl der so durchgeführten Beobachtungen ist der Stichprobenumfang. Hierbei sollten Überlegungen bezüglich der Wirtschaftlichkeit des Prüfaufwandes im Verhältnis zum Prüfrisiko angestellt werden. Doppelprüfungen, die z. B. im Rahmen von Prüfungen im weiteren Produktionsverlauf vorkommen könnten, sind zu vermeiden.

Die Stichprobenprüfung kann in Form einer Attributprüfung erfolgen, d. h., es wird nur unterschieden zwischen zwei gegensätzlichen Ausprägungen des Prüfmerkmals (gut/schlecht, vorhanden/nicht vorhanden). Sie kann auch als variable (messende) Prüfung vorgenommen werden, um hier aus konkreten Messergebnissen weitere Informationen für die Prozessverbesserung zu erhalten.

Vorteile der Stichprobenprüfung sind die Berechenbarkeit von Fehlerrisiken, die schnellere Verfügbarkeit der Lose, die geringeren Prüfkosten, die Dokumentation der Produktqualität über die Dokumentation der Stichprobenergebnisse sowie die Möglichkeit einer besseren Auswahl und Schulung des Prüfpersonals, da die Stichprobenprüfung weniger Aufwand verursacht, aber mehr Fachkenntnisse als die Vollprüfung verlangt (vgl. **Vollprüfung**).

Die wichtigste Stichprobenanweisung ist das Acceptable Quality Level (AQL)-Stichprobensystem zur Attributprüfung nach DIN ISO 2859. Diese Vorschrift enthält auch Sprunganweisungen, die in Abhängigkeit von den erreichten Stichprobenergebnissen zu einer verschärften bzw. reduzierten Prüfung führen. Der Übergang zur reduzierten Prüfung ist eine Kannregelung, die bei guter und stabiler Qualitätslage der Stichproben angewendet werden kann und bei der nicht jedes Los geprüft wird. Der Übergang zur verschärften Prüfung ist eine Mussregelung im Sinne einer verbesserten Absicherung des Abnehmers. Bei besonders schlechten Ergebnissen sieht die Norm sogar einen Abbruch der Prüfung und damit eine Ablehnung des Lieferanten vor. Die Sprunganweisungen zur reduzierten Prüfung werden in DIN ISO 2859, Teil 3, als Skip-Lot-Stichprobenprüfungen bezeichnet [Franzkowski 94]. Das Überspringen einzelner Lose bei der Prüfung stellt eine Reduktion der Prüfintensität dar, also ein Risiko, auf das sich der Abnehmer aufgrund einer gewissen Anzahl vorhergehender, einwandfreier Lieferungen einlassen kann, aber nicht muss.

Die Vereinbarung von AQL-Werten hatte sich in der Industrie wegen der breiten Anwendung der Stichprobenprüfung von Zulieferungen allgemein durchgesetzt. Damit wird jedoch eigentlich ein bestimmter Anteil von fehlerhaften Einheiten im Los vereinbart, der wegen der unzutreffenden Übersetzung von Acceptable Quality Level als „Annehmbare Qualitätsgrenzlage" von den Zulieferanten häufig als noch zulässig bezeichnet wird.

Aus dieser unglücklichen Formulierung wird dann leicht abgeleitet, dass ein entsprechender Fehleranteil vom Abnehmer ohne Widerspruch hinzunehmen ist. Derartige Schlussfolgerungen missdeuten in unzulässiger Weise den Charakter von AQL-Werten, die ja lediglich eine Kennzahl für das Prüf- bzw. Beurteilungsrisiko bei der Stichprobenprüfung von Losen darstellen, aber keinesfalls einen Fehleranteil im Los legalisieren sollen [Franke 99]. Darüber hinaus widerspricht ein Fehleranteil in Prozent, wie er von AQL-Werten angegeben wird, auch der immer häufiger erhobenen Forderung nach Fehleranteilen, die sich höchstens im Bereich von Parts per Million (ppm) bewegen dürfen oder gar Null sein sollten.

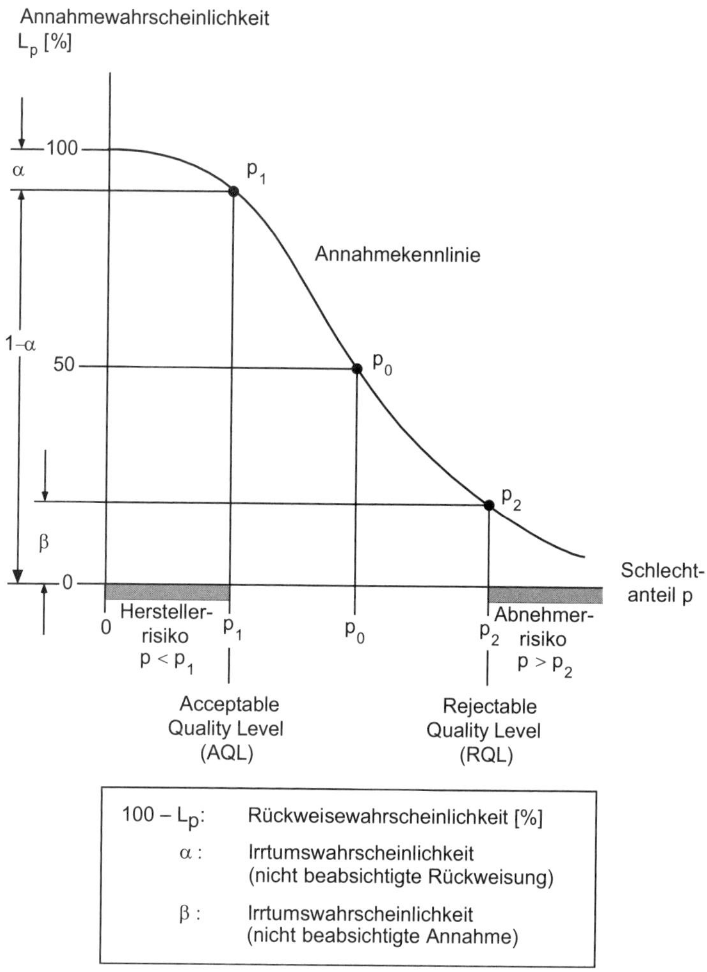

Bild 2.87 Annahmekennlinie

Um dieser falschen Auslegung der AQL-Werte zu begegnen, werden sie heute als Grenzwert der Qualitätslage für einen Stichprobenplan mit einer relativ hohen Annahmewahrscheinlichkeit der zugehörigen Stichprobenanweisungen definiert. Hinzu kommt die Kennzahl Rejectable Quality Level (RQL), die entsprechend eine Rückweisewahrscheinlichkeit angibt (vgl. Bild 2.87).

Literaturhinweis zur Vertiefung

DIN – Deutsches Institut für Normung (Hrsg,);

DIN ISO 2859-10 – Annahmestichprobenprüfung anhand der Anzahl fehlerhafter Einheiten oder Fehler (Attributprüfung) – Teil 10: Einführung in das ISO-2859-Attribut-Stichprobensystem (ISO 2859-10:2006).

Berlin: Beuth Verlag 2009.

Supply Chain Quality (SCQ)

Unter einer Supply Chain (Zuliefer- oder auch Wertschöpfungskette) wird generell ein Wertschöpfungsverbund verstanden, der alle Aktivitäten umfasst, die mit dem Güter- und Informationsfluss von den Rohmaterialien bis zum Endkunden zusammenhängen. Die an einer Supply Chain beteiligten Partner können aus Sicht eines herstellenden Unternehmens sein: Lieferanten und Unterlieferanten, Großhändler, Speditionen, Distributionslager, Verteilzentren, Einzelhändler, Entsorgungsunternehmen, Logistikdienstleister sowie Point of Sale bzw. Endkunden. In Abhängigkeit von Branche und Produkt oder Dienstleistung sind jedoch nicht immer alle der genannten möglichen Partner beteiligt.

Um nun Supply Chain Quality zu erreichen, müssen alle Elemente dieser komplexen Wertschöpfungskette mit ihren verschiedenen Prozessen sowie ihren Wechselwirkungen gemeinsam betrachtet und optimiert werden. Potenziale liegen dabei in der Planung, Ausführung und ständigen Anpassung an die Markterfordernisse unternehmensübergreifender Kooperationen innerhalb globaler Wertschöpfungsprozesse. Ein Beispiel für eine globale Supply Chain ist die international arbeitsteilige Produktion von Automobilen: Die einzelnen Montageteile kommen aus verschiedenen Ländern und werden an einem für die Endmontage geeigneten oder vorgegebenen Ort zusammengeführt. Betrachtet man die Komplexität, die sich aus Teilevielfalt, Variantenanzahl und potenziellen Lieferanten ergibt, so erkennt man die Herausforderung für die Sicherstellung von Supply Chain Quality.

Bei der Planung der Supply Chain sind Entscheidungen auf sehr unterschiedlichen Ebenen zu treffen. Sie umfassen die Integration von Zulieferern und Abnehmern, die Art der Materialbeschaffung, die Lagerhaltung und Produktion von Zwischen- und Endprodukten, die Bestimmung der Anzahl und der Standorte von Produktions- und Distributionszentren, die Transportplanung, die Koordination der einzelnen Unternehmensbereiche sowie eine Vielzahl weiterer Detailaspekte. Dabei sind insbesondere die Schnittstellen zwischen den Beteiligten zu betrachten, die bei dem Fluss von Material, Ware und Information durch die Supply Chain im Sinne einer Integration zu einem reibungslosen Gesamtprozess überwunden werden müssen. Diese ganzheitliche Betrachtung einer Wertschöpfungskette sowie ihre Koordination im Sinne von Planung, Steuerung und Kontrolle wird als Supply Chain Management bezeichnet. Diesem liegt stets die Sicht eines speziellen Unternehmens zugrunde, wobei es sich meist um das die Wertschöpfungskette beherrschende Unternehmen handelt.

Supply Chain Management wird oft mit der Abwicklung von logistischen Beziehungen zwischen Unternehmen gleichgesetzt. Dies greift jedoch zu kurz, da sich Logistik hauptsächlich auf den Beschaffungsprozess eines einzelnen Unternehmens bzw. auf die nächstgelegenen Schnittstellen bezieht. Im engeren Sinne hat Logistik also vor allem die Aufgabe, die richtigen Güter in der vorgegebenen Spezifikation zum richtigen Zeitpunkt in der richtigen Menge an den richtigen Ort zu liefern. Supply Chain Management umfasst hingegen die gesamte Wertschöpfungskette mit allen ihren Einzelprozessen sowie deren Organisation und Steuerung. Dazu gehört auch die Fähigkeit, flexibel auf sich ständig ändernde Randbedingungen in einem Gesamtzusammenhang reagieren zu können: Im Rahmen des Supply Chain Management ist eine Vielzahl an Entscheidungen unter Unsicherheit der Einflussgrößen, Unklarheit von Zielen und Wirkzusammenhängen, Dynamik von zeitlichen Vorgaben und Entscheidungsalternativen sowie Komplexität der Einzelprozesse und ihrer Wechselwirkungen zu treffen.

Bis in die 1970er-Jahre war ein Management der gesamten Supply Chain nicht üblich – im Rahmen eines isolierten Logistikmanagements wurden vor allem Lagerbestände reduziert. Erst in den 1980er-Jahren hat sich Supply Chain Management mit einer Zielsetzung der Gesamtkostenminimierung in der Wertschöpfungskette entwickelt. Später wurden ergänzende Ziele wie Erhöhung der Kundenzufriedenheit und Time to Market gesetzt. Heute steht eher das Gesamtoptimum für alle an der Supply Chain beteiligten Partner im Vordergrund, mit dem Ziel, einen langfristigen Geschäftserfolg im Sinne von Supply Chain Quality zu erreichen.

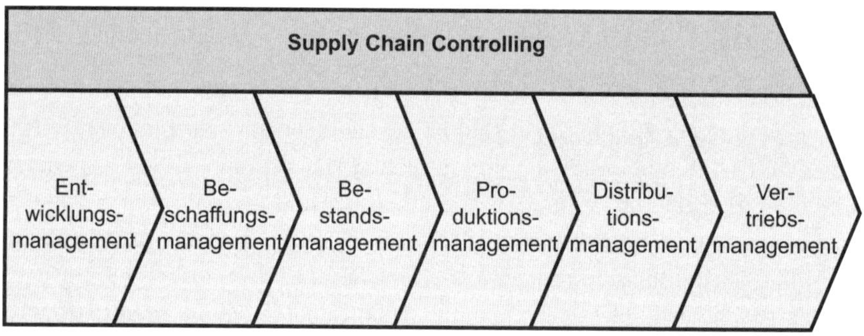

Bild 2.88 Elemente von Supply Chain Quality

Innerhalb der Supply Chain laufen verschiedene, sich gegenseitig beeinflussende und teilweise auch bedingende Prozesse ab, deren Gestaltung die Basis für ein erfolgreiches Zusammenwirken der gesamten Wertschöpfungskette legt. Die wesentlichen Elemente dieser Prozesse lassen sich als Stellhebel im Hinblick auf Supply Chain Quality verstehen und werden nachfolgend umrissen (vgl. Bild 2.88) [Stocker/Radtke 00]:

- Entwicklungsmanagement

  Die Entwicklung von Produkten und Dienstleistungen bildet den Ausgangspunkt im Produktlebenszyklus. In Abstimmung mit den Kunden werden Ideen und Konzepte entworfen, markt- und kundenspezifisch konkretisiert und auf Realisierbarkeit überprüft.

  Entwicklungspartnerschaften: Um immer kürzere Entwicklungszeiten realisieren zu können, greifen Unternehmen auf die Kapazität und Kompetenz von spezialisierten Zulieferern zurück. Wird eine langfristig angelegte Kooperation mit Lieferanten oder auch Wettbewerbern mit dem Ziel der Produktentwicklung eingegangen, handelt es sich um eine Entwicklungspartnerschaft. Oft kennen sich die Lieferanten einzelner Komponenten in der Entwicklung und Herstellung der Produkte besser aus als der Produzent, der lediglich Montage und Systemgestaltung übernimmt. Die Entwicklungs- und Produktionsprozesse können dadurch zeitlich optimiert werden und die Zeit bis zur Markteinführung des neuen Produktes (Time to Market) verkürzt sich. Wichtig für den reibungslosen Verlauf einer Entwicklungspartnerschaft ist die genaue Festlegung eines Anforderungskataloges, der alle für den Kunden relevanten Eigenschaften sowie weitere Entwicklungsziele beschreibt. Diese Vorgaben dürfen jedoch hinsichtlich des Weges zur Zielerreichung nicht zu detailliert sein, da der Lieferant als kompetenter Entwicklungspartner gerade hierbei seine Erfahrungen einbringen soll. Im Prozessablauf müssen Ziele bzw. Anforderungen und deren Erfüllung regelmäßig durch Reviews oder Quality Gates abgeglichen werden (vgl. **Design Review**).

  Produktdatenmanagement: Entwicklungstätigkeiten ohne das Management von gewaltigen Mengen elektronischer Produktdaten sind heutzutage undenkbar. Die Verwaltung und Strukturierung derartig großer Datenmengen sind jedoch bereits für sich schon eine Herausforderung. Wird eine Entwicklungspartnerschaft über die Grenzen des eigenen Unternehmens hinweg eingegangen, so gewinnt Produktdatenmanagement zusätzlich an Bedeutung. Hier spielt nicht nur die Standardisierung der Daten selbst eine Rolle, sondern auch die Verwendung einheitlicher Systeme der Informationstechnologie.

  Variantenmanagement: Die oft unüberschaubare Vielzahl von Varianten eines Produktes wird vom Kunden häufig gar nicht wahrgenommen. Mithilfe eines gezielten Variantenmanagements wird die geringstmögliche Komplexität bei gleichzeitig größtmöglichem Kundennutzen angestrebt. Die Ursachen für Variantenvielfalt können im Markt, z. B. Kundenanforderungen oder länderspezifische Gesetzesvorgaben, aber auch im Produkt, also in Materialien oder Fertigungsverfahren, liegen. Wird das Produkt auf unterster Ebene aus verschiedenen austauschbaren Teilen (modular) konstruiert, so können viele verschiedene

Varianten mit einer hohen Zahl an Gleichteilen erzeugt werden. Bei konsequent modular aufgebauten Produkten lässt sich die Variantenanzahl verdoppeln bei nur etwa 10–15 % Kostensteigerung. Als Beispiele für Variantenmanagement seien hier die Plattform- und die Baukasten- bzw. Gleichteilestrategie in der Automobilindustrie genannt.

- Beschaffungsmanagement

  Die Zulieferung von Material und Dienstleistungen ist ein elementarer Bestandteil jeder Supply Chain. Die Lieferanten beeinflussen dadurch schon in frühen Wertschöpfungsstufen maßgeblich die Qualität der gesamten Prozesskette im Sinne von Supply Chain Quality. Wichtig im Beschaffungsmanagement ist die grundsätzliche Festlegung der Art der Zusammenarbeit mit den Lieferanten.

  Beschaffungsstrategie (Sourcing): Hier wird festgelegt, auf welche Art und Weise einzelne Materialien, Produkte oder Dienstleistungen eingekauft werden. Dabei werden vier grundlegende Beschaffungsstrategien unterschieden, die sich teilweise auch ergänzen können: Single Sourcing (Bezug eines Bauteils ausschließlich von einem Lieferanten zur Kostenoptimierung), Second Sourcing (Aufbau eines Zweitlieferanten zur Risikoabdeckung), Modular Sourcing (Beschaffung vollständiger Module oder Baugruppen zur Reduzierung von Vormontagen in der eigenen Fertigung und dadurch Optimierung der Wertschöpfungstiefe) oder Global Sourcing (weltweiter Einkauf meist von Rohmaterial oder Standardprodukten zur Ausschöpfung von Kostenpotenzialen). Grundsätzlich muss die Beschaffungsstrategie immer teilespezifisch festgelegt werden. So kann für Produkte mit sehr hohem Entwicklungsanteil eine Single Sourcing-Strategie optimal sein, Rohstoffe hingegen werden meist über klassische Ausschreibungen am Weltmarkt gehandelt. Eine angemessene Beschaffungsstrategie sichert auch bereits frühzeitig eine anforderungsgerechte Produktqualität ab, indem z. B. sicherheitsrelevante Teile in enger Partnerschaft mit einem einzelnen Lieferanten entwickelt werden.

  Lieferantenbewertung: Eine entscheidende Bedeutung für die Qualität der gesamten Zulieferkette hat die Auswahl der Lieferanten. Sie muss auf messbaren und nachvollziehbaren Kriterien beruhen, also einer fundierten Lieferantenbewertung. Dabei beurteilt die strategische Komponente dieser Bewertung die langfristige Fähigkeit des einzelnen Lieferanten, innerhalb einer Supply Chain als Partner zur Verfügung zu stehen. Hierzu zählen Kriterien wie Innovationsfähigkeit, Entwicklungspotenzial, Kostenposition oder das vorhandene Qualitätsmanagement. Auf der operativen Seite der Lieferantenbewertung kann die Leistung im Tagesgeschäft beurteilt werden, z. B. durch ppm-Werte oder Liefertreue. Eine systematische Lieferantenbewertung kann das aktuelle Entwicklungs- und spätere Produktionsrisiko vermindern und die Basis bilden, um bei identifizierten Defiziten ganz konkrete Hilfestellung für den Lieferanten zu leisten.

Lieferantenqualifizierung: Die regelmäßige Bewertung der Lieferanten führt meist auch zur Identifizierung von Verbesserungspotenzial. Werden Schwachstellen erkannt, müssen sich die Lieferanten gezielt weiterqualifizieren bzw. qualifiziert werden. Dabei reichen die Maßnahmen zur Lieferantenqualifizierung von der einfachen Behebung der operativen Tagesprobleme bis hin zur systematischen Beratung des Lieferanten mit dem Ziel einer Steigerung seiner Leistungsfähigkeit insgesamt. Eine solche Beratung kann auch durch ein bereichsübergreifend zusammengesetztes Expertenteam erfolgen, entsprechend den jeweils zu behebenden Defiziten. Die Durchführung der Qualifizierung erfolgt in der Regel vor Ort beim Lieferanten. Wichtig ist dabei ein zielgerichtetes Erfolgscontrolling bereits während der Qualifizierungsphase, um die Wirksamkeit und nachhaltige Umsetzung der Maßnahmen zu begleiten und sicherzustellen.

- Bestandsmanagement

  Die Bearbeitung von Produkten innerhalb einer Supply Chain führt zwangsläufig zum Vorhandensein von Beständen. Grundsätzlich stellen Bestände eine unnötige Kapitalbindung dar, die wenig direkten Kundennutzen stiftet. Vollständig kann jedoch nicht auf Bestände verzichtet werden, da zur Herstellung von Fertigerzeugnissen meist mehrere Produktionsstufen notwendig sind. Es ist aber darauf zu achten, dass die Durchlaufzeiten optimiert und die Bestände so gering wie möglich gehalten werden. Die Potenziale aus den einzelnen Teilprozessen sind heute jedoch zumeist ausgeschöpft, sodass eine weitreichende Optimierung des Bestandsmanagements nur noch über die gesamte Supply Chain hinweg erfolgen kann.

  Lagerhaltung: Grundsätzlich ist eine Lagerung von Produkten an verschiedenen Stellen der Supply Chain denkbar. Zwischen zwei Unternehmen gibt es häufig Distributions- oder Verteillager. Innerhalb eines Unternehmens sind Eingangslager, Zwischenlager sowie Fertigwaren- und Versandlager denkbar. Diese Lager werden vor allem dann eingerichtet, wenn ein Transport erst in einer bestimmten Losgröße wirtschaftlich ist oder Engpässe bei einer flexiblen Fertigungsplanung unvermeidbar erscheinen. Häufig werden jedoch durch Lagerhaltung auch Probleme im eigentlichen Prozessablauf überdeckt. Eine Optimierung der Lagerhaltung soll den Zielkonflikt zwischen Aufwandsminimierung und den damit zusammenhängenden Kostenpotenzialen sowie den Vorgaben nach hoher Lieferfähigkeit und -flexibilität auflösen.

  Bestellpolitik: Die Art und Weise, wie der Warenfluss zwischen zwei Unternehmen gestaltet wird, bestimmt maßgeblich die Flexibilität und Liefertreue der

Supply Chain. Heute werden oft nur noch die aktuellen Bedarfszahlen an den Lieferanten gemeldet und es erfolgt ein Abruf aus einem fest vereinbarten Auftragsvolumen. Um die Supply Chain als Ganzes zu optimieren, muss das Bestellverhalten je nach Produkt und Verwendung unterschiedlich gestaltet werden. Zu häufige Bestellungen führen zu hohen bestellfixen Kosten durch Transport und Verpackung. Wird dagegen zu selten bestellt, so steigen Lagermenge und damit Kapitalbindung, wodurch die Flexibilität sinkt.

Wareneingang: Der Wareneingang bildet die Schnittstelle zwischen jeweils zwei Partnern der Supply Chain. Sein Gegenstück ist die Endprüfung und der Versand beim Lieferanten. Häufige und doppelte Prüfungen sind Blindleistung innerhalb der Supply Chain, die vermieden werden sollten (vgl. **Fehlleistungsaufwand**, **Qualitätsbezogene Kosten**). Sie zeugen meist davon, dass mangelndes Vertrauen oder unzureichende Abstimmung der Prozesse zwischen den beiden Partnern vorhanden sind. Wareneingänge sollten so gestaltet sein, dass Prozessketten nicht unterbrochen werden. So können große und teure Teile direkt an das Produktionsband geliefert werden (Just-in-Time). Kleinteile wie Schrauben werden in entsprechend dimensionierten Behältern gelagert und nach Bedarf aufgefüllt (Kanban-Prinzip) (vgl. **Just-in-Time**, **Kanban**). Hierzu bieten sich auch Fremddienstleister an.

- Produktionsmanagement

Der Funktionsbereich Produktion und mit ihm die Produktionslogistik nehmen im industriellen Auftragsdurchlauf eine zentrale Rolle ein. Wichtige Ziele der Produktion sind kurze Durchlaufzeiten, niedrige Bestände, Termintreue und hohe Maschinenauslastung. Zwischen diesen Einzelzielsetzungen bestehen Abhängigkeiten, die von dem Gesamtziel Qualität noch überlagert werden. Dabei kann der Produktionsbereich organisatorisch sehr verschieden gestaltet werden, was sich wiederum unterschiedlich auf die Schnittstellen in den Material-, Waren- und Informationsflüssen auswirkt.

Produktionsplanung: Dazu gehören die produktionstechnischen Planungsaufgaben vor dem eigentlichen Produktionsbeginn, z. B. Produktionsprogrammplanung, Mengenplanung, Kapazitäts- und Terminplanung sowie die Produktionsvorbereitung. Die Produktionsplanung wird wesentlich erleichtert, wenn durch intensive Kommunikation mit den Kunden die Bedarfe sicher prognostiziert und durch einen entsprechenden Informationsaustausch mit den Lieferanten deren Lagerbestände und Lieferzeiten hinreichend genau abgeschätzt sind. Dadurch lassen sich erhebliche Bedarfsschwankungen aufgrund unsicherer und unklarer Informationen vermeiden.

Produktionssteuerung: Die Produktionssteuerung überwacht den laufenden Stand der Produktion. Zur Auftragsterminüberwachung erfolgen regelmäßige Rückmeldungen über die Betriebsdatenerfassung. Werden Aufträge früher bzw. später fertiggestellt, wird die Maschinenbelegung im Rahmen der kurzfristigen Termin- und Kapazitätssteuerung optimiert. Abhängig vom Fertigungsprinzip bzw. -ablauf werden unterschiedliche Verfahren zur Steuerung eingesetzt, wie Just-in-Time-Prinzip oder Kanban-Steuerung (vgl. **Just-in-Time**, **Kanban**).

- Distributionsmanagement

Das Distributionsmanagement befasst sich mit allen Verpackungs-, Lager- und Transportaktivitäten, die notwendig sind, damit die Produkte zum Kunden gelangen. Langfristig ist dabei zu entscheiden, ob und wo Werks-, Regional- und/oder Kundenlager einzurichten sind. Kurzfristig geht es um die Anwendung der geeigneten Lagerhaltungspolitik an den einzelnen Standorten.

Distributionsstrategie: Ziel der Distributionsstrategie ist die Schaffung von integrierten Transportketten mit einem durchgängigen Informationsfluss sowie einer kosten-, verkehrs- und umweltgerechten Bündelung der Warenströme. Weiterhin muss eine schnelle Reaktion auf Bestellungen und Änderungen der Kunden sichergestellt werden. In der Regel stehen die Direkt-, die Zentrallager- und die Einzellagerdistribution bzw. Kombinationen daraus als mögliche Strategie zur Verfügung. Die richtige Distributionsstrategie ist eine wesentliche Größe, um Kundenzufriedenheit zu beeinflussen. Transport- und Liegezeiten nehmen in der gesamten Supply Chain nicht selten zwischen 60 und 80 % der gesamten Beschaffungszeit ein. Können diese Zeiten verkürzt und flexibilisiert werden, wird dadurch die Kundenzufriedenheit erhöht, die Kapitalbindung verringert und der Wettbewerbsvorteil ausgebaut.

Transportplanung: Bei der Gestaltung von Transportleistungen innerhalb der Supply Chain stellt sich häufig die Frage nach einer Fremdvergabe. Der Aufbau eigener Transportkapazitäten für unregelmäßig anfallende Lieferungen erweist sich oft als unwirtschaftlich. Dabei ist das Kernprodukt verschiedener Logistikdienstleister oft ähnlich und somit substituierbar. Interessant sind hier die Differenzierungen der Angebote durch Zusatzleistungen (Value Added Services). Dazu gehören beispielsweise Barcodierungen, Lager- und Kommissioniertätigkeiten, Ersatzteilservice oder der Rücktransport von Recyclinggütern bzw. -behältern.

Losgrößenoptimierung: Durch eine entsprechende Mengenbündelung kann innerhalb der Supply Chain der kostenmäßige Aufwand für Herstellung, Lagerung und Transport von Produkten optimiert werden. Große Lose senken die Rüstkosten und -zeiten sowie die bestellfixen Einmalkosten. Dagegen muss bei zu großen Losgrößen mit erhöhten Lager- und Kapitalbindungskosten gerechnet werden.

- Vertriebsmanagement

  Supply Chain Quality kann nicht ohne eine hohe Kundenzufriedenheit erreicht werden. Dem Vertriebsmanagement kommt hier eine besondere Rolle zu, da die Schnittstelle der Supply Chain zum Kunden hin betrachtet wird. Führend im Vertriebsmanagement sind heute oft international tätige Handelsunternehmen.

  Kundenintegration: Wird der Kunde aktiv in die Supply Chain integriert, so kann hinsichtlich der Belieferung das herkömmliche System durch eine spezifische nachfrageorientierte Wiederauffüllung anhand aktueller oder prognostizierter Nachfragezahlen ersetzt werden. Die Hersteller übernehmen dabei für den Handel die Festlegung der Liefermenge sowie des Liefertermins und versorgen so bedarfsorientiert die Regional- und Zentrallager sowie die Verkaufsstellen. Durch diese Form der Nachlieferung sinken sowohl die Bestände als auch die Durchlaufzeiten, wodurch wiederum die Kosten gesenkt werden und die Verfügbarkeit erhöht wird.

  Servicemanagement: Kundenorientierte Serviceleistungen gewinnen gegenüber den sich immer stärker angleichenden technischen Eigenschaften der Produkte zunehmend an Bedeutung für den Ausbau langfristiger Kundenbeziehungen. Zur besonderen Behandlung von Servicedienstleistungen haben sich zwei spezielle Formen herausgebildet: In einem Callcenter kann der Kunde telefonische Serviceleistungen in Anspruch nehmen. Ziel ist dabei die direkte Problemlösung am Telefon. Dagegen erfolgt beim Helpdesk eine persönliche Kundenbetreuung, die vor allem bei solchen Problemen sinnvoll ist, die nicht am Telefon gelöst werden können, beispielsweise bestimmte Hard- und Softwareprobleme von Computern.

- Supply Chain Controlling

  Die Steuerung der Supply Chain mithilfe eines geeigneten Controllings ist eine besonders große Herausforderung, da dies zwangsläufig über Unternehmensgrenzen hinweg geschehen muss. Um Supply Chain Quality zu erreichen, muss die gesamte Wertschöpfungskette eine optimale Leistungsfähigkeit erreichen. Aufgabe des Controllings ist es, dies sicherzustellen. Dafür ist eine einfache und klare Steuerung mithilfe von Kennzahlen sinnvoll, was letztlich nur durch den Einsatz umfangreicher Systeme der Informationstechnologie erfolgen kann. Ein verständliches Supply Chain-Kennzahlensystem trägt jedoch entscheidend dazu bei, die Entwicklung der wesentlichen Parameter zu überwachen und Handlungsbedarf bereits im Entstehen zu erkennen (vgl. **Qualitätscontrolling**). Dazu empfiehlt sich ein geeigneter Mittelweg zwischen zentraler Steuerung und dezentraler Flexibilität.

Die vielen einzelnen Handlungsfelder und deren wechselseitige Einflüsse in der gesamten Supply Chain machen eine übergreifende Koordination auf den Ebenen des Material- und Warenflusses sowie auf der Informationsebene zwingend erforderlich. Angestrebt werden dadurch Wettbewerbsvorteile wie eine Bestandsverringerung durch reduzierte Sicherheitsbestände, die Senkung der Durchlaufzeiten durch abgestimmte Prozessketten, eine Gewinnsteigerung durch Optimierung der gesamten Wertschöpfungskette und letztendlich eine Steigerung der Marktanteile durch schnellere Reaktion auf Kundenwünsche.

Wertschöpfungsketten werden in einer arbeitsteiligen Welt immer stärker miteinander vernetzt. Unternehmen fühlen sich nicht mehr klassischen Branchen zugehörig, sondern bringen ganz spezifische Kernkompetenzen mit, die sie fallweise mit denen anderer Unternehmen verbinden, um optimalen Kundennutzen zu erzeugen. Reichte es bisher oft aus, das eigene Unternehmen zu optimieren, so wird in Zukunft nur die integrierte Vernetzung über die gesamte Supply Chain einen dauerhaften Markterfolg gewährleisten. Dazu sind alle beteiligten Partner im Sinne von Supply Chain Quality auf das gemeinsame Zielsystem auszurichten, aus dem wiederum stimmige Unterziele abgeleitet, Zielkonflikte erkannt und gelöst sowie die Maßnahmen zur Zielerreichung verfolgt werden müssen.

Literaturhinweise zur Vertiefung

Stocker, S.; Radtke, P.:
Supply Chain Quality.
In: Kamiske, G. F. (Hrsg.): Reihe Pocket Power.
München: Carl Hanser Verlag 2000.

Gehr, F.; Hellingrath, B.:
Logistik in der Automobilindustrie.
Berlin: Springer Verlag 2006.

Theory of Constraints (ToC)

Der englische Begriff Constraint bedeutet wörtlich übersetzt so viel wie Zwang oder Enge. Mit produktionstechnischem Hintergrund lässt sich Theory of Constraints auch als Engpass- oder Flaschenhals-Theorie übersetzen, wobei im deutschsprachigen Raum die Abkürzung ToC gebräuchlicher ist.

Entwickelt wurde ToC in den 1980er-Jahren von dem amerikanischen Physiker Dr. Eliyahu M. Goldratt. Die Theorie besagt, dass jedes System (auch Unternehmen, Organisation, Prozess) mindestens ein Element besitzt, das seine Leistungsfähigkeit einschränkt - eben den Constraint. Grundgedanke ist dabei, dass ein System als Ganzes behandelt werden muss, wenn es nachhaltig in seiner Gesamtleistung verbessert werden soll. In diesem System muss der schwächste Faktor gefunden, gestärkt und stabilisiert werden, damit das System seinem Leistungsoptimum näher kommt. Denn wie bei einer Kette ist ein System ist nur so stark wie sein schwächstes Element. Damit lässt sich ToC also als ein Ansatz zur kontinuierlichen Verbesserung vor allem technischer Systeme verstehen: Die Qualität und Leistung eines (Produktions-)Systems ergibt sich aus (Prozess-)Ketten mit ihren jeweiligen Einzelelementen (vgl. **Ständige Verbesserung**, **Prozessorientierung**).

Ein weiterer wesentlicher Gedanke von ToC ist die Ermittlung der wirklichen Problemursache, um die Bekämpfung von Symptomen zu vermeiden. Durch die Unterstützung einer klar strukturierten, unkomplizierten Methodik wird das Erkennen der Ursache vereinfacht und für die Beteiligten und Betroffenen auch verständlicher darstellbar. Dadurch wächst die Akzeptanz zur Behebung der Probleme, wobei einfache und praxisnahe Lösungen mit unmittelbaren Erfolgen anzustreben sind. Der Constraint als schwächster und damit leistungslimitierender Faktor eines Systems wird in fünf Schritten erkannt und gelöst [Goldratt 90]:

1. Identifizieren des Constraint

   Ermittlung des Systemteils, der das schwächste Prozesselement bildet, einschließlich der Klärung, ob es sich um einen technischen oder organisatorischen Engpass handelt.

2. Nutzung des Constraint

   Ausschöpfen des Potenzials aus den vorhandenen Gegebenheiten, bevor kostenintensive Änderungen angestoßen werden.

3. Dem Constraint alles unterordnen

   Das übrige System ist so zu gestalten, dass der Engpass mit maximaler Wirksamkeit arbeiten kann - wenn dabei der Engpass weiterhin besteht, muss er im nächsten Schritt aufgelöst werden, ansonsten ist der nächste Engpass zu suchen.

4. Den Constraint stärken

   Der identifizierte Engpass muss mit ursachenwirksamen Maßnahmen zur Auflösung gebracht werden, was auch mit größerem Aufwand in technischer, organisatorischer oder finanzieller Hinsicht verbunden sein kann.

5. Neuidentifikation des Constraint (wieder zum ersten Schritt)

   Nach Beseitigung des ursprünglich identifizierten Constraint ist der nächste Engpass zu suchen - wie beim Kontinuierlichen Verbesserungsprozess nach Deming beginnt der Lösungsprozess wieder von Neuem (vgl. **Ständige Verbesserung**, **Deming**).

Zur Durchführung dieser Art von Prozesskettenoptimierung stellt ToC fünf Werkzeuge, sogenannte Logische Bäume (Logical Trees), zur Verfügung. Deren Erstellung folgt acht Regeln der Logik, die u. a. auf Absicherung der Richtigkeit und auf Plausibilitätsprüfung der gefundenen Ansätze zielen.

Der Widerstand gegen Veränderungen und Neuerungen sowie die Skepsis gegenüber neuen Theorien und Problemlösungsansätzen ist ein bekanntes Phänomen in Organisationen und Unternehmen. Um derartige Widerstände gezielt abzubauen, bietet ToC ein Konzept von sieben Phasen an. Der Grundansatz ist dabei das gemeinsame Verständnis und die Übereinstimmung in allen Phasen. Je stärker diese Übereinstimmung ausgeprägt ist, desto besser ist auch die Unterstützung durch die betroffenen Mitarbeiter. Erst wenn jeder Beteiligte von der Sache überzeugt ist, sind die Voraussetzungen gegeben für ein reibungsloses Ablaufen der entwickelten Verbesserungsprozesse und ein Verständnis für mögliche persönliche Veränderungen.

Literaturhinweis zur Vertiefung

Goldratt, E. M.:
What is the thing called Theory of Constraints and how should it be implemented?
Great Barrington/Mass./USA: The North River Press 1990.

Total Productive Maintenance (TPM)

Total Productive Maintenance kann als umfassende produktive Instandhaltung übersetzt werden und stellt ein Konzept zur optimalen Nutzung der Produktionsanlagen auf der Basis von vorbeugender Ausfallvermeidung und Ständiger Verbesserung hinsichtlich der Anlagenverfügbarkeit dar [Al-Radhi 02].

Dazu dient ein umfassendes System der vorbeugenden Instandhaltung während der gesamten Lebensdauer der Produktionsanlagen. In dieses System sind sämtliche Mitarbeiter auf allen Hierarchieebenen des Unternehmens einbezogen. Sie werden durch entsprechende Gruppenaktivitäten wie beispielsweise Qualitätszirkel motiviert [JIPM 86] (vgl. **Qualitätszirkel**).

Versteht man unter Instandhaltung allgemein sämtliche Maßnahmen, die dazu dienen, die Funktionsfähigkeit von Produktionsanlagen zu gewährleisten oder wiederherzustellen, so braucht deren Notwendigkeit grundsätzlich nicht weiter erörtert zu werden. Eine hohe Maschinenverfügbarkeit, die Sicherheit der Fertigungsprozesse und schließlich auch die Qualität der Produkte erfordern den einwandfreien Zustand der eingesetzten Maschinen und Anlagen. In diesem Sinne schließt die Instandhaltung sowohl die Maßnahmen der Wartung (Bewahren des Sollzustandes), der Inspektion (Feststellen und Beurteilen des Istzustandes) und der Instandsetzung (Wiederherstellen des Sollzustandes) ein. Mit der Neuausgabe von DIN 31 051:2003-06 kam die Verbesserung (Steigerung der Funktionssicherheit) hinzu, die über das bisherige normative Verständnis der Instandhaltung hinausgeht [DIN 03, DIN 10].

Insbesondere bei Anwendung des Just-in-Time-Konzepts (JiT) zur Organisation und Steuerung des Materialflusses für eine Produktion auf Abruf gewinnt die Maschinenverfügbarkeit eine herausragende Bedeutung, um den ungestörten Materialfluss zu gewährleisten (vgl. **Just-in-Time**).

Die Gedanken, die zur Entwicklung von Total Productive Maintenance geführt haben, basieren auf der Grundüberlegung, dass dem steigenden Komplexitätsgrad der hoch technisierten Maschinen, die heute in der Fertigung eingesetzt werden, Rechnung zu tragen ist. Jeder Maschinenstillstand verringert Produktivität und Kapazitätsauslastung und verursacht damit Ausfallkosten. Der Einsatz spezieller Instandhaltungsteams führte nicht zu befriedigenden Ergebnissen, sodass dazu übergegangen wurde, das Maschinenbedienungspersonal auch mit der Ausführung der Instandhaltungsarbeiten zu betrauen.

Der Total Productive Maintenance-Ansatz zielt darauf ab, dem Maschinenbediener nicht nur die Ausführung der Instandhaltung, sondern auch die Verantwortung für den einwandfreien Zustand der gesamten Produktionsanlage zu übertragen. Dazu gehört nicht nur die Maschine als solche, sondern auch das Umfeld mit den benötigten Werkzeugen einschließlich der Ausführung aller Tätigkeiten der Instandhaltung. Damit wird das alte System der Arbeitsteilung nach Taylor durchbrochen und ein neues System geschaffen, welches den Maschinenführer durch sinnvollen Einsatz seiner Fachkenntnisse zum Experten für Bedienung, Instandhaltung und Fertigung, also für den gesamten Produktionsprozess macht. Die Betonung des produktiven Elements im Rahmen von Total Productive Maintenance leitet sich daraus her, dass dieses Konzept auch in besonderem Maße auf eine systematische kontinuierliche Verbesserung der Leistung bzw. der Produktivität der betrachteten Produktionsanlagen während ihrer gesamten Lebensdauer ausgerichtet ist [Imai 86].

Damit ist auch eine Verbindung zum Prinzip der Ständigen Verbesserung (Kaizen) hergestellt (vgl. **Kaizen**, **Ständige Verbesserung**). Die Entwicklung eines Instandhaltungssystems sowie die Erlernung und Anwendung von Problemlösungstechniken (Qualitätswerkzeuge) seien beispielhaft genannt (vgl. **Qualitätswerkzeuge**). Hauptansatzpunkt für Total Productive Maintenance bleiben die Produktionsanlagen und -arbeitsplätze auf Werkstattebene, die als der Ort verstanden werden, an dem die wertschöpfenden Prozesse im Unternehmen stattfinden (vgl. **Gemba**).

Zur Realisierung des Total Productive Maintenance-Konzeptes dienen fünf Säulen, die wiederum auf den fünf S Seiri, Seiton, Seiso, Seiketsu, Shitsuke basieren (vgl. **Seiri, Seiton, Seiso, Seiketsu, Shitsuke – Die fünf S**). Nachfolgend werden die fünf Säulen des TPM-Konzeptes kurz skizziert:

1. Beseitigung der sechs großen Verlustquellen bei Produktionsanlagen

   Verbesserungsteams optimieren die Nutzung der Produktionsanlagen durch Beseitigung der Verlustquellen Anlagenausfall, Rüst- und Einrichtverluste, Leerlauf und Kurzstillstände, verringerte Taktgeschwindigkeit, Qualitätsverluste durch Ausschuss/Nacharbeit, Anlaufschwierigkeiten.

2. Autonome Instandhaltung

   Dies beinhaltet die eigenständige Durchführung von bestimmten Instandhaltungsmaßnahmen durch die Maschinenbediener. Dazu gehören Wartung (richtige Bedienung, Erhaltung der Grundbedingungen durch Reinigung und Schmierung), periodische Inspektion sowie Instandsetzung (kleinere Reparaturen, genaue Berichterstattung, Unterstützung bei größeren Reparaturarbeiten).

3. Geplantes Instandhaltungsprogramm

   In Verantwortung der Instandhaltungsabteilung wird ein Programm zur prozessbezogenen Instandhaltung erstellt. Dies zielt auf eine schnelle Entdeckung und

Behandlung von Abweichungen durch periodische Inspektion und planmäßige Wiederherstellung der Ausgangssituation.

4. Schulung und Training

   Schulungs- und Trainingsmaßnahmen sind erforderlich, um die Maschinenbediener in den benötigten Fertigungs- und Instandhaltungsfertigkeiten auszubilden.

5. Instandhaltungsprävention

   Fertigungs- und Instandhaltungskosten sowie Verschleißverluste werden durch vorbeugende Maßnahmen reduziert, um Zuverlässigkeit, Wirtschaftlichkeit, Instandhaltungs- und Bedienungsfreundlichkeit sowie Prozesssicherheit zu gewährleisten und zu steigern.

Im Sinne einer vorausschauenden Fehlervermeidung findet sich für die Abkürzung TPM auch die Formulierung Total Preventive Maintenance, welche die Bedeutung der vorbeugenden Maßnahmen zur Instandhaltung an den Maschinen und Anlagen betont. Weiter geht die Formulierung Total Productive Management.

Literaturhinweise zur Vertiefung

Al-Radhi, M.:
Total Productive Management.
In: Kamiske, G. F. (Hrsg.): Reihe Pocket Power.
2. Aufl., München: Carl Hanser Verlag 2002.

Nakajima, S.:
Introduction to TPM – Total Productive Maintenance.
Cambridge/Mass./USA: Productivity Press 1989.

Tajiri, M.; Gotoh, F.:
TPM Implementation.
New York/NY/USA: McGraw-Hill Book Company 1992.

Total Quality Control (TQC)

Total Quality Control (TQC) ist eine das gesamte Unternehmen umfassende Qualitätsstrategie, die sich an den Kundenbedürfnissen ausrichtet. Sie wurde 1961 von dem Amerikaner Feigenbaum formuliert und in seinem gleichnamigen Buch beschrieben [Feigenbaum 83] (vgl. **Feigenbaum**).

Nach Feigenbaum stellt Total Quality Control ein System dar, welches die Anstrengungen der verschiedenen Bereiche innerhalb eines Unternehmens zur Entwicklung, Aufrechterhaltung und kontinuierlichen Verbesserung der Qualität integriert. Damit sollen speziell Marketing, Entwicklung, Produktion und Kundendienst in die Lage versetzt werden, auf möglichst wirtschaftliche Weise die Kundenbedürfnisse vollständig zu befriedigen. Im Vergleich zur traditionellen Qualitätssicherung sieht Feigenbaum sein Total Quality Control-Konzept durch die folgenden Elemente charakterisiert:

- Definition und klarer Aufbau von Qualitätspolitik und Qualitätszielen.
- Ausrichtung an den Kundenbedürfnissen.
- Gezielte Aktivitäten zur Umsetzung der Qualitätspolitik und zur Erreichung der Qualitätsziele.
- Unternehmensweite Integration der qualitätsbezogenen Aktivitäten.
- Eindeutige Übertragung von Aufgaben und Verantwortung.
- Festlegung der erforderlichen Ausstattung.
- Spezielle Qualitätssicherungsmaßnahmen der Lieferanten.
- Festlegung von wirkungsvollen Qualitätsinformationen, Prozessen und Überwachungsmethoden.
- Hohes Qualitätsbewusstsein, unternehmensweite Motivation und Qualifikation der Mitarbeiter.
- Einführung von Messgrößen als Qualitätsstandards.
- Einführung positiv wirkender Korrekturmaßnahmen.
- Kontinuierliche Selbstüberprüfungen, Regelkreise, Ergebnisanalysen und Soll-Ist-Vergleiche.
- Durchführung periodischer Systemaudits.

Feigenbaum unterstreicht die folgenden Hauptaufgaben im Rahmen von Total Quality Control, erkennt aber auch, dass grundsätzlich jede Arbeitsaufgabe qualitätsrelevante Elemente beinhaltet:

- Erfüllung der Kundenanforderungen und Analyse potenzieller Fehler schon in der Konstruktion.
- Überwachung der Qualität von Zulieferteilen.
- Steuerung der Produktion und Überwachung der Produkte entsprechend den Qualitätsanforderungen.
- Durchführung spezieller Qualitätsstudien zur Ermittlung von Fehlerursachen und zur Verbesserung von Produkten und Prozessen.

Das von dem Japaner Ishikawa vorgestellte Qualitätskonzept baut auf den Arbeiten von Deming, Juran und besonders Feigenbaum auf und kann als Weiterentwicklung von Total Quality Control angesehen werden (vgl. **Deming**, **Juran**, **Ishikawa**). Ishikawas Ansatz wurde auch zunächst unter dem gleichen Namen als japanische Ausprägung bekannt. Wegen der dennoch vorhandenen Unterschiede wurde 1968 der japanische Ansatz von Ishikawa zur besseren Unterscheidung als Company-Wide Quality Control (CWQC) bezeichnet (vgl. **Company-Wide Quality Control**).

Als wichtigster Unterschied zwischen Total Quality Control nach Feigenbaum und Company-Wide Quality Control nach Ishikawa ist die Beteiligung der Mitarbeiter bei Einführung und Stabilisierung des Qualitätskonzeptes im Unternehmen herauszustellen (Bild 2.89) [Ishikawa 89]. Trotz seiner allgemeinen Forderung nach der Teilnahme sämtlicher Mitarbeiter des jeweiligen Unternehmens umfasst Total Quality Control dabei nur sehr allgemein die Partizipation sämtlicher Hierarchieebenen. Die Anwendung qualitätsbezogener Gruppenaktivitäten, z. B. in Form von Qualitätszirkeln, ist hier von untergeordneter Bedeutung und bleibt das Verdienst von Ishikawa (vgl. **Qualitätszirkel**). Bei der Verteilung der qualitätsbezogenen Aufgaben steht für Feigenbaum die Rolle einer speziellen Qualitätsabteilung im Vordergrund. An eine Zuständigkeit und Verantwortlichkeit eines jeden Mitarbeiters im Rahmen seiner Möglichkeiten ist dabei nicht explizit gedacht.

Wegen der Ähnlichkeit des Namens sei an dieser Stelle besonders auf ein weiteres, in letzter Zeit verstärkt diskutiertes Qualitätskonzept für das gesamte Unternehmen hingewiesen. Dieses wird als Total Quality Management (TQM) bezeichnet und darf aufgrund der inhaltlichen Unterschiede nicht ohne Weiteres mit Total Quality Control verwechselt oder gleichgesetzt werden (vgl. **Total Quality Management**). Es ist allerdings anzumerken, dass auch Feigenbaum den Total Quality Control-Ansatz heute in einer erweiterten, eher managementbezogenen Form versteht [Zink 89, Kirstein 87].

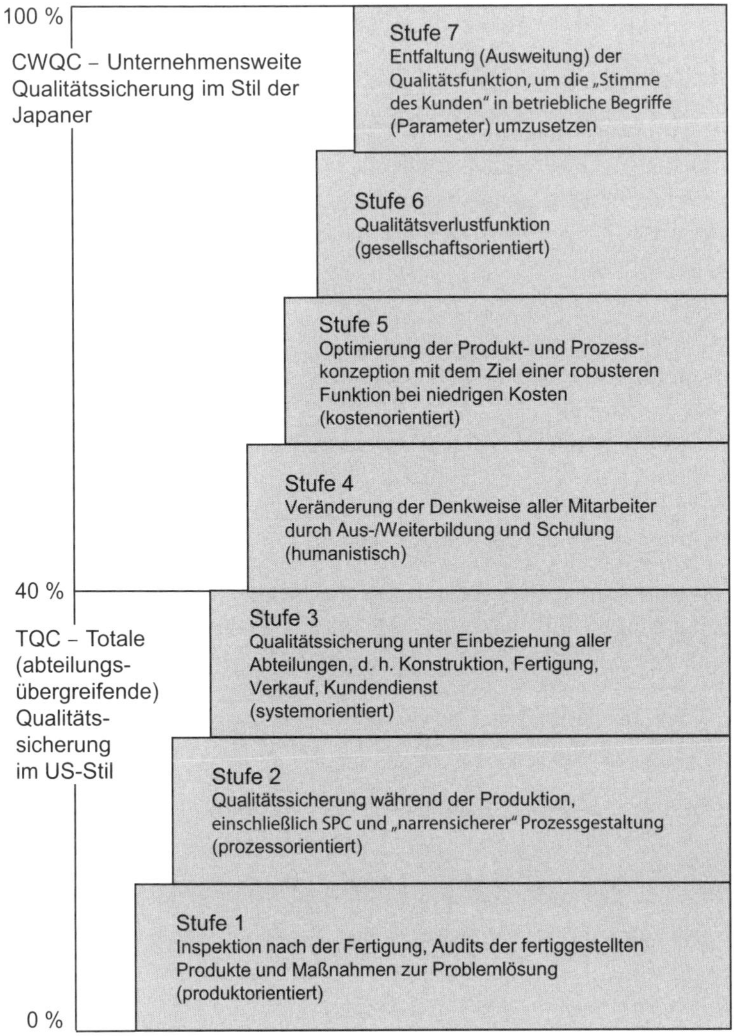

Bild 2.89 Aufbau der Qualität in sieben Stufen

Literaturhinweis zur Vertiefung

Feigenbaum, A. V.:

Total Quality Control.

3. Aufl., New York/NY/USA: McGraw-Hill Book Company 1983.

Total Quality Management (TQM)

Aufgrund der besonderen Bedeutung von Total Quality Management ist dieser Begriff in die internationale und auch die nationale deutsche Begriffsnormung aufgenommen worden. Nachfolgend wird die verständlich und sehr treffend formulierte Begriffsdefinition der mittlerweile nicht mehr gültigen Norm DIN EN ISO 8402 wiedergegeben [ISO 95]:

„Umfassendes Qualitätsmanagement

Auf der Mitwirkung aller ihrer Mitglieder gestützte Managementmethode einer Organisation, die Qualität in den Mittelpunkt stellt und durch Zufriedenstellung der Kunden auf langfristigen Geschäftserfolg sowie auf Nutzen für die Mitglieder der Organisation und für die Gesellschaft zielt.

Anmerkung 1: Der Ausdruck „alle ihre Mitglieder" bezeichnet jegliches Personal in allen Stellen und allen Hierarchie-Ebenen der Organisationsstruktur.

Anmerkung 2: Wesentlich für den Erfolg dieser Methode ist, dass die oberste Leitung überzeugend und nachhaltig führt, und dass alle Mitglieder der Organisation ausgebildet und geschult sind.

Anmerkung 3: Der Begriff „Qualität" bezieht sich beim umfassenden Qualitätsmanagement auf das Erreichen aller geschäftlichen Ziele.

Anmerkung 4: Der Begriff „Nutzen für die Gesellschaft" bedeutet Erfüllung der an die Organisation gestellten Forderungen der Gesellschaft. ..."

Etwa Mitte der 1980er-Jahre tauchte der Begriff Total Quality Management zuerst in der fachlichen Diskussion auf. Er geht von Namen und Inhalt her auf den 1961 entwickelten Total Quality Control-Ansatz (TQC) des Amerikaners Feigenbaum zurück [Feigenbaum 83] (vgl. **Feigenbaum**, **Total Quality Control**). Darauf aufbauend stellte der Japaner Ishikawa das Company-Wide Quality Control-Konzept (CWQC) vor, welches als Erweiterung von Total Quality Control im Hinblick auf eine verstärkte Einbeziehung der Mitarbeiter und der Gesellschaft auf allen Ebenen des Unternehmens angesehen werden kann (vgl. **Company-Wide Quality Control**, **Ishikawa**). Die Total Quality Management-Strategie beinhaltet wiederum die Elemente von Company-Wide Quality Control und geht noch darüber hinaus, indem auch die übergeordnete Unternehmensphilosophie auf das Qualitätsziel ausgerichtet und sogar das Umfeld des Unternehmens einbezogen wird. Dabei sind die Gedanken von so hervorragenden Experten auf dem Gebiet der Qualität wie Deming, Juran, Feigenbaum, Ishikawa und Crosby in diesen neuen Ansatz eingeflossen (vgl. **Crosby**, **Deming**, **Feigenbaum**, **Ishikawa**, **Juran**).

Damit kann Total Quality Management als die umfassendste (Qualitäts-)Strategie angesehen werden, die für ein Unternehmen denkbar ist. Vom Kunden über die eigenen Mitarbeiter bis hin zum Zulieferanten werden alle Bereiche erfasst und integriert [Seghezzi 96]. In diesem Sinne ergibt sich insbesondere aus dem unternehmerischen und wirtschaftlichen Erfolgspotenzial von Qualität sowie der Langfristigkeit und Reichweite eines qualitätsorientierten Ansatzes auch eine Unabweichbarkeit der Einbindung des Qualitätszieles in die gesamte Unternehmenspolitik und die Verknüpfung mit der Unternehmenskultur.

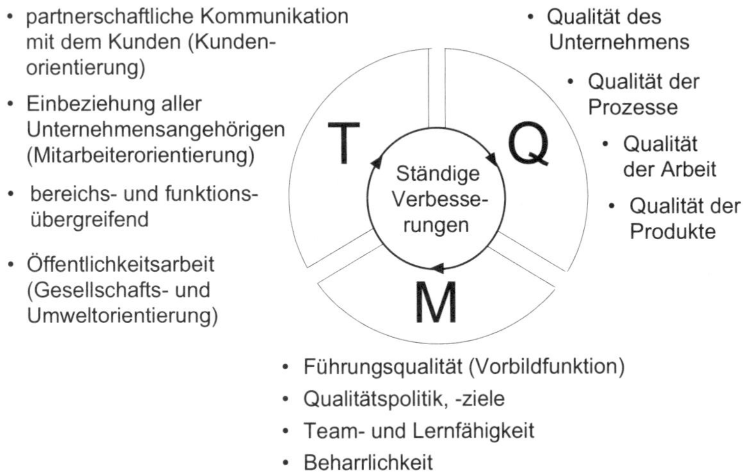

Bild 2.90 Grundpfeiler von Total Quality Management – die drei Inhalte

Die drei Bestandteile der Bezeichnung Total Quality Management haben gleichgewichtige Inhalte. Dies sind der umfassende Charakter (Total), die Aspekte Qualität sowie Management im Sinne von Führung (Leadership) (vgl. Bild 2.90). Um das Gesamtkonzept des Total Quality Management näher zu charakterisieren und die Abstraktion der genannten Bereiche bzw. Grundpfeiler zu konkretisieren, werden nachfolgend einige besonders wichtige Elemente stichwortartig umrissen:

- Integration und Partizipation der Mitarbeiter aller Hierarchieebenen, z. B. durch Einführung von Qualitätszirkeln (vgl. **Mitarbeiterorientierung**, **Qualitätszirkel**).
- Qualität als Aufgabe sämtlicher Mitarbeiter, nicht einer speziellen Abteilung.

- Qualifizierung, Aus- und Weiterbildung der Mitarbeiter.
- Anerkennung guter Leistungen.
- Berücksichtigung von Humanität und sozialen Komponenten.
- Arbeitsbedingungen, die Gruppenarbeit und Mitwirkung unterstützen.
- Erfüllung der Kundenwünsche als Maßstab für Qualität (vgl. **Kundenorientierung**).
- Aufbau eines Netzwerkes von partnerschaftlichen Kunden-Lieferanten-Beziehungen, wobei jeder nachfolgende Prozess als Kunde zu betrachten ist.
- Ständige Verbesserung sämtlicher Prozesse als wichtige Grundlage für das Erreichen der Unternehmensziele (vgl. **Ständige Verbesserung**, **Prozessorientierung**).
- Konzentration auf die Wertschöpfungskette und Abbau nicht kundenrelevanter Tätigkeiten (vgl. **Fehlleistungsaufwand**, **Qualitätscontrolling**).
- Quality Engineering – Anwendung moderner Methoden und Techniken des Qualitätsmanagements (vgl. **Simultaneous Engineering und Quality Engineering**).
- Einsatz statistischer Verfahren zur Prozessregelung (vgl. **Statistische Prozessregelung**).
- Betonung vorbeugender, fehlervermeidender Maßnahmen.
- Qualitätsförderung und Verbesserung als langfristiger Prozess.
- Top-down-Ansatz mit missionarischer Einbindung der obersten Unternehmensleitung.
- Partizipatives und zugleich straffes Management.
- Qualität als übergeordnetes Element in Unternehmenspolitik und Unternehmenskultur.

Zur praktischen Umsetzung von Total Quality Management müssen jedoch von der obersten Unternehmensleitung geeignete Rahmenbedingungen geschaffen werden (vgl. Bild 2.91) [Malorny 99]. Diese können entsprechend der Betrachtung des Unternehmens als soziotechnisches System in organisatorische, personelle und technische Rahmenbedingungen eingeteilt werden. Für die eigentliche Umsetzung werden dann die Methoden und Instrumente des Qualitätsmanagements angewendet. Unter Berücksichtigung der neuesten Erkenntnisse sind oft Total Quality Management-Elemente sowie unternehmensspezifische Entwicklungen in ein bereits bestehendes Total Quality Control-Konzept eingeflossen. Wie Praxisberichte zeigen, wird jedoch häufig nicht genau zwischen diesen beiden Konzepten differenziert. Der Entwicklungsprozess im Unternehmen hin zum Total Quality Management richtet sich heute an den Bewertungen der Quality Awards aus (vgl. **Qualitätsauszeichnungen**).

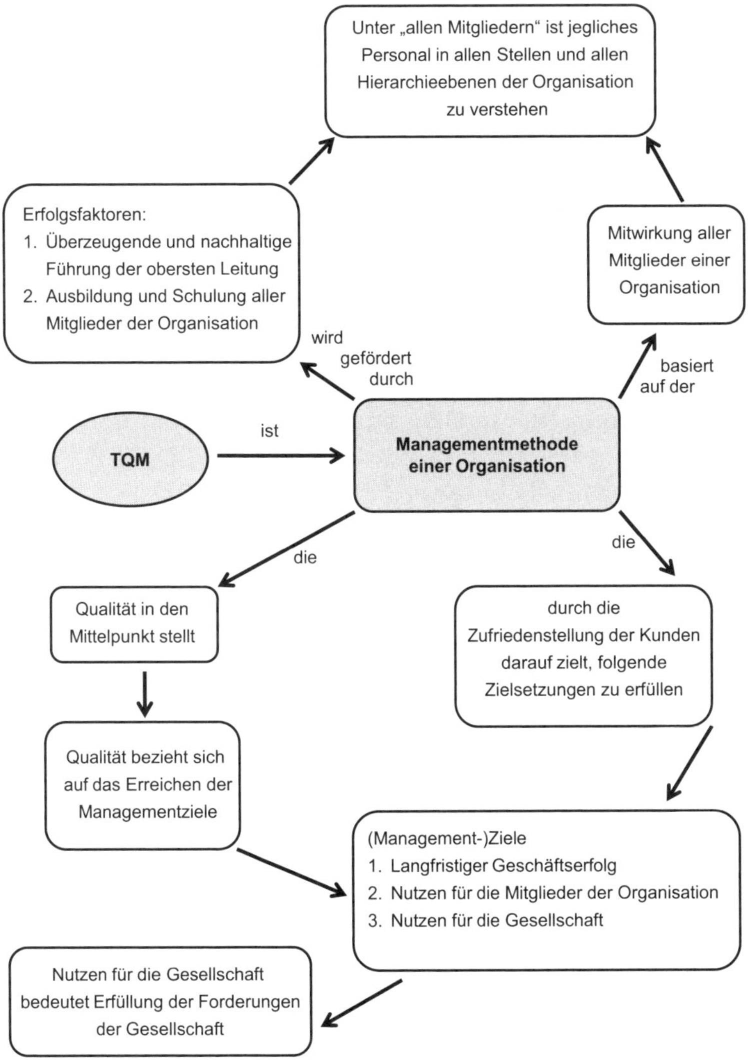

Bild 2.91 TQM als Managementmethode

Literaturhinweise zur Vertiefung

Geiger, W.; Kotte, W.:
Handbuch Qualität.
5. Aufl., Wiesbaden: Vieweg Verlag 2008.

Kamiske, G. F. (Hrsg.):
Die Hohe Schule des Total Quality Management.
Berlin: Springer-Verlag 1994.

Kamiske, G. F.:
Qualitätswissenschaft für Manager.
2. Aufl., Norderstedt: BoD Verlag 2006.

Seghezzi, H. D.; Fahrni, F.; Herrmann, F.:
Integriertes Qualitätsmanagement.
3. Aufl., München: Carl Hanser Verlag 2007.

Hummel, Th.; Malorny, Chr.:
Total Quality Management.
In: Kamiske, G. F. (Hrsg.): Reihe Pocket Power.
3. Aufl., München: Carl Hanser Verlag 2002.

Kamiske, G. F. (Hrsg.):
Der Weg zur Spitze. Business Excellence durch Total Quality Management – der Leitfaden zur Umsetzung.
2. Aufl., München: Carl Hanser Verlag 2000.

Toyota Production System (TPS)

Als Toyota Production System wird das Organisations- und Produktionssystem der japanischen Toyota Motor Company, Ltd. bezeichnet, welches das gesamte Unternehmen umfasst, dabei aber besonders auf die Fertigung ausgerichtet ist.

Dieses System wurde von dem Japaner Taiichi Ohno entwickelt, der auch das Just-in-Time-Prinzip bei Toyota einführte (vgl. **Just-in-Time**). In diesem Zusammenhang ist Just-in-Time dann ein Konzept zur flexiblen, zeitgenauen Fertigung und Anlieferung, welches in ein schlankes Produktionsmanagementsystem (Lean Production), eben das des Toyota Production System, eingebunden ist [Shingo 81]. Man kann das Toyota Production System als Referenzanwendung eines schlanken Produktionsmanagementsystems betrachten.

Der Begriff Lean Production wurde im Rahmen des International Motor Vehicle Program (IMVP) geprägt, einer in der Zeit von 1985 bis 1990 vom Massachusetts Institute of Technology (MIT) durchgeführten Studie in der Automobilindustrie [Womack et al. 90]. Dieses Organisations- und Produktionsmodell japanischer Herkunft unterstützt das Management eines Unternehmens im Hinblick auf Ziele wie Qualität, Produktivität, Flexibilität und Mitarbeitermotivation. Verschwendung aller Art (z. B. Zwischenlager, Überkapazitäten) wird vermieden und der Kunde rückt in den Mittelpunkt aller Bemühungen.

Die Idee der Lean Production muss allerdings in zwei Dimensionen betrachtet werden: in der organisatorisch-technischen und in der menschlichen. Vielfach wird im Westen lediglich die „sichtbare“ technische Seite der Lean Production betrachtet, während die „unsichtbare“ Seite, nämlich die Aspekte der Führung von Mitarbeitern und deren Verhalten, vernachlässigt wird. Die Technik stellt jedoch lediglich die Grundlage dar. Das Beherrschen von Prozessen, die Anstrengungen im Hinblick auf eine Null-Fehler-Produktion und die konsequente Anwendung von Qualitätsmanagement mit dem Ziel der Ständigen Verbesserung sind von unbestrittener Bedeutung. Die schlanke Produktion auf der Grundlage hoher Qualität erreicht ihre volle Funktionsfähigkeit zur Vermeidung von Verschwendung jedoch erst durch den Einsatz der speziellen menschlichen Eigenschaften Denken/Wissen und Wollen. Dabei werden andere Faktoren wie z. B. Kapital gewissermaßen substituiert. Der Erfolg von Lean Production beruht demnach auf der Mitarbeit von Menschen und wird somit zur Fragile/Lean Production. Dabei ist mit „fragile“ das empfindliche, sogar zerbrechliche Vorgesetzten-Mitarbeiter-Verhältnis gemeint. Das Gegenteil davon wird entsprechend als Robust/Buffered Production bezeichnet [Womack et al. 90].

Ein vertrauensvolles Verhältnis ist aber unumgängliche Voraussetzung für die nötige Ständige Verbesserung, die nur von den Mitarbeitern kommen kann. In diesem Sinne stellt die Technik einen Parameter dar, dessen Veränderung trotz hoher Investitionen nicht mehr zu proportionalen Verbesserungen führt. Es gilt folglich, den Faktor Mensch zu betrachten, der bei vertretbarem Einsatz deutliche Verbesserungen erlaubt.

Im Zuge der MIT-Studie wurde der Erfolg des Toyota Production System als Ausprägung der schlanken Produktionsmanagementmethode besonders deutlich. Als ein wichtiges, aber nicht mehr unbedingt überraschendes Ergebnis muss noch die eindeutige Feststellung einer starken Korrelation zwischen Qualität und Produktivität genannt werden [Krafcik 88]. Damit ist nachgewiesen, dass die praktische Umsetzung des Qualitätsgedankens in wirtschaftlich erfolgreicher Weise möglich ist bzw. mit dem Prozessdenken überhaupt erst die Voraussetzung hierfür schafft.

Bei der Analyse des Toyota Production System stellt man fest, dass es im Wesentlichen auf zwei Bestandteilen basiert. Zum einen steht der Produktionsprozess im Mittelpunkt der Betrachtung. Daraus ergeben sich Unterschiede in den fertigungstechnischen und arbeitsablaufbezogenen Strukturen. Zum anderen ist der Produktionsprozess in ein Managementkonzept integriert, wodurch das Toyota Production System erst zu seiner vollen Entfaltung gelangt.

Die folgenden Unterschiede zum traditionellen System von Fertigung und Management sind besonders hervorzuheben [Shingo 81]:

- Betrachtung des Produktionsprozesses als Ort der Wertschöpfung und Quelle des Gewinns (vgl. **Gemba**).
- Gewinn wird definiert als Verkaufspreis minus Kosten, wobei sich der Verkaufspreis durch den Markt ergibt und der Gewinn also in erster Linie von den Kosten des Unternehmens abhängig ist, die es zu senken gilt.
- Identifizierung und Eliminierung der sieben Arten der Verschwendung (Sieben Muda), die im Unternehmen auftreten: Überproduktion, Wartezeit, überflüssiger Transport, ungünstiger Herstellungsprozess, überhöhte Lagerhaltung, unnötige Bewegung, Herstellung fehlerhafter Teile (vgl. **Muda, Mura, Muri** – **Die drei Mu**).
- Ausrichtung des Unternehmens an den Kundenanforderungen, die den Qualitätsmaßstab festlegen.
- Verständnis der auf Qualität abzielenden Unternehmenspolitik bei sämtlichen Mitarbeitern.
- Qualitätszirkel auf allen Ebenen und Hierarchiestufen des Unternehmens (vgl. **Qualitätszirkel**).
- Mehrfachbedienung von Maschinen durch einen einzelnen Mitarbeiter.
- Jidoka (Autonomation) – Selbststeuernde Fehlererkennungssysteme, die den Prozess bei Unregelmäßigkeiten sofort unterbrechen (vgl. **Jidoka**).
- Poka Yoke – Einrichtungen und Vorkehrungen zur Vermeidung unbeabsichtigter Fehler (vgl. **Poka Yoke**).
- Just-in-Time (JiT) und Kanban – Reduzierung der Lagerbestände, Verkürzung der Durchlaufzeiten und Umkehr des Informationsflusses in der Fertigung (vgl. **Just-in-Time**, **Kanban**).

- Einbeziehung der Lieferanten zur Produktion und Anlieferung nach dem Just-in-Time-Konzept.
- Total Productive Maintenance (TPM) – Instandhaltung der Produktionsanlagen durch das Bedienungspersonal, um Maschinenausfälle zu vermeiden (vgl. **Total Productive Maintenance**).
- Single Minute Exchange of Die (SMED) – Entwicklung eines Systems zur Verkürzung der Werkzeugwechselzeiten, um geringere Losgrößen wirtschaftlich produzieren zu können (vgl. **Single Minute Exchange of Die**).

Die Inhalte des Toyota Production System stimmen in einem weiten Ausmaß mit den Elementen der Total Quality Management-Strategie (TQM) überein (vgl. **Total Quality Management**). Bei näherer Betrachtung wird deutlich, dass auch in dieser Hinsicht das Toyota Production System als gelungene Umsetzung wesentlicher Bestandteile dieser Strategie angesehen werden kann. Dabei sind jedoch gewisse Unterschiede im Umfang zu berücksichtigen. Während das Toyota Production System schwerpunktmäßig auf die Produktion ausgerichtet ist, geht Total Quality Management noch darüber hinaus und integriert neben dem gesamten Unternehmen auch dessen Umfeld.

Eine detaillierte Untersuchung des Toyota Production System kann an dieser Stelle nicht vorgenommen werden. Es ist jedoch auf das Vorhandensein von zwei grundsätzlichen Betrachtungsebenen hinzuweisen. Dabei handelt es sich einerseits um den Herstellungsprozess (Process), der die Transformation der Objekte im Produktionsfluss vom Material bis zum fertigen Endprodukt analysiert. Andererseits werden im Handhabungsprozess (Operation) die Verhaltensstrukturen der Menschen und Maschinen untersucht, die den Herstellungsprozess erst ermöglichen. Es wird also die Transformation der Subjekte im Produktionsfluss betrachtet. Aus dieser Sichtweise heraus kann ein Fertigungsunternehmen als ein Netzwerk von Herstellungs- und Handhabungsprozessen verstanden werden [Shingo 81].

Literaturhinweise zur Vertiefung

Ohno, T.:
Toyota Production System: Beyond Large-Scale Production.
Cambridge/Mass./USA: Productivity Press 1988.

Shingo, S.:
Study of ‚Toyota‘ Production System from Industrial Engineering Viewpoint.
Tokyo/Japan: Japan Management Association 1981.

Womack, J. P.; Jones, D. T.; Roos, D.:
The Machine that changed the World.
Englewood Cliffs/NJ/USA: Prentice Hall 1990.

TRIZ

Unter der Bezeichnung TRIZ ist ein umfangreiches Werk bekannt geworden, das im Deutschen als „Theorie des erfinderischen Problemlösens" bezeichnet wird (englisch: Theory of Inventive Problem Solving). Die Abkürzung ergibt sich dabei aus der ursprünglich kyrillischen Bezeichnung der Methode TRIZ. Diese wird auf den russischen Patentexperten Altshuller zurückgeführt, der in einer Großzahlforschung von Patentanträgen versuchte, eine dahinterstehende Systematik zu erkennen. Das Ergebnis ist die bereits in den 1950er-Jahren aufgestellte Hypothese, dass Erfindungen und Ideen nicht zufällig, sondern in einem Prozess entstehen, der ganz bestimmten Gesetzmäßigkeiten folgt. Entsprechend lautet auch der Titel seines 1984 in der englischen Übersetzung erschienenen Buches: „Creativity is an Exact Science".

Die TRIZ-Methodik lässt sich in aller Kürze durch vier tragende Elemente charakterisieren [Herb/Herb 01]:

1. Systematisches Vorgehen: Die objektive, schonungslos deutliche Problemformulierung ist Ausgangspunkt.
2. Breit gefächertes Fachwissen: Das Wissen aus allen Naturwissenschaften sollte präsent sein.
3. Unbegrenzter Denkhorizont: Barrieren überwinden, eingefahrene Denkbahnen verlassen.
4. Visionäre Begabung: unterschiedlichste Lösungen gestatten, Reifeschritte vollziehen.

Literaturhinweise zur Vertiefung

Herb, R. (Hrsg.):
TRIZ – Der Weg zum konkurrenzlosen Erfolgsprodukt.
Landsberg/Lech: Verlag Moderne Industrie 1998.

Gundlach, C.; Nähler, H. T. (Hrsg.):
Innovationen mit TRIZ.
Düsseldorf: Symposion Publishing 2006.

Gassmann, O.; Sutter, P.:
Praxiswissen Innovationsmanagement.
2. Aufl., München: Carl Hanser Verlag 2010.

Müller-Prothmann, T.; Dörr, N.:
Innovationsmanagement.
In: Kamiske, G. F. (Hrsg.): Reihe Pocket Power.
München: Carl Hanser Verlag 2009.

Hentschel, C.; Gundlach, C.; Nähler, H. T.:
TRIZ – Innovation mit System.
In: Kamiske, G. F. (Hrsg.): Reihe Pocket Power.
München: Carl Hanser Verlag 2010.

Umweltmanagement

Unter dem Begriff Umweltmanagement lassen sich die Planung, Steuerung, Überwachung und Verbesserung aller Maßnahmen des betrieblichen Umweltschutzes sowie eine umweltorientierte Betriebs- und Mitarbeiterführung zusammenfassen.

Umweltmanagement ist jedoch nicht alleinige Aufgabe von Spezialisten des technischen Umweltschutzes, sondern wird durch die Aktivierung der Mitarbeiter für Umweltbelange im Unternehmen und die Aufnahme von Umweltschutzzielen in die Verantwortung aller Führungsebenen umgesetzt. Die Wahrnehmung des Umweltschutzes als Managementaufgabe führt zu einer konsequenten Einbeziehung aller Abläufe im Unternehmen in die Umweltschutzbemühungen. Die Einführung eines betriebsspezifischen Umweltmanagementsystems ermöglicht die sinnvolle Einbindung des Umweltschutzes in ein unternehmerisches Gesamtkonzept (vgl. **Umweltmanagementsystem**).

Infolge der steigenden Belastung der natürlichen Umwelt durch Schadstoffe und Umweltgifte und die damit zusammenhängenden negativen Auswirkungen auf das globale ökologische Gleichgewicht ist in den letzten Jahren das Interesse an öffentlichem und insbesondere auch betrieblichem Umweltschutz gewachsen. Dabei hat sich gezeigt, dass die Umweltpolitik des Staates in erster Linie rechtliche Rahmenbedingungen schaffen kann. Ziel der Entwicklung des betrieblichen Umweltschutzes muss es sein, technische und organisatorische Innovationen zu fördern, um die Umweltverträglichkeit von Produkten und Dienstleistungen weiter zu verbessern. Unternehmen müssen sich also ihrer Produktverantwortung bewusst werden und zu entwickelnde Produkte bzw. Dienstleistungen einer umfassenden Lebenszyklusanalyse unterziehen. Dies beinhaltet die umweltbezogene Überprüfung des Produktes oder der Dienstleistung von der Herstellung bis hin zur Kreislaufführung von Stoffen. Damit ergeben sich als Aufgabe des betrieblichen Umweltschutzes neben der Realisierung punktueller Umweltschutzmaßnahmen vor allem die kontinuierliche Vermeidung von schädlichen Emissionen und der nachhaltige Umgang mit Rohstoffquellen in allen Phasen der betrieblichen Abläufe (vgl. **Nachhaltigkeit**).

Umweltmanagement insgesamt kann somit als eine langfristig geplante, ökologisch ausgerichtete Art der Unternehmensführung betrachtet werden, die durch ganzheitliche und vernetzte Betrachtung aktiv und in sozialer Verantwortung an der Minimierung der Umwelteinwirkungen teilnimmt. Vor diesem Hintergrund ist das betriebliche Umweltmanagement auch als Bestandteil eines umfassenden Managementsystems im Sinne von Total Quality Management zu verstehen (vgl. **Total Quality Management**).

Literaturhinweise zur Vertiefung

Kamiske, G. F.; Butterbrodt, D.; Juhre, D.; Tammler, U.:
Management des betrieblichen Umweltschutzes.
München: Verlag Franz Vahlen 1999.

Baumast, A.; Pape, J. (Hrsg.):
Betriebliches Umweltmanagement.
2. Aufl., Stuttgart: Verlag Eugen Ulmer 2003.

Umweltmanagementsystem

Ein Umweltmanagementsystem stellt die Strukturierung der aufbau- und ablauforganisatorischen Maßnahmen zur Umsetzung des betrieblichen Umweltmanagements dar. Es beinhaltet die Festlegung, Beschreibung und Dokumentation der Aufgaben, Verfahren, Verantwortlichkeiten und Nahtstellen aller Aktivitäten zum Umweltmanagement im Unternehmen. Die entsprechenden Verhaltensweisen und Abläufe zur Festlegung und Durchführung der betrieblichen Umweltpolitik sowie der Umweltziele sind ebenfalls im Umweltmanagementsystem eingebunden.

Um die Umweltschutzaktivitäten im Unternehmen in ein Gesamtkonzept zu integrieren, lässt sich ein standardisiertes Umweltmanagementsystem einführen. Neben den positiven Auswirkungen auf die Umwelt können das Vorhandensein und die Wirksamkeit eines standardisierten Umweltmanagementsystems – ähnlich wie bei einem Qualitätsmanagementsystem – von einer unabhängigen Stelle zertifiziert bzw. validiert werden (vgl. **Qualitätsmanagementsystem**, **Zertifizierung**). Dadurch werden auch der Öffentlichkeit das Bekenntnis und das Engagement des Unternehmens für den betrieblichen Umweltschutz dargelegt, was in einer zunehmend umweltbewussteren Gesellschaft zur langfristigen Sicherung und Erweiterung von Marktanteilen beitragen kann. Weitere Vorteile der Einführung eines Umweltmanagementsystems können sein:

- Kostensenkung durch den Wegfall von nachgeschalteten Technologien, verminderten Ressourceneinsatz, Reduzierung des Abfallaufkommens und Vermeidung von Sortenvielfalt in Einkauf und Entsorgung.
- Indirekte Kostenreduzierung in Form geringerer Versicherungsprämien aufgrund eines gesenkten Haftungsrisikos wegen vorsorgender Umweltschutzmaßnahmen.
- Steigerung der Wettbewerbsfähigkeit durch zukunftsorientierte Marktpotenziale und Imagegewinn in der Öffentlichkeit sowie Verbesserung der Marktposition durch innovative und umweltverträgliche Produkte.
- Verbesserung und Vereinfachung betrieblicher Abläufe durch Motivation der Mitarbeiter und eine transparente Organisationsstruktur.
- Leichtere Erfüllung von Mitteilungs- und Dokumentationspflichten gegenüber Behörden.
- Reduzierung des Haftungsrisikos (Produkt- und Anlagenhaftung) durch sicheren und gesetzeskonformen Anlagenbetrieb (vgl. **Produkthaftung**).

- Rechtssicherheit durch Beachtung aller umweltrelevanten rechtlichen Erfordernisse.

Wird die Einführung des Umweltmanagementsystems im Unternehmen geplant, so ist auf die betriebsspezifisch gewachsenen Strukturen zu achten. Neben einem möglicherweise bereits vorhandenen Qualitätsmanagementsystem können auch andere Strukturen, wie die Organisation der Betriebsbeauftragten für Abfall, Gewässerschutz und Immissionsschutz, bei der Errichtung eines Umweltmanagementsystems sinnvoll einbezogen werden.

Für das betriebliche Umweltmanagement an sich und den Aufbau von Umweltmanagementsystemen existieren verschiedene Standards bzw. Normen. Die in Deutschland bedeutendsten Standards sind die Normenreihe DIN EN ISO 14 000 (Umweltmanagementsysteme) sowie die Verordnung EWG Nr. 1836/93 „über die freiwillige Beteiligung gewerblicher Unternehmen an einem Gemeinschaftssystem für das Umweltmanagement und die Umweltbetriebsprüfung“ (EG-Öko-Audit- oder EG-Umweltaudit-Verordnung). Als offizieller Begriff auf europäischer Ebene hat sich die Bezeichnung „Eco-Management and Auditing Scheme“ (EMAS) durchgesetzt, die hier im Weiteren auch verwendet wird. In überarbeiteter Fassung gilt heute die Verordnung EG Nr. 1221/2009 (EMAS III).

DIN EN ISO 14 001

Die internationale Norm DIN EN ISO 14 001 „Umweltmanagementsysteme - Anforderungen mit Anleitung zur Anwendung“ ist auf den unternehmensspezifischen Aufbau und die Zertifizierung von Umweltmanagementsystemen ausgerichtet (vgl. **Zertifizierung**). Sie gehört zu den Umweltmanagementnormen der Reihe ISO 14 000, die basierend auf internationalen Übereinkünften vom Technischen Komitee „Umweltmanagement“ (ISO/TC 207), einem Gremium der International Organization for Standardization (ISO), entwickelt werden.

Einige wichtige Normen aus der Reihe ISO 14 000 sind nachfolgend aufgeführt. Für die Auditierung von Umweltmanagementsystemen lässt sich - wie auch bei Qualitätsaudits - die Norm DIN EN ISO 19 011:2002 (Leitfaden für Audits von Qualitätsmanagement- und/oder Umweltmanagementsystemen) anwenden (vgl. **Audit**). Derzeit noch als Normentwurf liegt die überarbeitete Fassung der ISO 19 011:2010 vor - bereits als Leitfaden für Audits von Managementsystemen.

Norm und Jahr	Benennung
DIN EN ISO 14 001:2005, korrigierte Fassung 2009	Umweltmanagementsysteme – Anforderungen mit Anleitung zur Anwendung
DIN EN ISO 14 004:2010	Umweltmanagementsysteme – Allgemeiner Leitfaden über Grundsätze, Systeme und unterstützende Methoden
DIN EN ISO 14 005:2008	Umweltmanagementsysteme – Anleitung für eine stufenweise Einführung eines Umweltmanagementsystems
DIN EN ISO 14 006:2018	Umweltmanagementsysteme – Leitlinien zur Berücksichtigung umweltverträglicher Produktgestaltung
DIN EN ISO 14 015:2010	Umweltmanagement – Umweltbewertung von Standorten und Organisationen (UBSO)
DIN EN ISO 14 020:2001	Umweltkennzeichnungen und -deklarationen – Allgemeine Grundsätze
DIN EN ISO 14 031:1999	Umweltmanagement – Umweltleistungsbewertung – Leitlinien
DIN EN ISO 14 040:2006	Umweltmanagement – Ökobilanz – Grundsätze und Rahmenbedingungen
ISO 11 771:2010	Luftbeschaffenheit – Ermittlung von zeitlich gemittelten Massenemissionen und Emissionsfaktoren – Allgemeine Vorgehensweise

Wie alle anderen ISO-Normen werden auch die Umweltmanagementnormen innerhalb von fünf Jahren nach Erscheinen einer Überprüfung unterzogen und ggf. aktualisiert. Entsprechend wurde auch nach der Erstveröffentlichung von 1996 eine Revision der ISO 14 001 durchgeführt. Ziele waren dabei die Vermeidung zusätzlicher und die Klarstellung bestehender Anforderungen sowie die Kompatibilität zur DIN EN ISO 9000:2005. Gemeinsam mit den weiteren Normen der Reihe DIN EN ISO 14 000 (Umweltmanagementsysteme) ist es für Unternehmen möglich, ein bereits bestehendes Qualitätsmanagementsystem nach DIN EN ISO 9001 unter Beachtung der teilweise unterschiedlichen Ausrichtungen einzelner Elemente mit einem Umweltmanagementsystem nach DIN EN ISO 14 001 zu einem integrierten Qualitäts- und Umweltmanagementsystem zu verbinden (vgl. **Qualitätsmanagementsystem, DIN EN ISO 9000:2005**).

In ihrer aktuellen Ausgabe enthält die DIN EN ISO 14 001:2005 u. a. folgende Neuerungen [Lück 05]:

- Anpassung der Terminologie an die DIN EN ISO 9000.
- Definition des Geltungsbereichs des Umweltmanagementsystems.

- Berücksichtigung aller Aktivitäten (Dienstleistungen und Produkte) bei der Identifikation der umweltrelevanten Aspekte.
- Ermittlung und Bewertung der Umweltaspekte sind zu dokumentieren.
- Ziele und Einzelziele müssen, sofern praktikabel, messbar sein.
- Information und Schulung betreffen neben den Mitarbeitern auch alle weiteren Personen, die im Auftrag des Unternehmens Aufgaben verrichten.
- Neben den gesetzlichen Anforderungen gelten gleichwertig diejenigen Anforderungen, zu deren Einhaltung sich die Organisation verpflichtet hat.
- Die interne Bewertung der Einhaltung gesetzlicher und anderer Forderungen wird stärker betont.
- Erforderliche Informationen für die Managementbewertung sind klarer definiert.
- Bei Abweichungen sind eine Ursachenanalyse und eine Prüfung der Wirksamkeit von Korrekturmaßnahmen vorzunehmen.
- Verfahren für die Notfallvorsorge und -maßnahmen müssen periodisch überarbeitet und ggf. angepasst werden.

Zu den wesentlichen Elementen eines Umweltmanagementsystems nach DIN EN ISO 14 001 gehören:

- Umweltpolitik

  Die Umweltpolitik des Unternehmens muss von der Unternehmensleitung festgelegt werden. Die Kriterien der Umweltpolitik entsprechen im Wesentlichen den in der Verordnung (EWG) Nr. 1836/93 festgelegten „guten Managementpraktiken“ (vgl. **Eco-Management and Auditing Scheme**).

- Planung

  Im Rahmen der Planung zum Umweltmanagementsystem müssen umweltspezifische Informationen beschafft und verarbeitet werden. Dies beinhaltet die Ermittlung der durch das Unternehmen und die Produkte hervorgerufenen Umwelteinwirkungen sowie die Zusammenstellung und laufende Ergänzung der für das Unternehmen geltenden Umweltgesetze, Verordnungen und Anweisungen. Für die verschiedenen Unternehmensbereiche müssen konkrete umweltbezogene Ziele festgelegt werden, die einen vorausschauenden Charakter zur Vermeidung von Umweltschäden besitzen und mit der Umweltpolitik des Unternehmens übereinstimmen. Umweltmanagementprogramme werden zur Verwirklichung der Umweltziele und zur Festlegung von Zeitplänen und Verantwortlichkeiten entwickelt. Dabei müssen auch neue und geplante Projekte einbezogen werden können.

- Durchführung

  Die Durchführung von Maßnahmen des Umweltmanagements setzt eine klare Regelung hinsichtlich Organisationsstruktur und Verantwortlichkeiten voraus. Darunter fällt auch, dass die erforderliche materielle und personelle Ausstattung zur Umsetzung des Umweltmanagementsystems von der Unternehmensleitung zur Verfügung gestellt wird. Für umweltrelevante Prozesse müssen entsprechende Schulungen durchgeführt werden, um Bewusstseinsbildung und Kompetenz zu fördern. Auch die interne und externe Kommunikation sowie die Dokumentation des Umweltmanagementsystems, z. B. in Form eines Umweltmanagementhandbuchs, gehören zur Durchführung. Hinzu kommen die Zuordnung, Überprüfung, Aktualisierung und Entfernung überholter Dokumente. Zur Sicherstellung umweltschonender Produktions- und Verfahrensprozesse durch entsprechende Verfahrensabläufe sowie zur Notfallvorsorge und Maßnahmenplanung (Erkennen von Notfallsituationen und richtiger Umgang mit Unfällen) müssen geeignete Verfahren im Unternehmen wirksam eingeführt sein.

- Überwachung und Korrekturmaßnahmen

  Umweltbezogene Größen und Vorgänge (z. B. Abgasströme) sind nach Erfordernis zu messen und zu überwachen. Dazu gehört auch die Korrektur auftretender Abweichungen von regulären Prozessen, die zu Umwelteinwirkungen führen können. Weiterhin sind Verfahren zur Kennzeichnung, Pflege und ggf. Beseitigung von umweltspezifischen Aufzeichnungen sowie zur Überprüfung der Funktionsfähigkeit des Umweltmanagementsystems durch regelmäßige Audits einzuführen.

- Überprüfung durch die Leitung

  Die Unternehmensleitung veranlasst die Überprüfungen und bewertet in festzulegenden Abständen das gesamte Umweltmanagementsystem im Rahmen eines Umweltaudits. Dabei fließen Auditergebnisse, der Erfüllungsgrad der Umweltziele und externe Informationen in die Überprüfung ein. Falls notwendig, müssen aufgrund der Überprüfung einzelne Elemente angepasst bzw. geändert werden.

Eco-Management and Auditing Scheme (EMAS)

Die EG-Öko-Audit-Verordnung vom 29. Juni 1993 gilt unmittelbar in jedem Mitgliedsland der Europäischen Union und ist europaweit als Eco-Management and Auditing Scheme (EMAS) bekannt. Sie wurde mit dem Umweltauditgesetz (UAG) vom 7. Dezember 1995 in der Bundesrepublik Deutschland auf nationaler Ebene umgesetzt. Dieses Gesetz regelt u. a. die Zulassung und Anforderungen der Qualifikation der Umweltgutachter sowie das Verfahren zur Standorteintragung. Mit der

Erweiterungsverordnung des UAG wurde das EG-Öko-Audit-System auch für Dienstleistungsunternehmen wie z. B. öffentliche Dienstleister (Behörden), Banken, Handel und Verkehr geöffnet.

Als überarbeitete Fassung gilt seit 2010 die neue EG-Verordnung Nr. 1221/2009 (EMAS III). Die bedeutendste Änderung durch EMAS III betrifft Erleichterungen für kleine und mittlere Unternehmen. Sie müssen ihre Umwelterklärung nur alle zwei Jahre (statt jährlich) aktualisieren und nur alle vier (statt drei) Jahre durch einen Gutachter validieren lassen. Außerdem konkretisiert die EMAS-III-Verordnung die Anforderungen an den Inhalt der Umwelterklärung und erweitert den Anwendungsbereich der Verordnung auf Unternehmen auch außerhalb der EU.

EMAS beschreibt den Aufbau eines Umweltmanagementsystems auf noch immer freiwilliger Basis. Ziel ist es, dass Unternehmen die Fähigkeit erlangen, die an sie gestellten umweltbezogenen Forderungen zu erfüllen und eine kontinuierliche Verbesserung des betrieblichen Umweltschutzes zu erreichen. In diesem Sinne sollen Unternehmen motiviert werden, die durch sie hervorgerufenen Umwelteinwirkungen eigenverantwortlich zu bewältigen. Die Eigenverantwortung entbindet die Unternehmen dabei nicht von der Einhaltung bestehender Vorschriften des Umweltrechts. Vielmehr sollten die entwickelten und vorsorgenden Umweltziele darüber hinausgehen.

Der Ablauf gemäß EMAS unterteilt sich im Wesentlichen in fünf Schritte:

1. Betriebliche Umweltpolitik und -ziele

   In der Umweltpolitik wird von der Unternehmensleitung die spezifische umweltbezogene Ausrichtung des Unternehmens festgelegt. In einer Grundsatzerklärung werden die eigene Position zum Umweltschutz sowie eine Verpflichtung zur Einhaltung aller einschlägigen auf den Umweltschutz bezogenen Vorschriften und Richtlinien festgeschrieben. Dabei müssen auch Umweltziele für den Standort des Unternehmens festgelegt werden. Diese sind für alle betroffenen Unternehmensebenen aufzustellen und beinhalten eine Verpflichtung zur stetigen Verbesserung des betrieblichen Umweltschutzes. Die Umweltpolitik muss den Anforderungen nach Anhang I EMAS entsprechen, insbesondere den dort beschriebenen „Guten Managementpraktiken“.

2. Umweltprüfung

   Im Rahmen der Umweltprüfung werden alle umweltbezogenen Aspekte im Unternehmen erfasst und dokumentiert. Dabei werden sowohl technische (Prozesse, Produkte, Stoff- und Energieeinsatz) als auch organisatorische Aspekte (z. B. Dokumentation) und deren Auswirkungen auf die Umwelt betrachtet. Die Umweltprüfung entspricht somit einer Analyse des Istzustandes am jeweiligen Standort.

3. Umweltprogramm und Umweltmanagementsystem

   Das Umweltprogramm wird aus den Ergebnissen der ersten Umweltprüfung entwickelt. Es enthält im Wesentlichen die Beschreibung der konkreten Umweltziele, die zur Erreichung dieser Ziele notwendigen Maßnahmen und die Festlegung von Zeitvorgaben sowie Verantwortlichen für deren Umsetzung. Um eine reibungslose und wirksame Umsetzung des Umweltprogramms zu gewährleisten, muss das Unternehmen ein geeignetes Umweltmanagementsystem gemäß EMAS einrichten.

4. Umweltbetriebsprüfung

   Die Umweltbetriebsprüfung entspricht in Form und Vorgehensweise einem internen Audit und wird von einem unternehmensangehörigen oder einem externen Umweltbetriebsprüfer durchgeführt (vgl. **Audit**). Dabei werden die Umweltpolitik, die Umweltziele, das Umweltprogramm und das Umweltmanagementsystem auf ihre Wirksamkeit überprüft. Umweltbetriebsprüfungen sind regelmäßig durchzuführen und deren Ergebnisse zu dokumentieren.

5. Umwelterklärung

   Im Anschluss an die Umweltbetriebsprüfung ist in knapper und verständlicher Form eine für die Öffentlichkeit bestimmte standortbezogene Umwelterklärung zu verfassen. Darin informiert das Unternehmen über seine Umweltpolitik und -ziele sowie über die unternehmensinternen Tätigkeiten, die zu deren Erfüllung erfolgt sind.

Nach der Feststellung der Glaubwürdigkeit der in der Umwelterklärung veröffentlichten Daten und Informationen erklärt ein unabhängiger, betriebsexterner Umweltgutachter die Umwelterklärung für rechtsgültig. Damit ist dann die sogenannte Validierung nach EMAS vollzogen. Die Umweltbetriebsprüfung – und damit verbunden die Umwelterklärung – ist regelmäßig alle drei Jahre zu wiederholen. Weiterhin ist meist die jährliche Erstellung einer vereinfachten Umwelterklärung erforderlich, wobei ggf. die Aspekte Umweltpolitik, -ziele und -maßnahmen entsprechend anzupassen sind. Dadurch wird sichergestellt, dass das Umweltmanagementsystem auch tatsächlich wirksam ist.

Insgesamt ergibt sich eine besondere Qualität von EMAS vor allem durch die Ausrichtung auf Kommunikation, Partizipation, Dialog und Offenheit. Dies schafft Vertrauen in die hergestellten Produkte und bringt Verbindlichkeit sowie Dynamik in den Prozess der Ständigen Verbesserung der Umweltleistung (vgl. **Ständige Verbesserung**). EMAS gilt in Fachkreisen als das anspruchsvollere, aber auf Europa bzw. sogar den deutschsprachigen Raum konzentrierte System, während die DIN EN ISO 14 001 internationale Akzeptanz erfährt.

Literaturhinweise zur Vertiefung

DGQ - Deutsche Gesellschaft für Qualität (Hrsg.):
DGQ-Schrift 19-42: Umweltorientiertes Prozessmanagement.
Berlin: Beuth Verlag 2001.

Petrick, K.; Eggert, R. (Hrsg.):
Umwelt- und Qualitätsmanagementsysteme.
München: Carl Hanser Verlag 1995.

Umweltmanagementtechniken

Umweltmanagementtechniken sind Instrumente und Methoden, die auf dem Gebiet des Umweltmanagements auf operativer und strategischer Ebene zum Lösen von spezifischen Problemen der Planung, Regelung und Förderung der Umweltschutzmaßnahmen eingesetzt werden (vgl. **Umweltmanagement**). Darüber hinaus soll ein integriertes, vorsorgendes und innovatives Umweltmanagement im Unternehmen unterstützt werden. Dazu müssen neben externen Forderungen auch die internen Umweltschutzaufgaben erfasst, systematisiert, bewertet und umgesetzt werden. Ebenso ist neben der einfachen Beseitigung dringlicher Probleme auch die Förderung einer ganzheitlichen Sichtweise des Produktlebenszyklus beabsichtigt [Butterbrodt/Tammler 96].

Im Umweltmanagement werden auch Techniken aus anderen Fachgebieten, ggf. leicht modifiziert, eingesetzt. Dies betrifft insbesondere Techniken aus dem Qualitätsmanagement (Qualitätstechniken) , die hier jedoch nicht näher betrachtet werden sollen (vgl. **Qualitätsmanagement**, **Qualitätstechniken**, **Fehlermöglichkeits- und -einflussanalyse**, **Managementwerkzeuge**, **Qualitätswerkzeuge**, **Qualitätszirkel**, **Quality Function Deployment**, **Statistische Prozessregelung**).

Im Folgenden werden einige typische Umweltmanagementtechniken kurz vorgestellt [Butterbrodt/Tammler 96]:

- ABC/XYZ-Analyse

  Die ABC/XYZ-Analyse dient der Problemstrukturierung, Analyse und Bewertung von Umwelteinwirkungen sowie der Ermittlung von Schwerpunktproblemen nach dem Pareto-Prinzip (vgl. **Pareto-Diagramm**). Umwelteinwirkungen werden anhand spezifischer Kriterien analysiert und entsprechend ihrer Bedeutung in drei Wichtigkeitsklassen eingeordnet. Stoffe, Produkte und Verfahren werden hinsichtlich ihrer Umweltverträglichkeit verglichen, schwerwiegende Probleme erkannt und vorrangiger Handlungsbedarf wird abgeleitet.

- Ökobilanz

  Ökobilanzen ermöglichen die Erfassung und Analyse des Stoff- und Energieumsatzes im Unternehmen (Input-Output-Rechnung), um Umwelteinwirkungen zu ermitteln und zu bewerten. Bei konsequenter Anwendung erlauben Ökobilanzen eine genaue Auflistung und Analyse sämtlicher durch die Tätigkeit des Unternehmens hervorgerufener Umweltbeeinflussungen. Sie dienen weiterhin als Hilfsmittel der ökologischen Optimierung von Prozessen und Produkten sowie als Grundlage für Handlungsempfehlungen an das Management.

- Ökologische Buchhaltung

  Die ökologische Buchhaltung dient der kontinuierlichen Erfassung, Analyse und Beurteilung von Umwelteinwirkungen anhand der Verfügbarkeit natürlicher Ressourcen (ökologische Knappheiten). Verschiedenartige Umwelteinwirkungen werden unter Verwendung eines Umrechnungsfaktors verglichen und aufsummiert. Dadurch lässt sich das qualitative Wachstum eines Unternehmens als Verhältnis der Wertschöpfung zu den Umweltbeeinflussungen erkennen.

- Ökologische Qualität von Produkten

  Die Methode zur Ermittlung der ökologischen Qualität von Produkten dient der Analyse und Bewertung der Umweltverträglichkeit von Produkten über den gesamten Produktlebenszyklus. Mit dieser Technik können ökologische Stärken und Schwächen von Produktkonzepten aufgedeckt und bewertet werden. Außerdem werden Verbesserungspotenziale in den einzelnen Lebenszyklusphasen aufgezeigt.

- Produktlinienanalyse (PLA)

  Mit der Produktlinienanalyse werden unter Beachtung des gesamten Produktlebenszyklus produktbezogene Auswirkungen auf Natur, Gesellschaft und Wirtschaft analysiert und bewertet. Die Produktlinienanalyse erlaubt eine über die ökologischen Aspekte hinausgehende Betrachtung zur wirtschaftlichen und sozialen Verträglichkeit eines Produktes und eine diesbezügliche Auswahl von Produktalternativen. Die Produktpolitik eines Unternehmens kann ganzheitlich analysiert und die Möglichkeit zu ihrer Umgestaltung untersucht werden.

- Recyclinggerechte Konstruktion

  Bereits während der Produktentwicklung werden vom Konstrukteur Maßnahmen vorgesehen, die ein späteres Recycling des Produktes bzw. des verwendeten

Materials erleichtern oder sogar erst ermöglichen. Durch Rückführung von Abfällen und gebrauchten Produkten in den Stoffkreislauf können Rohstoffe eingespart sowie der Umfang von Entsorgungsleistungen reduziert werden. Dies führt zur Entlastung der Umwelt bei gleichzeitiger Einsparung finanzieller Mittel.

- Technikwirkungsanalyse (TWA)

  Mit der Technikwirkungsanalyse werden unter Beachtung ökonomischer und außerökonomischer Gesichtspunkte die Auswirkungen bereits vorhandener und neuer Produkte und Technologien auf die natürliche Umwelt analysiert. So können bereits im Entwicklungsprozess mögliche schädliche Wirkungen neuer Produkte abgeschätzt und durch die Anwendung anderer Lösungen vermieden werden.

- Umweltaudit

  Umweltaudits dienen der Analyse, Bewertung und Kontrolle des Umweltverhaltens eines Unternehmens durch eine Bestands- und Momentaufnahme (vgl. **Audit**). Durch die Ergebnisse eines Umweltaudits werden Planung und Kontrolle von Umweltschutzmaßnahmen unterstützt und gleichzeitig erhält die Unternehmensleitung eine gesicherte Entscheidungsgrundlage zum Stand des Umweltmanagements im Unternehmen. Durch eine Veröffentlichung der Auditergebnisse kann ein Umweltaudit auch als Mittel der Öffentlichkeitsarbeit genutzt werden.

Insgesamt ermöglichen Umweltmanagementtechniken eine systematische und strukturierte Vorgehensweise und tragen so zur Verringerung der Komplexität von Problemen bei. Der Einsatz bestimmter Umweltmanagementtechniken wird in den einschlägigen Standards zur Errichtung von Umweltmanagementsystemen nicht ausdrücklich vorgeschrieben, jedoch wird eine strukturierte Vorgehensweise bei der Erfassung und Behandlung von Umwelteinwirkungen durch die verbindliche Forderung der Organisation des betrieblichen Umweltschutzes in einem Managementsystem nahegelegt (vgl. **Umweltmanagementsystem**). Der Einsatz erprobter Techniken bietet sich daher an, um das Ziel der Ständigen Verbesserung auch des betrieblichen Umweltschutzes und der Umweltverträglichkeit von Prozessen und Produkten zu erreichen (vgl. **Ständige Verbesserung**).

Literaturhinweise zur Vertiefung

Butterbrodt, D.; Tammler, U.:
Techniken des Umweltmanagements.
In: Kamiske, G. F. (Hrsg.): Reihe Pocket Power.
München: Carl Hanser Verlag 1996.

Gastl, R.:
Kontinuierliche Verbesserung im Umweltmanagement – Die KVP-Forderung der ISO 14 001 in Theorie und Unternehmenspraxis.
Zürich/Schweiz: Vdf Hochschulverlag 2005.

Dyckhoff, H.; Lohmann, D.; Schmid, U.:
Umweltmanagement. Zehn Lektionen in umweltorientierter Unternehmensführung.
Berlin: Springer Verlag 2000.

Umweltrecht

Umweltrecht bezeichnet die Gesamtheit aller Gesetze und Verordnungen, die dem Ziel des Umweltschutzes dienen und je nach Maßgabe im Rahmen des betrieblichen Umweltmanagements zu berücksichtigen sind. Dabei umfasst das Umweltrecht sowohl die Verordnungen und Richtlinien auf europäischer Ebene als auch auf nationaler Ebene die Bundes- und Landesgesetze und -verordnungen sowie die Satzungen im kommunalen Bereich.

Rangordnung	Ausführung und Beispiele
Europäisches Recht	EU-Verordnung
Nationales Recht	z. B. Umweltauditgesetz (UAG)
Grundgesetz, Bundesverfassungsgericht	hoheitsrechtliche Aufgaben, z. B. Luftverkehr
Bundes- (Rahmen-) und Landesgesetze	z. B. Wasserhaushaltsgesetz (WHG), Länderwassergesetze
Rechtsverordnungen	z. B. Chemikalienverbotsverordnung
Verwaltungsvorschriften	z. B. Technische Anleitung (TA) Abfall
Gemeindesatzungen, Verwaltungsakte	Genehmigungen, z. B. Erlaubnis für Anlagenbetreiber

Das Umweltrecht ist in der Bundesrepublik überwiegend Umweltverwaltungsrecht und somit Teil des Öffentlichen Rechts (vgl. Bild 2.92). Das Umweltverfassungsrecht und das Allgemeine Umweltverwaltungsrecht sind für die Durchführung des betrieblichen Umweltschutzes von untergeordneter Bedeutung.

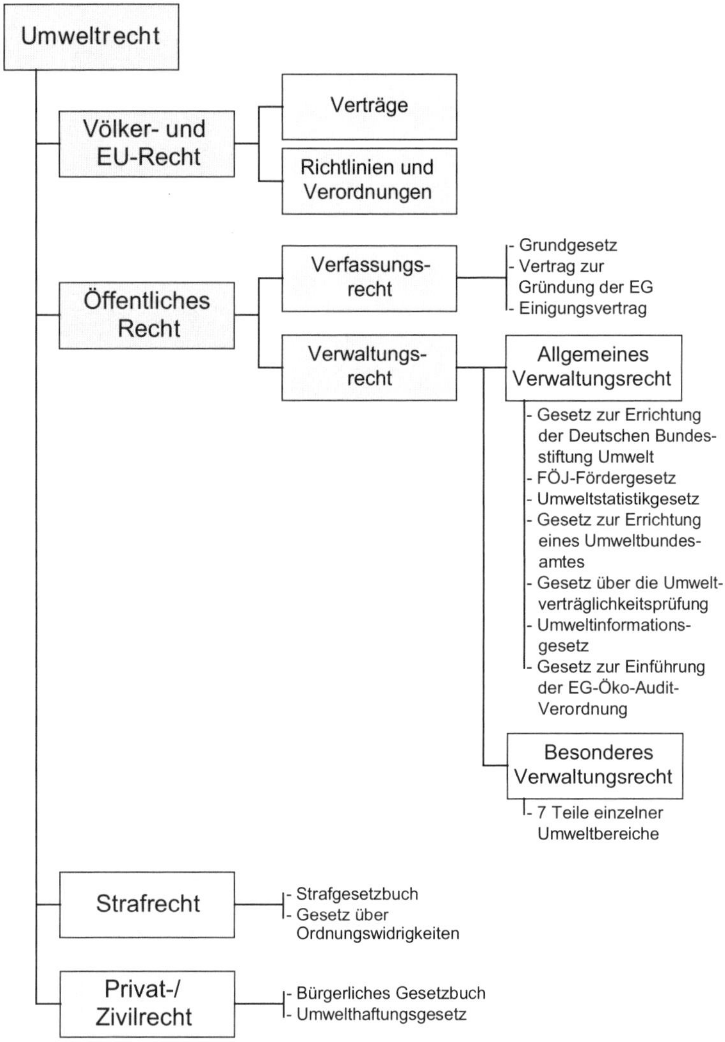

Bild 2.92 Rechtsgebiete des Umweltschutzes

Das besondere Umweltverwaltungsrecht enthält Gesetze und Verordnungen, die den betrieblichen Umweltschutz regeln und festlegen und damit von großer Bedeutung für das Unternehmen sind. Es ist in sieben Teile einzelner Umweltbereiche gegliedert:

- Teil I Naturpflege

  Naturschutz, Landespflege, Bodenschutz und Tierschutz: Bundesbodenschutzgesetz, Bundesnaturschutzgesetz, Bundeswaldgesetz, Tierschutzgesetz, Gesetz über die Errichtung eines Bundesamtes für Naturschutz.

- Teil II Gewässerschutz

  Wasserhaushaltsgesetz, Abwasserabgabengesetz, Wasch- und Reinigungsmittelgesetz.

- Teil III Vermeidung, Verwertung und Beseitigung von Abfällen

  Kreislaufwirtschafts- und Abfallgesetz, Abfallverbringungsgesetz.

- Teil IV Immissionsschutz

  Luftreinhaltung und Lärmbekämpfung: Bundesimmissionsschutzgesetz, Benzinbleigesetz, Gesetz zum Schutz gegen Fluglärm.

- Teil V Strahlenschutz und Reaktorsicherheit

  Gesetz über die Errichtung eines Bundesamtes für Strahlenschutz, Atomgesetz, Strahlenschutzvorsorgegesetz.

- Teil VI Energieeinsparung

  Energieeinsparungsgesetz, Energieverbrauchskennzeichnungsgesetz, Stromeinspeisungsgesetz.

- Teil VII Schutz vor gefährlichen Stoffen

  Chemikaliengesetz, Pflanzenschutzgesetz, Gentechnikgesetz, Düngemittelgesetz.

Das Umweltprivatrecht nimmt Bezug auf diese Vorschriften und regelt die Beziehungen der Bürger untereinander. Ein Unternehmen ist vom Umweltprivatrecht betroffen, wenn beispielsweise ein Anwohner des Unternehmens auf Grundlage des Bürgerlichen Gesetzbuches einen Unterlassungsanspruch gegen umweltbeeinträchtigende Immissionen stellt. Das Umweltstrafrecht verfolgt die Durchsetzung des Umweltverwaltungsrechtes mithilfe von Sanktionen.

Literaturhinweis zur Vertiefung

Butterbrodt, D.; Piwek, V.; Tammler, U.:
Wegweiser durch das Umweltrecht.
In: Kamiske, G. F. (Hrsg.): Reihe Pocket Power.
München: Carl Hanser Verlag 1997.

VDA 6.1

Der VDA-Band Nr. 6, Teil 1, „Qualitätsmanagement-Systemaudit“ für materielle Produkte (VDA 6.1), ist Teil der Schriftenreihe „Qualitätsmanagement in der Automobilindustrie“, die vom Verband der Automobilindustrie e. V. (VDA) herausgegeben wird, und stellt eine Empfehlung zur Einführung, Aufrechterhaltung und Bewertung von Qualitätsmanagementsystemen dar (vgl. **Qualitätsmanagementsystem**). Ziel der VDA 6.1 war die Darstellung der spezifischen Forderungen der Automobilindustrie an ein Qualitätsmanagementsystem, die in der zum damaligen Zeitpunkt international gültigen Norm DIN EN ISO 9001 (Ausgabe August 1994) aufgrund ihres branchenübergreifenden Charakters nicht genügend berücksichtigt werden konnten (vgl. **DIN EN ISO 9000:2005**).

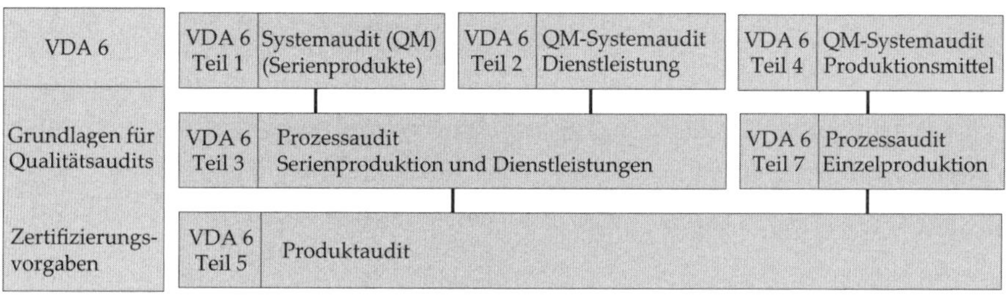

Bild 2.93 Qualitätsstandard der deutschen Automobilindustrie nach VDA 6.1, Ausgabe 2010

Die VDA 6.1 wurde ursprünglich auf der Grundlage der DIN EN ISO 9004 (Ausgabe Mai 1990) als Fragenkatalog zur Bewertung von Qualitätsmanagementsystemen entwickelt und erstmals 1991 veröffentlicht. Sie ist 2010 in der vierten überarbeiteten und aktualisierten Auflage erschienen [VDA 10a]. Enthalten sind alle Elemente der Norm DIN EN ISO 9001 (Ausgabe August 1994), spezifische Forderungen aus der Norm DIN EN ISO 9004, Teil 1 (Ausgabe August 1994), sowie aus der Praxis der Automobilindustrie (vgl. Bild 2.93).

Darüber hinaus sind Forderungen aus der US-amerikanischen QS-9000 (Ausgabe 1995) und der EAQF94 „Referentiel d‘evaluation d‘aptitude qualité fournisseurs – Bewertung der Qualitätsfähigkeit der Lieferanten“ (Frankreich) berücksichtigt. Die Vergleichbarkeit der französischen und deutschen Forderungen wurde durch eine Untersuchung festgestellt und es wurde daraufhin beschlossen, die Audits und ihre Ergebnisse gegenseitig anzuerkennen. Die Anerkennung gilt auch für die Forderungen des italienischen Automobilverbandes, sodass für die italienischen und französischen Forderungen keine zusätzlichen Erläuterungen notwendig sind [VDA 10a].

Eine weltweite Harmonisierung der branchenspezifischen Forderungen der internationalen Automobilindustrie - Hersteller und Verbände - an ein Qualitätsmanagementsystem ist mit der ISO/TS 16 949:2009 gelungen, die gleichermaßen für die Automobilhersteller (OEM - Original Equipment Manufacturer, Erstausrüster) und ihre Lieferanten gilt. Damit sollen auch die häufig vorgekommenen Mehrfachzertifizierungen in europäischen Ländern (z. B. VDA 6.1) und den USA (z. B. QS-9000) vermieden werden. Die US-amerikanische QS-9000 wurde konsequenterweise zum Dezember 2006 zurückgezogen. Andere nationale Automobilindustrieverbände im IATF wollten ursprünglich gleiches tun, entwickeln aber nach wie vor ihre eigenen Systeme weiter, beispielsweise die VDA 6.1 (vgl. **ISO/TS 16 949:2009, Qualitätsmanagementsystem, VDA 6.1, QS-9000, Zertifizierung**).

Grundsätzlich richtet sich die VDA 6.1 an alle Produzenten in der Automobilindustrie. Wie bei der QS-9000 ist es aber auch jedem anderen Unternehmen außerhalb dieses Industriezweiges freigestellt, ein Qualitätsmanagementsystem an der VDA 6.1 auszurichten. Produzenten der Automobilindustrie sind Hersteller von Kraftfahrzeugen und Anhängern sowie von Aufbauten, Teilen, Zubehör und Containern für Kraftfahrzeuge und Anhänger. Direkt von der VDA 6.1 betroffen sind hauptsächlich Lieferanten und Unterlieferanten, deren Teile in das Endprodukt Automobil einfließen oder dessen Qualität beeinflussen.

Inhaltlich verlangt die VDA 6.1, dass eine Beurteilung der Hersteller erfolgen muss, bevor diese als Lieferanten festgelegt werden. Die Beurteilung des Qualitätsmanagementsystems kann durch ein Systemaudit seitens des Lieferanten, Systemauditergebnisse anderer Kunden (Lieferanten) des Unterlieferanten oder durch eine Zertifizierung durch akkreditierte Zertifizierungsgesellschaften erfolgen (vgl. **Systemaudit, Zertifizierung**). Für international tätige Unternehmen empfiehlt der VDA die Zertifizierungen durch Zertifizierungsgesellschaften, damit die Auditergebnisse entsprechend weltweit gegenseitig anerkannt und Kosten durch wiederholte Auditierungen verschiedener Lieferanten umgangen werden. Grundlage der Bewertung des Qualitätsmanagementsystems ist die VDA 6.1, jedoch müssen auch andere VDA-Forderungen berücksichtigt werden. Die Zertifizierung eines Qualitätsmanagementsystems gemäß VDA 6.1 erfolgt nach einem festgelegten Punkteschlüssel. Nur nach Erreichen von mehr als 90 % der möglichen Punktzahl kann das VDA-6.1-Zertifikat erteilt werden. Beträgt der Erfüllungsgrad weniger als 90 %, kann eine Nachbegutachtung erfolgen. Das VDA-6.1-Zertifikat hat, mit jährlichen Audits durch den Zertifizierer, eine Gültigkeit von drei Jahren.

Wie bei der QS-9000 besteht durch die VDA 6.1 jedoch keine generelle Forderung nach einer Zertifizierung von Unterlieferanten. Die Forderungen des VDA entsprechen somit den Forderungen der QS-9000. Aufgrund einer Vereinbarung mit den Fahrzeugherstellern mit Stammsitz in den USA sind Forderungen bezüglich Unterlieferanten durch die VDA-Forderungen abgedeckt. Demnach kann das Qualitätsmanagementsystem eines Unterlieferanten nach VDA 6.1 auch nach der QS-9000 anerkannt werden.

Die VDA 6.1 besteht aus einem einzigen Dokument mit insgesamt 23 Elementen, wenn das zusätzliche Element Z1 „Unternehmensstrategie“ einbezogen wird. Sie baut, wie die QS-9000 auch, auf der DIN EN ISO 9001 in der Fassung von 1994 auf, ist aber in ihrer aktuellen Ausgabe an die DIN EN ISO 9001:2008 und DIN EN ISO 9004:2009 angepasst [VDA 10a] (vgl. Bild 2.94).

Fragenkatalog Nr. in VDA	Abschnittstitel in VDA 6.1:2010	Abschnittstitel nach DIN EN ISO 9001:2008
01	Verantwortung der Leitung	5, 6, 8
02	Qualitätsmanagementsystem	4, 5, 7
03	Interne Audits	8
04	Schulung, Personal	5, 6
05	Finanzielle Überlegungen zu Qualitätsmanagementsystemen	-
06	Produktsicherheit	4, 5, 7
Z1	Unternehmensstrategie	6, 8
07	Vertragsprüfung, Qualität im Marketing	5, 7
08	Entwicklung, Produktentwicklung	7
09	Prozessplanung, Prozessentwicklung	7
10	Lenkung der Dokumente und Daten	4
11	Beschaffung	7
12	Lenkung der vom Kunden beigestellten Produkte	7
13	Kennzeichnung und Rückverfolgbarkeit von Produkten (Prozesslenkung, Prüfstatus)	7
14	Prozesslenkung	7
15	Prüfungen (Produktprüfung)	7, 8
16	Prüfmittelüberwachung	7
17	Lenkung fehlerhafter Produkte	8
18	Korrektur- und Vorbeugungsmaßnahmen	8
19	Handhabung, Lagerung, Verpackung, Konservierung und Versand	7
20	Lenkung von Qualitätsaufzeichnungen	4
21	Wartung/Kundendienst, Aufgaben nach der Produktion	7, 8
22	Statistische Methoden	8

Bild 2.94 Vergleich der Gliederungen der VDA 6.1 und DIN EN ISO 9001, Ausgabe 2008

Der Inhalt der VDA 6.1 untergliedert sich im Wesentlichen in die Beschreibung des Systemaudits, die Begriffsbestimmung und den Fragenkatalog. Der Fragenkatalog besteht aus zwei Teilen:

- Teil U: Unternehmensführung mit sechs Elementen sowie einem freigestellten Element und 31 (bzw. 36) Fragen;
- Teil P: Produkt und Prozess mit 16 Elementen und 89 Fragen.

Die Gliederung der VDA 6.1 verdeutlicht den hohen Stellenwert der Unternehmensführung bei Qualitätsmaßnahmen. Die ressortspezifischen Fragen müssen vom jeweiligen Hauptverantwortlichen im Unternehmen und nicht vom Qualitätsleiter beantwortet werden. Der Qualitätsleiter soll nur zum Qualitätswesen befragt werden. Weil jede der 125 Fragen zusätzlich erläutert und durch Beispiele ergänzt wird, ist der Fragenkatalog weitgehend selbsterklärend und deshalb für die Praxis hervorragend geeignet.

Eine Gegenüberstellung der Fragen der VDA 6.1 zu den Forderungen der QS-9000 zeigt, dass die Inhalte im Wesentlichen übereinstimmen. In folgenden Elementen der VDA 6.1 bestehen jedoch Fragen mit zusätzlichen Forderungen:

- Element 05 – Finanzielle Überlegungen zu Qualitätsmanagementsystemen (Frage 5.1 bis 5.4);
- Element 06 – Produktsicherheit (Frage 6.1 und 6.4);
- Element Z1 – Unternehmensstrategie (Frage Z1.5);
- Element 07 – Vertragsprüfung, Qualität im Marketing (Frage 7.1 und 7.3);
- Element 21 – Wartung/Kundendienst, Aufgaben nach der Produktion (Frage 21.1 und 21.2).

Insgesamt ergänzt die VDA 6.1 (wie auch die QS-9000) die DIN EN ISO 9001 (Ausgabe August 1994) um zusätzliche, deutlich höhere Forderungen und entwickelt sie dadurch weiter im Hinblick auf Kundenzufriedenheit, kontinuierliche Verbesserung und eine stärkere Orientierung auf die Geschäftsergebnisse. Stabilere Prozesse, enge Kunden-Lieferanten-Beziehungen und interdisziplinäre Teamarbeit führen zu Nutzensteigerungen bei allen Beteiligten, da sich die Erfüllung der Qualitätsforderungen in der Prozesskette vom Lieferanten über das Unternehmen bis hin zum Endkunden fortsetzt (vgl. **Kundenorientierung**, **Prozessorientierung**, **Ständige Verbesserung**) .

Dahinter steht auch die Absicht, Produktivitätssteigerungen und Kostenreduzierungen zu bewirken und damit zu einer stärkeren Wettbewerbsfähigkeit des Unternehmens im Sinne von Total Quality Management zu führen (vgl. **Total Quality Management**).

Literaturhinweise zur Vertiefung

VDA – Verband der Automobilindustrie (Hrsg.):
VDA-Schriftenreihe Qualitätsmanagement in der Automobilindustrie,
Band 6 Teil 1: QM-Systemaudit.
4. Auflage, aktualisierter Nachdruck, Frankfurt/Main 2010.

Rösch, B.; Hummel, T.:
QS-9000 und VDA 6.1 umsetzen.
In: Kamiske, G. F. (Hrsg.): Reihe Pocket Power.
2. Aufl., München: Carl Hanser Verlag 2003.

Loos, S.:
QS-9000 und VDA 6.1.
München: Carl Hanser Verlag 1998.

Versuchsplanung/Design of Experiments (DoE)

Versuchsplanung in diesem Sinne ist eine Methode, um die Parameter eines Produktes oder Prozesses vor Beginn der Serienfertigung zu optimieren. Dabei wird davon ausgegangen, dass auf ein Produkt oder einen Prozess mehrere Einflussgrößen wirken, die wiederum ein oder mehrere Qualitätsmerkmale y (Ausgangsgrößen) beeinflussen.

Bei den Einflussgrößen werden die Steuergrößen z (Parameter) von den Störgrößen x unterschieden. Die Steuergrößen werden einmalig bestimmt und während der Entwicklung festgelegt, sodass eine Veränderung durch den Bediener bzw. Benutzer nicht mehr möglich ist. Die Optimierung der Steuergrößen erfolgt durch die Versuchsplanung. Die Störgrößen x sind gar nicht oder nur sehr aufwendig und kostenintensiv zu kontrollieren. Sie können sich ändern und sind nur statistisch mit Mittelwert und Standardabweichung zu erfassen (vgl. **Statistische Prozessregelung**). Die Störgrößen sind die Ursachen für die unerwünschten und unkontrollierbaren Abweichungen eines Qualitätsmerkmals von seinem Zielwert.

Darüber hinaus wirken am Produkt oder Prozess diejenigen Größen, die zwar grundsätzlich vorgegeben sind, aber vom Bediener bzw. Benutzer eingestellt werden können, um den gewünschten Wert der Ausgangsgröße y (Qualitätsmerkmal) zu erzielen. Diese einstellbaren Größen werden als Eingangsgrößen M bezeichnet (vgl. Bild 2.95).

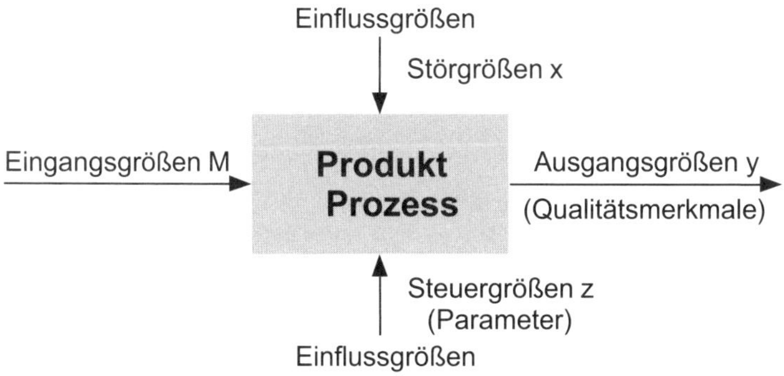

Bild 2.95 Größen am Produkt oder Prozess

Ziel der Versuchsplanung ist es, die wichtigste und damit qualitätsbestimmende Ausgangsgröße *y* zu identifizieren und die Steuergrößen *z* so einzustellen, dass der Prozess oder das Produkt unempfindlich wird gegenüber den Einflüssen der Störgrößen *x* (vgl. Bild 2.96). Auf diese Weise werden Bestwerte für die qualitätsbestimmenden Merkmale bei gleichzeitig geringer Streuung erreicht. Produkte bzw. Prozesse mit derartig konstant optimalen Werten der Qualitätsmerkmale unter allen Einsatzbedingungen werden als robust gegenüber Störgrößen bezeichnet (Robust Design) (vgl. **Qualitätsverlustfunktion**).

Die Optimierung der Parameter (Steuergrößen) und schließlich der Qualitätsmerkmale wird dadurch erschwert, dass die Funktion für die Abhängigkeit zwischen Einflussgrößen und Qualitätsmerkmal (Ausgangsgröße) nicht bekannt ist. Um diesen Zusammenhang empirisch vollständig zu ermitteln, wäre eine große Zahl an Versuchen nötig, was sehr viel Zeit erfordern und hohe Kosten verursachen würde. Deshalb kann eine solche Vorgehensweise bei der Produktentwicklung selten angewendet werden. Es muss vielmehr eine gezielte Auswahl der erfolgversprechendsten Kombinationen zur Ermittlung des gesuchten Zusammenhanges zwischen Parametereinstellung und Qualitätsmerkmal getroffen werden. Beruht diese Auswahl jedoch auf vage formulierten Erfahrungswerten, ist meist eine hinreichend genaue Annäherung an den tatsächlichen Zusammenhang nicht gegeben, sodass sich auch der gewünschte Erfolg im Hinblick auf eine signifikante und nachhaltige Qualitätsverbesserung nicht einstellt.

Anzahl und Parameterkombination der durchzuführenden Versuche sind also systematisch auszuwählen, um auf diese Weise eine hinreichend genaue Modellbildung bei vertretbarem Einsatz von Zeit und finanziellen Mitteln zu erreichen. Zur Durchführung dieser schnelleren und kostengünstigen Auswahl dient die Versuchsplanung. Sie ermöglicht durch den Einsatz von mathematisch-statistischen Methoden die gezielte Selektion der günstigsten aus allen denkbaren Parameterkombinationen sowie eine entsprechende Planung der Versuche selbst. Da neben der Planung aber auch die Durchführung und Auswertung der Versuche sowie die Umsetzung der Ergebnisse erfolgen muss, kann diese Vorgehensweise insgesamt auch als Versuchsmethodik bezeichnet werden, bei der die Versuchsplanung einen besonders wichtigen Teil darstellt [Quentin 94].

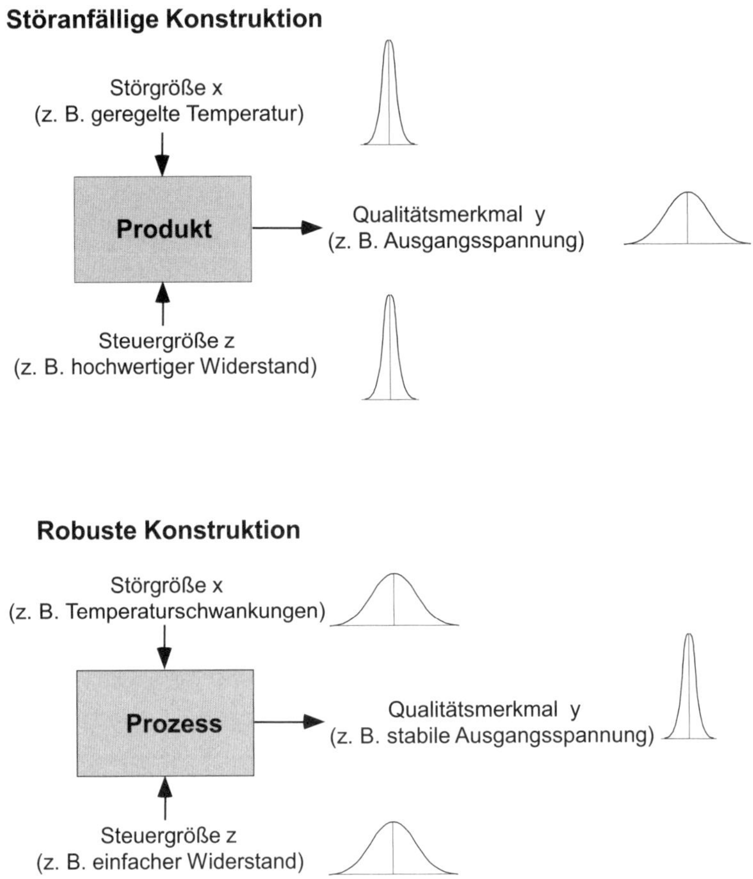

Bild 2.96 Ziel der Versuchsplanung nach Taguchi

Um die Versuchsplanung, die wegen der umfangreichen Anwendung der Statistik auch statistische Versuchsplanung genannt wird, sinnvoll anwenden zu können, müssen einige Voraussetzungen erfüllt sein. Dazu gehören die Fertigstellung eines Prototyps zur Versuchsdurchführung, die erfolgte Identifikation der qualitätsbestimmenden Merkmale und der kritischen Produkt- oder Prozessparameter (Steuergrößen) sowie die Festlegung von Zielwerten für die Ausgangsgrößen dieser kritischen Parameter.

Nachstehend werden die drei wesentlichen Methoden der Versuchsplanung kurz umrissen. Auf eine ausführliche Darstellung des mathematisch-statistischen Hintergrundes muss dabei im Rahmen dieses Buches verzichtet werden.

Versuchsplanung nach Fisher und Box

Diese klassische Versuchsplanung wurde in den 1920er-Jahren von dem Engländer Fisher auf dem Gebiet der Ernährungswissenschaft begründet und später von dem Amerikaner Box auch für die Anwendung in den Natur- und Ingenieurwissenschaften weiterentwickelt. Nach dieser Vorgehensweise werden Parameter analysiert, die für ein Produkt- oder Prozessmerkmal von Bedeutung sind. Die Untersuchung erfolgt in zwei Stufen, wobei die Versuchsanzahl so ausgewählt wird, dass Haupt- und Wechselwirkungseffekte der Parameter getrennt voneinander analysiert werden können. Schwerpunkt der klassischen Versuchsplanung ist die korrekte Bestimmung (mathematische Modellierung) der Abhängigkeit zwischen Produktmerkmal und Produktparametern. Die Anwendung der Versuchsplanung nach der Methode von Fisher und Box erfolgt schwerpunktmäßig im Bereich der wissenschaftlichen Forschung sowie in der Luft- und Raumfahrt.

Versuchsplanung nach Taguchi

Diese erste der beiden modernen Methoden der Versuchsplanung wurde in den 1950er- und 1960er-Jahren von dem Japaner Taguchi entwickelt und verbreitete sich zunächst in Japan. Seit 1980 wird die Versuchsplanung nach Taguchi auch in den USA erfolgreich eingesetzt und findet seit einigen Jahren auch in Europa zunehmend Anwendung.

Die Untersuchung der Steuergrößen des betrachteten Produktes oder Prozesses findet in der Regel in drei Stufen statt, wobei die Versuchspläne nach sogenannten orthogonalen Feldern zusammengestellt werden. Die Steuergrößen werden ausschließlich in ihren Haupteffekten auf eine Zielgröße hin untersucht, die nach Taguchi als Signal-Rausch-Verhältnis (Signal-to-Noise Ratio, S/N) bezeichnet wird. Darüber hinaus eventuell vorhandene Wechselwirkungseffekte sollen durch sorgfältige Auswahl des qualitätsbestimmenden Merkmals sowie der Steuergrößen und ihrer Stufen rechtzeitig eliminiert werden.

Der Anwendungsschwerpunkt der Versuchsplanung nach Taguchi liegt in der Optimierung von produkt- bzw. prozessspezifischen Qualitätsmerkmalen im Rahmen der industriellen Produktentwicklung. In dieser Phase sind qualitätssichernde Maßnahmen am wirkungsvollsten zu treffen, da hier die erste und einflussreichste Festlegung von Qualitätsmerkmalen erfolgt. Somit liegt hier das größte Potenzial zur vorausschauenden Fehlervermeidung, um auf diese Weise die Qualität zu verbessern und die Kosten zu senken (vgl. **Simultaneous Engineering und Quality Engineering**).

Taguchi bezeichnet seine Versuchsplanung im Sinne fehlervermeidender Maßnahmen während der Planungsphase von Produktkonstruktion und Fertigungsprozess als Off-Line Quality Control. Daran schließt sich während der laufenden Produktion die On-Line Quality Control an, die als Prozessbeobachtung und -regelung erfolgt (vgl. **Statistische Prozessregelung**).

Dies deckt sich auch mit Taguchis Qualitätsphilosophie, bei der Qualitätsverbesserung und gleichzeitige Kostensenkung die wichtigsten Ziele darstellen (vgl. **Qualitätsbegriff**). Dieser sogenannte Qualitätsverlust wird in seiner gesamtwirtschaftlich-gesellschaftsbezogenen Sichtweise durch die von Taguchi definierte Qualitätsverlustfunktion (Quality Loss Function) beschrieben und durch die parabolische Funktion eines qualitätsbestimmenden Merkmals angenähert (vgl. **Qualitätsverlustfunktion**). Die Qualitätsverlustfunktion stellt die Abweichung des charakteristischen Qualitätsmerkmals von seinem Zielwert dar, die außerdem in eine einfache Kostenrechnung transformiert wird [Taguchi/Clausing 90].

Entsprechend dieser Funktion ist der Qualitätsverlust, also die mit Kosten bewertete Abweichung vom Zielwert, nur dann null, wenn der Istwert des Qualitätsmerkmals mit dem Sollwert übereinstimmt. Je weiter Istwert und Sollwert auseinanderliegen, desto größer wird der Qualitätsverlust. Dabei unterscheidet Taguchi vier Typen von charakteristischen Qualitätsmerkmalen mit den dazugehörigen quadratischen Verlustfunktionen. In Abhängigkeit vom betrachteten Produkt oder Prozess kann der Sollwert, der Wert Null, der größte oder der kleinste Wert als Bestwert anzusehen sein.

Entgegen der traditionellen Denkweise in Toleranzen sieht Taguchi gemäß der Qualitätsverlustfunktion jede Abweichung vom Bestwert bereits als einen Verlust an, selbst wenn diese Abweichung noch innerhalb der Toleranz liegt. Qualität entsteht nach Taguchi also nicht durch die Einhaltung von Toleranzen, sondern durch die Übereinstimmung des Mittelwertes aller Werte eines funktionsbestimmenden Qualitätsmerkmals mit dem Sollwert bei gleichzeitig minimaler Streuung. Als Qualitätsmaßstab führte Taguchi das sogenannte Signal-Rausch-Verhältnis (Signal-to-Noise Ratio, S/N) ein, das aus dem durchschnittlichen Qualitätsverlust abgeleitet wird. Dabei ist der durchschnittliche Qualitätsverlust der Mittelwert aller einzelnen Qualitätsverluste der Teile eines Fertigungsloses, die wiederum mit der quadratischen Qualitätsverlustfunktion ermittelt werden.

Um diese höchste Qualität zu erzielen, also den Qualitätsverlust als Abweichung vom Zielwert zu minimieren, ist nach Taguchi ein beherrschter und optimierter

Produktionsprozess (Robust Design) nötig, der unempfindlich ist gegenüber den qualitätsmindernden Störeinflüssen der Umwelt (vgl. **Qualitätsverlustfunktion**). Ein robuster Prozess wird erreicht über die Schritte bzw. Phasen System Design, Parameter Design und Tolerance Design im Rahmen der Versuchsplanung nach Taguchi, wobei Parameter Design das Kernstück darstellt (vgl. Bild 2.97). Diese drei Schritte werden von Taguchi auch als Off-Line Quality Control bezeichnet und sind im Gegensatz zur On-Line Quality Control bereits vor Produktionsbeginn einzusetzen.

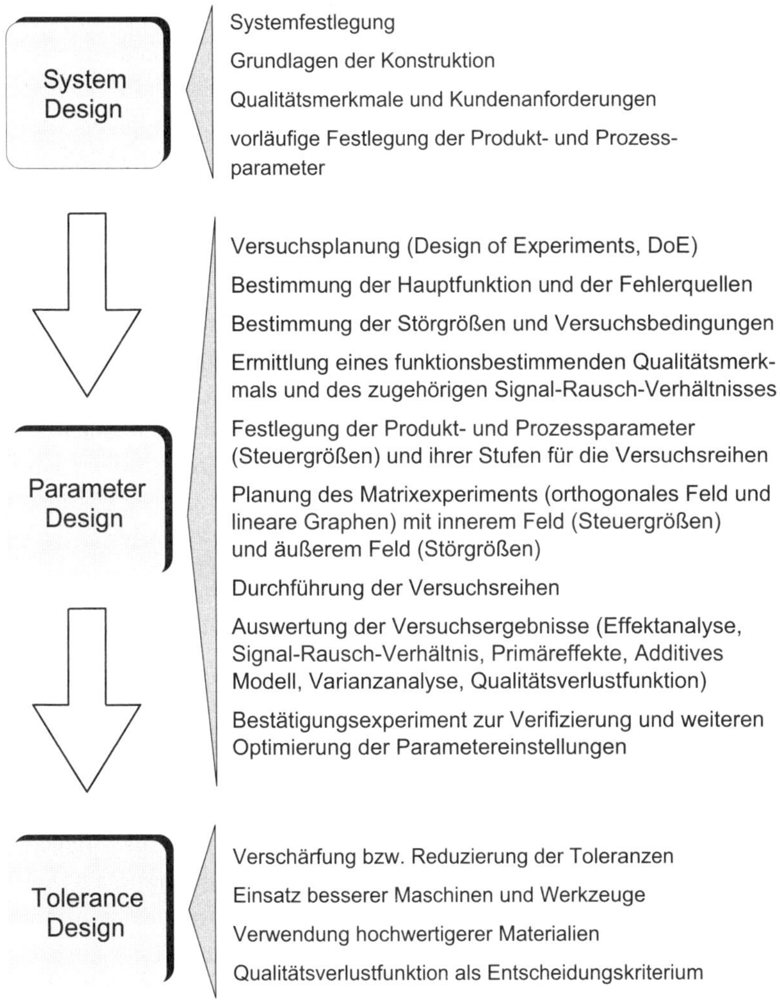

Bild 2.97 System Design, Parameter Design und Tolerance Design nach Taguchi

In der System Design-Phase werden die Grundlagen der Konstruktion entwickelt und diejenigen Qualitätsmerkmale herausgearbeitet, die im Hinblick auf eine Erfüllung der Kundenanforderungen am besten geeignet erscheinen. Dabei werden sowohl bisherige Konstruktionserfahrungen umgesetzt als auch Erkenntnisse über die Kundenwünsche verwendet, die mithilfe anderer Methoden des Quality Engineering gewonnen wurden, insbesondere dem Quality Function Deployment (QFD). Bezüglich einer ersten, vorläufigen Festlegung der Produkt- und Prozessparameter sind zunächst auch kostengünstigere Methoden und Materialien zu berücksichtigen, die dann im nächsten Schritt optimiert werden können.

Parameter Design ist als Kernstück der Taguchi-Methode anzusehen. Hier kommt auch die eigentliche Versuchsplanung nach Taguchi (Design of Experiments, DoE) zur Anwendung, die einen bedeutenden Beitrag zur Qualitätsverbesserung bei gleichzeitiger Kostensenkung liefern kann. In dieser Phase werden die Produkte bzw. Prozesse auf der Basis der Qualitätsverlustfunktion (Quality Loss Function) und des Signal-Rausch-Verhältnisses (Signal-to-Noise Ratio, S/N) robust gegenüber qualitätsmindernden Störgrößen gemacht. Die Auswirkungen dieser Störgrößen werden entschärft, ohne die Störungen selbst unter Kontrolle zu bringen oder zu eliminieren, was zum Teil mit hohen Kosten verbunden ist. Dazu werden in einem Matrixexperiment die wesentlichen Steuergrößen mittels sogenannter orthogonaler Felder und linearer Graphen über meist drei Stufen variiert. Dadurch können Wechselwirkungen zwischen den Steuergrößen identifiziert und somit berücksichtigt werden. Versuchspläne, orthogonale Felder und lineare Graphen sind entsprechenden Tabellenwerken zu entnehmen [Phadke 89].

Nach der Durchführung der Versuche werden die Ergebnisse ausgewertet. Dabei wird zunächst das Signal-Rausch-Verhältnis für jede Versuchsreihe bestimmt und es werden durch die Analyse der Primäreffekte die Auswirkungen der Steuergrößen darauf ermittelt. In der anschließenden Varianzanalyse (Analysis of Variance, ANOVA) werden statistisch nicht signifikante Steuergrößen identifiziert, die dann nicht weiter zu berücksichtigen sind. Aus der Versuchsanalyse lassen sich insgesamt diejenigen Werte der Steuergrößen ermitteln, die das größte Potenzial im Hinblick auf ein optimales Signal-Rausch-Verhältnis vermuten lassen. Aus der Einstellung dieser optimalen Werte resultiert ein Maximalwert des Signal-Rausch-Verhältnisses, also ein geringer durchschnittlicher Qualitätsverlust, was wiederum gleichbedeutend mit hoher Qualität ist. In einem Bestätigungsexperiment wird anschließend untersucht, ob die gewählten Werte der Steuergrößen auch tatsächlich die prognostizierte Qualitätsverbesserung liefern. Ist dies nicht der Fall, so liegen zwischen mindestens zwei Steuergrößen noch nicht erkannte Wechselwirkungen vor, die in einer neuen Versuchsplanung entsprechend berücksichtigt werden müssen.

In der Phase des Tolerance Design kann eine erneute bzw. reduzierte Festlegung der Toleranzen für diejenigen Produkt- und Prozessparameter erfolgen, bei denen trotz der Optimierung in der Parameter Design-Phase noch zu große Streuungen der Qualitätsmerkmale auftreten. Dabei werden insbesondere auch Kosten-Nutzen-Erwägungen berücksichtigt, wenn es um den Einsatz von besseren Werkzeugen und Maschinen sowie um die Verwendung von hochwertigeren, teureren Materialien zur weiteren Reduzierung der Streuungen geht. Als Entscheidungskriterium für derartige Ausgaben dient wieder die Qualitätsverlustfunktion (Quality Loss Function), die den beim Kunden entstehenden Qualitätsverlust darstellt. Dieser wird zu den Aufwendungen für eine weitere Optimierung ins Verhältnis gesetzt.

Die Versuchsplanung nach Taguchi besitzt einige spezielle Vorzüge, insbesondere im Vergleich zur Methode nach Shainin (vgl. **Versuchsplanung nach Shainin**). Zu nennen sind hier die Unterscheidung zwischen beeinflussbaren und nicht beeinflussbaren Parametern, die Möglichkeit der Berücksichtigung von drei oder mehr Stufen im Versuchsplan sowie die detaillierte Analyse der ermittelten Ergebnisse und deren Streuungen. Die Kritik an der Versuchsplanung nach Taguchi setzt im Wesentlichen bei der Behandlung der Wechselwirkungen, der Verwendung des Signal-Rausch-Verhältnisses als Qualitätsmaßstab und der Anwendung der mathematisch-statistischen Methoden an [Sondermann/Leist 89]. Diese Kritikpunkte können jedoch unter Hinweis auf die Zielsetzung einer schnellen, kostengünstigen Qualitätsverbesserung und nicht einer exakten mathematischen Abbildung der Ursache-Wirkungs-Zusammenhänge mehr oder weniger entkräftet werden.

Versuchsplanung nach Shainin

Die Versuchsplanung nach Shainin wurde in den 1980er-Jahren in den USA vorgestellt. Bei dieser von dem Amerikaner Shainin zusammengestellten und nach ihm benannten Methodensammlung wird zunächst auf die mathematische Analyse der experimentell gewonnenen Daten verzichtet. Stattdessen finden zahlreiche Diagramme Verwendung. Aus der großen Anzahl von möglichen Einflussgrößen (Steuer- und Störgrößen) werden in wenigen Schritten die vier einflussreichsten herausgefiltert, die dann in einem vollständigen Matrixexperiment auf Haupt- und Wechselwirkungen untersucht werden. Anschließend werden sie in Bezug auf ein Qualitätsmerkmal eingestellt und toleriert.

Anwendung findet die Versuchsplanung nach Shainin vorwiegend in der Industrie, und zwar mehr in der Fertigung als in der Produktentwicklung. Dies ist als ein wesentlicher Unterschied zur Versuchsplanung nach Taguchi festzuhalten. Aus dem Einsatz in der Fertigung folgt, dass in erster Linie laufend anfallende Daten zu analysieren sind. Grundsätzliche Änderungen von bereits festgelegten Produkten oder Prozessen sind nur noch schwer möglich und mit größter Vorsicht durchzuführen. Aus diesem Anwendungsgebiet ergibt sich als Zielsetzung schwerpunktmäßig die Konzentration auf einige wenige Einflussgrößen, die als Hauptproblemursachen identifiziert und eliminiert werden sollen. Daraus resultiert eine abgestufte Vorgehensweise, wobei die eigentliche Versuchsplanung erst eingesetzt wird, wenn einfachere Methoden von Shainin nicht zum gewünschten Ergebnis führen.

Der Grundgedanke der Versuchsplanung nach Shainin ist das Erkennen und Beseitigen von Problemen. Dazu werden die meist wenigen, aber sehr bedeutsamen Einflussgrößen (also sowohl Stör- als auch Steuergrößen!) identifiziert, die als Problemursachen infrage kommen. Sie werden nach der Stärke ihres Einflusses als Rotes X (Hauptursache), Rosa X und Blassrosa X bezeichnet. Hintergrund ist hier die Anwendung des Pareto-Prinzips (vgl. **Pareto-Diagramm**). Diese Vorgehensweise steht im Gegensatz zur Taguchi-Methode, wo die Störgrößen durch Robust Design entschärft, aber nicht beseitigt werden.

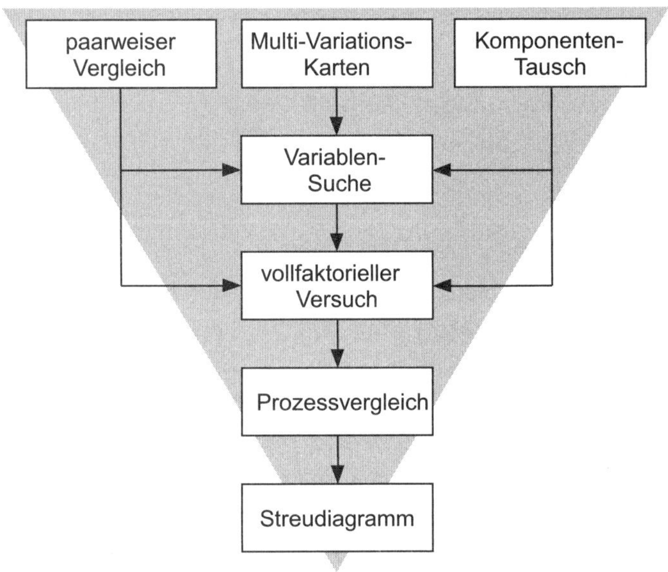

Bild 2.98 Übersicht der Methoden von Shainin

Zur Identifizierung und Beseitigung der dominanten Einflussgröße (Rotes X) schlägt Shainin eine ganze Sammlung von Methoden vor (vgl. Bild 2.98) [Bhote 88]. Diese beruhen auf einer zulässigen Vereinfachung varianzanalytischer Verfahren, beschränken sich dabei auf elementare mathematische Operationen und verwenden leicht verständliche grafische Lösungen.

Diese Methoden werden nachfolgend aufgezählt und kurz charakterisiert [Quentin 94]. In der Anwendung werden zunächst die einfacheren Methoden eingesetzt, die nur geringen Aufwand verlangen. Soweit erforderlich, können dann schrittweise auch die komplexeren Verfahren angewendet werden.

- Multi-Variations-Karten

  Sie helfen bei der Erkennung und Klassifizierung der Haupteffekte (Störeinflüsse): Untersuchung der positionalen (innerhalb eines Produktes), zyklischen (zwischen mehreren Produkten) und zeitlichen (in regelmäßigen Zeitabständen) Variation. Die grafische Stichprobenauswertung lässt oft ein Hauptabweichungsmuster erkennen, das Hinweise auf mögliche Einflussgrößen gibt und diese auf eine überschaubare Größenordnung reduziert.

- Paarweiser Vergleich

  Er dient zur Eingrenzung der wesentlichen Störeinflüsse durch einen Vergleich der Merkmalsausprägungen von Gut- und Schlechtteilen. Dazu werden mehrere Paare von guten und schlechten Einheiten (Produkten, Bauteilen) miteinander verglichen, um die wesentlichen Unterschiede zwischen ihnen zu ermitteln.

- Komponenten-Tausch

  Ebenfalls zur Eingrenzung der wesentlichen Störeinflüsse werden Komponenten von guten und schlechten Einheiten demontiert und beim anschließenden Zusammenbau wechselseitig vertauscht. Die grafische Auswertung der Veränderungen an den zuvor bestimmten Kenngrößen liefert Hinweise auf die Haupteinflussfaktoren.

- Variablen-Suche

  Nachdem die Einflussgrößen auf etwa fünf bis 20 eingegrenzt sind, werden nun die Haupteinflussgrößen in zwei Schritten identifiziert. Vorab wird für die wichtigsten Einflussgrößen je eine gute und eine schlechte Wertstufe festgelegt. In einer ersten Versuchsreihe werden die Ergebnisse bezüglich der Einflussgrößen für beide Wertstufen ermittelt. In der zweiten Versuchsreihe wird dann, ähnlich wie beim Komponenten-Tausch, jeweils eine Einflussgröße auf die gute Wertstufe gesetzt, alle anderen auf die schlechte. Durch die Untersuchung auf signifikante Änderungen des Prozessverhaltens lässt sich so eine wichtige (Rosa X) oder sogar die wichtigste (Rotes X) Einflussgröße finden.

- Vollfaktorieller Versuch

  Sind die Einflussgrößen auf vier reduziert, kann in einem vollständigen faktoriellen Versuch die Haupteinflussgröße identifiziert werden. Dazu werden sämtliche Parameter variiert, also alle 16 möglichen Kombinationen von guten und schlechten Wertstufen für die vier Einflussgrößen durchgetestet. Als Ergebnis erhält man Aufschluss über die Effekte der Steuergrößen und ihre Interaktionen, sodass die optimale Einstellkombination der Prozessparameter bestimmt werden kann.

- Prozessvergleich

  Zur Verifizierung der gefundenen Parametereinstellung wird ein Nachweistest (A-zu-B-Analyse, Alt-gegen-Besser, Better-versus-Current) durchgeführt. Dies geschieht in Form eines bewertenden Vergleichs der beiden Prozesse durch die Entnahme von Stichproben und führt zu einer Aussage darüber, ob tatsächlich eine Prozessverbesserung erreicht wurde.

- Streudiagramm (Korrelationsdiagramm)

  Zur Optimierung der Parametereinstellung können Streudiagramme verwendet werden, die als einfache Form der linearen Regression den Zusammenhang (Korrelation)) zweier Variablen, der Haupteinflussgröße und der Zielgröße (Qualitätsmerkmal), grafisch darstellen (vgl. **Qualitätswerkzeuge**). Es werden zunächst 30 Wertepaare ermittelt und als Punktwolke in das Diagramm eingetragen. Anschließend wird die zugehörige Regressionsgerade bestimmt und zusammen mit zwei Parallelen, die alle Werte der Punktwolke einschließen, ebenfalls eingezeichnet. Gibt man nun auf der Ordinate eine realistische Toleranz für das Qualitätsmerkmal vor, so können auf der Abszisse grafisch die richtige Einstellung der Haupteinflussgröße und ihre zulässige Abweichung ermittelt werden. Auf diese Weise lässt sich der Prozess hinsichtlich der Festlegung der Toleranzen optimieren.

Die Methoden der Versuchsplanung nach Shainin beinhalten einige spezielle Vorteile, insbesondere im Vergleich zur Taguchi-Methode (vgl. **Versuchsplanung nach Taguchi**). Hervorzuheben sind hier das Angebot von mehreren, aufeinander abgestimmten Verfahren zum problemadäquaten Einsatz, die leichte Verständlichkeit der Methoden auch für die Mitarbeiter auf Werkstattebene, die Identifizierung und Quantifizierung der Wechselwirkungen sowie der relativ geringe Versuchsaufwand. Hinzu kommt die auch in der Praxis erwiesene Leistungsfähigkeit der Methoden sowie die Einhaltung statistischer Regeln und Gesetze [Sondermann/Leist 89].

Problematisch ist hingegen, dass die Shainin-Methoden meist erst nach Auftreten eines Problems anwendbar sind. Dies widerspricht einer vorausschauenden Fehlervermeidungsstrategie und lässt obendrein die erheblichen Potenziale zur Qualitätsverbesserung und Kostensenkung in den frühen Entwicklungsphasen ungenutzt (vgl. **Simultaneous Engineering und Quality Engineering**).

Zusammenfassend lässt sich feststellen, dass Taguchi bei der Identifizierung der Störgrößen stärker vom Sachverstand der Fachleute abhängig ist, während Shainin die Fakten betont: „Don‘t let the engineers do the guessing, let the parts do the talking.“

Literaturhinweise zur Vertiefung

Taguchi, G.:
On-Line Quality Control during Production.
Tokyo/Japan: Japanese Standard Association 1981.

Taguchi, G.; Wu, Y.:
Introduction to Off-Line Quality Control.
Nagaya/Japan: Central Japan Quality Control Association 1985.

Taguchi, G.:
Introduction to Quality Engineering.
Tokyo/Japan: Asian Productivity Organization 1986.

Taguchi, G.:
System of Experimental Design, Vol. I und II.
Dearborn/Mich./USA: American Supplier Institute Press 1987.

Taguchi, G.; Konishi, S.:
Taguchi Methods, Orthogonal Arrays and Linear Graphs.
Dearborn/Mich./USA: American Supplier Institute Press 1987.

Fisher, R. A.:
The Design of Experiments.
8. Aufl., Edinburgh/UK: Oliver and Boyd 1971.

Wu, Y.; Moore, W. H.:
Quality Engineering, Product and Process Optimisation.
Dearborn/Mich./USA: American Supplier Institute Press 1986.

Box, G. E. P.; Hunter, W. G.; Hunter, J. S.:
Statistics for Experimenters.
New York/NY/USA: Whiley & Sons 1987.

Bhote, K. R.:
World Class Quality.
New York/NY/USA: American Management Association 1988.

Kleppmann, W.:
Taschenbuch Versuchsplanung.
6. Aufl., München: Carl Hanser Verlag 2009.

Vision und Mission

Ziele und Bedeutung eines umfassenden Qualitätskonzeptes im Sinne von Total Quality Management stehen in enger Wechselwirkung mit anderen Bereichen der Unternehmensführung (vgl. **Total Quality Management**). Aus diesem Grunde sind die Einbindung des Qualitätszieles in die gesamte Unternehmenspolitik und die Verknüpfung mit der Unternehmenskultur von besonderer Bedeutung. Dies ergibt sich auch aus dem Erfolgspotenzial von Qualität sowie der Langfristigkeit und Reichweite eines solchen Ansatzes.

Dabei erfordert eine erfolgreiche Umsetzung eines Total Quality Management-Konzeptes nicht nur die Schaffung der notwendigen organisatorischen, personellen und technischen Rahmenbedingungen sowie die Anwendung der Methoden und Instrumente des Qualitätsmanagements. Auch die Vorgabe einer entsprechenden übergeordneten Qualitätspolitik ist noch nicht vollständig ausreichend. Aufgrund der umfassenden Forderung von Total Quality Management nach einer Veränderung von Einstellung und Verhaltensweise aller Mitarbeiter des Unternehmens sind auch die Gesamtunternehmenspolitik sowie die Unternehmenskultur auf Qualität auszurichten.

Diese Ausrichtung erfolgt mithilfe einer sichtbaren, glaubwürdigen und mitreißenden Vision, die von einer überzeugenden Geisteshaltung gestützt wird. So wird das Verhalten aller Unternehmensangehörigen im Hinblick darauf geprägt, die Vision zu verinnerlichen und zu erfüllen. Die visionäre Ausrichtung eines Unternehmens wird auch darin offenbar, dass es sich seiner Werte und Überzeugungen - also seiner Unternehmenskultur - bewusst wird und diesen ein angemessenes Leitbild bestimmt, dem dann im Denken und Handeln nach innen und außen gefolgt wird.

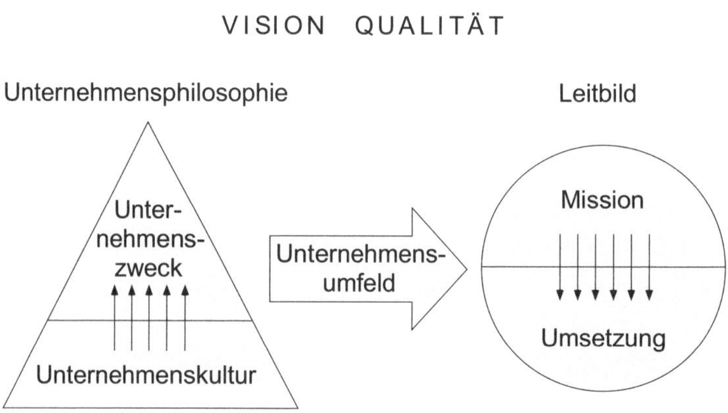

Bild 2.99 Von der Vision zur Mission

Als Kernelemente der Vision lassen sich die Unternehmensphilosophie und das Leitbild erkennen (vgl. Bild 2.99) [Collins/Porras 92]. Die Unternehmensphilosophie stellt das Kernstück der Vision dar. Sie setzt sich aus der Unternehmenskultur und dem Unternehmenszweck zusammen. Sie durchdringt die gesamte Organisation und beeinflusst Denken, Handeln und Entscheidungen der Angehörigen des Unternehmens.

Die Grundwerte und Überzeugungen stellen die Unternehmenskultur dar und bilden somit die Basis für sämtliche Vorgänge – innerhalb und außerhalb, an denen das Unternehmen beteiligt ist. Die Unternehmenskultur findet ihren sichtbaren Ausdruck in der Art des Umgangs der Mitarbeiter untereinander, den Beziehungen zu den Vorgesetzten sowie der Kommunikation mit den Kunden und Lieferanten (vgl. **Kundenorientierung**, **Mitarbeiterorientierung**).

Danach geht aus der Unternehmenskultur als zweiter Bestandteil der Unternehmensphilosophie der Unternehmenszweck hervor. Darunter ist eine umfassende und prägnante, aber auch im Hinblick auf die Formulierung der Vision inspirierende Darlegung zu verstehen, die flexibel und mitreißend genug ist, um langfristig Bestand zu haben.

Unter den Randbedingungen des Unternehmensumfeldes steht als zweiter Baustein der Vision das Leitbild vorn im Blickfeld und lenkt die Aufmerksamkeit aller Mitarbeiter des Unternehmens auf ein konkretes Ziel. Im Gegensatz zur Unternehmensphilosophie, die eher ruhig und tragend im Hintergrund bleibt, ist das Leitbild nach außen gerichtet. Es setzt sich aus Mission und Umsetzung zusammen, wobei die Mission eine klar umrissene Zielvorstellung abgeben und die Mitarbeiter herausfordern sollte. Durch sie wird die abstrakte Unternehmensphilosophie abgebildet und greifbar gemacht, sodass das Unternehmen vorangetrieben wird. Durch eine entsprechend anschauliche und lebendige Darstellung wird die Mission allen Mitarbeitern des Unternehmens nahegebracht und von ihnen aufgegriffen und umgesetzt.

Die übergeordnete und ruhig im Hintergrund wirkende Vision wie auch die Mission als klar umrissene und von allen Mitarbeitern getragene Zielvorstellung eines zukunftsorientierten Unternehmens richtet sich in diesem Sinne nach der Qualität aus. Sie muss im Einklang mit Unternehmensführung, -kultur, -philosophie, -leitbild und -umfeld stehen und sich auch aus diesen Aspekten integrativ herleiten. Total Quality Management stellt dabei die Umsetzungsstrategie dar, die sich aus allen Bestandteilen der Vision ergibt und diese schließlich zur Ausführung bringt (vgl. **Total Quality Management**).

Vollprüfung

Unter Vollprüfung (100%-Prüfung, Stück-für-Stück-Prüfung) versteht man die Überprüfung sämtlicher Einheiten in Bezug auf die vorgegebenen Prüfmerkmale. Im Gegensatz dazu wird bei der Stichprobenprüfung nur ein Teil der Einheiten geprüft (vgl. **Stichprobenprüfung**). Die Vollprüfung wird auch als Vollkontrolle oder Sortieren bezeichnet.

Die Anwendung der Vollprüfung ist zweckmäßig, wenn das Fertigungsverfahren (noch) nicht unter statistischer Kontrolle ist oder wenn die Fehlerfolgekosten die Prüfkosten wesentlich übersteigen (vgl. **Fehlleistungsaufwand**). Zwingend erforderlich ist die Vollprüfung bei lebenswichtigen Teilen (kritische Teile, Sicherheitsteile), selbst wenn es vom kostenrechnerischen Standpunkt aus betrachtet unwirtschaftlich erscheint. Sicherheit geht vor Wirtschaftlichkeit [Kamiske 74]. Weiterhin kann eine Vollprüfung aufgrund gesetzlicher Vorschriften notwendig sein. Bei zerstörenden Prüfverfahren kommt die Anwendung einer Vollprüfung natürlich nicht in Betracht.

Die Durchführung der Vollprüfung erfolgt im Wareneingangs- und im Fertigungsbereich meist in Form einer Attributprüfung, d. h., es wird nur unterschieden zwischen zwei gegensätzlichen Ausprägungen des Prüfmerkmals (gut/schlecht, vorhanden/nicht vorhanden). Bei Sicherheitsteilen wird die Vollprüfung möglichst in Form einer variablen (messenden) Prüfung durchgeführt, um hier aus konkreten Messergebnissen weitere Informationen für die Prozessverbesserung zu erhalten.

100%-Prüfung bedeutet erfahrungsgemäß jedoch nicht 100 % Sicherheit. Bei Durchführung von subjektiven Vollprüfungen werden Fehler aufgrund von menschlichen Unzulänglichkeiten wie Ermüdung, nachlassendem Sehvermögen bei Dauerbeanspruchung, Umweltbedingungen und anderen Einflussfaktoren nicht unbedingt entdeckt, es kommt zu einem unvermeidlichen Durchschlupf, wie systematische Untersuchungen gezeigt haben. Der Kontrollwirkungsgrad eines Prüfers (Verhältnis von ausgelesenen zu ursprünglich vorhandenen fehlerhaften Stücken) liegt bei einer Größenordnung von 80–95 % [Masing 70], d. h., es muss mit einem Durchschlupf von 5–20 % des im Los vorhandenen Fehleranteils gerechnet werden (vgl. **Kontrollwirkungsgrad**). Eine Objektivierung durch Automatisierung der Prüfvorgänge ist demnach unbedingt anzustreben.

Wertstromdesign (WSD)/Value Stream Mapping (VSM)

Wertstromdesign ist eine einfache, aber wirkungsvolle Methode, die strukturiert unterstützt, um den Istzustand eines Prozesses zu erfassen und daraus anschließend einen optimierten Sollzustand zu konzipieren. Dabei wird jedoch nicht nur der Materialfluss im Prozess betrachtet, sondern auch der begleitende Informationsfluss, der den Prozess steuert. Mit dem Begriff Wertstrom sind hier - ähnlich der Wertschöpfungskette - alle Prozesse gemeint, die notwendig sind, um ein Produkt vom Rohmaterial in seinen Endzustand zu transformieren und an den Kunden auszuliefern (vgl. **Supply Chain Quality**).

Sämtliche Prozesse werden im Wertstromdesign in solche unterteilt, die wertschöpfend sind, und in solche, die dies nicht sind. Wertschöpfende Tätigkeiten sind diejenigen, bei denen ein Produkt veredelt wird. Während das Produkt ungenutzt im Lager liegt oder von einer Arbeitsstation zur nächsten transportiert wird, ist keine Wertschöpfung erreicht.

Wesentliches Ziel und Prinzip von Wertstromdesign ist es, alle betrachteten Prozesse im Wertstrom so miteinander zu verknüpfen, dass ein kontinuierlicher, störungsfreier Fluss entsteht, auch als Fließprinzip bzw. Continuous Flow Manufacturing (CFM) bezeichnet (vgl. **Just-in-Time**). Der gesamte Wertstrom wird damit maßgeblich durch den Kundenwunsch im Sinne des Pull-Prinzips bei der Kanban-Steuerung getrieben (vgl. **Kanban**). Durch eine enge Verkettung der Prozesse innerhalb des Wertstroms erreicht man eine Verkürzung der Durchlaufzeit (DLZ) sowie eine gleichzeitige Reduzierung von Beständen, Fehlern und Ausschuss. Es wird also durch die Vermeidung von Verschwendung (Muda) insgesamt ein schlanker Prozess gemäß Lean Management gestaltet (vgl. **Muda, Mura, Muri - Die drei Mu**, **Fehlleistungsaufwand**, **Toyota Production System**). Hierbei wird auch die Steuerung einzelner Prozesse auf die Steuerung eines gesamten, effizienten, kundenorientierten Wertstromflusses verlagert.

In der praktischen Anwendung des Wertstromdesigns wird zunächst ein Prozess ausgesucht und in seinem Istzustand dargestellt (Current State Mapping). Dabei wird rückwärts vorgegangen, also beim Versand des fertigen Produktes begonnen. So wird Schritt für Schritt weiter zurückgegangen bis hin zum Materiallager. Hierbei ist die Betrachtung der Arbeitsplätze vor Ort von entscheidender Bedeutung, um Zwischenlager, Transport- und Prozesszeiten sowie Rüst- und Liegezeiten genau zu erfassen. Diese Ergebnisse werden zunächst ohne Bewertung notiert und mit geeigneten Mitteln visualisiert. Im zweiten großen Schritt wird der Sollzustand entwickelt (Future State Mapping). Ziel ist dabei ein Prozess mit kontinuierlichem Fluss und möglichst wenigen nicht wertschöpfenden Tätigkeiten. In einer Produktion ist oft die Einrichtung eines sogenannten Supermarktes hilfreich. Dabei handelt es sich um ein Lager, aus dem die Teile nur bei Bedarf entnommen werden. Das Supermarkt-Prinzip liegt auch dem Kanban-System im Rahmen des Toyota Production System (TPS) zugrunde (vgl. **Kanban**, **Toyota Production System**).

Abschließend sind aus dem Sollzustand die notwendigen Verbesserungsaktivitäten abzuleiten und ihre Umsetzung ist in Form eines Aktivitätenplans festzulegen. Besonders große Potenziale lassen sich durch Wertstromdesign in der Produktion und Montage erschließen, jedoch ist auch die Anwendung im administrativen Bereich durchaus sinnvoll und kann zu ungeahnten Prozessverbesserungen und auch finanziellen Einspareffekten führen.

Insgesamt bedeutet Wertstromdesign somit auch, das gesamte Unternehmen mit seinen Prozessen zu betrachten, um sie entsprechend gesamthaft zu verbessern – bis hin zur kompletten Wertschöpfungskette mit allen ihren Prozessstufen über Unternehmensgrenzen hinweg (vgl. **Supply Chain Quality**).

Literaturhinweise zur Vertiefung

Erlach, K.:
Wertstromdesign. Der Weg zur schlanken Fabrik.
Berlin: Springer-Verlag 2007.

Rother, M.; Shook, J.:
Sehen Lernen: Mit Wertstromdesign die Wertschöpfung erhöhen und Verschwendung beseitigen.
Aachen: Lean Management Institut 2004.

Lindner, A.; Becker, P.:
Wertstromdesign.
In: Kamiske, G. F. (Hrsg.): Reihe Pocket Power.
München: Carl Hanser Verlag 2010.

Gorecki, P.; Pautsch, P.:
Lean Management.
In: Kamiske, G. F. (Hrsg.): Reihe Pocket Power.
München: Carl Hanser Verlag 2010.

Wissensmanagement

Für den Begriff des Wissensmanagements lässt sich nur schwer eine eindeutige Definition geben, da eine Vielzahl von unterschiedlichen Aspekten und theoretisch fundierten Sichtweisen bei einer wissenschaftlich exakten Abgrenzung eine Rolle spielt. In einer praxisbezogenen Näherung können die beiden Begriffsbestandteile Wissen und Management betrachtet werden. Dabei ist der Managementbegriff als solcher ebenfalls problematisch zu definieren, jedoch in der betrieblichen Praxis hinreichend bekannt und angewendet. In diesem Sinne bezieht sich Management grundsätzlich auf Aspekte des Leitens, des (geschickten) Organisierens und des Betreuens von Personen, Gegenständen oder Prozessen. Der Begriff Qualitätsmanagement sei hier als Beispiel angeführt (vgl. **Qualitätsmanagement**).

Wissen als Begriff ist ebenfalls von Vielschichtigkeit geprägt. Es besteht grundsätzlich aus Fähigkeiten und Kenntnissen, die mit Erfahrungen, Gefühlen, Werten und auch Ahnungen verbunden sind. Dabei ist Wissen ein immaterielles Gut, sein Wert ergibt sich erst aus der Anwendung und ist daher auch nur im Rückblick bewertbar [Lucko/Trauner 05]. Im Gegensatz zu allen anderen Ressourcen, wie Rohstoffen, Kapital oder Produktionskapazitäten, erhöht sich der Wert von Wissen durch seinen Gebrauch.

Die Notwendigkeit, Wissen zu managen, ergibt sich aus der fast explosionsartigen Vermehrung des Wissens und seiner vielfachen Bereitstellung durch Kommunikation und Medien. Nutzung oder Missachtung von Wissen kann zu Wettbewerbsvorsprung oder -rückstand führen. Dabei ist jedoch die Fähigkeit entscheidend, Wissen und daraus zu gewinnende Erkenntnisse auch entsprechend umzusetzen. Vor diesem Hintergrund spielt die Unterscheidung zwischen implizitem und explizitem Wissen eine wesentliche Rolle:

- Implizites Wissen:

  Personengebunden, im Kopf gespeichert, nicht sichtbar, subjektive Einsichten und Intuition, schwer übertragbar.

- Explizites Wissen:

  Wenig kontextgebunden, in Dokumenten gespeichert, einfach übertragbar, leicht in Worte zu fassen, problemlos imitierbar.

Im Rahmen dieses Buches wird Wissensmanagement jedoch nicht in geisteswissenschaftlicher Hinsicht beleuchtet, sondern in wirtschaftlicher – es geht also darum, die Ressource Wissen bewusst zu nutzen, um Wettbewerbsvorteile zu erzielen. Dies bedeutet, es soll messbar sein, was für das Wissensmanagement wie für das Qualitätsmanagement problematisch ist. Wissensmanagement ist deshalb ohne ein System von Instrumenten nicht denkbar. Generell hat Wissensmanagement menschliche, organisatorische und technische Aspekte. Diese lassen sich in einem Technik-Organisation-Mensch-Modell (TOM-Modell) darstellen [Bullinger et al. 98].

Innerbetriebliches Wissensmanagement beantwortet die Frage, wie das Wissen der eigenen Mitarbeiter gespeichert und dem Unternehmen verfügbar gemacht und gehalten werden kann. Dieses verlangt die Einbettung in eine Unternehmensstruktur, die es den Mitarbeitern als vorteilhaft erscheinen lässt, ihr persönliches Wissen – ihren Erfahrungsschatz – anderen verfügbar zu machen.

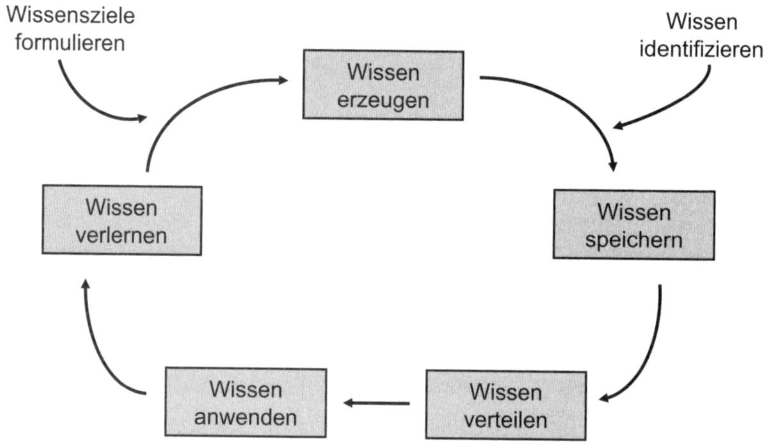

Bild 2.100 Wissenskreislauf

Dabei ist Wissensmanagement jedoch kein Projekt, sondern ein kontinuierlicher Prozess, der in die betrieblichen Abläufe integriert sein muss. Dieser Prozess lässt sich in sieben Elemente unterteilen (vgl. Bild 2.100) [Probst et al. 97]. Das Sammeln von Wissen bedarf einer Organisation, welche die Quellen aufspürt und erkennt sowie diese Erkenntnisse aufbereitet. Schließlich muss das so aufbereitete Wissen in einer geeigneten Weise gespeichert und zur Verfügung gestellt werden, die zum einen ein großes Volumen verkraften kann und andererseits die Zugänglichkeit für die Anwender des Wissens erleichtert. Regelmäßig ist das vorhandene Wissen auch auf Aktualität und Notwendigkeit für die sich mit Umweltbedingungen und Marktanforderungen ändernden Aufgabenfelder des Unternehmens zu überprüfen. Nicht mehr benötigtes Wissen ist also gezielt und bewusst zu verlernen. Ebenso sind neu entdeckte Wissensfelder zu integrieren und so Wissenslücken im Rahmen geplanter Wissensziele zu schließen.

Literaturhinweise zur Vertiefung

Nonaka, I.; Takeuchi, H.:
Die Organisation des Wissens.
Frankfurt/Main: Campus Verlag 1997.

Lucko, S.; Trauner, B.:
Wissensmanagement.
In: Kamiske, G. F. (Hrsg.): Reihe Pocket Power.
2. Aufl., München: Carl Hanser Verlag 2005.

Zertifizierung

Der Ausdruck „Zertifizierung“ ist eigentlich unscharf gewählt, wird jedoch in der betrieblichen Praxis häufig im Zusammenhang mit einem Qualitäts- bzw. Umweltmanagementsystem verwendet (vgl. **Qualitätsmanagementsystem**, **Umweltmanagementsystem**). Gemeint ist damit der Vorgang des Nachweises der Wirksamkeit und Funktionsfähigkeit eines entsprechenden Managementsystems im Unternehmen. Dieser Nachweis wird durch ein externes Systemaudit erbracht, das von einer neutralen Zertifizierungsstelle durchgeführt werden muss (vgl. **Systemaudit**). Dabei auditiert die Zertifizierungsstelle das Qualitäts- oder Umweltmanagementsystem des Unternehmens auf dessen Auftrag hin und vergibt bei Erfüllung der Anforderungen gemäß den sogenannten zertifizierfähigen Normen DIN EN ISO 9001:2008 (Qualitätsmanagement) bzw. DIN EN ISO 14 001 (Umweltmanagement) ein entsprechendes Zertifikat (vgl. **DIN EN ISO 9000:2005**). Dies gilt in ähnlicher Weise für die (mittlerweile zurückgezogene) QS-9000, die VDA 6.1 und insbesondere die ISO/TS 16 949:2009, die spezifischen Forderungskataloge der Automobilindustrie an ein Qualitätsmanagementsystem (vgl. **ISO/TS 16 949:2009**, **QS-9000**, **VDA 6.1**).

Die formale Kompetenz, Unabhängigkeit und Integrität der Zertifizierungsstellen leitet sich aus deren Akkreditierung bei der übergeordneten Trägergemeinschaft für Akkreditierung (TGA) im Deutschen Akkreditierungsrat (DAR) ab. Grundlage dieser Akkreditierung ist das Erfüllen der Forderungen nach DIN EN ISO/IEC 17 021, früher DIN EN 45 012.

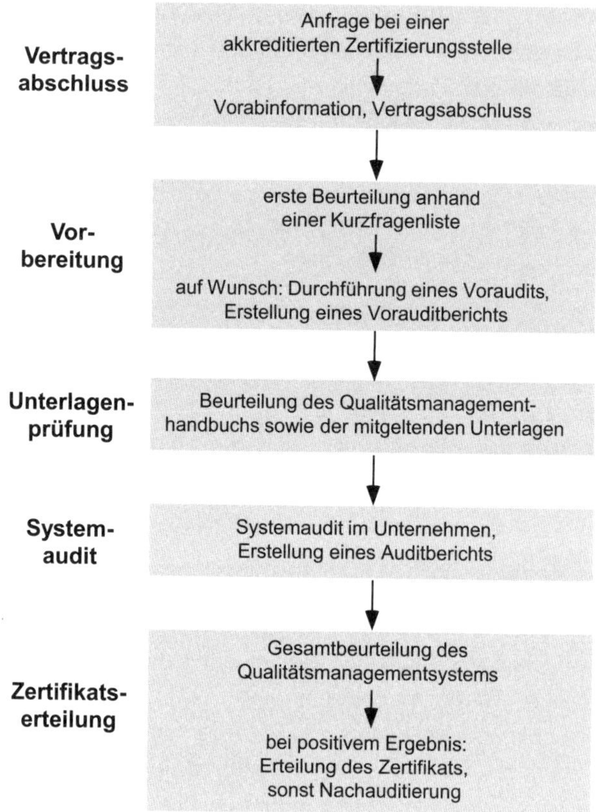

Bild 2.101 Allgemeiner Ablauf eines Zertifizierungsverfahrens

Die Zertifizierungsverfahren im Sinne der Durchführung eines externen Systemaudits mit dem Ziel der Zertifizierung bzw. Zertifikatserteilung beginnt zunächst mit einem Antrag des zu zertifizierenden Unternehmens bei einer anerkannten (akkreditierten) Zertifizierungsstelle. Es wird ein Vertrag abgeschlossen, in dem sich der Zertifizierer verpflichtet, das Unternehmen durch das Zertifizierungsverfahren zu begleiten. Dieses darf jedoch nicht verwechselt werden mit einem vor dem Zertifizierungsverfahren liegenden Beratungsverfahren zur Einführung des Qualitätsmanagementsystems, da hiermit objektiv ein Zielkonflikt entstehen würde. Das Zertifizierungsverfahren wird üblicherweise in mehreren Schritten durchgeführt (vgl. Bild 2.101) [Petrick 96, Brauer 09]:

- Vorbereitung

  Zunächst erhält das zur Zertifizierung anstehende Unternehmen einen Katalog mit einer Reihe von Fragen zu allen Elementen des Qualitäts- bzw. Umweltmanagementsystems. Diese Kurzfragenliste wird in Form einer Selbstbewertung

(Self-Assessment) ausgefüllt und dient der Zertifizierungsstelle als Vorbeurteilung, ob das Unternehmen die Grundvoraussetzungen für ein Zertifizierungsaudit erfüllt. Mit dieser Vorbeurteilung können möglicherweise vorhandene, grundlegende Schwachstellen bereits frühzeitig aufgedeckt und vor Durchführung weiterer Schritte im Zertifizierungsablauf beseitigt werden. Auf Wunsch des Unternehmens kann auch ein Voraudit vereinbart werden, das dem gleichen Zweck dient.

- Unterlagenprüfung

  Im nächsten Schritt werden das Qualitäts- oder Umweltmanagementhandbuch und ggf. weitere mitgeltende Unterlagen, z. B. Verfahrens- und Arbeitsanweisungen, von der Zertifizierungsstelle überprüft. Das Unternehmen erhält einen Kurzbericht über das Ergebnis und wird aufgefordert, eventuell festgestellte Schwachstellen der Unterlagen vor Durchführung des Zertifizierungsaudits zu beheben.

- Systemaudit (Zertifizierungsaudit)

  Die Durchführung des externen Systemaudits als Zertifizierungsaudit dient der Prüfung, ob die Anforderungen der zugrunde liegenden Norm erfüllt und die in den schriftlichen Unterlagen dokumentierten Tätigkeiten auch tatsächlich im Unternehmen angewendet werden. Das Zertifizierungsaudit wird in der Regel in Form einer Stichprobenprüfung aller Normelemente bzw. Zertifizierungskriterien durchgeführt. Grundlage ist eine umfangreiche Auditfragenliste, in der die Forderungen der entsprechenden Norm bzw. der Kriteriensammlung enthalten sind. Eventuelle Schwachstellen werden vom Zertifizierer in einem Abweichungsbericht (Auditbericht) festgehalten und dem Unternehmen übergeben (vgl. **Systemaudit**). Für die Vorbereitung und Durchführung eines solchen Audits lässt sich die Norm DIN EN ISO 19 011:2002 (Leitfaden für Audits von Qualitätsmanagement- und/oder Umweltmanagementsystemen) heranziehen.

- Zertifikatserteilung

  Nach positivem Abschluss des Zertifizierungsaudits wird das Zertifikat erteilt. Wurden im Auditbericht jedoch kritische Abweichungen festgestellt, so sind diese vor Erteilung des Zertifikates zu beheben. Nicht kritische Abweichungen müssen unter Angabe der Korrekturmaßnahme innerhalb von sechs Monaten behoben werden. Eventuell erforderliche Nachaudits zur Prüfung der Korrekturmaßnahmen können vereinbart werden.

Die Gültigkeitsdauer des Zertifikates beträgt drei Jahre, wenn mindestens einmal im Jahr ein Überwachungsaudit mit positivem Ergebnis durchgeführt wird. Dabei werden die Berichte der betriebsintern durchgeführten Audits, Änderungen des Qualitäts- oder Umweltmanagementsystems und stichprobenartig einige Systemelemente überprüft. Vor Ablauf der Gültigkeitsdauer ist ein Wiederholungs- oder Re-Audit fällig, bei dem die Wirksamkeit des gesamten Systems nochmals stichprobenartig geprüft wird, um die Gültigkeit des Zertifikates um weitere drei Jahre zu verlängern.

Literaturhinweis zur Vertiefung

Brauer, J.-P.:
DIN EN ISO 9000:2000 ff. umsetzen.
In: Kamiske, G. F. (Hrsg.): Reihe Pocket Power.
5. Aufl., München: Carl Hanser Verlag 2009.

Zuverlässigkeit

Versteht man den Begriff Qualität als zeitpunktbezogene Betrachtung bezüglich der Erfüllung bestimmter Anforderungen an eine Einheit, so ist die Zuverlässigkeit als zeitraumbezogene Betrachtung der Qualität aufzufassen (vgl. **Qualitätsbegriff**). Also: Zuverlässigkeit als Fähigkeit einer Einheit, die Erfüllung der an sie gestellten Anforderungen über die Zeit beizubehalten. Grafisch könnte man die Zuverlässigkeit als Integral der Qualität über der Zeit darstellen (vgl. Bild 2.102).

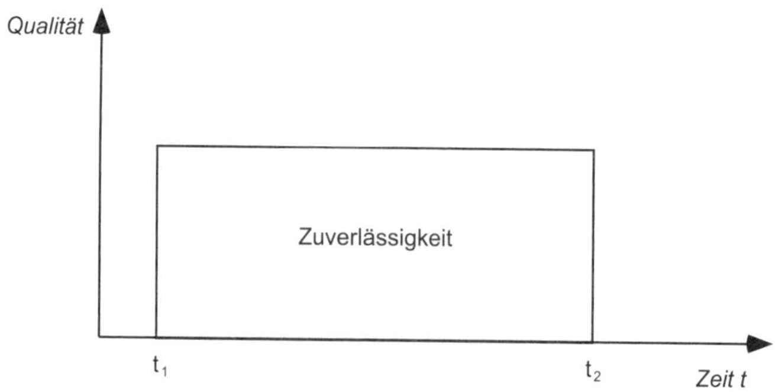

Bild 2.102 Zuverlässigkeit als Integral der Qualität über der Zeit

Die Zuverlässigkeit kann ausgedrückt werden als die Wahrscheinlichkeit, dass eine Einheit unter festgelegten Bedingungen während einer bestimmten Zeitdauer funktionsfähig bleibt. Die Sacheigenschaft Zuverlässigkeit als quantitativ nicht festgelegte Größe wird also durch einen Kennwert ausgedrückt. Dies kann entweder die Ausfallwahrscheinlichkeit oder die Überlebenswahrscheinlichkeit sein. Daraus ergeben sich einige wichtige Aspekte der Zuverlässigkeit [MBB 86]:

- Die Zuverlässigkeit steht in engem Zusammenhang mit der Qualität, sie kann als zeitraumbezogene Betrachtung der Qualität angesehen werden. Zuverlässigkeit lässt sich allerdings nicht durch Sortieren erreichen (vgl. **Vollprüfung**).
- Zuverlässigkeit ist eine statistisch messbare Größe. Dazu werden Ausfallhäufigkeiten empirisch ermittelt oder durch Wahrscheinlichkeitsrechnung abgeschätzt.
- Dem Zeitraum der Betrachtung kommt eine entscheidende Bedeutung zu. Ist er hinreichend lang gewählt, wird bei jeder Einheit die Ausfallwahrscheinlichkeit ansteigen, spätestens am Ende ihrer Lebensdauer.
- Der Begriff der Funktionsfähigkeit bzw. des Ausfalls einer Einheit muss in Abhängigkeit von den Eigenschaften und dem vorgesehenen Gebrauch der jeweils betrachteten Einheit entsprechend ausgelegt werden. Grundsätzlich versteht man unter Ausfall (Failure) das Aussetzen einer Einheit mit der Ausführung der ihr gestellten Aufgabe aufgrund einer in ihr selbst liegenden Ursache im Rahmen der zulässigen, festgelegten Beanspruchung. Dies wird auch als Primärausfall bezeichnet, im Gegensatz zum Sekundärausfall, der durch den Ausfall anderer Komponenten eines Systems verursacht wird. Ein Ausfall führt stets zur Funktionsunfähigkeit der betrachteten Einheit [Deixler 88].
- Aussagen über und Anforderungen an die Zuverlässigkeit sind erst dann vollständig bzw. von inhaltlichem Wert, wenn über Ausfalldefinition, Fehlerkategorien, Einsatzprofil, Beanspruchungsspektrum, Umgebungsbedingungen, Prüfvorschriften und -einrichtungen sowie Vergleiche der Prüfergebnisse mit Felddaten Klarheit besteht [Brunner 92].

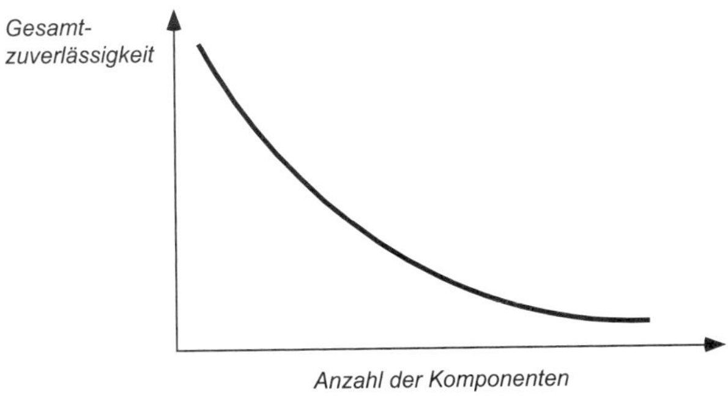

Bild 2.103 Qualitativer Verlauf der Gesamtzuverlässigkeit eines Systems

- Da die Zuverlässigkeit eine statistisch messbare Größe ist, die als Wahrscheinlichkeit ausgedrückt wird, ergibt sich die Gesamtzuverlässigkeit bei Betrachtung eines aus mehreren Einheiten (Komponenten) bestehenden Systems nicht aus den Zuverlässigkeiten der einzelnen Einheiten, sondern folgt den Gesetzen der Wahrscheinlichkeitsrechnung und nimmt normalerweise im umgekehrten Verhältnis zur Anzahl der Komponenten ab (vgl. Bild 2.103).

Dem Bild 2.103 liegen die Annahmen zugrunde, dass alle Komponenten die gleiche Ausfallwahrscheinlichkeit besitzen und der Ausfall einer Komponente zum Ausfall des Gesamtsystems führt. Diese Annahmen sind in der Praxis normalerweise nicht gegeben.

Eine im Rahmen von Zuverlässigkeitsbetrachtungen häufig herangezogene Kenngröße ist die Ausfallrate λ (t). Sie gibt als Funktion der Zeit die in einem Zeitintervall ausgefallenen Einheiten an, bezogen auf den zu Beginn dieses Intervalls noch funktionsfähigen Bestand an Einheiten [MBB 86].

$$\text{Ausfallrate } \lambda (t) = \frac{1}{MTBF}$$

Wird eine instand zu setzende Einheit betrachtet und liegt eine konstante Ausfallrate λ (t) vor, so wird die Zuverlässigkeit der Einheit in gleicher Weise von der mittleren Betriebszeit bis zum Ausfall τ beschrieben. Dieser Mittelwert wird auch als Mean Time Between Failure (MTBF) oder mittlerer Ausfallabstand bezeichnet. Die Zeit, die bei instand zu setzenden Einheiten im Mittel für die Behebung eines aufgetretenen Fehlers aufgewendet werden muss, bezeichnet man als Mean Time To Repair (MTTR) oder mittlere Reparaturzeit [Deixler 88].

$$\text{Mittlere Ausfallrate (MTBF) } \tau = \frac{1}{\lambda}$$

Wird hingegen eine nicht instand zu setzende Einheit betrachtet und liegt wieder eine konstante Ausfallrate λ (t) vor, so wird die mittlere Betriebszeit bis zum Ausfall τ als Mean Time To Failure (MTTF) oder mittlere Lebensdauer bezeichnet [Kiefer/Müller 88].

$$\text{Verfügbarkeit } V = \frac{MTBF}{MTBF + MTTR} \times 100\%$$

MTBF und MTTR gehen in die Kenngröße Verfügbarkeit *V* ein, die für instand zu setzende, aus mehreren Einheiten bestehende Systeme angegeben wird. Die Verfügbarkeit kann als Wahrscheinlichkeit dafür ausgedrückt werden, dass sich ein System zu einem beliebigen Zeitpunkt des Nutzungsbeginns in funktionsfähigem Zustand befindet. Es wird also ausgedrückt, in welchem Umfang das betrachtete System auch tatsächlich für die vorgesehene Nutzung zur Verfügung steht.

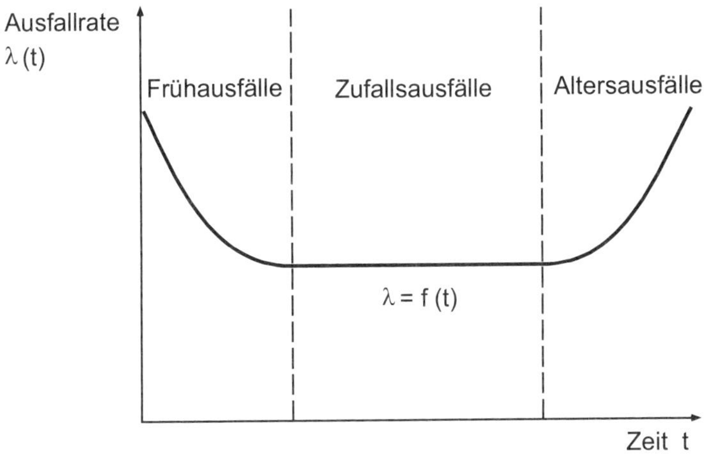

Bild 2.104 Ausfallkurve

Die oben erwähnte Ausfallrate λ (t) kann jedoch nicht für beliebig große Betriebszeiträume als konstant angenommen werden. Die Zeitspanne einer konstanten Ausfallrate bezeichnet man als Brauchbarkeitsdauer, es treten lediglich Zufallsausfälle auf. Die daran anschließende Verschleißphase ist durch ein Ansteigen der Ausfallrate mit zunehmendem Betriebsalter gekennzeichnet, wobei vermehrt Altersausfälle auftreten. Der Phase mit konstanter Ausfallrate vorgelagert ist die Phase der Frühausfälle mit einer abnehmenden Ausfallrate. Die Veränderung der Ausfallrate in Abhängigkeit vom Betriebsalter wird durch die Ausfallkurve wiedergegeben, die wegen ihrer charakteristischen Form auch „Badewannenkurve" genannt wird (vgl. Bild 2.104). Die wettbewerbsrelevanten kundenorientierten unternehmerischen Anstrengungen zielen derzeit im Wesentlichen auf die Vermeidung der Frühausfälle (z. B. durch FMEA) und die Verringerung der Zufallsausfälle (vgl. **Fehlermöglichkeits- und -einflussanalyse**). Bei an sich langlebigen Gütern kann auch die Verlängerung der Lebensdauer ein Wettbewerbskriterium sein, was durch längere Garantiezeiten zum Ausdruck gebracht wird.

Ohne auf den statistisch-mathematischen Hintergrund näher eingehen zu wollen, soll noch erwähnt werden, dass sich die in der Ausfallkurve wiedergegebene und auch andere mögliche Lebensdauerverteilungsformen mit hinreichender Genauigkeit durch die Weibull-Verteilung beschreiben lassen. Zur grafischen Auswertung von Lebensdaueruntersuchungen wird häufig ein Wahrscheinlichkeitsnetz, auch als Lebensdauernetz bezeichnet, eingesetzt [Zipperer 99].

Literaturhinweise zur Vertiefung

DGQ – Deutsche Gesellschaft für Qualität (Hrsg.):
DGQ-Schrift 17-10: Zuverlässigkeitsmanagement.
1. Aufl., Berlin: Beuth Verlag 2002.

Brunner, F. J.:
Wirtschaftlichkeit industrieller Zuverlässigkeitssicherung.
Wiesbaden: Vieweg Verlag 1992.

VDA – Verband der Automobilindustrie (Hrsg.):
VDA-Schriftenreihe Qualitätsmanagement in der Automobilindustrie, Band 3: Zuverlässigkeitssicherung bei Automobilherstellern und Lieferanten. Teil 1: Zuverlässigkeitsmanagement; Teil 2: Zuverlässigkeits-Methoden und -Hilfsmittel.
3. Aufl., Frankfurt/Main 2004.

3

Anhang

Literaturverzeichnis

Alinorm 97 — FAO/WHO Codex Alimentarius Commission (Hrsg.): Hazard Analysis and Critical Control Point (HACCP) System and Guidelines for its Application. Bericht von der 29. Sitzung des Codex Komitees Lebensmittelhygiene. Washington/DC/USA, 21.-25.10.1996. ALINORM 97/13A, S. 30-41

Al-Radhi 02 — Al-Radhi, M.: Total Productive Management. In: Kamiske, G. F. (Hrsg.): Reihe Pocket Power. 2. Aufl., München: Carl Hanser Verlag 2002

ASI 88 — ASI - American Supplier Institute (Hrsg.): Quality Function Deployment. Dearborn/Mich./USA: American Supplier Institute Press 1988

AWF 85 — AWF - Ausschuss für Wirtschaftliche Fertigung (Hrsg.): Integrierter EDV-Einsatz in der Produktion. Eschborn: 1985

Bhote 88 — Bhote, K.: World Class Quality. New York/NY/USA: American Management Association 1988

Bläsing 89 — Bläsing, J. P.: Quality Function Deployment. In: Kamiske, G. F. (Hrsg.): Tagungsband zu „Die Hohe Schule der Qualitätstechnik“. Berlin: Technische Universität 1989

Bleicher 96 — Bleicher, K.: Das Konzept integriertes Management. 4. Aufl., Frankfurt/Main: Campus Verlag 1996

Blohm et al. 87 — Blohm, H.; Beer, Th.; Seidenberg, U.; Silber, H.: Produktionswirtschaft. Berlin: Verlag Neue Wirtschaftsbriefe 1987

Bocker/Evard 82	Bocker, H.; Evard, K: The Quality Circle Concept - A Challenge to Management to meet the Productivity Crisis. In: Zeitschrift für Betriebswirtschaft (ZfB), 52. Jg. (1982), Nr. 11/12, S. 1053-1078
Borgward 87	Borgward, C.: Qualität beginnt im Kopf. In: Qualität und Zuverlässigkeit (QZ), 32. Jg. (1987), Nr. 12, S. 577
Brauer 09	Brauer, J.-P.: DIN EN ISO 9000:2000 ff. umsetzen. In: Kamiske, G. F. (Hrsg.): Reihe Pocket Power. 5. Aufl., München: Carl Hanser Verlag 2009
Brox 85	Brox, H.: Besonderes Schuldrecht. 12. Aufl., München: Verlag C. H. Beck 1985
Bruhn 98	Bruhn, M.: Bedeutung der Qualität für das Service- und Dienstleistungsmanagement. In: Kamiske, G. F.; Hansen, W. (Hrsg.): Qualitätsmanagement im Unternehmen. Berlin: Springer-Verlag 1998, Kap. 9.2
Brunner 92	Brunner, F. J.: Wirtschaftlichkeit industrieller Zuverlässigkeitssicherung. Wiesbaden: Vieweg Verlag 1992
Brunner/Wagner 08	Brunner, F. J.; Wagner, K. (Hrsg.): Taschenbuch Qualitätsmanagement. 4. Aufl., München: Carl Hanser Verlag 2008
Bundestag 02	Deutscher Bundestag, 14. Wahlperiode (Hrsg.): Schlussbericht der Enquete-Kommission Globalisierung der Weltwirtschaft - Herausforderungen und Antworten. Berlin: Drucksache 14/9200, 12. Juni 2002
Bullinger et al. 98	Bullinger, H. J.; Wörner, K.; Prieto, J.: Wissensmanagement - Modelle und Strategien für die Praxis. In: Bürgel, H. J. (Hrsg.): Wissensmanagement - Schritte zum intelligenten Unternehmen. Berlin: Springer-Verlag 1998
Burckhardt 93	Burckhardt, W.: Benchmarking. In: Hansen, W.; Kamiske, G. F. (Hrsg.): Qualitätsmanagement im Unternehmen. Berlin: Springer-Verlag 1993
Burr 90	Burr, J. T.: The Tools of Quality, Part VII: Scatter Diagrams. In: Quality Progress (QP), Dezember 1990, S. 87-89
Burr 90a	Burr, J. T.: The Tools of Quality, Part VI: Pareto Charts, In: Quality Progress (QP), November 1990, S. 59-61

Butterbrodt/Tammler 96	Butterbrodt, D.; Tammler, U.: Techniken des Umweltmanagements. In: Kamiske, G. F. (Hrsg.): Reihe Pocket Power. München: Carl Hanser Verlag 1996
Camp 94	Camp, R. C.: Benchmarking. München: Carl Hanser Verlag 1994
Clausing/Hauser 88	Clausing, D.; Hauser, J. R.: Wenn die Stimme des Kunden bis in die Produktion vordringen soll. In: Harvard Manager, 10. Jg. (1988), Nr. 4, S. 57-70
Coenenberg/Fischer 91	Coenenberg, A.; Fischer, Th.: Prozesskostenrechnung - Strategische Neuorientierung in der Kostenrechnung. In: Die Betriebswirtschaft (DBW), 51. Jg. (1991), Nr. 1, S. 21-38
Collins/Porras 92	Collins, J. C.; Porras, J. I.: Werkzeug Vision. In: Harvard Manager, 14. Jg. (1992), Nr. 4, S. 108-118
Conti 98	Conti, T.: Selbstbewertung von Unternehmen. München: Carl Hanser Verlag 1998
Cooper/Kaplan 93	Cooper, R.; Kaplan, R.: Prozessorientierte Systeme: Die Kosten der Ressourcennutzung messen. In: Kostenrechnungspraxis, Sonderheft 2 (1993), S. 1-14
Crosby 79	Crosby, Ph. B.: Quality is Free. New York/NY/USA: McGraw-Hill Book Company 1979
Crosby 94	Crosby, Ph. B.: Qualität 2000 (Completeness). München: Carl Hanser Verlag 1994
Deixler 88	Deixler, A.: Zuverlässigkeitsplanung. In: Masing, W. (Hrsg.): Handbuch der Qualitätssicherung. 2. Aufl., München: Carl Hanser Verlag 1988, S. 361-381
Deming 86	Deming, W. Edwards: Out of the Crisis. 2. Aufl., Cambridge/Mass./USA: Massachusetts Institute of Technology Press 1986
Deutsch et al. 97	Deutsch, K. J.; Diedrichs, E. P.; Raster, M.; Westphal, J.: Gewinnen mit Kernkompetenzen. München: Carl Hanser Verlag 1997
Dillon 90	Dillon, L. S.: Can Japanese Methods be applied in the Western Workplace? In: Quality Progress (QP), Oktober 1990, S. 27-30

DIN 94	DIN - Deutsches Institut für Normung (Hrsg.): DIN EN ISO 9004, Ausgabe August 1994, Qualitätsmanagement und Elemente eines Qualitätsmanagementsystems, Teil 1: Leitfaden. Berlin: Beuth Verlag 1994
DIN 95	DIN - Deutsches Institut für Normung (Hrsg.): DIN 55 350, Teil 11: Begriffe des Qualitätsmanagements. Berlin: Beuth Verlag 1995
DIN 03	DIN - Deutsches Institut für Normung (Hrsg.): DIN 31 051 Grundlagen der Instandhaltung. Berlin: Beuth Verlag 2003
DIN 06	DIN - Deutsches Institut für Normung (Hrsg.): DIN EN ISO/IEC 17 021: Konformitätsbewertung - Anforderungen an Stellen, die Managementsysteme auditieren und zertifizieren (ISO/IEC17 021:2006). Berlin: Beuth Verlag 2006
DIN 09	DIN - Deutsches Institut für Normung (Hrsg.): DIN EN ISO/IEC 17 021-2: Konformitätsbewertung - Anforderungen an Stellen, die Managementsysteme auditieren und zertifizieren, und Anforderungen an Drittparteien-Zertifizierungsaudits von Managementsystemen - Teil 2: Anforderungen an Drittparteien- Zertifizierungsaudits von Managementsystemen (ISO/IEC/DIS 17 021-2:2009). Berlin: Beuth Verlag 2009
DIN 10	DIN - Deutsches Institut für Normung (Hrsg.): DIN EN 13 306 Instandhaltung - Begriffe der Instandhaltung. Berlin: Beuth Verlag 2010
Donabedian 80	Donabedian, A.: The Definition of Quality and Approaches to its Assessment, Vol. I. Ann Arbor/Mich./USA: Health Administration Press 1980
Ebeling 94	Ebeling, J.: Die sieben elementaren Werkzeuge der Qualität. In: Kamiske, G. F. (Hrsg.): Die Hohe Schule des Total Quality Management. Berlin: Springer-Verlag 1994
EFQM 05	EFQM - European Foundation for Quality Management (Hrsg.): Anerkennung für Excellence. www.deutsche-efqm.de, Stand: 2005
EFQM 05a	EFQM - European Foundation for Quality Management (Hrsg.): Levels of Excellence - Stufen der Excellence. www.deutsche-efqm.de, Stand: 2005
EFQM 10	EFQM - European Foundation for Quality Management (Hrsg.): EFQM Excellence Modell. www.efqm.org, Stand: 2010
EG 90	Der Rat der Europäischen Gemeinschaften (Hrsg.): Beschluss des Rates vom 13. Dezember 1990. In: Amtsblatt der Europäischen Gemeinschaften, Nr. 380 vom 31.12.1990. Brüssel/Belgien: 1990

Evans 75	Evans, D. H.: Statistical Tolerancing: The State of the Art. Part III: Shifts and Drifts. In: Journal of Quality and Technology, 7. Jg. (1975), Nr. 2, S. 72-76
Eversheim et al. 98	Eversheim, W.; Laschet, A.; Foerst, J.: Betriebswirtschaftliche Aspekte des Qualitätsmanagements. In: Hansen, W.; Kamiske, G. F. (Hrsg.): Qualitätsmanagement im Unternehmen. Berlin: Springer-Verlag 1998, Teil 02.03
Feigenbaum 83	Feigenbaum, A. V.: Total Quality Control. 3. Aufl., New York/NY/USA: McGraw-Hill Book Company 1983
Frank 04	Frank, R.: ISO/TS 16 949:2002 umsetzen. In: Kamiske, G. F. (Hrsg.): Reihe Pocket Power. München: Carl Hanser Verlag 2004
Franke 99	Franke, H.: Qualitätsmanagement bei Zulieferungen. In: Masing, W. (Hrsg.): Handbuch Qualitätsmanagement. 4. Aufl., München: Carl Hanser Verlag 1999, S. 425-446
Franzkowski 94	Franzkowski, R.: Annahmestichprobenprüfung. In: Masing, W. (Hrsg.): Handbuch Qualitätsmanagement. 3. Aufl., München: Carl Hanser Verlag 1994, S. 209-241
Füermann 97	Füermann, T.: Modell der zyklischen Prozessrestrukturierung als Teil des Total Quality Managements. Diss., TU Berlin 1997
Gaitanides et al. 94	Gaitanides, M.; Scholz, R.; Vrohlings, A.: Prozessmanagement - Grundlagen und Zielsetzungen. In: Gaitanides, M.; Scholz, R.; Vrohlings, A.; Raster, M. (Hrsg.): Prozessmanagement. München: Carl Hanser Verlag 1994
Garvin 84	Garvin, D. A.: What does Product Quality really mean? In: Sloan Management Review, Herbst 1984, S. 25-43
Garvin 88	Garvin, D. A.: Die acht Dimensionen der Produktqualität. In: Harvard Manager, 10. Jg. (1988), Nr. 3, S. 66-74
Geiger 94	Geiger, W.: Feindliche Schwestern oder gegenseitige Anerkennung? In: Qualität und Zuverlässigkeit (QZ), 39. Jg. (1994), Nr. 7, S. 746-754
Geiger/Kotte 08	Geiger, W.; Kotte, W.: Handbuch Qualität. 5. Aufl., Wiesbaden: Vieweg Verlag 2008

Genth 81	Genth, M.: Qualität und Automobile. Frankfurt/Main: Verlag Peter D. Lang 1981
Gogoll 94	Gogoll, A.: Die sieben Management-Werkzeuge. In: Qualität und Zuverlässigkeit (QZ), 39. Jg. (1994), Nr. 5, S. 516-521
Gogoll/Theden 94	Gogoll, A; Theden, Ph.: Techniken des Quality Engineering. In: Kamiske, G. F. (Hrsg.): Die Hohe Schule des Total Quality Management. Berlin: Springer-Verlag 1994, S. 329-369
Goldratt 90	Goldratt, E. M.: What is the thing called Theory of Constraints and how should it be implemented? Great Barrington/Mass./USA: The North River Press 1990
Haberstock 77	Haberstock, L.: Grundzüge der Kosten- und Erfolgsrechnung. 2. Aufl., München: Verlag Franz Vahlen 1977
Hamel 94	Hamel, G.: The Concept of Core Competence. In: Hamel, G.; Heene, A.: Competence-based Competition. Chichester/GB 1994
Hammer/Champy 94	Hammer, M.; Champy, J.: Business Reengineering. Frankfurt/Main: Campus Verlag 1994
Hauff 87	Hauff, V. (Hrg.): Unsere gemeinsame Zukunft. Der Brundtland-Bericht der Weltkommission für Umwelt und Entwicklung. Greven: Eggenkamp-Verlag 1987
HDI 88	HDI - Haftpflichtverband der Deutschen Industrie (Hrsg.): Das deutsche Produkthaftungsgesetz. Hannover: 1988
HDI 90	HDI - Haftpflichtverband der Deutschen Industrie (Hrsg.): Begriffe zur Produkthaftung. Hannover: 1990
HDI 90a	HDI - Haftpflichtverband der Deutschen Industrie (Hrsg.): Das Risiko aus der Produkthaftung. Hannover: 1990
Herb/Herb 01	Herb, R.; Herb, T.: TRIZ. In: Zollondz, H.-D.: Lexikon Qualitätsmanagement. München: Oldenbourg Verlag 2001, S. 1175-1182
Hill 86	Hill, D. J.: Satisfaction and Consumer Services. In: Lutz, R. J. (Hrsg.): Advances in Consumer Research, 13. Jg. (1986), S. 311-315

Hinterhuber et al. 97	Hinterhuber, H. H.; Handlbauer, G.; Matzler, K.: Kundenzufriedenheit durch Kernkompetenzen. München: Carl Hanser Verlag 1997
Hoffmann 93	Hoffmann, H. J.: Wertanalyse. München: Wirtschaftsverlag Langen-Müller/Herbig 1993
Horváth 93	Horváth, P.: Target Costing. Stuttgart: C. E. Poeschel Verlag 1993
Horváth 97	Horváth & Partner (Hrsg.): Qualitätscontrolling. 2. Aufl., Stuttgart: Schäffer-Poeschel Verlag 1997
Horváth/Herter 92	Horváth, P.; Herter, R. N.: Benchmarking. Vergleich mit den Besten der Besten. In: Controlling, 4. Jg. (1992), Nr. 1, S. 4-11
Horváth/Reichmann 93	Horváth, P.; Reichmann, Th. (Hrsg.): Vahlens großes Controlling-Lexikon. München: Verlage C. H. Beck und Franz Vahlen 1993
IATF 09	IATF - International Automotive Task Force (Hrsg.): ISO/TS 16 949:2009, 3. Ausgabe Juni 2009, Vornorm, Qualitätsmanagementsysteme - Besondere Anforderungen bei Anwendung von ISO 9001:2008 für die Serien- und Ersatzteil-Produktion in der Automobilindustrie. Berlin: Beuth Verlag 2009
IATF 09a	IATF - International Automotive Task Force (Hrsg.): IATF Auditor-Leitfaden für ISO/TS 16 949. 1. Aufl. 2009
Imai 86	Imai, M.: Kaizen: The Key to Japan's competitive Success. New York/NY/USA: McGraw-Hill Book Company 1986
IQS 05	J.D. Power and Associates (Hrsg.): J.D. Power and Associates 2005 Initial Quality Study. Press Release, Mai 2005.
Ishikawa 82	Ishikawa, K.: Quality Control in Japan. In: Zeitschrift für Betriebswirtschaft (ZfB), 52. Jg. (1982), Nr. 11/12, S. 1104-1107
Ishikawa 89	Ishikawa, K.: How to apply Company-Wide Quality Control in foreign Countries. In: Quality Progress (QP), September 1989, S. 70-74
ISO 95	ISO - International Organization for Standardization (Hrsg.): DIN EN ISO 8402, Ausgabe August 1995, Qualitätsmanagement und Qualitätssicherung, Begriffe. Berlin: Beuth Verlag 1995
ISO 05	DIN - Deutsches Institut für Normung (Hrsg.): DIN EN ISO 9000, Ausgabe Dezember 2005, Qualitätsmanagementsysteme - Grundlagen und Begriffe (ISO 9000:2005). Berlin: Beuth Verlag 2005

ISO 07	DIN - Deutsches Institut für Normung (Hrsg.): DIN EN ISO 14971, korrigierte Fassung Oktober 2007, Medizinprodukte, Anwendung des Risikomanagements auf Medizinprodukte (ISO 14971:2007). Berlin: Beuth Verlag 2007
ISO 08	DIN - Deutsches Institut für Normung (Hrsg.): DIN EN ISO 9001, Ausgabe Dezember 2008, Qualitätsmanagementsysteme - Anforderungen (ISO 9001:2008). Berlin: Beuth Verlag 2008
ISO 09	DIN - Deutsches Institut für Normung (Hrsg.): DIN EN ISO 9004, Ausgabe Dezember 2009, Leiten und Lenken für den nachhaltigen Erfolg einer Organisation - Ein Qualitätsmanagementansatz (ISO 9004:2009). Berlin: Beuth Verlag 2009
ISO 10	DIN - Deutsches Institut für Normung (Hrsg.): DIN EN ISO 19011, Ausgabe Dezember 2002, Leitfaden für Audits von Leitfaden für Audits von Managementsystemen (ISO 19011:2010). Berlin: Beuth Verlag 2010
JIPM 86	JIPM - Japan Institute of Plant Maintenance (Hrsg.): Total Productive Maintenance. In: Plant Engineering, 40. Jg. (1986), Nr. 5, S. 119-123
Juran 64	Juran, J. M.: Managerial Breakthrough. New York/NY/USA: McGraw-Hill Book Company 1964
Juran 88	Juran, J. M.: Quality Control Handbook. 4. Aufl., New York/NY/USA: McGraw-Hill Book Company 1988
Juran 92	Juran, J. M.: Juran on Quality by Design. New York/NY/USA: The Free Press 1992
Juran 93	Juran, J. M.: Der neue Juran: Qualität von Anfang an. Landsberg/Lech: Verlag Moderne Industrie 1993
JUSE 96	JUSE - Japanese Union of Scientists and Engineers (Hrsg.): The Deming Prize Guide for Overseas Companies. Tokyo/Japan: JUSE Press 1996
Kamiske 74	Kamiske, G. F.: Ohne Vollkontrolle geht es nicht. In: Qualität und Zuverlässigkeit (QZ), 19. Jg. (1974), Nr. 8, S. 174-176
Kamiske 90	Kamiske, G. F.: Qualität = Technik + Geisteshaltung. In: Qualität und Zuverlässigkeit (QZ), 35. Jg. (1990), Nr. 5, S. 251-252
Kamiske 07	Kamiske, G. F.: Qualitätsbezogene Kosten. In: Pfeifer, T.; Schmitt, R. (Hrsg.): Masing Handbuch Qualitätsmanagement. 5. Aufl., München: Carl Hanser Verlag 2007

Kano et al. 84	Kano, N.; Seraku, N.; Takahashi, S.; Tsuji, S.: Attractive Quality and Must-be-Quality. In: Hinshitsu: The Journal of the Japanese Society for Quality Control, 14. Jg. (1984), Nr. 2, S. 39–48
Kaplan/Norton 96	Kaplan, R. S.; Norton, D. P.: The Balanced Scorecard. Boston/MA/USA: Harvard Business School Press 1996
Karmarkar 90	Karmarkar, U.: Just-in-Time, Kanban oder was? In: Harvard Manager, 12. Jg. (1990), Nr. 3, S. 84–91
Kassebohm/ Malorny 94	Kassebohm, K.; Malorny, Chr.: Die strafrechtliche Verantwortung des Managements. In: Betriebs-Berater (BB), 49. Jg. (1994), Nr. 20, S. 1361-1371
Kersten 94	Kersten, G.: Fehlermöglichkeits- und -einflussanalyse (FMEA). In: Masing, W. (Hrsg.): Handbuch Qualitätsmanagement. 3. Aufl., München: Carl Hanser Verlag 1994, S. 460–490
Kiefer/Müller 88	Kiefer, E.; Müller, K. G.: Automatisierung in der Mess- und Prüftechnik. In: Masing, W. (Hrsg.): Handbuch der Qualitätssicherung. 2. Aufl., München: Carl Hanser Verlag 1988, S. 103–124
King 89	King, B.: Hoshin Planning. Methuen/MA/USA: Goal/QPC 1989
Kirschling 94	Kirschling, G.: Qualitätsregelkarten. In: Masing, W. (Hrsg.): Handbuch Qualitätsmanagement. 3. Aufl., München: Carl Hanser Verlag 1994, S. 243–274
Kirstein 87	Kirstein, H.: Qualitätsfähigkeit von Prozessen im Produktionsablauf. In: Qualität und Zuverlässigkeit (QZ), 32. Jg. (1987), Nr. 3, S. 113–117
Kirstein 94	Kirstein, H.: Qualitätsmanagement im Unternehmen: Philosophie - Strategie - Methode. In: Kamiske, G. F. (Hrsg.): Die Hohe Schule des Total Quality Management. Berlin: Springer-Verlag 1994, S. 19–30
Kirstein 94a	Kirstein, H.: Der Einfluss Demings auf die Entwicklung des Total Quality Management (TQM). In: Spur, G. (Hrsg.): Reihe Produktionstechnik - Berlin, Forschungsberichte für die Praxis, Bd. 140. München: Carl Hanser Verlag 1994
Kostka/Mönch 05	Kostka, C.; Mönch, A.: Change Management. In: Kamiske, G. F. (Hrsg.): Reihe Pocket Power. 3. Aufl., München: Carl Hanser Verlag 2005

Krafcik 88	Krafcik, J.: Triumph of the Lean Production System. In: Sloan Management Review, Herbst 1988, S. 41-52
Lietz 94	Lietz, H.: Von der Zweck-Gemeinschaft zur Sinn-Gemeinschaft. In: Kamiske, G. F. (Hrsg.): Die Hohe Schule des Total Quality Management. Berlin: Springer-Verlag 1994, S. 111-130
Lück 05	Lück, P.: UMS-Update. In: Qualität und Zuverlässigkeit (QZ), 50. Jg. (2005), Nr. 1, S. 13
Lucko/Trauner 05	Lucko, S.; Trauner, B.: Wissensmanagement. In: Kamiske, G. F. (Hrsg.): Reihe Pocket Power. 2. Aufl., München: Carl Hanser Verlag 2005
Magnusson et al. 01	Magnusson, K.; Kroslid, D.; Bergmann, B.: Six Sigma umsetzen. München: Carl Hanser Verlag 2001
Malorny 99	Malorny, Chr.: TQM umsetzen - Der Weg zur Business Excellence. 2. Aufl., Stuttgart: Schäffer-Poeschel Verlag 1999
Malorny/Kassebohm 94	Malorny, Chr.; Kassebohm, K.: Brennpunkt TQM. Stuttgart: Schäffer-Poeschel Verlag 1994
Marciniak 94	Marciniak, F.: Führen zur Gruppenarbeit - flächendeckende Einführung von Qualitätszirkeln in einem Großunternehmen. In: Kamiske, G. F. (Hrsg.): Die Hohe Schule des Total Quality Management. Berlin: Springer-Verlag 1994, S. 159-175
Masing 70	Masing, W.: Prüfrisiko. In: Qualität und Zuverlässigkeit (QZ), 15. Jg. (1970), Nr. 8, S. 191-192
Masing 88	Masing, W.: Fehlleistungsaufwand. In: Qualität und Zuverlässigkeit (QZ), 33. Jg. (1988), Nr. 1, S. 11-12
Masing 94	Masing, W.: Zum Tode W. Edwards Deming. In: Qualität und Zuverlässigkeit (QZ), 39. Jg. (1994), Nr. 3, S. 187
Masing 99	Masing, W. (Hrsg.): Handbuch Qualitätsmanagement. 4. Aufl., München: Carl Hanser Verlag 1999
MBB 86	MBB - Messerschmidt-Bölkow-Blohm (Hrsg.): Technische Zuverlässigkeit. 3. Aufl., Berlin: Springer-Verlag 1986

Meadows et al. 72 — Meadows, D. L.; Meadows, D.; Randers, J.; Behrens, W. W.: Die Grenzen des Wachstums - Berichte des Club of Rome zur Lage der Menschheit. München: Deutsche Verlags-Anstalt 1972

Miller/Vollmann 91 — Miller, J. G.; Vollmann, Th. E.: The Hidden Plant. In: Cooper, R.; Kaplan, R. S. (Hrsg.): The Design of Cost Management Systems. Englewood Cliffs/NJ/USA: Prentice Hall 1991, S. 346-354

Motorola 93 — Motorola Corporate Staff (Hrsg.): Six Sigma: 1992 and beyond. Schaumburg/Ill./USA: 1993

Nakhai/Neves 94 — Nakhai, B.; Neves, J. S.: The Deming, Baldrige and EFQM Excellence Awards. In: Quality Progress (QP), April 1994, S. 33-37

Nayatani et al. 94 — Nayatani, Y.; Eiga, T.; Futami, R.; Miyagawa, H.: The Seven New QC Tools: Practical Applications for Managers. White Plains/NY/USA: Quality Resources 1994

Neumärker et al. 07 — Neumärker, I.; Schmitt, R.; Krippner, D.: Methodische Qualitätssicherung mit „Design Review Based on Failure Mode" (DRBFM). In: Schmitt, R; Pfeifer, T. (Hrsg.): Masing Handbuch Qualitätsmanagement. 5. Aufl., München: Carl Hanser Verlag 2007, Kap. 19.7, S. 433-438

NIST 97 — United States Department of Commerce; National Institute of Standards and Technology (Hrsg.): Malcolm Baldrige National Quality Award - 1998 Award Criteria. Gaithersburg/MD/USA: 1997

Ohno 88 — Ohno, T.: Toyota Production System - Beyond Large-Scale Production. Cambridge/MA/USA: Productivity Press 1988

Oliver 80 — Oliver, R. L.: A Cognitive Model of the Antecedents and Consequences of Satisfaction Decisions. In: Journal of Marketing Research, 17. Jg. (1980), Nr. 11, S. 460-469

Peacock 92 — Peacock, R.: Ein Qualitätspreis für Europa. In: Qualität und Zuverlässigkeit (QZ), 37. Jg. (1992), Nr. 9, S. 525-528

Petrick 96 — Petrick, K.: Nachweisführung und Dokumentation von Qualitätsmanagementsystemen - Teil 2: Zertifizierung eines QM-Systems. In: Hansen, W.; Kamiske, G. F.: (Hrsg.): Qualitätsmanagement im Unternehmen. Berlin: Springer-Verlag 1996, Kap. 03.03.

Pfeifer/Tillmann 03	Pfeifer, T.; Tillmann, M.: Engpaßorientierte Produktion. In: GQW Schrift Nr. 5, Aachen: Shaker Verlag 2003
Phadke 89	Phadke, M. S.: Quality Engineering using Robust Design. Englewood Cliffs/NJ/USA: Prentice Hall 1989
Pieske 94	Pieske, R.: Benchmarking: das Lernen von anderen und seine Begrenzungen. In: io Management Zeitschrift, 63. Jg. (1994), Nr. 6, S. 19-23
Power 05	J.D. Power and Associates (Hrsg.): www.jdpower.com, Corporate Site, 2005.
Prefi 03	Prefi, Th.: Qualitätsorientierte Unternehmensführung. Habil., RWTH Aachen 2003
Probst et al. 97	Probst, G.; Raub, S.; Romhardt, K.: Wissen managen - Wie Unternehmen ihre wertvollste Ressource optimal nutzen. Wiesbaden: Gabler Verlag 1997
Prosafe 04	Prosafe et al. (Hrsg.): Produktsicherheit in Europa. Ein Leitfaden für Korrekturmaßnahmen einschließlich Rückrufen. http://ec.europa.eu/consumers/cons_safe, Stand: Juni 2004
Quentin 94	Quentin, H.: Versuchsmethoden im Qualitäts-Engineering. In: Brunner, F. J. (Hrsg.): Reihe Qualitäts- und Zuverlässigkeitsmanagement. Braunschweig: Vieweg Verlag 1994
Radtke 97	Radtke, Ph.: Ganzheitliches Modell zur Umsetzung von Total Quality Management. Diss., TU Berlin 1997
Radtke 10	Radtke, Ph.: Das Berliner TQM-Umsetzungsmodell. Düsseldorf: Symposion Publishing 2010
Relyea 89	Relyea, D. B.: The simple Power of Pareto. In: Quality Progress (QP), Mai 1989, S. 38-39
Remus 09	Remus, Chr.: Loss Control - systematisches Risikomanagement für Unternehmen. Kissing: Weka Media 2009
Röthlein 01	Röthlein, B.: Bei diesem Crash geht kein Auto kaputt. In: BMW Magazin, 2/2001, S. 50-53
SBA 06	Statistisches Bundesamt (Hrsg.): Datenreport 2006 - Zahlen und Fakten über die Bundesrepublik Deutschland. Wiesbaden: 2006

Schildknecht 92	Schildknecht, R.: Total Quality Management: Konzeption und State of the Art. Frankfurt/Main: Campus Verlag 1992
Schöffler 89	Schöffler, G. H.: Simultaneous Engineering aus der Sicht eines Zulieferers der Kfz-Industrie am Beispiel des Kfz-Scheinwerfers. In: VDI - Verein Deutscher Ingenieure (Hrsg.): VDI Bericht Nr. 758: Simultaneous Engineering - Neue Wege des Projektmanagements. Düsseldorf: VDI-Verlag 1989
Schramm 90	Schramm, M.: Produkthaftung und Qualitätssicherung als Problemfeld der strategischen Führung einer Industrieunternehmung. Gießen: Verlag der Ferber'schen Universitätsbuchhandlung 1990
Seghezzi 96	Seghezzi, H. D.: Integriertes Qualitätsmanagement. München: Carl Hanser Verlag 1996
Shewhart 31	Shewhart, W. A.: The Economic Control of Quality of Manufactured Product. New York/NY/USA: D. van Nostrand Company 1931
Shewhart/Deming 39	Shewhart, W. A.; Deming, W. Edwards: Statistical Methods from the Viewpoint of Quality Control. New York/NY/USA: Lancaster Press 1939
Shingo 69	Shingo, S.: Zero Quality Control: Source Inspection and the Poka Yoke System. Cambridge/Mass./USA: Productivity Press 1969
Shingo 81	Shingo, S.: Study of ‚Toyota' Production System from Industrial Engineering Viewpoint. Tokyo/Japan: Japan Management Association 1981
Simon 92	Simon, C.: Integriertes Informationsmodell zum qualitätsgerechten Simultaneous Engineering. In: Qualität und Zuverlässigkeit (QZ), 37. Jg. (1992), Nr. 5, S. 275-280
Sondermann 92	Sondermann, J. P.: Poka Yoke. Landsberg/Lech: Verlag Moderne Industrie 1992 (Originalausgabe: Hirano, H.: Poka Yoke. Cambridge/ Mass./ USA: Productivity Press 1988)
Sondermann 07	Sondermann, J. P.: Interne Qualitätsanforderungen und Anforderungsbewertung. In: Pfeifer, T.; Schmitt, R. (Hrsg.): Masing Handbuch Qualitätsmanagement. 5. Aufl., München: Carl Hanser Verlag 2007
Sondermann/Leist 89	Sondermann, J. P.; Leist, R.: Methodenbausteine für eine qualitätsorientierte Prozessplanung. In: Qualität und Zuverlässigkeit (QZ), 34. Jg. (1989), Nr. 12, S. 656-662

Soom 86	Soom, E.: Die neue Produktionsphilosophie: Just-in-Time-Production, Teil 1: Ein Methodenpaket zur Steigerung der Flexibilität und zur Senkung der Bestände. In: io Management-Zeitschrift, 55. Jg. (1986), Nr. 9, S. 362-365
Soom 86a	Soom, E.: Die neue Produktionsphilosophie: Just-in-Time-Production, Teil 2: Synchronfertigung und Kanban. in: io Management-Zeitschrift, 55. Jg. (1986), Nr. 10, S. 446-449
Spur 94	Spur, G.: Kooperation der Wissenschaften - ein Weg zu humanem Dasein. In: io Management-Zeitschrift, 63. Jg. (1994), Nr. 10, S. 35-38
Spur 96	Spur, G.: Ingenieurwissenschaften. In: Kern, W.; Schröder, H.-H.; Weber, S. (Hrsg.): Handwörterbuch der Produktionswirtschaft. 2. Aufl., Stuttgart: Schäffer-Poeschel Verlag 1996, S. 727-735
Spur/Mertins 81	Spur, G.; Mertins, K.: Flexible Fertigungssysteme, Produktionsanlagen der flexiblen Automatisierung. In: Zeitschrift für wirtschaftliche Fertigung (ZwF), 76. Jg. (1981), Nr. 9, S. 441-448
Stauss/Seidel 07	Stauss, B.; Seidel, W.: Beschwerdemanagement. 4. Aufl., München: Carl Hanser Verlag 2007
Stocker/Radtke 00	Stocker, S.; Radtke, P.: Supply Chain Quality. In: Kamiske, G. F. (Hrsg.): Reihe Pocket Power. München: Carl Hanser Verlag 2000
Taguchi/Clausing 90	Taguchi, G.; Clausing, D.: Radikale Ideen zur Qualitätssicherung. In: Harvard Manager, 12. Jg. (1990), Nr. 4, S. 35-48
Theden 97	Theden, Ph.: Analyse der Rentabilität von Qualitätstechniken. Diss., TU Berlin 1997
Theden/Colsman 05	Theden, Ph.; Colsman, H.: Qualitätstechniken. In: Kamiske, G. F. (Hrsg.): Reihe Pocket Power. 4. Aufl., München: Carl Hanser Verlag 2005
Tomys 94	Tomys, A.-K.: Kostenorientiertes Qualitätsmanagement. München: Carl Hanser Verlag 1994
Untermann 98	Untermann, F.: Mit HACCP den Menschen schützen. In: Qualität und Zuverlässigkeit (QZ), 43. Jg. (1998), Nr. 2, S. 188-192

VDA 04	VDA - Verband der Automobilindustrie (Hrsg.): VDA-Schriftenreihe Qualitätsmanagement in der Automobilindustrie, Band 2: Sicherung der Qualität von Lieferungen. 4. Aufl., Frankfurt/Main 2004
VDA 10	VDA - Verband der Automobilindustrie (Hrsg.): VDA QMC 8D-Report Formular und 8D-Report Beschreibung. www.vda-qmc.de, Stand: 2010
VDA 10a	VDA - Verband der Automobilindustrie (Hrsg.): VDA-Schriftenreihe Qualitätsmanagement in der Automobilindustrie, Band 6 Teil 1: QM-Systemaudit. 4. Aufl., aktualisierter Nachdruck, Frankfurt/Main 2010
Vodrazka 67	Vodrazka, K.: Betriebsvergleich. Stuttgart: C. E. Poeschel Verlag 1967
Warnecke 92	Warnecke, H.-J.: Die Fraktale Fabrik. Berlin: Springer-Verlag 1992
Wildemann 82	Wildemann, H.: Zur Anwendbarkeit des japanischen Kanban-Produktionssteuerungssystems in deutschen Unternehmen. In: Trommsdorf, V.; Lück, W. (Hrsg.): Internationalisierung der Unternehmung als Problem der Betriebswirtschaftslehre. Berlin: Erich Schmidt Verlag 1982, S. 773-796
Wildemann 92	Wildemann, H.: Kosten- und Leistungsbeurteilung von Qualitätssicherungssystemen. In: Zeitschrift für Betriebswirtschaft (ZfB), 62. Jg. (1992), Nr. 7, S. 761-782
Wildemann 96	Wildemann, H. (Hrsg.): Controlling im TQM. Berlin: Springer-Verlag 1996
Wilhelm 94	Wilhelm, B.: KVP Quadrat - mehr als eine reine „Verbesserungsmechanik". In: Kamiske, G. F. (Hrsg.): Tagungsband zu „Die Hohe Schule - Total Quality managen". Berlin: Technische Universität 1994, S. 83-107
Wöhe 93	Wöhe, G.: Einführung in die Allgemeine Betriebswirtschaftslehre. 18. Aufl., München: Verlag Franz Vahlen 1993
Wolter 97	Wolter, O.: Prozessmanagement Stufe 3: Prozesse verbessern. In: Horváth & Partner (Hrsg.): Qualitätscontrolling. 2. Aufl., Stuttgart: Schäffer-Poeschel Verlag 1997, S. 198-220
Wolter 02	Wolter, O.: TQM-Scorecard. In: Kamiske, G. F. (Hrsg.): Reihe Pocket Power. 2. Aufl., München: Carl Hanser Verlag 2002

Womack et al. 90	Womack, J. P.; Jones, D. T.; Roos, D.: The Machine that changed the World. Englewood Cliffs/NJ/USA: Prentice Hall 1990
Zeithaml et al. 92	Zeithaml, V. A.; Parasuraman, A.; Berry, L. L.: Qualitätsservice. Frankfurt/Main: Campus Verlag 1992
Zibell 90	Zibell, R. M.: Just-in-Time: Philosophie, Grundlagen, Wirtschaftlichkeit. München: Huss-Verlag 1990
Zink 82	Zink, K. J.: Japanische Managementkonzepte zur systematischen Vergrößerung des Problemlösungspotentials. In: Trommsdorf, V.; Lück, W. (Hrsg.): Internationalisierung der Unternehmung als Problem der Betriebswirtschaftslehre. Berlin: Erich Schmidt Verlag 1982, S. 752-771
Zink 89	Zink, K. J.: Qualität als Herausforderung. In: Zink, K. J. (Hrsg.): Qualität als Managementaufgabe. Landsberg/Lech: Verlag Moderne Industrie 1989
Zink 98	Zink, K. J.: Bewertung ganzheitlicher Unternehmensführung am Beispiel des Ludwig-Erhard-Preises für Spitzenleistungen im Wettbewerb. München: Carl Hanser Verlag 1998
Zink 04	Zink, K. J.: TQM als integratives Managementkonzept. 2. Aufl., München: Carl Hanser Verlag 2004
Zink/Schick 87	Zink, K. J.; Schick, G.: Quality Circles, Bd. 1 Grundlagen. 2. Aufl., München: Carl Hanser Verlag 1987
Zipperer 99	Zipperer, M.: Zuverlässigkeitsprüfung. In: Masing, W. (Hrsg.): Handbuch Qualitätsmanagement. 4. Aufl., München: Carl Hanser Verlag 1999, S. 327-354
Zweckbronner 91	Zweckbronner, G.: Technische Wissenschaften im Industrialisierungsprozess bis zum Beginn des 20. Jahrhunderts. In: Hermann, A.; Dettmering, W. (Hrsg.): Technik und Kultur, Bd. 3. Technik und Wissenschaft. Düsseldorf: VDI-Verlag 1991, S. 400-428

Stichwortverzeichnis

Die Zahlenangaben beziehen sich auf die Seiten, die fettgedruckten Zahlen verweisen auf eine Erklärung als eigenständiger Begriff.

A

D

F

J

K

M

P

Q

R

S

U

V

W

Z

4

Die Autoren

Professor Dr.-Ing. Gerd F. Kamiske

Gründungsmitglied der Gesellschaft für Qualitätswissenschaft (GQW) e. V. und Mitglied des Wissenschaftlichen Beirats der Deutschen Gesellschaft für Qualität (DGQ) e. V. und deren Ehrenmitglied; langjähriger Herausgeber der „QZ – Qualität und Zuverlässigkeit", des Organs der DGQ, der Taschenbuchreihe „Pocket Power" sowie Herausgeber und Autor zahlreicher Fachpublikationen. Sein Berufsweg führte ihn auf Führungspositionen im Qualitätswesen des Volkswagen-Konzerns im In- und Ausland, zuletzt als Leiter Qualitätssicherung im Werk Wolfsburg. Nach seiner Berufung an die Technische Universität Berlin begründete er die Qualitätswissenschaft und war dort für Lehre und Forschung dieser neuen Wissenschaftsrichtung zuständig. Die Verbindung zur unternehmerischen Praxis schuf er mit den Seminarreihen für Führungskräfte „Die Hohe Schule", „Orientierungsseminar Qualität" und „Berliner Qualitätsgespräche". Unter seiner Leitung entstand auf wissenschaftlicher Grundlage das praxisnahe „Berliner Umsetzungsmodell für Total Quality Management". Er ist Träger des Verdienstordens 1. Klasse der Bundesrepublik Deutschland und erhielt den EFQM Excellence Award für Spitzenforschung.

Dr.-Ing. Jörg-Peter Brauer

Geboren 1965, studierte Wirtschaftsingenieurwesen mit dem Schwerpunkt Fertigungstechnik an der TU Berlin. Nach einer Zeit als wissenschaftlicher Mitarbeiter am Fachgebiet Qualitätswissenschaft der TU Berlin wurde er 1996 von Professor Kamiske promoviert. Anschließend war er Chefredakteur der Fachzeitschrift „QZ – Qualität und Zuverlässigkeit" im Carl Hanser Verlag. Der Einstieg in die betriebliche Praxis erfolgte als Leiter Qualitätssicherung Karosserie- und Ausstattungsteile im Werk München der BMW Group. Nach verschiedenen Projektleitungsfunktionen für Teilequalitätssicherung ist er heute in der Zentrale verantwortlich für das Qualitätsmanagement Teile der BMW 1er- und 3er-Baureihe der laufenden Serie und der neuen Modelle.